中国水利教育协会　组织

全国水利行业"十三五"规划教材（职工培训）

小型水工建筑物设计与管理

主　编　张　宏
主　审　焦爱萍

中国水利水电出版社
www.waterpub.com.cn
·北京·

内 容 提 要

本教材是根据当前水利行业的特点，针对小型水工建筑物的设计标准和要求及建筑物运行维护与管理特点进行编写的。全书共分为六章，包括小型水利工程的基础知识、蓄水枢纽工程、取水枢纽工程、水力发电工程、水环境工程、水土保持工程中各组成建筑物的设计及运行管理。

本教材可作为水利类基层技术人员及管理人员的培训、学习用书，还可供行业初学者或其他土建类专业师生和相关专业工程技术人员参考。

图书在版编目（CIP）数据

小型水工建筑物设计与管理 / 张宏主编. -- 北京 : 中国水利水电出版社, 2016.12(2022.1重印)
全国水利行业“十三五”规划教材. 职工培训
ISBN 978-7-5170-5088-9

Ⅰ. ①小… Ⅱ. ①张… Ⅲ. ①水工建筑物—建筑设计—教材②水工建筑物—管理—教材 Ⅳ. ①TV6

中国版本图书馆CIP数据核字(2017)第006883号

书　　名	全国水利行业“十三五”规划教材（职工培训） **小型水工建筑物设计与管理** XIAOXING SHUIGONG JIANZHUWU SHEJI YU GUANLI
作　　者	主编　张宏　主审　焦爱萍
出版发行	中国水利水电出版社 （北京市海淀区玉渊潭南路1号D座　100038） 网址：www.waterpub.com.cn E-mail：sales@waterpub.com.cn 电话：(010) 68367658（营销中心）
经　　售	北京科水图书销售中心（零售） 电话：(010) 88383994、63202643、68545874 全国各地新华书店和相关出版物销售网点
排　　版	中国水利水电出版社微机排版中心
印　　刷	天津嘉恒印务有限公司
规　　格	184mm×260mm　16开本　14.75印张　345千字
版　　次	2016年12月第1版　2022年1月第2次印刷
定　　价	**43.00**元

修订说明

本书列入“十三五”职业教育国家规划教材，是按照教育部关于“十三五”职业教育国家规划教材编写基本要求及相关行业课程标准编写完成的。

本次修改主要依据最新水利行业标准规范《水利水电工程等级划分及洪水标准》（SL 252—2017）、《混凝土重力坝设计规范》（SL 319—2018）、《碾压式土石坝设计规范》（SL 274—2020）、《溢洪道设计规范》（SL 253—2018）、《水工隧洞设计规范》（SL 279—2016）、《水闸设计规范》（SL 265—2016），国家标准《灌溉与排水工程设计标准》（GB 50288—2018）对原教材内容进行了全面修订、补充和完善。

本书从高职教育的实际特点出发，基于水利行业施工技术岗位职业能力，紧贴中小型水工建筑物的初步设计、现场管理能力培养，从读者需求出发，突出职业岗位需求，以水利枢纽为主干，枢纽组成各类建筑物为分支，具体到建筑物构造、设计原理和方法为点，紧跟水利行业施工技术岗位职业标准，优化选取教材内容，增加水利行业新技术、新工艺等学习资源，充分体现高等职业教育的特色。为了便于读者学习，每章节有学习指导和小结，课后有自测题。

本书正在进行再版，加入重点知识点的微课、工程图片、工程视频和虚拟仿真动画，全方位帮助读者理解各类水工建筑物的结构构造和设计选型要求，使抽象的内容更直观化。

本书在编写过程中参考并引用了国内同行的著作、教材和有关资料，在此对所有文献的作者深表谢意。由于作者水平有限，书中错误之处在所难免，恳请广大读者批评指正。

编者

2022年1月

前言

本教材编写以县级及其以下水利职工为主要对象，紧扣当前水利基层职工的工作要求，不强调知识的系统性，以必需、够用为度。注重实用性和针对性，力求通俗易懂，以介绍各类水利工程中各组成水工建筑物的基本特点和功能为重点，将新规范、新方法、新技术引入教材。全书包括：小型水利工程的基础知识、蓄水枢纽工程、取水枢纽工程、水力发电工程、水环境工程、水土保持工程共六章，每个章节有学习指导、内容小结和自测练习题，有利于读者理解、掌握和巩固专业知识。

本教材的第一章由杨凌职业技术学院张宏编写；第二章由杨凌职业技术学院杨川、张宏编写；第三章由杨凌职业技术学院海琴编写；第四章由杨凌职业技术学院马艳丽编写；第五章由杨凌职业技术学院陆静编写；第六章由杨凌职业技术学院黄梦琪编写；本教材由张宏任主编，海琴任副主编，黄河水利职业技术学院焦爱萍教授任主审。特别感谢杨凌职业技术学院杨振华教授在教材编写前期工作中给予的帮助和指导。

本教材在编写过程中，引用大量专业文献和资料，未在书中一一注明出处，在此对有关作者表示感谢。并对所有热情支持和帮助本书编写工作的人员，表示感谢。对书中存在的缺点和疏漏，恳请广大读者批评指正。

目　录

第一章　小型水利工程的基础知识

【学习指导】 本章介绍了我国水资源分布状况以及水利工程建设概况、水利水电工程项目建设程序及管理体制；重点学习水利工程建设、水利枢纽及水工建筑物的基本概念，水利工程分等，水工建筑物分级的目的和意义；掌握水利水电工程分等及相应水工建筑物分级规范标准。

第一节　我国水利工程发展概述

一、我国水资源分布概况

我国幅员辽阔，但水资源总量并不丰富，人均拥有量仅相当于全球平均数的1/4左右。受气候影响，降水量在时间、空间上分布不均匀，不同地区之间、同一地区年际间及年内汛期和枯水期的水量可能相差很大，水量偏多或偏少往往造成洪涝或干旱等自然灾害。因此，必须认识水资源的变化规律，根据水资源时空分布特点，国民经济各用水部门的用水需求，修建必要的蓄水、引水、提水或跨流域调水工程，以使水资源得到合理开发、综合利用和有效保护。

我国虽然水资源人均拥有量不算多，但从青藏高原到海平面的落差巨大，使得我国可用于发电的水能资源十分丰富。全国水能理论蕴藏量达 6.8×10^{8} kW，其中可开发的有 3.78×10^{8} kW，年发电量可达 1.91×10^{12} kW·h 以上，这些数字均居世界首位。因此，利用我国这一能源优势，大力开发水电资源，对解决我国经济发展中的能源问题以及带动区域经济的快速发展具有决定性意义。

我国水资源现状主要表现在三个方面：①水资源短缺，可利用的水资源越来越少，而需水量逐年增加，人均水资源量少；②水资源在地区间分布不均匀，黄河、淮河、海河、辽河四流域水资源量小，长江、珠江、松花江流域水量大，西北内陆干旱区水量缺少，西南地区水量丰富，水能资源储备量丰富；③废水排放量逐年增加，水资源污染严重，而废水的处理量又少，水资源利用率及废水重复使用率低。

二、我国水利工程简介

（一）我国古代水利工程

水利在中国有着重要的地位和悠久的历史。历代有为的统治者，都把兴修水利作为治国安邦的大计，至春秋战国时期，我国已先后建成一批相当规模的水利工程。

1. 芍陂工程（图1-1-1）

春秋时期楚庄王十六年至二十三年（公元前598—前591年）由孙叔敖创建（另一说

为战国时楚子思所建），与都江堰、漳河渠、郑国渠并称为我国古代四大水利工程，迄今2500多年一直发挥不同程度的灌溉效益。芍陂工程在安丰城（今安徽省寿县境内）附近，位于大别山的北麓余脉，东、南、西三面地势较高，北面地势低洼，向淮河倾斜。每逢夏秋雨季，山洪暴发，形成涝灾；雨少时又常常出现旱灾。孙叔敖根据当地的地形特点，组织民众将东面的积石山、东南面龙池山和西面六安龙穴山流下来的溪水汇集于低洼的芍陂之中。修建五个水门，以石质闸门控制水量，“水涨则开门以疏之，水消则闭门以蓄之”，不仅天旱有水灌田，又可避免水多成灾。后来又在西南开了一道子午渠，上通淠河，扩大芍陂的灌溉水源，使芍陂达到“灌田万顷”的规模。

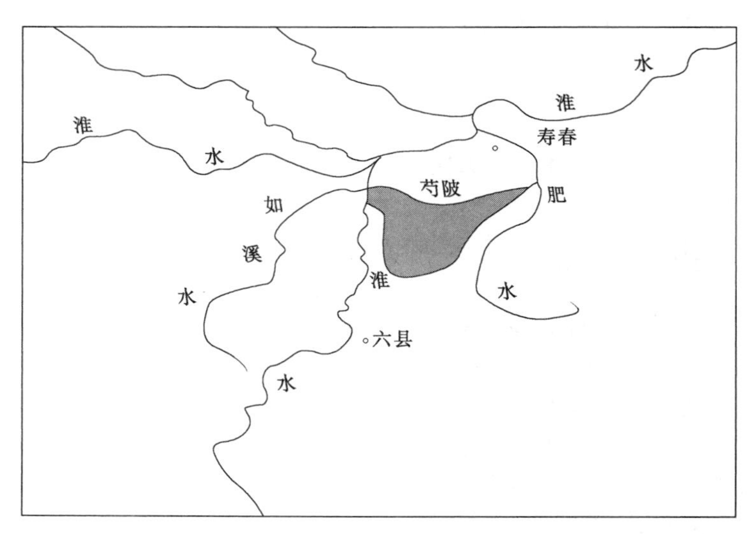

图1-1-1　芍陂工程水系示意图

2. 郑国渠（图1-1-2）

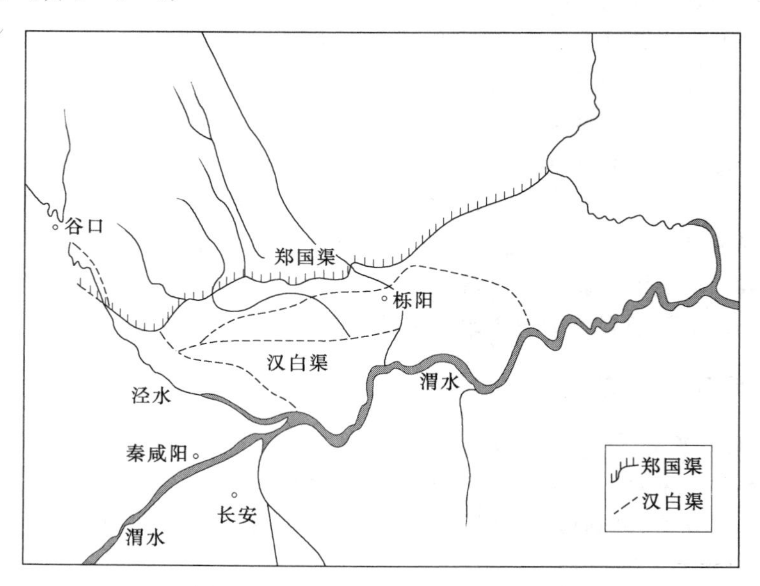

图1-1-2　郑国渠与汉白渠示意图

郑国渠是最早在陕西省关中地区建设的大型水利工程，战国末年由秦国穿凿，公元前246年由韩国水工郑国主持兴建，约10年后完工。工程位于现在的泾阳县西北25km的泾河北岸。它西引泾水东注洛水，长达150余km（灌溉面积号称4万km^2）。

3. 都江堰水利工程（图1-1-3）

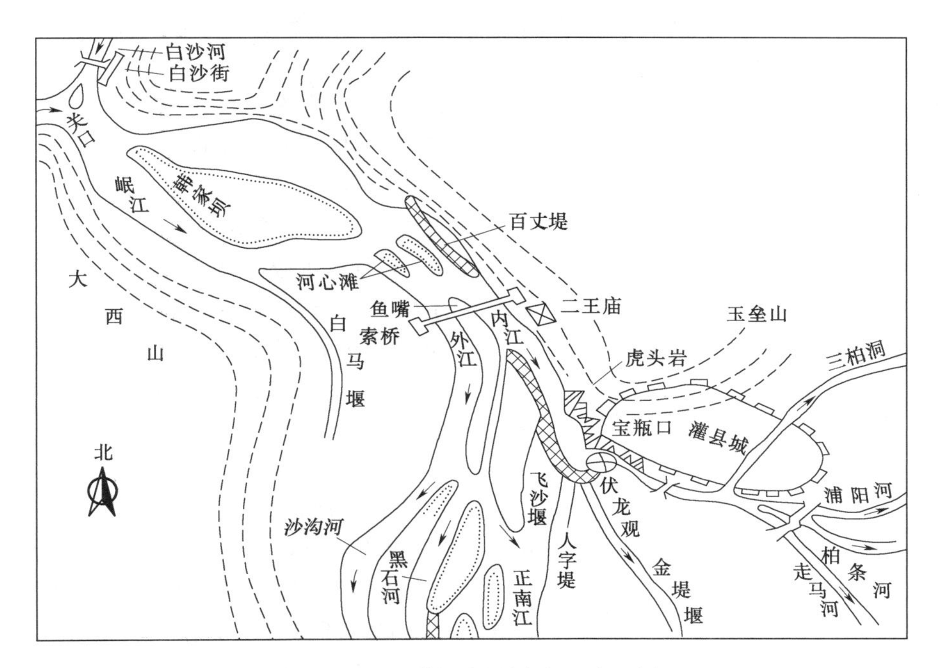

图1-1-3 都江堰引水枢纽布置图

都江堰位于四川省境内岷江进入成都平原的始段，是一座灌溉成都平原的大型古代水利工程。晋代称都安大堰、湔堋，唐代又名楗尾堰，宋代始称都江堰。都江堰相沿2200多年，是现存世界上历史最长的无坝引水水利工程。主要建筑物组成中，鱼嘴是都江堰的分水工程，因其形如鱼嘴而得名，位于岷江江心，把岷江分成内外两江。西边叫外江，俗称“金马河”，是岷江正流，主要用于排洪；东边沿山脚的叫内江，是人工引水渠道，主要用于灌溉 。飞沙堰具有泄洪排沙的显著功能，当内江的水量超过宝瓶口流量上限时，多余的水便从飞沙堰自行溢出。如遇特大洪水的非常情况，它还会自行溃堤，让大量江水回归岷江正流，并且在泄洪的同时起到清淤的作用。宝瓶口起着“节制闸”作用，能自动控制内江进水量，是前山（今名灌口山、玉垒山）伸向岷江的长脊上凿开的一个口子，是人工凿成控制内江进水的咽喉。

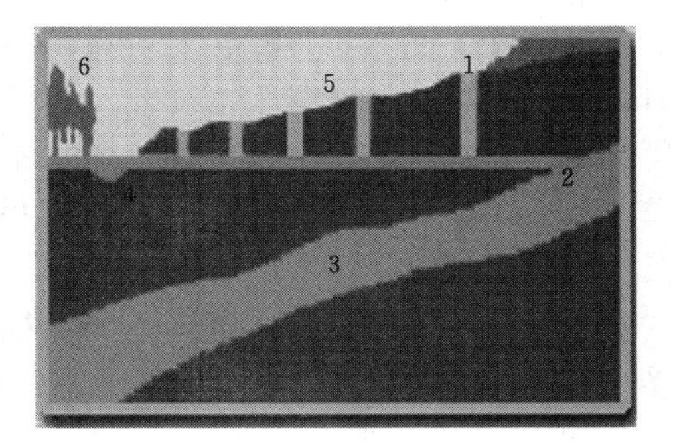

图1-1-4 坎儿井示意图

1—立井；2—暗渠；3—含水层；4—明渠；5—地面；6—绿洲

4. 坎儿井（图1-1-4）

利用若干竖井的地下渠道引用地下水、实

现自流灌溉的一种水利设施，简称坎儿井。坎儿井的做法：先凿竖井探明水脉（含水层），然后沿水脉上游和下游挖掘一长排竖井。竖井间距一般在上游为80～100m，下游每隔10～20m一个。竖井的深度，向下游逐渐减小。各个竖井之间的地层挖通成为高约2m、宽约1m的卵形暗渠，暗渠长度不一，最长可达30km。新疆吐鲁番盆地各县和哈密一带采用较多。坎儿井在吐鲁番、哈密等地的形成具备了三个基本条件：①有丰富的地下水源；②形成一定的坡降；③有防渗透和防坍塌的土质。

近年来，吐鲁番的坎儿井呈衰减之势，目前仅存725条左右。减少的首要原因是吐鲁番地区绿洲外围生态系统的严重破坏。水资源日渐短缺，地下水位不断下降，坎儿井水流量也逐年减少。

5. 京杭大运河（图1-1-5）

京杭大运河是世界上里程最长、工程最大、最古老的人工运河之一。北起涿郡（今北京），南至余杭（今杭州），经北京、天津两市及河北、山东、江苏、浙江四省，贯通海河、黄河、淮河、长江、钱塘江五大水系，全长约1794km，开凿到现在已有2500多年的历史。由人工河道和部分河流、湖泊共同组成，全程可分为七段。京杭大运河是我国仅次于长江的第二条“黄金水道”，价值堪比长城，为历代漕运要道，对南北经济和文化交流发挥着重要作用，成为南水北调的输水通道。

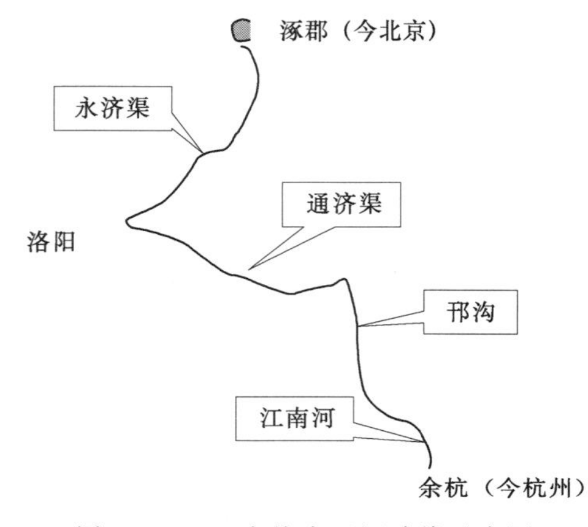

图1-1-5　京杭大运河路线示意图

（二）我国现代水利工程

1. 三峡工程

三峡工程全称为长江三峡水利枢纽工程。坝址位于湖北省宜昌市三斗坪，在已建成的葛洲坝水利枢纽上游约40km。三峡工程建筑物由大坝、水电站厂房和通航建筑物三大部分组成。整个工程包括一座混凝土重力式大坝、泄水闸、一座坝后式水电站、一座永久性通航船闸和一架升船机。三峡工程枢纽平面布置如图1-1-6所示。

坝轴线全长2308m，最大坝高185m，正常蓄水位175m。水电站左岸厂房全长643.6m，安装14台水轮发电机组；右岸厂房全长584.2m，安装12台水轮发电机组，右岸白云山体内安装6台发电机组。全电站32台机组均为单机容量70万kW的混流式水轮发电机组，总装机容量为2240万kW，年平均发电量846.8亿kW·h。通航建筑物位于左岸，永久通航建筑物为双线五级连续梯级船闸，单级闸室的有效尺寸为280m×34m×5m（长×宽×坎上水深），可通过万吨级船队。升船机为单线一级垂直提升式，承船厢有效尺寸120m×18m×3.5m，一次可通过3000t级的客货轮。

三峡工程总工期17年，共分三期。一期工程5年（1993—1997年），除准备工程外，主要进行一期围堰填筑，导流明渠开挖。修筑混凝土纵向围堰，以及修建左岸临时船闸（120m高），并开始修建左岸永久船闸、升船机及左岸部分土石坝段的施工。二期工程6年（1998—2003年），工程主要任务是修筑二期围堰，左岸大坝的电站设施建设及机组安

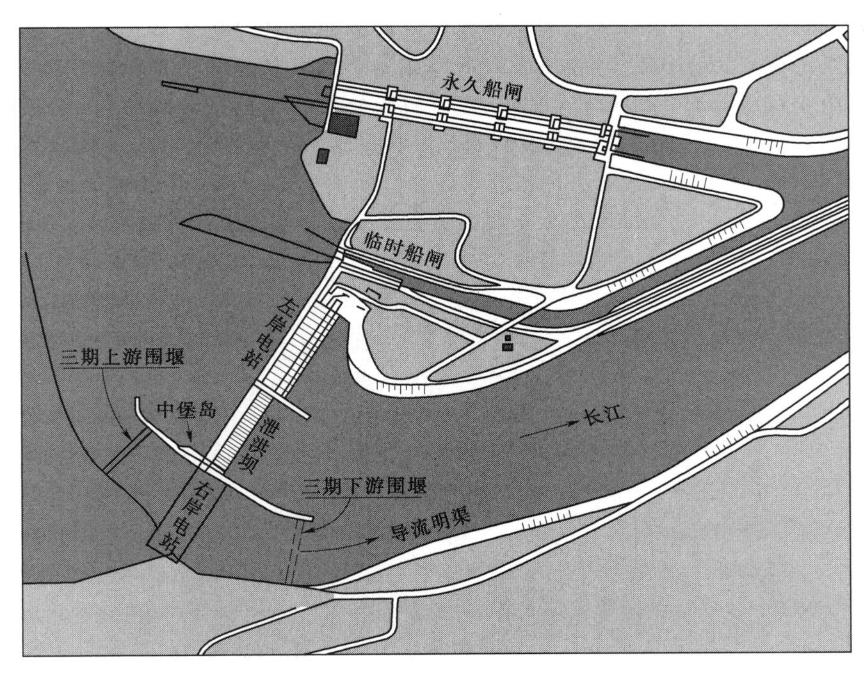

图 1-1-6　三峡工程枢纽平面布置图

装，同时继续进行并完成永久船闸、升船机的施工，2003 年 11 月左岸第一批机组发电。三期工程 6 年（2003—2009 年），本期进行右岸大坝和电站的施工，并继续完成全部机组安装。三峡工程是当今世界最大的水利水电枢纽工程，在防洪、发电、航运等方面具有巨大的综合效益。

2. 小浪底水利枢纽工程

小浪底水利枢纽工程位于河南省洛阳市以北，黄河中游最后一段峡谷的出口处，上距三门峡水利枢纽 130km，下距郑州花园口 128km，控制流域面积 69.42 万 km^2，占黄河流域面积的 92.3%，是黄河中下游的控制性骨干工程。其开发目标以防洪、防凌、减淤为主，兼顾供水、灌溉和发电。

小浪底水利枢纽工程由拦河大坝、泄洪排沙系统和引水发电系统三部分组成，枢纽平面布置如图 1-1-7 所示。拦河大坝为壤土斜心墙堆石坝，最大坝高 154m，坝顶长 1667m，坝顶宽 15m，最大坝底宽 864m。坝体总填筑量 5185 万 m^3，其混凝土防渗墙是国内最深、最厚的防渗墙（墙宽 1.2m，最深 80m）。泄洪排沙系统分进水口、洞群和出口三个部分。引水发电系统由 6 条引水发电洞、1 座地下厂房、1 座主变室、1 座尾闸室和 3 条尾水洞组成。主厂房最大开挖高度 61.44m、宽 26.2m、长 251.5m，是目前国内最大的地下厂房之一。

小浪底水利枢纽工程于 1991 年 9 月开始前期准备工作，1994 年 9 月主体工程开工，1997 年 10 月 28 日大河截流，1999 年底首台机组发电，2001 年 12 月 31 日全部竣工，总工期 11 年。

小浪底水利枢纽工程建设全面推选了业主责任制、招标投标制、建设监理制，与国际工程管理实现了全方位的接轨。该枢纽主体工程建设采用国际招标，以意大利英波基洛公司为责任方的黄河承包商中标承建大坝工程；以德国旭普林公司为责任方的中德意联营体中标承建泄洪工程；以法国杜美兹公司为责任方的小浪底联营体中标承建引水发电设施工程；水轮机由美国福伊特公司中标制造，发电机由哈尔滨电机厂有限责任公司和东方电机股份有限公司联合制造；机电安装工程由水电十四局、水电四局、水电三局组成的FFT联营体中标。

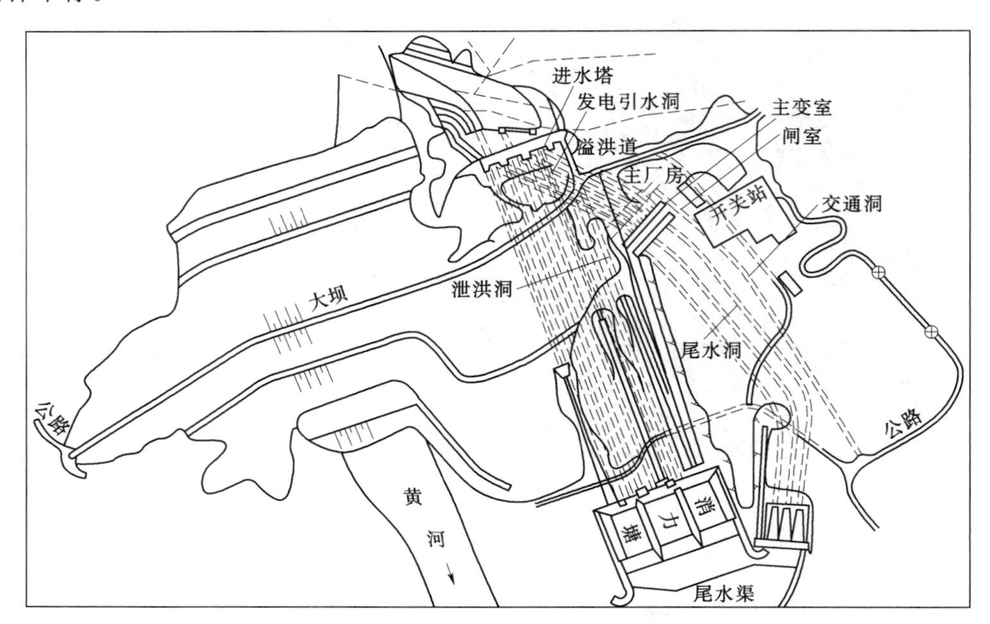

图1-1-7　小浪底水利枢纽平面布置图

3. 南水北调工程

南水北调是缓解中国北方水资源严重短缺局面的重大战略性工程。我国南涝北旱，南水北调工程通过跨流域的水资源合理配置，大大缓解了我国北方水资源严重短缺问题，促进了南北方经济、社会与人口、资源、环境的协调发展，分东线、中线、西线三条调水线。西线工程在最高一级的青藏高原上，地形上可以控制整个西北和华北，因长江上游水量有限，只能为黄河上中游的西北地区和华北部分地区补水；中线工程从长江支流汉江中上游湖北丹江口水库引水，可自流供水（由水电站自然水头来保证供水系统水压的供水方式）给黄淮海平原大部分地区；东线工程位于最东部，因地势低需抽水北送。

（1）东线工程。南水北调东线工程的起点在长江下游的江苏江都区，终点在天津。东线工程供水范围涉及江苏、安徽、山东、河北、天津五省（直辖市），目的是缓解五个省市水资源短缺的状况。东线主体工程由输水工程、蓄水工程、供电工程三部分组成。利用江苏省已有的江水北调工程，逐步扩大调水规模并延长输水线路。东线工程从长江下游扬州抽引长江水，利用京杭大运河及与其平行的河道逐级提水北送，并连接起调蓄作用的洪泽湖、骆马湖、南四湖、东平湖。出东平湖后分两路输水：一路向北，在位山附近经隧洞穿过黄河；另一路向东，通过胶东地区输水干线经济南输水到烟台、威海。东线工程开工最早，并且有现成输水道。如图1-1-8（a）所示。

（2）中线工程。南水北调中线的源头位于河南省西南部和湖北省西北部交界处，从湖

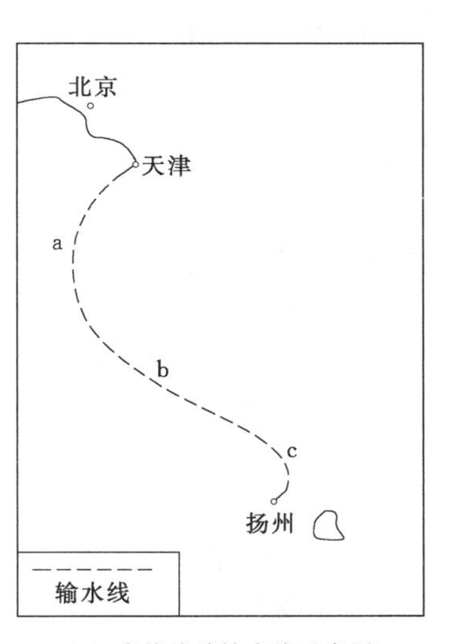

(a) 东线线路输水线示意图

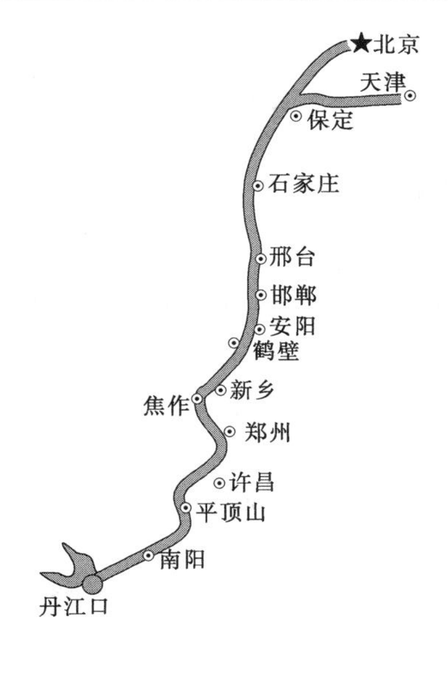

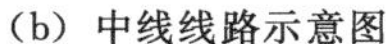

(b) 中线线路示意图

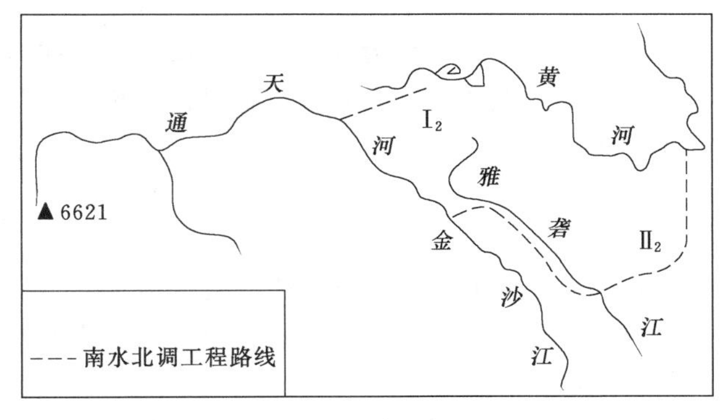

(c) 西线线路示意图

图 1-1-8 南水北调路线图

北丹江口大坝加高扩容后的汉江丹江口水库调水，经陶岔渠首（位于引水渠道之首，陶岔被称为中国第一渠首），沿豫西南唐白河流域西侧过长江流域与淮河流域的分水岭方城垭口后，经黄淮海平原西部边缘，在郑州以西孤柏嘴处穿过黄河，继续沿京广铁路西侧北上，可基本自流到终点北京。中线工程主要向河南、河北、天津、北京四省（直辖市）沿线的 20 余座城市供水。中线工程已于 2003 年 12 月 30 日开工，2014 年 12 月正式通水。如图 1-1-8（b）所示。

（3）西线工程。在长江上游通天河、支流雅砻江和大渡河上游筑坝建库，开凿穿过长江与黄河的分水岭巴颜喀拉山的输水隧洞，调长江水入黄河上游。西线工程的供水目标主要是解决涉及青海、甘肃、宁夏、内蒙古、陕西、山西六省（自治区）黄河上中游地区和渭河关中平原的缺水问题。该线工程地处青藏高原，海拔高，地质构造复杂，地震烈度大，且要修建 200m 左右的高坝和长达 100km 以上的隧洞，工程技术复杂，耗资巨大，现仍处于可行性研究阶段，还未开工建设。如图 1-1-8（c）所示。

第二节　水利工程基本概念

一、水利工程、水工建筑物及水利枢纽

（一）水利工程

水利工程是指为了控制和利用自然界的地面水和地下水，以达到除害兴利目的而兴建的各项工程的总称。按其承担的任务可分为防洪工程、灌溉排水工程或农田灌溉工程、水力发电工程、供水和排水工程、水质净化和污水处理工程等；按其对水的作用可分为蓄水工程、排水工程、取水工程、输水工程、提水工程、水质净化和污水处理工程。

（二）水工建筑物及水利枢纽

1. 水工建筑物

水工建筑物是为兴水利除水害而修建的建筑物。为了满足防洪要求，获得发电、灌溉、供水等方面的效益，需要在河流的适宜地段修建不同类型的建筑物，用来控制和分配水流。

2. 水利枢纽

由不同类型水工建筑物组成的综合体称为水利枢纽。以某一单项为主而兴建的水利枢纽，虽同时可能还有其他综合利用效益，则常冠以主要目标名称，如防洪枢纽、水力发电枢纽、航运枢纽、取水枢纽等。

3. 水工建筑物的类型及特点

（1）水工建筑物的分类。

水工建筑物一般按其作用、用途和使用时期等来进行分类。

水工建筑物按其作用可分为挡水建筑物、泄水建筑物、输水建筑物、取（进）水建筑物、整治建筑物以及专门建筑物。

1）挡水建筑物。是用来拦截江河、形成水库或壅高水位的建筑物，如各种坝、水闸以及沿江河海岸修建的堤防、海塘等。

2）泄水建筑物。是用于宣泄多余洪水量、排放泥沙和冰凌，以及为了人防、检修而放空水库、渠道等，以保证大坝和其他建筑物安全的建筑物，如各种溢流坝、坝身泄水孔、岸边溢洪道和泄水隧洞等。

3）输水建筑物。是为了发电、灌溉和供水，从上游向下游输水用的建筑物，如引水隧洞、引水涵洞、渠道、渡槽、倒虹吸等。

4）取（进）水建筑物。是输水建筑物的首部建筑物，如引水隧洞的进水口段、灌溉渠首和供水用的进水闸、扬水站等。

5）整治建筑物。是用以改善河流的水流条件，调整河流水流对河床及河岸的作用以及为防护水库、湖泊中的波浪和水流对岸坡冲刷的建筑物，如丁坝、顺坝、导流堤、护堤和护岸等。

6）专门建筑物。如专为灌溉用的沉沙池、冲沙闸；专为发电用的引水管道、压力前池、调压室、电站厂房；专为过坝用的升船机、船闸、鱼道、过木道等。

水工建筑物按其用途可分为一般性建筑物和专门性建筑物。

1）一般性建筑物。具有通用性，如挡水坝、水闸等。

2）专门性建筑物。仅用于某一个水利工程，只实现其特定的用途。专门性水工建筑物又分为水电站建筑物、水运建筑物、农田水利建筑物、给水排水建筑物、过鱼建筑物等。

水工建筑物按使用时间可分为永久性建筑物和临时性建筑物。

1）永久性建筑物。是指工程运行期间长期使用的水工建筑物。根据其重要性又分为主要建筑物和次要建筑物。主要水工建筑物是指失事后将造成下游灾害或严重影响工程效益的建筑物，如大坝、水闸、泄洪建筑物、输水建筑物及电站厂房等；次要水工建筑物是指失事后将不致造成下游灾害，或者对工程效益影响不大并易于修复的建筑物，如挡土墙、导流墙、工作桥及护岸等。

2）临时性建筑物。是指工程施工期间使用的建筑物，如围堰、导流明渠等。

（2）水工建筑物的特点。

1）工作条件复杂。水工建筑物的地基有岩基，也有土基，情况往往比较复杂。在岩基中，经常会遇到节理、裂隙、断层、破碎带、软弱夹层等地质构造；在土基中，可能会遇到压缩性大的土层，也可能会遇到流动性较大的细砂层。这些地质条件必须认真进行地基处理。

受地形、地质、水文、施工等条件的影响，每座水工建筑物都有其自身的特定条件，都具有一定的个别性。

由于上、下游存在水位差，水工建筑物一般要承受相当大的水压力作用，因此水工建筑物及其地基必须具有足够的强度、稳定性。高水头的泄水在做好消能防冲工作的同时，还应防止高速水流产生的气蚀、磨损等破坏；此外，渗流不仅增加了建筑物荷载，也可能造成建筑物失事。

在多泥沙河流中，水工建筑物将长期受泥沙淤积产生的淤沙压力作用，同时在泄洪或发电时，还会受到泥沙的磨损作用，严重时将影响建筑物的正常工作甚至降低其寿命。

2）施工难度大。在河道中修建的水工建筑物，需要首先解决好施工导流和截流工作，施工技术复杂、难度大。截流、导流、度汛需要抢时间，争进度，而且往往是在水中施工，施工程度、施工强度和施工组织出现丝毫疏漏，将延误工期，并造成损失。

水工建筑物的工程量一般都比较大，建筑物往往需要开挖一定深度的基坑，还要做一些相当复杂的基础处理。另外，水工建筑物中的大体积混凝土结构，面临必须解决混凝土施工及大体积混凝土温度控制措施问题。水工建筑物多为水下工程、地下工程，施工条件差，施工干扰多，施工期限长，施工场地狭窄，交通运输困难，施工难度相当大。

3）环境影响大。水工建筑物，尤其是大型水利枢纽，具有显著的经济效益、社会效益和环境效益，但也会对环境造成负面影响，如蓄水区的土地淹没、移民、水生生态系统的破坏、建筑物上游泥沙淤积、下游河道冲刷、诱发地震等问题，需要进行严格的环境影响评价，并采取有效措施，保护环境。

4）失事后果严重。作为蓄水、挡水的水工建筑物，其破坏和失事，往往会给国家和社会造成巨大灾害和损失。例如 1975 年 8 月，河南驻马店地区的板桥水库决口，导致全地区大小 26 座水库相继崩堤垮坝，9 县 1 镇东西 150km、南北 75km 范围内一片汪洋，400 多万群众被洪水围困，10 多万群众死亡，30 多万头大牲畜漂没，300 多万间房屋倒塌，直接经济损失 34.97 亿元，被列为“全球科技灾害第一名”。

二、水库中的特征水位与特征库容

水库中的特征水位与特征库容如图 1-2-1 所示。

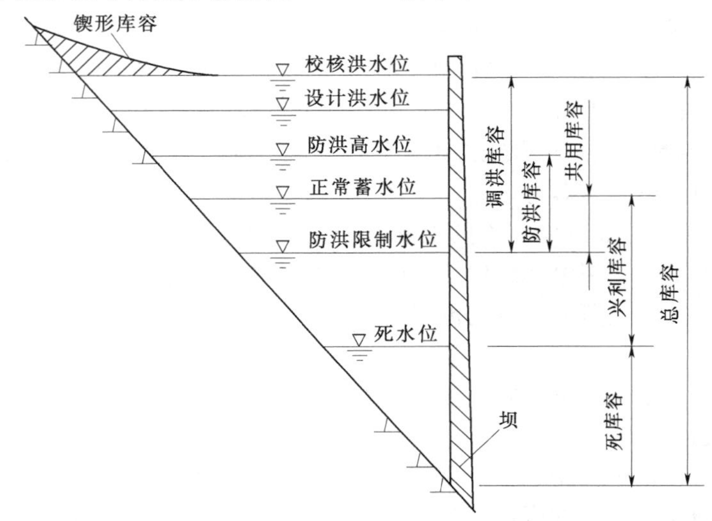

图 1-2-1　水库特征水位与特征库容示意图

（一）水库特征水位

（1）校核洪水位。水库遇大坝的校核洪水时在坝前达到的最高水位。

（2）设计洪水位。水库遇大坝的设计洪水时在坝前达到的最高水位。

（3）防洪高水位。水库遇下游保护对象的设计洪水时在坝前达到的最高水位。

（4）防洪限制水位（汛前限制水位）。水库在汛期允许兴利的上限水位，也是水库汛期防洪运用时的起调水位。

（5）正常蓄水位（正常高水位、设计蓄水位、兴利水位）。水库在正常运用的情况下，为满足设计的兴利要求在供水期开始时应蓄到的最高水位。

（6）死水位。水库在正常运用的情况下，允许消落到的最低水位。

（二）水库特征库容

（1）静库容。坝前某一特征水位水平面以下的水库容积。

（2）总库容。校核洪水位以下的水库静库容。

（3）防洪库容。防洪高水位至防洪限制水位之间的水库容积。

（4）调洪库容。校核洪水位至防洪限制水位之间的水库容积。

（5）兴利库容（有效库容、调节库容）。正常蓄水位至死水位之间的水库容积。

（6）共用库容（重复利用库容、结合库容）。正常蓄水位至防洪限制水位之间汛期用

于蓄洪、非汛期用于兴利的水库容积。

(7) 死库容。死水位以下的水库容积。

三、水利枢纽的分等与水工建筑物的分级

为使工程的安全可靠性与其造价的经济合理性适当统一起来，水利枢纽及其组成建筑物要分等分级，即先按工程的规模、效益及其在国民经济中的重要性，将水利枢纽分等，而后再对各组成建筑物按其所属枢纽等别、建筑物作用及重要性进行分级。枢纽工程、建筑物的等级不同，对其规划、设计、施工、运行管理的要求也不同，等级越高者要求也越高。这种分等分级区别对待的方法，也是国家经济政策和技术政策的一种重要体现。

(一) 水利枢纽的分等

我国根据《水利水电工程等级划分及洪水标准》(SL 252—2017) 的规定，水利水电工程根据其工程规模、效益以及在国民经济中的重要性，划分为Ⅰ、Ⅱ、Ⅲ、Ⅳ、Ⅴ五等，适用于不同地区、不同条件下建设的防洪、灌溉、发电、供水和治涝等水利水电工程。水利水电工程分等指标如表 1-2-1 所示，对拦河闸和灌排泵站作为水利水电工程的一个组成部分或单个建筑物时，不再单独确定工程等别；作为独立项目建设时，按表分等指标见表 1-2-2、表 1-2-3。

表 1-2-1　水利水电枢纽工程分等指标

工程等别	工程规模	水库总库容 /$10^8 m^3$	防洪			治涝	灌溉	供水		发电
			保护人口 /10^4 人	保护农田面积 /10^4 亩	保护区当量经济规模 /10^4 人	治涝面积 /10^4 亩	灌溉面积 /10^4 亩	供水对象重要性	年引水量 /$10^8 m^3$	发电装机容量 /MW
Ⅰ	大 (1) 型	≥10	≥150	≥500	≥300	≥200	≥150	特别重要	≥10	≥1200
Ⅱ	大 (2) 型	<10, ≥1.0	<150, ≥50	<500, ≥100	<300, ≥100	<200, ≥60	<150, ≥50	重要	<10, ≥3	<1200, ≥300
Ⅲ	中型	<1.0, ≥0.1	<50, ≥20	<100, ≥30	<100, ≥40	<60, ≥15	<50, ≥5	比较重要	<3, ≥1	<300, ≥50
Ⅳ	小 (1) 型	<0.1, ≥0.01	<20, ≥5	<30, ≥5	<40, ≥10	<15, ≥3	<5, ≥0.5	一般	<1, ≥0.3	<50, ≥10
Ⅴ	小 (2) 型	<0.01, ≥0.001	<5	<5	<10	<3	<0.5		<0.3	<10

注 1. 水库总库容指水库最高水位以下的静库容；治涝面积指设计治涝面积；年饮水量指供水工程渠道设计年均引(取) 水量。
2. 保护区当量经济规模指标仅限于城市保护区；防洪、供水中的多项指标满足 1 项即可。
3. 按洪水对象的重要性确定工程等别时，该工程应为供水对象的主要水源。

表1-2-1中，对于综合利用的工程，如按各综合利用项目的分数指标确定等别不同时，其工程等别应以其中的最高等别为准。

表1-2-2　拦河闸分等指标

工程等别	工程规模	过闸流量/(m^3/s)
Ⅰ	大（1）型	≥5000
Ⅱ	大（2）型	5000～1000
Ⅲ	中型	1000～100
Ⅳ	小（1）型	100～20
Ⅴ	小（2）型	<20

表1-2-3　灌溉、排水泵站分等指标

工程等别	工程规模	分等指标	
		装机流量/(m^3/s)	装机功率/10^4 kW
Ⅰ	大（1）型	≥200	≥3
Ⅱ	大（2）型	200～50	3～1
Ⅲ	中型	50～10	1～0.1
Ⅳ	小（1）型	10～2	0.1～0.01
Ⅴ	小（2）型	<2	<0.01

（二）水工建筑物的分级

水利水电工程中水工建筑物的级别，反映了工程对水工建筑物的技术要求和安全要求，应根据所属工程的等别及其在工程中的作用和重要性分析确定。

1. 永久性水工建筑物级别

水利水电工程的永久性水工建筑物的级别应该根据建筑物所在工程的等别以及建筑物的重要性确定为五级，分别为1、2、3、4、5级，见表1-2-4。

表1-2-4　永久性水工建筑物级别

工程等别	主要建筑物	次要建筑物	工程等别	主要建筑物	次要建筑物
Ⅰ	1	3	Ⅳ	4	5
Ⅱ	2	3	Ⅴ	5	5
Ⅲ	3	4			

对于2～5级永久建筑：①水库大坝高度超过表1-2-5中数值者提高一级，但洪水标准不予提高；②建筑物采用新型结构或基础工程地质条件特别复杂时，提高一级，但洪水标准不予提高；③失事后损失巨大或影响十分严重的建筑物，经论证并报主管部门批准，可提高一级，对于低水头工程或失事损失不大，级别经论证可适当降低一级；④高填方渠道、大跨度或高排架渡槽、高水头倒虹吸等永久建筑物，经论证后可提高一级，但洪水标准不予提高。

表 1－2－5　　　　水库大坝提级指标

坝的级别	坝型	坝高/m	坝的级别	坝型	坝高/m
2	土石坝	90	3	土石坝	70
	混凝土坝、浆砌石坝	130		混凝土坝、浆砌石坝	100

当水电站厂房永久性水工建筑物与水库工程挡水建筑物共同挡水时，建筑物级别按表 1－2－4 确定。当水电站厂房永久性水果建筑物不承担挡水任务，失事后不影响挡水建筑物安全时，建筑物级别按表 1－2－6 确定。

表 1－2－6　　　　水电站厂房永久水工建筑物级别

坝的级别	主要建筑物	次要建筑物	坝的级别	主要建筑物	次要建筑物
≥1200	1	3	＜50，≥10	4	5
＜1200，≥300	2	3	＜10	5	5
＜300，≥50	3	4			

不同级别的水工建筑物在以下几个方面应有不同的要求：

（1）抵御洪水能力。如建筑物的设计洪水标准、坝（闸）顶安全超高等。

（2）稳定性及控制强度。如建筑物的抗滑稳定强度安全系数，混凝土材料的变形及裂缝的控制要求等。

（3）建筑材料的选用。如不同级别的水工建筑物中选用材料的品种、质量、标号及耐久性等。

（4）运行可靠性。如建筑物各部分尺寸裕度及是否专门设备等。

2. 临时性水工建筑物级别

对于水利水电工程施工期使用的临时性挡水和泄水建筑物的级别，应根据保护对象的重要性、失事造成的后果、使用年限和临时建筑物的规模，按表 1－2－7 确定。对于同时分属于不同级别的临时性水工建筑物，其级别应按照其中最高级别确定。但对于 3 级临时性水工建筑物，符合该级规定的指标不得少于两项。利用临时性水工建筑物挡水发电、通航时，经过技术经济论证，建筑物级别可提高一级；失事后造成损失不大的 3 级、4 级临时性水工建筑物，其级别论证后可适当降低。

表 1－2－7　　　　临时性水工建筑物级别

建筑物级别	保护对象	失事后果	使用年限/年	临时性水工建筑物规模	
				高度/m	库容/$10^8 m^3$
3	有特殊要求的 1 级永久性水工建筑物	淹没重要城镇、工矿企业、交通干线或推迟总工期及第一台（批）机组发电，推迟工程发挥效益，造成重大灾害和损失	＞3	＞50	＞1.0
4	1 级、2 级永久性水工建筑物	淹没一般城镇、工矿企业、或影响总工期及第一台（批）机组发电，推迟工程发挥效益，造成较大经济损失	3～1.5	50～15	1.0～0.1

续表

建筑物级别	保护对象	失事后果	使用年限/年	临时性水工建筑物规模	
				高度/m	库容/$10^8 m^3$
5	3级、4级永久性水工建筑物	淹没基坑，但对总工期及第一台（批）机组发电影响不大，对工程发挥效益影响不大，经济损失较小	<1.5	<15	<1.0

（三）洪水标准

在水利水电工程设计中不同等级的建筑物所采用的按某种频率或重现期表示的洪水称为洪水标准，包括洪峰流量和洪水总量。

永久性水工建筑物所采用的洪水标准，分为设计洪水标准和校核洪水标准两种情况。临时性水工建筑物的洪水标准，应根据建筑物的结构类型和级别，结合风险度综合分析，合理选择，对失事后果严重的，应考虑超标准洪水的应急措施。各类水利水电工程的洪水标准应按《水利水电工程等级划分及洪水标准》（SL 252—2017）确定。

1. 永久性水工建筑物的洪水标准

水利水电工程永久性水工建筑物的洪水标准，应按山区、丘陵地区和平原、滨海地区分别确定。江河采取梯级开发方式，在确定各梯级永久性水工建筑物的洪水标准时，还应结合江河治理和开发利用规划，统筹研究，相互协调。

（1）山区、丘陵地区水库工程永久性水工建筑物的洪水标准，应按表1-2-8确定。

表1-2-8　山区、丘陵地区水库工程永久性水工建筑物的洪水标准［重现期（年）］

项目			永久性水工建筑物级别				
			1	2	3	4	5
洪水重现期/年	设计情况		1000～500	500～100	100～50	50～30	30～20
	校核情况	土石坝	可能最大洪水（PMF）10000～5000	5000～2000	2000～1000	2000～1000	300～200
		混凝土坝、浆砌石坝	5000～2000	2000～1000	1000～500	500～200	200～100

（2）平原、滨海地区水库工程永久性水工建筑物洪水标准，应按表1-2-9确定。

表1-2-9　平原、滨海地区水库工程永久性水工建筑物的洪水标准［重现期（年）］

项目		永久性水工建筑物级别				
		1	2	3	4	5
水库工程	设计	300～100	100～50	50～20	20～10	10
	校核	2000～1000	1000～300	300～100	100～50	50～20

（3）水电站厂房永久性水工建筑物的洪水标准，应按表1-2-10确定。

表 1-2-10　　水电站厂房永久性水工建筑物洪水标准［重现期（年）］

水电站厂房级别		1	2	3	4	5
山区、丘陵区	设计洪水标准	200	200～100	100～50	50～30	30～20
	校核洪水标准	1000	500	200	100	50
平原、滨海区	设计洪水标准	300～100	100～50	50～20	20～10	10
	校核海水标准	2000～1000	1000～300	300～100	100～50	50～20

当山区、丘陵地区的水利水电工程永久性水工建筑物的挡水高度低于15m，且上下游最大水头差小于10m时，其洪水标准宜按平原、滨海地区标准确定。当平原、滨海地区的水利水电工程永久性水工建筑物的挡水高度高于15m，且上下游最大水头差大于10m时，其洪水标准宜按山区、丘陵地区标准确定。

2. 临时性水工建筑物的洪水标准

临时性水工建筑物的洪水标准，应根据结构类型和级别，按表1－2－11综合分析确定。临时性水工建筑物失事后果严重时，应考虑发生超标准洪水时的应急措施。

表 1-2-11　　临时性水工建筑物洪水标准［重现期（年）］

临时性建筑物类型	临时性水工建筑物级别		
	3	4	5
土石结构	50～20	20～10	10～5
混凝土坝、浆砌石结构	20～10	10～5	5～3

本　章　小　结

本章主要讲述了我国水资源分布状况及特点以及我国古代、现代水利工程建设概况；水利枢纽及水工建筑物的基本概念；水利工程及水工建筑物如何分等分级，相应的洪水标准如何选择；水库特征水位和相应特征库容的概念。

自　测　练　习　题

一、名词解释

水利枢纽、水工建筑物、永久性建筑物、临时性建筑物、次要建筑物、主要建筑物。

二、填空题

1. 水利工程的任务是________和________。

2. 蓄水枢纽中应包含的基本建筑物有________、________和________三种。

3. 水工建筑物按作用分有________、________、________、________、________、________六大类。

4. 水工建筑物按使用期限分有________和________两大类。

5. 为了解决________和________之间的矛盾，将水利枢纽工程按其________、________及其________划分为不同等别。

6. 对水利枢纽中的水工建筑物，按其________和________进行分级。

7. 等别是对________而言的，级别是对________而言的。

8. 规范中规定水利水电枢纽工程划分为________等，而临时性水工建筑物划分为________级。

三、判断题

1. 临时性水工建筑物不作为长期使用，所以不用进行级别划分。(　　)

2. 工程等别确定后不再改变，建筑物级别则根据具体情况，经过论证，可适当提高或降低。(　　)

3. 水利枢纽按其规模、效益及重要性分等，而水工建筑物则按其作用和重要性分级。(　　)

四、简答题

1. 为什么要对水利水电枢纽工程分等和对水工建筑物分级？

2. 分等分级的原则是什么？

第二章　蓄水枢纽工程

【学习指导】 本章通过学习重力坝、土石坝、拱坝等挡水建筑物及隧洞、河岸溢洪道等泄水建筑物的工作原理、特点、类型，作用于挡水建筑物上的常见作用（荷载），能够根据工作任务和具体条件，选择挡水、泄水建筑物的形式和初拟断面基本尺寸；能够根据各类挡水、泄水建筑物的工作特点和具体条件，拟定其主要细部构造。

第一节　蓄水枢纽工程概述

综合利用的水库，常需具有防洪和几种兴利作用的多目的调节作用。一座水库，除必须有拦河坝外，为了保证工程安全，还需修建溢洪道等泄水建筑物，以宣泄多余洪水；同时修建水工隧洞、坝下涵管和坝身引水孔、管等引水建筑物，用来从水库引水以满足各项用水要求。水库工程中的挡水建筑物、泄水建筑物和引水建筑物组成一个综合体，形成蓄水枢纽工程。

一、蓄水枢纽的分类

蓄水枢纽的作用可以是单一的，但多数是综合利用的。枢纽正常运行中各部门对水的要求有所不同。如防洪部门希望汛前降低水位加大防洪库容，而兴利部门则扩大兴利库容而不愿汛前过多降低水位；水力发电只是利用水的能量而不消耗水能，发电后的尾水仍可用于农业灌溉或工业供水，但发电、灌溉、供水的用水时间不一致，造成一定的矛盾。所以在规划设计蓄水枢纽时，尽量考虑各方需求，解决矛盾，降低工程造价，满足国民经济各部门的需要。

蓄水枢纽随修建地点的地理条件不同，有山区、丘陵地区水利枢纽和平原、滨海地区水利枢纽之分；随枢纽上下游水位差的不同，有高、中、低水头之分，一般以70m以上者为高水头枢纽，30～70m者为中水头水利枢纽，30m以下者为低水头水利枢纽。

二、蓄水枢纽的建筑物组成

蓄水枢纽一般由挡水建筑物、泄水建筑物和引水建筑物组成。

挡水建筑物用以拦截江河水流，抬高上游水位以形成水库，如各种拦河坝、拦河闸等。根据不同的筑坝材料与坝型，可将坝分为：用当地土、石料修建的土坝和堆石坝，用浆砌石、混凝土修建的重力坝和拱坝，用浆砌石、混凝土以及钢筋混凝土修建的大头坝和轻型支墩坝等。在我国已建成的8.6万余座大、中、小型水库中，拦河坝采用土石坝是最多的，其次是砌石及混凝土重力坝和拱坝、堆石坝，其他坝型采用得较少。

泄水建筑物是指用以宣泄河道入库水量超过水库调蓄能力的多余洪水，以确保大坝及有关建筑物的安全，如河岸溢洪道、泄洪洞、重力坝溢流坝段、坝身泄水孔等。泄水建筑物分河岸式与河床式两类，前者位置远离挡水建筑物，泄流时对坝体安全影响较小；后者枢纽建筑物布置紧凑，运行管理较方便。水工隧洞除在蓄水枢纽中作泄水及引水建筑物外，也可在渠道系统中用作输水之用。

第二节　挡水类建筑物

一、重力坝

（一）概述

1. 重力坝的工作原理及特点

重力坝是由混凝土或浆砌石修筑的大体积挡水建筑物，其基本剖面是直角三角形，整体由若干坝段组成。其工作原理是在水压力及其他荷载作用下，主要依靠坝体自重产生的抗滑力来满足稳定要求；同时依靠坝体自重产生的压应力来抵消由于水压力等所引起的拉应力以满足强度要求。混凝土重力坝结构如图2-2-1所示。

重力坝之所以被广泛采用，主要因为它具有以下优点：

（1）工作安全，运用可靠。重力坝剖面尺寸大，坝内应力较小，筑坝应力较小，筑坝材料强度较高，耐久性好，抵抗洪水漫顶、渗漏、地震及战争破坏能力比较强，安全性较高。

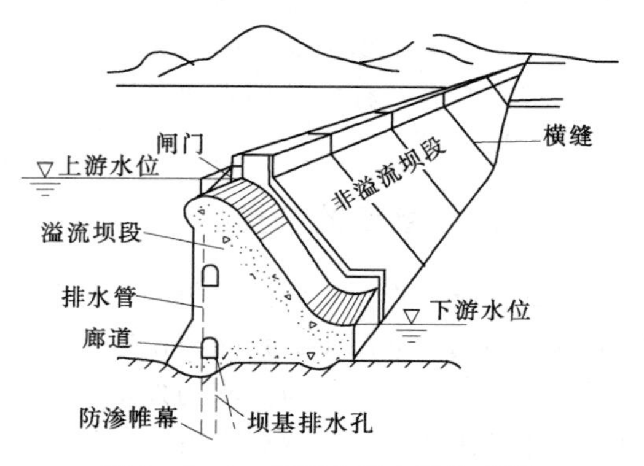

图2-2-1　混凝土重力坝示意图

（2）对地形、地质条件适应性较强。任何形状的河谷都可以修建重力坝。地质上除承载力低的软基和难以处理的断层、破碎带等构造的岩基外，均可建重力坝，甚至在土基上也可修建高度不大的重力坝。

（3）枢纽泄洪及导流问题容易解决。由于筑坝材料的抗冲能力强，所以施工期可以利用较低坝块或预留底孔导流，坝体可以做成溢流式，也可以在坝内不同高程设置排水孔，重力坝一般不需另设溢洪道或泄水涵洞。

（4）施工方便。大体积混凝土可以采用机械化施工，在放样、立模和混凝土浇筑等环节都比较方便。在后期维护、扩建、修复等方面也比较简单。

（5）传力系统明确，便于分析与设计；运行期间的维护及检修工作量较少。但需采用防渗排水设施及温控措施。

但是，重力坝也存在以下缺点：

（1）重力坝剖面尺寸大，材料用量多，材料的强度得不到充分发挥。

（2）坝底扬压力较大。由于重力坝坝体与地基的接触面积大，相应的坝底扬压力大，对坝体稳定不利。

(3) 水泥水化热较大。在施工期，混凝土凝结过程中产生大量的水化热，将引起坝体内温度和收缩应力，可能导致坝体产生裂缝。

2. 重力坝的类型

(1) 按坝的高度可分为低坝（坝高小于30m）、高坝（坝高大于70m）、中坝（坝高30～70m）。坝高是指坝基最低处（不含局部有深槽或井、洞部位）至坝顶的高度。

(2) 按泄水条件可分为溢流重力坝和非溢流重力坝。溢流坝段和坝内设有泄水孔的坝段统称为泄水坝段，非溢流坝段也称挡水坝段。

(3) 按筑坝材料可分为混凝土重力坝和浆砌石重力坝。前者常用于重要的和较高的重力坝；后者可就地取材，节省水泥用量，且砌石技术易掌握，可用于中小型工程中。

(4) 按结构形式可分为实体重力坝、宽缝重力坝、空腹重力坝、预应力重力坝、装配式重力坝等，如图2-2-2所示。

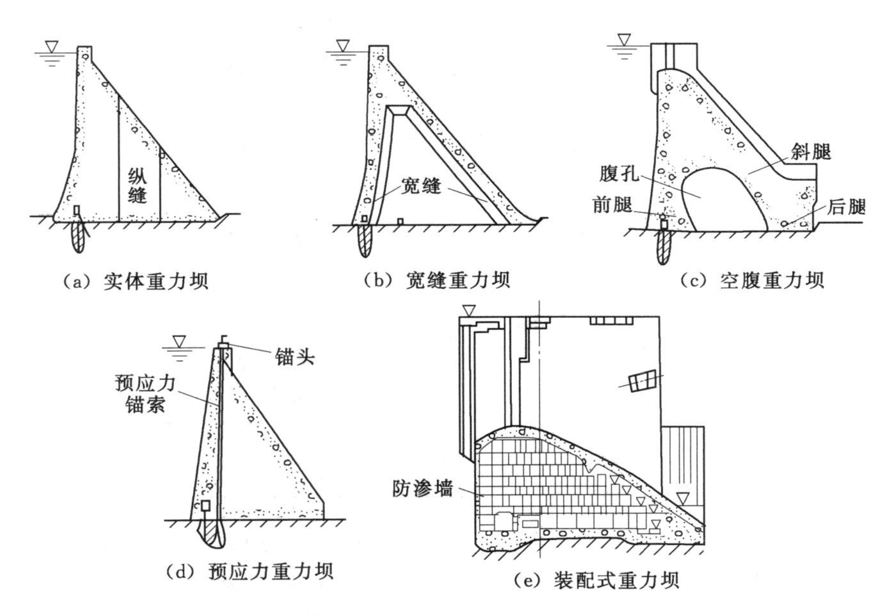

图2-2-2　重力坝的类型

(二) 非溢流重力坝的剖面设计

非溢流重力坝剖面形式及尺寸，将影响坝体荷载的计算、稳定和应力分析，因此，非溢流坝剖面的设计以及其他相关结构的布置，是重力坝设计的关键步骤。

重力坝断面设计的原则是在满足稳定、强度要求前提下，力求工程量小，外形轮廓简单，施工运用方便等。

1. 非溢流重力坝的基本剖面

非溢流重力坝的基本剖面一般是指在水压力、自重和扬压力等主要荷载作用下，满足稳定、强度要求的最小三角形断面，其顶点宜在水库最高静水位附近，如图2-2-3所示。

根据工程经验，一般上游坝坡坡率$n=0\sim0.2$，常做成铅直或上部铅直下部倾向上游；下游坝坡坡率$m=0.6\sim0.8$，坝底宽为坝高的0.7～0.9倍。

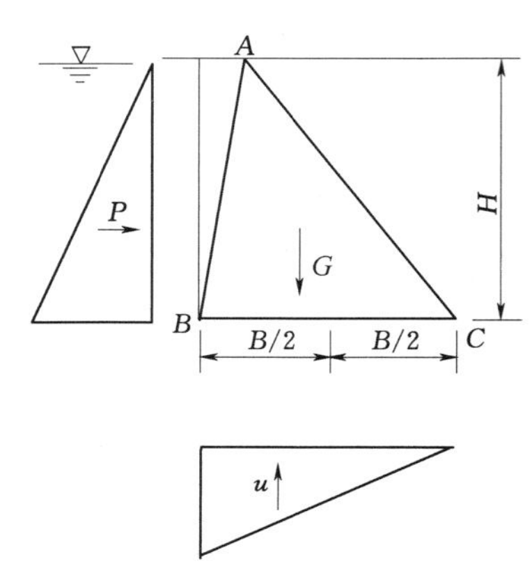

图 2-2-3　重力坝的基本剖面

2. 非溢流重力坝的实用剖面

重力坝的基本剖面是在简化条件下求得的，为了便于施工、运用、管理，还需对基本剖面进行修正，拟定出实用剖面。

(1) 坝顶宽度。为了满足运用、施工和交通的需要，坝顶必须有一定的宽度。当有交通要求时，应按交通要求布置。一般情况坝顶宽度可采用坝高的 8%～10%，且不小于 3m。碾压混凝土坝坝顶宽不小于 5m，当坝顶布置移动式启闭机时，坝顶宽度要满足安装门机轨道的要求。

(2) 坝顶高程。为了交通和运用管理的安全，非溢流重力坝的坝顶高程应高于水库最高静水位，坝顶上游防浪墙顶的高程应高于波浪顶高程，其与正常蓄水位或校核洪水位的高差，可由式 (2-2-1) 计算，选择两者中防浪墙顶高程的高者作为坝顶高程。

$$\Delta h = h_{1\%} + h_z + h_c \tag{2-2-1}$$

式中　Δh——防浪墙顶至正常蓄水位或校核洪水位的高差，m；

$h_{1\%}$——累积频率为 1%时的波浪高度，m；

h_z——波浪中心线至正常蓄水位或校核洪水位的高差，m；

h_c——安全加高，按表 2-2-1 选取。

表 2-2-1　　**安 全 加 高 h_c**　　单位：m

相应水位	坝的级别		
	1 级	2 级	3 级
正常蓄水位	0.7	0.5	0.4
校核洪水位	0.5	0.4	0.3

(3) 坝顶布置。坝顶结构布置的原则：安全、经济、合理、实用。坝顶建成矩形实体结构，必要时为移动式闸门启闭机铺设隐形轨道。坝顶设置排水，一般排向上游。坝顶防浪墙，高度一般为 1.2m，厚度应能抵抗波浪及漂浮物的冲击，与坝体牢固地连在一起，防浪墙在坝体分缝处也留伸缩缝，缝内设止水。

常用的实用断面形式一般如图 2-2-4 所示。上游面铅直的坝面 [图 2-2-4 (a)] 形式适用于坝基抗剪断参数较大，由强度条件控制坝体断面的情况。同时，该断面形式便于坝内布设泄水孔或孔水管道的闸门和拦污设备等。上游面向上游倾斜坝面 [图 2-2-4 (b)]

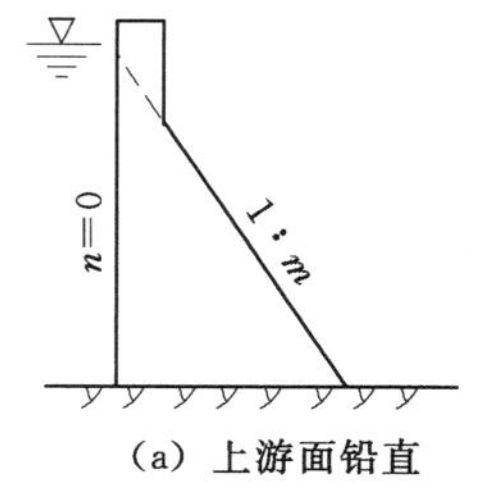

(a) 上游面铅直

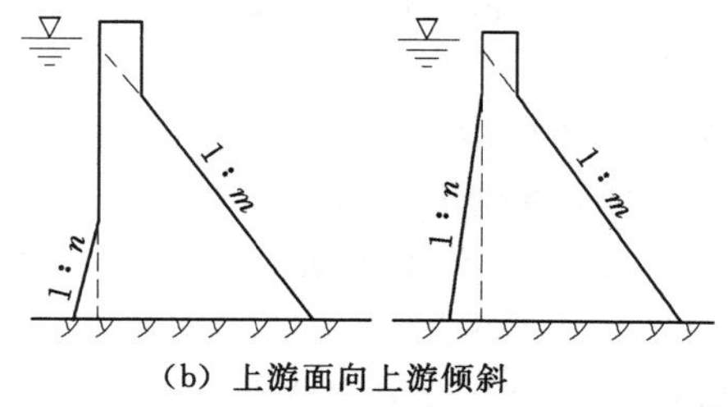

(b) 上游面向上游倾斜

图 2-2-4　非溢流重力坝断面形态

适用于混凝土与基岩之间抗剪断参数较小的情况，倾斜的上游坝面可增加坝体自重和利用部分水重，以满足抗滑稳定要求。

（三）重力坝的作用及作用效应组合

1. 重力坝上的作用

作用是指外界环境对水工建筑物的影响，是重力坝设计的主要依据之一。按其随时间的变异分为永久作用、可变作用、偶然作用。设计基准期内量值基本不变的作用称为永久作用，设计基准期内量值随时间的变化与平均值之比不可忽略的作用称为可变作用，设计基准期内可能短暂出现（且量值很大）或可能不出现的作用称为偶然作用。

永久作用包括：①结构自重和永久设备重；②土压力；③淤沙压力（枢纽建筑物有排沙设施时可列为可变作用）。

可变作用包括：①静水压力；②扬压力（包括渗透压力和浮托力）；③动水压力（包括水流冲击力、脉动压力）；④浪压力；⑤风荷载；⑥雪荷载；⑦冰压力（包括静冰压力和动冰压力）；⑧桥机、门机荷载；⑨温度作用。

偶然作用包括：①地震作用；②校核洪水位时的静水压力。

对于要进行设计的某一具体水工建筑物来说，设计时应正确选用其代表值、分项系数、有关参数和计算方法。

（1）自重（包括永久设备自重）。自重标准值等于自身的结构设计尺寸与其材料的重度乘积，方向垂直向下，作用点在其形心处。见式（2-2-2）：

$$W=\gamma_c A \tag{2-2-2}$$

式中 W——坝体自重，kN；

A——坝体横剖面，m^2，常将坝体断面分成简单的矩形、三角形计算；

γ_c——建筑物材料的重度，kN/m^3。一般素混凝土取23.5～24kN/m^3，钢筋混凝土取24.5～25kN/m^3，浆砌石取21～23kN/m^3。

计算自重时，坝上永久固定设备，如闸门、启闭机等重力也应计算在内，坝内较大孔洞应扣除。

（2）静水压力。静水压力是作用在上下游坝面的主要荷载。分解为水平水压力（P_H）和垂直水压力（P_V），如图2-2-5所示。

$$P_H=\frac{1}{2}\gamma_w H^2 \tag{2-2-3}$$

$$P_V=V_w\gamma_w \tag{2-2-4}$$

式中 P_H——作用于结构面上的水平水压力，kN/m；

P_V——作用于结构面上的铅直水压力（如图2-2-5中的P_{V1}、P_{V2}、P_{V3}），kN/m；

H——结构面上的计算水深，m；

V_w——作用于结构面上的水体体积，m^3；

γ_w——水的容重，kN/m^3，清水取9.8kN/m^3，多泥沙浑水视实际情况另定。

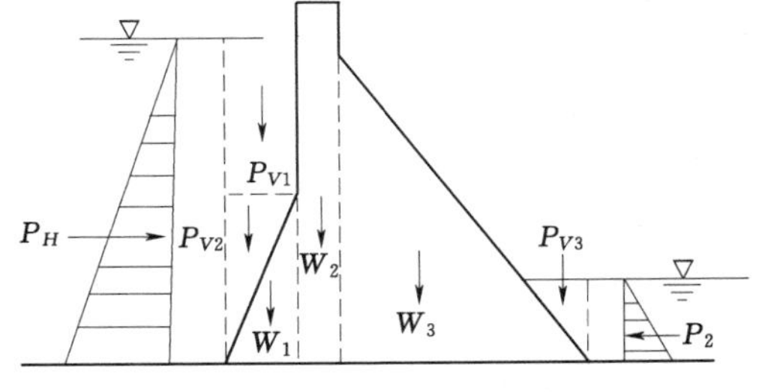

图2-2-5 重力坝上静水压力分布

(3) 扬压力。扬压力包括浮托力和渗透压力。大坝挡水后，在上下游水头差的作用下，水将通过坝体、地基等的孔隙向下游渗透，由渗透引起的水压力称为渗透压力，由下游水深而引起的水压力称浮托力，渗透压力和浮托力之和称为扬压力。

坝基无防渗帷幕和排水孔幕时，坝踵处扬压力作用水头为 H_1，坝址处为 H_2，期间以直线连接，如图 2-2-6 (a) 所示。

当坝基上游设防渗帷幕和排水孔时，坝底面上游坝踵处扬压力作用水头为 H_1，排水孔中心线处为 $H_2+\alpha(H_1-H_2)$，下游坝址处为 H_2，期间各段以直线连接，如图 2-2-6 (b) 所示。

当坝基上游设有防渗帷幕和上游主排水孔并设下游副排水孔及抽排系统时，坝踵处扬压力作用水头为 H_1，主、副排水孔中心线处分别为 $\alpha_1 H_1$、$\alpha_2 H_2$，坝址处为 H_2，期间各段以直线连接，如图 2-2-6 (c) 所示。

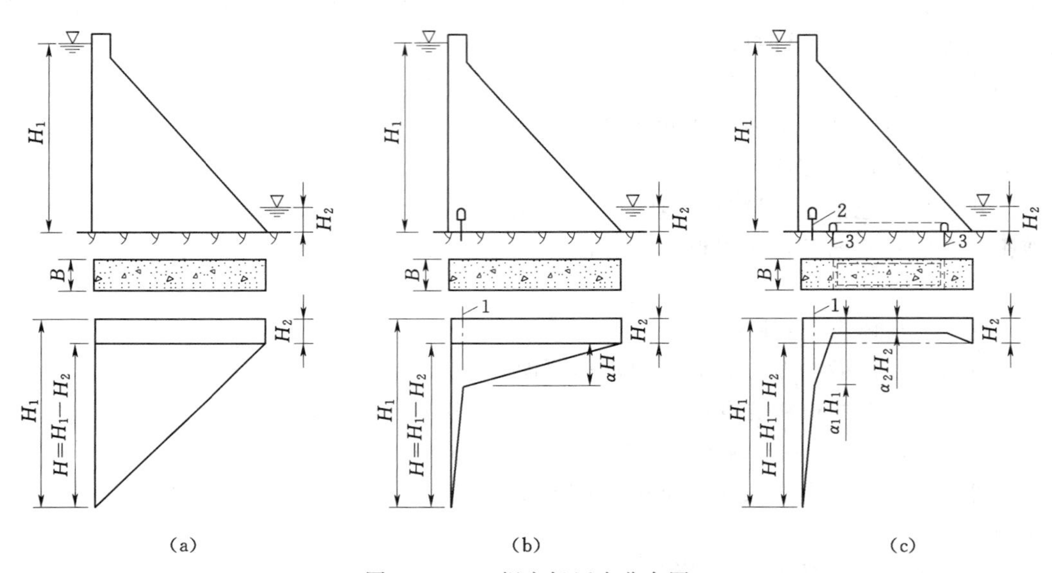

图 2-2-6 坝底扬压力分布图

1—排水孔中心线；2—主排水孔；3—副排水孔；H_1—上游作用水头；H_2—下游作用水头；B—沿坝轴线计算宽度；α—渗透压力系数

上述中的渗透压力强度系数 α、扬压力强度系数 α_1 及残余扬压力强度系数 α_2 可参照表 2-2-2 采用。

表 2-2-2 混凝土坝坝底渗透压力和扬压力强度系数

坝型及部位		坝基处理情况		
		设置防渗帷幕及排水孔	设置防渗帷幕及主、副排水孔并抽排	
部位	坝型	渗透压力强度系数 α	主排水孔前扬压力强度系数 α_1	残余扬压力强度系数 α_2
河床段	实体重力坝	0.25	0.20	0.50
	宽缝重力坝	0.20	0.15	0.50
	大头支墩坝	0.20	0.15	0.50
	空腹重力坝	0.25		
	拱坝	0.25	0.20	0.50

续表

坝型及部位		坝基处理情况		
		设置防渗帷幕及排水孔	设置防渗帷幕及主、副排水孔并抽排	
部位	坝型	渗透压力强度系数 α	主排水孔前扬压力强度系数 α_1	残余扬压力强度系数 α_2
岸坡段	实体重力坝	0.35		
	宽缝重力坝	0.30		
	大头支墩坝	0.30		
	空腹重力钡	0.35		
	拱坝	0.35		

(4) 浪压力。由于风的作用，在水库内形成波浪，波浪作用于水工建筑物上的动水压力，其大小与波浪要素和坝前水深等因素有关。这里主要介绍适用于内陆峡谷水库的官厅公式。

1) 波浪要素计算。波浪的几何要素如图 2-2-7 所示，主要包括平均波高 (h_m)、平均坡长 (L_m)、波浪中心线高于静水面的高度 (h_z)。其值的大小与水面的宽阔程度、水域形状、风力、风向、库区的地形等条件有关。SL 744—2016《水工建筑物荷载设计规范》规定，波浪要素宜根据拟建水库的具体条件，按下述情况计算。

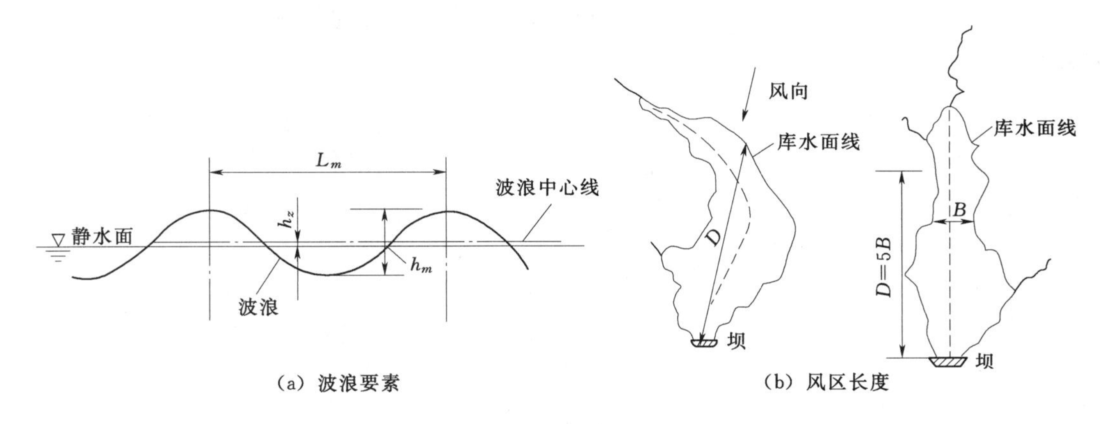

图 2-2-7 波浪要素及风区长度

对内陆的峡谷水库，宜按官厅公式计算各风浪要素值（适用于 $v_o<20$m/s，风区长度 $D<20$km)：

$$\frac{gh}{v_o^2}=0.0076v_o^{\frac{-1}{12}}\left(\frac{gD}{v_o^2}\right)^{\frac{1}{3}} \tag{2-2-5}$$

$$\frac{gL_m}{v_o^2}=0.331v_o^{\frac{-1}{2.15}}\left(\frac{gD}{v_o^2}\right)^{\frac{1}{3.75}} \tag{2-2-6}$$

式中 v_o——计算风速，m/s；

D——风区长度，m；

g——重力加速度，9.81m/s^2。

L_m——平均波长，m；

h——当 $\frac{gD}{v_o^2}=20\sim250$ 时，为累积频率 5%的波高 $h_{5\%}$，推算累积频率 1%的波高乘以 1.24；当 $\frac{gD}{v_o^2}=250\sim1000$ 时，为累积频率为 10%的波高 $h_{10\%}$，推算累计频率 1%的波高乘以 1.41。累积频率为 p 的波高与平均波高的关系可按表 2-2-3 进行换算。

表 2-2-3　　累积频率为 P 的波高与平均波高的比值

$\frac{h_m}{H_m}$	累积频率 p									
	0.1	1	2	3	4	5	10	13	20	50
0	2.97	2.42	2.23	2.11	2.02	1.95	1.71	1.61	1.43	0.94
0.1	2.70	2.26	2.09	2.00	1.92	1.87	1.65	1.56	1.41	0.96
0.2	2.46	2.09	1.96	1.88	1.81	1.76	1.59	1.51	1.37	0.98
0.3	2.23	1.93	1.82	1.76	1.70	1.66	1.52	1.45	1.34	1.00
0.4	2.01	1.78	1.68	1.64	1.60	1.56	1.44	1.39	1.30	1.01
0.5	1.80	1.63	1.56	1.52	1.49	1.46	1.37	1.33	1.25	1.01

2）直墙式挡水建筑物的波浪压力。对作用在铅直迎水面建筑物上的风浪压力，应根据建筑物前的水深情况，按以下三种波态分别计算，如图 2-2-8 所示。

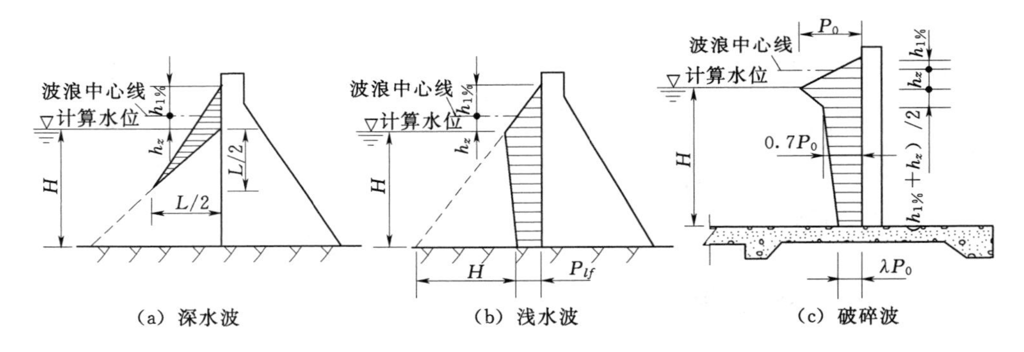

图 2-2-8　波浪压力分布图

a）当挡水建筑物迎水面前的水深 H 满足 $H\geqslant H_{cr}$ 和 $H\geqslant\frac{L_m}{2}$ 时，单位长度挡水建筑物迎水面上的浪压力按下式计算：

$$P_w=\frac{1}{4}\gamma_w L_m(h_{1\%}+h_z) \tag{2-2-7}$$

其中

$$h_z\approx\frac{\pi h_{1\%}^2}{L_m} \tag{2-2-8}$$

$$H_{cr}=\frac{L_m}{4\pi}\ln\frac{L_m+2\pi h_{1\%}}{L_m-2\pi h_{1\%}} \tag{2-2-9}$$

式中　P_w——单位长度迎水面上的浪压力，kN/m；

γ_w——水的重度，kN/m³；

L_m——平均波长，m；

$h_{1\%}$——累积频率为1%的波高，m；

h_z——波浪中心线至计算水位的高度，m；

H_{cr}——使波浪破碎的临界水深，m。

b）当 $H \geqslant H_{cr}$ 但 $H < \dfrac{L_m}{2}$ 时，坝前产生浅水波，单位长度的浪压力按下式计算：

$$P_w = \frac{1}{2}[(h_{1\%} + h_z)(\gamma_w H + P_{lf}) + HP_{lf}] \tag{2-2-10}$$

其中
$$P_{lf} = \gamma_w h_{1\%} \operatorname{sech} \frac{2\pi H}{L_m} \tag{2-2-11}$$

式中　P_{lf}——建筑物底面处的剩余浪压力强度，kN/m²。

c）当 $H < H_{cr}$ 时，则闸、坝前产生破碎波，单位长度上的波浪压力可按下式计算：

$$P_w = \frac{1}{2}P_0[(1.5 - 0.5\lambda)h_{1\%} + (0.7 + \lambda)H] \tag{2-2-12}$$

式中　P_0——计算水位处的浪压力强度，kPa，$P_0 = K_0 \gamma_w h_{1\%}$；

λ——建筑物底面处的浪压力强度折减系数，当 $H \leqslant 1.7h_{1\%}$ 时取0.6；当 $H > 1.7h_{1\%}$ 时取0.5；

K_0——建筑物前河（渠）底坡影响系数，可按表2-2-4采用。

表2-2-4　底坡影响系数 K_0

底坡 i	1/10	1/20	1/30	1/40	1/50	1/60	1/80	<1/100
K_0	1.89	1.61	1.48	1.41	1.36	1.33	1.29	1.25

注　底坡 i 采用建筑物迎水面前一定距离的平均值。

（5）淤沙压力。淤沙压力指入库水流挟带的泥沙在水库中淤积，淤积在坝前的泥沙对坝面产生的压力。

淤积的规律是从库首至坝前，随水深的增加而流速减小，沉积的粒径由粗到细，坝前淤积的是极细的泥沙，淤积泥沙的深度和内摩擦角随时间在变化，一般计算年限取50～100年。

单位坝长上的水平淤沙压力 P_s 为

$$P_s = \frac{1}{2}\gamma_{sb} h_s^2 \tan^2\left(45° - \frac{\varphi_s}{2}\right) \tag{2-2-13}$$

式中　P_s——淤沙压力，kN/m；

γ_{sb}——淤沙的浮重度，kN/m³；

h_s——挡水建筑物前泥沙的淤积高度，m；

φ_s——淤沙的内摩擦角，(°)。

对淤沙高度，应根据河流的水文泥沙特性和枢纽布置情况经计算确定，淤沙的浮容重和内摩擦角，一般可参照类似工程的实测资料分析确定；对淤积严重的工程，宜通过物理模型试验后确定。

2. 作用（荷载）组合

常用的作用效应组合有：①基本组合（持久状况、短暂状况），指可能同时出现的永

久作用、可变作用效应组合，其中持久状况下的基本组合称为长期组合，短暂状况下的基本组合称为短期组合；②偶然组合（偶然状况），指基本组合与一种可能出现的偶然作用的效应组合。

（四）重力坝的抗滑稳定分析

1. 抗滑稳定计算截面的选取

重力坝的稳定应根据坝基的地质条件和坝体剖面形式，选择受力大、抗剪强度较低、最容易产生滑动的截面作为计算截面。重力坝抗滑稳定计算主要是核算沿坝基面及混凝土层面的抗滑稳定性。另外当坝基内有软弱夹层时，也应该核算其深层抗滑稳定性。

2. 重力坝抗滑稳定计算

（1）抗滑稳定计算截面的选取。混凝土坝设永久性横缝，将坝体分成若干坝段，横缝不传力，坝段独立工作，无水平梁的作用。因此，稳定分析时取单独坝段或沿坝轴线方向取 1m 长进行计算。根据坝基地质条件和坝体剖面形式，应选择受力较大、抗剪强度低、最容易产生滑动的截面作为计算截面。

（2）坝体抗滑稳定计算。SL 319—2018《混凝土重力坝设计规范》规定，重力坝的抗滑稳定计算应用定值安全系数法，计算公式有抗剪强度公式和抗剪断强度公式。

1）抗剪强度公式。该方法适用于坝体与基岩胶结较差、滑动面上的阻滑力只计摩擦力不计黏聚力的情况。当滑动面为水平面时，如图 2－2－9 所示，抗滑稳定安全系数 K 为

$$K=\frac{阻滑力}{滑动力}=\frac{f(\sum W-U)}{\sum P} \tag{2-2-14}$$

式中　$\sum W$——作用于滑动面上的总铅直力，kN；

$\sum P$——作用于滑动面上的总水平力，kN；

U——作用在滑动面上的扬压力，kN；

f——滑动面上的抗剪摩擦系数。

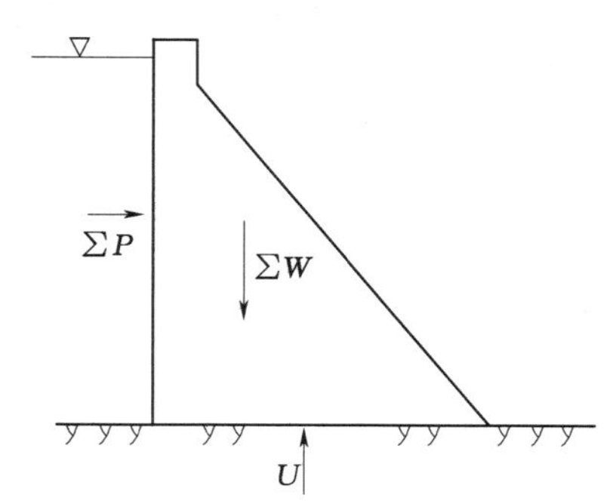

图 2－2－9　重力坝沿坝基水平滑动示意图

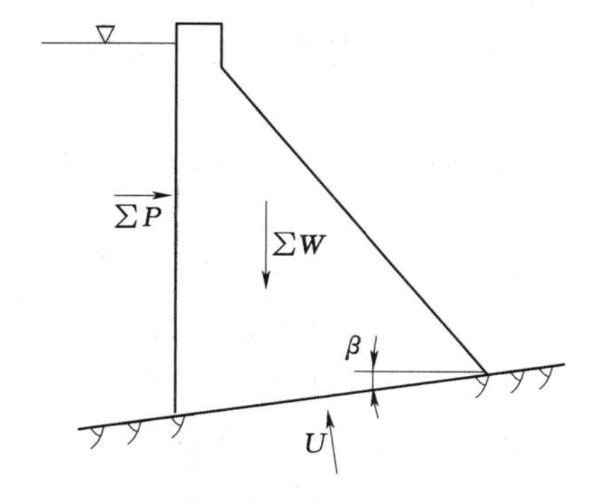

图 2－2－10　重力坝沿坝基倾斜滑动示意图

当滑动面为倾向上游的倾斜面时，如图 2－2－10 所示，计算公式为

$$K=\frac{f(\sum W\cos\beta-U+\sum P\sin\beta)}{\sum P\cos\beta-\sum W\sin\beta} \tag{2-2-15}$$

式中　β——接触面与水平面的夹角，(°)。

需要注意扬压力U应垂直于所计算的滑动面。当滑动面倾向上游时，对坝体抗滑稳定有利；倾向下游时，滑动力增大，抗滑力减小，对坝体稳定不利。在选择坝轴线和开挖基坑时，应尽可能考虑这一因素。

规范规定，f的最后选取应以野外和室内试验成果为基础，结合现场实际情况，参照地质条件类似的已建工程的经验等，由地质、试验和设计人员研究确定。根据国内外已建工程的统计资料，混凝土与基岩的f值常取0.5～0.8。

摩擦系数的选定直接关系到大坝的造价与安全，f值越小，要求坝体剖面越大。

用抗剪强度公式设计时，各种荷载组合情况下的安全系数见表2-2-5。

表2-2-5　　抗滑稳定安全系数K

荷载组合		坝的级别		
		1	2	3
基本组合		1.10	1.05	1.05
特殊组合	(1)	1.05	1.00	1.00
	(2)	1.00	1.00	1.00

2）抗剪断强度公式。该方法适用于坝体与基岩胶结良好的情况，滑动面上的阻力包括摩擦力和黏聚力，并直接通过胶结面的抗剪断试验确定抗剪段强度的参数f'和c'。其抗滑稳定安全系数K'为

$$K'=\frac{f'(\sum W-U)+c'A}{\sum P} \quad (2-2-16)$$

式中　f'——坝体混凝土与坝基接触面的抗剪断摩擦系数；

c'——坝体混凝土与坝基接触面的抗剪断黏聚力，kPa。

抗剪断参数的选定：在规划和可行性研究阶段，Ⅰ类岩石f'可取1.2～1.5，c'可取1.3～1.5MPa；Ⅱ类岩石f'可取1.0～1.3，c'可取1.1～1.3MPa；Ⅲ类岩石f'可取0.9～1.2，c'可取0.7～1.1MPa；Ⅳ类岩石f'可取0.7～0.9，c'可取0.3～0.7MPa。

用抗剪断强度公式设计时，各种荷载组合情况下的安全系数见表2-2-6。

表2-2-6　　抗滑稳定安全系数K'

荷载组合		K'
基本组合		3.0
特殊组合	(1)	2.5
	(2)	2.3

(3) 深层抗滑稳定分析。当坝基岩体内存在着不利的软弱夹层或缓倾角断层时，坝体有可能沿着坝基软弱面产生深层滑动，如图2-2-11所示，其计算原理与坝基面抗滑稳定计算相同。若实际工程中地基内存在相互切割的多条软弱夹层，构成多斜面深层滑动，计算时选择几个比较危险的滑动面进行试算，然后做出比较分析。

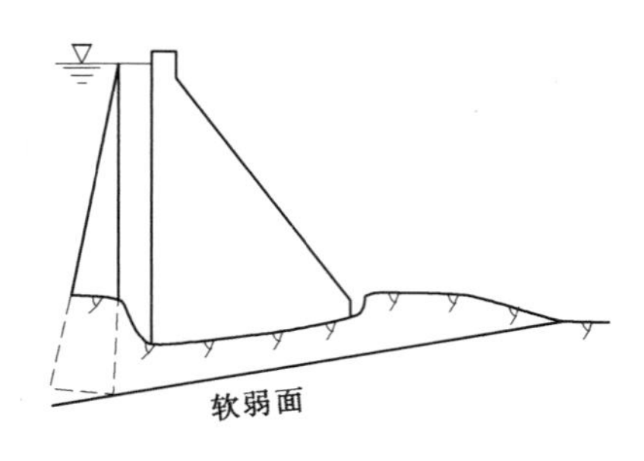

图 2-2-11　单斜面深层滑动

3. 提高坝体抗滑稳定的工程措施

为了提高坝体的抗滑稳定性，常采用以下工程措施：

(1) 设置倾斜的上游坝面，利用坝面上水重以增加稳定。当坝底面与基岩间的抗剪强度参数较小时，常将坝的上游面做成倾向上游，利用坝基上的水重来提高坝的抗滑稳定性。但应注意，上游面的坡度不宜过缓，应控制在 1∶0.1～1∶0.2，否则，在上游坝面容易产生拉应力，对强度不利。

(2) 采用有利的开挖轮廓线。开挖坝基时，最好利用岩面的自然坡度，使坝基面倾向上游，如图 2-2-12 (a) 所示。有时，有意将坝踵高程降低，使坝基面倾向上游，如图 2-2-12 (b) 所示，但这种做法将加大上游水压力，增加开挖量和浇筑量，故较少采用。当基岩比较固定时，可以开挖成锯齿状，形成局部倾向上游的斜面，如图 2-2-12 (c) 所示，但能否开挖成齿状，主要取决于基岩节理裂隙的产状。

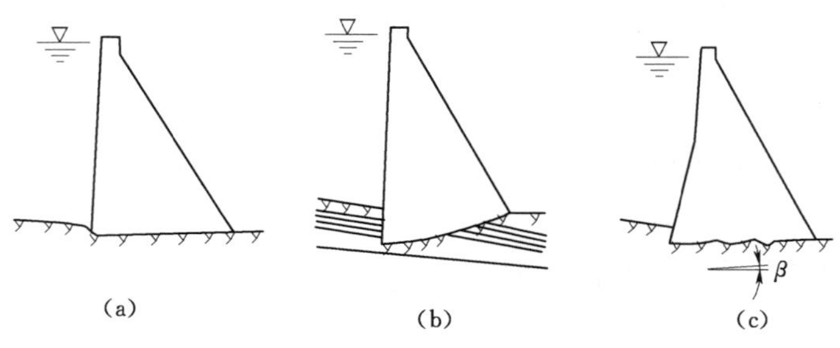

图 2-2-12　坝基开挖轮廓

(3) 设置齿墙。如图 2-2-13 (a) 所示，当基岩内有倾向下游的软弱面时，可在坝踵部位设齿墙，切断较浅的软弱面，迫使可能的滑动面由 abc 成为 $a'b'c'$，这样既增大了滑动体的重量，也增大了抗滑体的抗力。如在坝址部位设置齿墙，将坝址放在较好的岩层上 [图 2-2-13 (b)]，则可更多地发挥抗力体的作用，在一定程度上改善了坝踵应力，同时由于坝趾的压应力较大，设在坝趾下齿墙的抗剪能力也会相应增加。

(4) 抽水降压措施。当下游水位较高、坝体承受的浮托力较大时，可考虑在坝基面设置排水系统，定时抽水以减少坝底浮托力。如我国的龚嘴水电站工程，下游水深达 30m，采取抽水措施后，浮托力只按 10m 水深计算，节省了许多浇筑量。

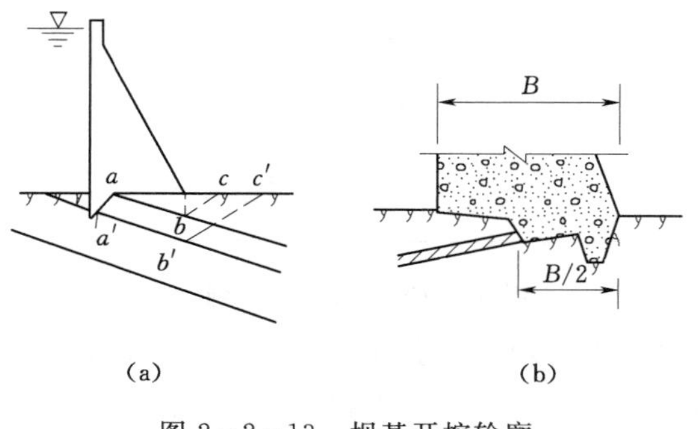

图 2-2-13　坝基开挖轮廓

(5) 加固地基。包括帷幕灌浆、固结灌浆及断层、软弱夹层的处理等。

(五) 重力坝应力分析——材料力学法

1. 材料力学法的基本假定

用材料力学计算坝体应力时，一般是沿坝轴线截取单位长坝体作为固定在坝基

上的悬臂梁，按平面问题进行计算，并假定：

(1) 坝体混凝土为均质、连续、各向同性的弹性材料。

(2) 不考虑两侧坝体的影响，并认为各坝段独立工作，横缝不传力。

(3) 任意水平界面上的正应力呈直线分布。

2. 边缘应力计算

坝体的最大应力和最小应力一般发生在上、下游坝面，且计算坝体内部应力也需要以边缘应力作为边界条件，同时对于较低重力坝的强度，只需用边缘应力控制即可，所以应首先计算坝体边缘应力，计算简图如图 2-2-14 所示。

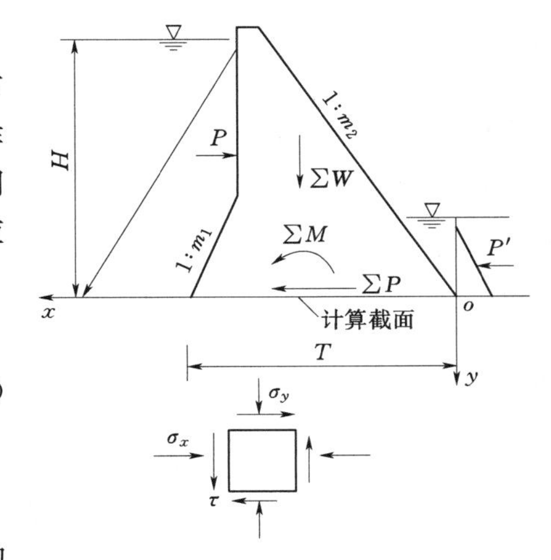

图 2-2-14　实体重力坝应力计算简图

上、下游坝面垂直正应力为

$$\begin{matrix}\sigma_y^u \\ \sigma_y^d\end{matrix} = \frac{\sum W}{T} \pm \frac{6\sum M}{T^2} \qquad (2-2-17)$$

式中　σ_y^u——上游坝面垂直正应力，kPa；

σ_y^d——下游坝面垂直正应力，kPa；

T——坝体计算截面沿上、下游方向的宽度，m；

$\sum W$——计算截面上全部垂直力之和（包括扬压力），以向下为正，kN；

$\sum M$——计算截面上全部垂直力（包括扬压力）及水平力对于计算截面形心的力矩之和，以逆时针方向为正，kN·m。

3. 强度校核

SL 319—2018《混凝土重力坝设计规范》规定，重力坝坝基面坝踵、坝趾的垂直应力应符合下列要求：

(1) 运用期。

1) 各种荷载组合下（地震荷载除外），坝踵垂直应力不应该出现拉应力，坝趾垂直应力不应大于坝体混凝土容许压应力，并不应大于基岩容许承载力。

2) 在地震工况下，坝趾垂直应力不应大于坝体混凝土动态容许压应力，并不应大于基岩容许承载力。

(2) 施工期：坝趾垂直拉应力不大于 0.1MPa。

重力坝坝体应力应符合下列要求：

(1) 运用期。

1) 坝体上游面的垂直应力不出现拉应力（计扬压力）。

2) 坝体最大主压应力不应大于混凝土的容许压应力值。

3) 在地震工况下，坝体应力不应大于混凝土动态容许应力。

(2) 施工期。

1) 坝体任何截面上的主压应力不应大于混凝土的容许压应力。

2) 在坝体的下游面，主拉应力不大于 0.2MPa。

混凝土的容许应力应按大坝混凝土的极限强度除以相应的安全系数。坝体混凝土抗压安全系数，基本组合不小于4.0；特殊组合（不含地震工况）不应小于3.5。局部混凝土有抗拉要求时，安全系数不应小于4.0。

（六）溢流重力坝

在蓄水枢纽中修建重力坝，常将其河床部分做成溢流坝（段），用以泄洪。所以，溢流重力坝既是挡水建筑物，又是泄水建筑物，它主要承担泄洪保坝、输水供水、排沙、放空水库、施工导流等任务。

1. 孔口设计

（1）孔口形式。溢流坝孔口形式有坝顶溢流式和设有胸墙的大孔口溢流式两种，如图2-2-15所示。

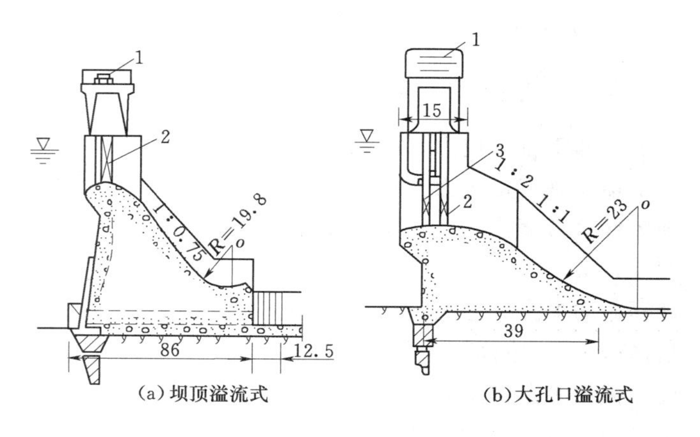

图2-2-15　溢流坝泄水方式示意图（单位：m）

1—移动式启闭机；2—工作闸门；3—检修闸门

坝顶溢流式（开敞式）的溢流孔除宣泄洪水外，还能排除冰凌和其他漂浮物。坝顶可设或不设闸门，不设闸门的堰顶高程就是水库的正常蓄水位。该孔口形式的优点是结构简单、管理方便，仅适用于淹没损失不大的中小型工程。

大孔口溢流式上部设置胸墙，这种溢流孔的堰顶较低，胸墙的作用是降低闸门高度。这种形式的溢流孔可根据洪水预报提前放水，腾出较多的库容蓄洪水，从而提高调洪能力。

（2）孔口尺寸。溢流坝孔口尺寸拟定包括过水前缘总宽度，堰顶高程，孔口的数目、尺寸等。

设计时，先定泄水方式，拟定若干个孔口布置方案，然后根据洪水流量和容许的单宽流量、闸门的形式及运用要求等因素，通过水库调洪演算，水力计算和方案的经济比较加以确定。

2. 溢流坝断面设计

溢流坝的基本断面也是三角形，为了满足泄流要求，其实用断面是将三角形上部和坝体下游斜面做成溢流面，且溢流面外形应具有较大的流量系数，泄流顺畅，坝面不发生空蚀。

（1）堰面曲线。溢流坝由顶部曲线段、中间直线段和下部反弧段三部分组成，如图2－2－16所示。

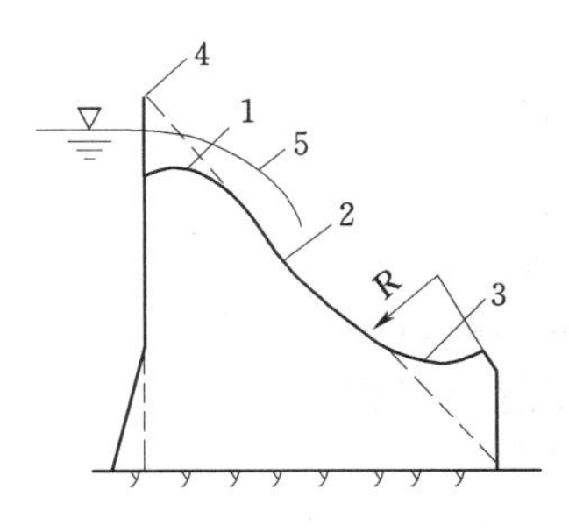

图2－2－16　溢流坝面
1—顶部曲线段；2—直线段；3—反弧段；4—基本剖面；5—溢流水舌

溢流坝顶曲线段的形状对泄流能力及流态影响很大。当采用坝顶溢流孔口时，其坝顶溢流可以采用曲线形非真空实用断面堰，其曲线为克-奥曲线和WES曲线（幂曲线）。我国早期多用克-奥曲线，近年来，我国许多高溢流坝设计均采用美国陆军工程兵团水道试验站（Water－ways Experiment Station）基于大量试验研究所得的WES曲线。该坝面曲线的主要优点是与克-奥曲线相比流量系数较大，断面较瘦，工程量较小，以设计水头运行时堰面无负压，坝面曲线用方程控制，便于设计施工，所以在国内外得到广泛应用。

（2）反弧段。下游反弧段是使沿溢流坝面下泄的高速水流平顺转向的工程设施，要求沿程压力分布均匀，不产生负压和不致引起有害的脉动压力。通常采用圆弧曲线，其反弧段半径应视下游消能设施而言。

（3）直线段。中间直线段与顶部曲线段和下部反弧段相切，坡度与非溢流坝的下游坡度相同。

溢流坝的实用断面是由基本断面与溢流面拟合修改而成的。上游坝面一般设计成铅直或上部铅直、下部倾向上游，如图2－2－17（a）所示。

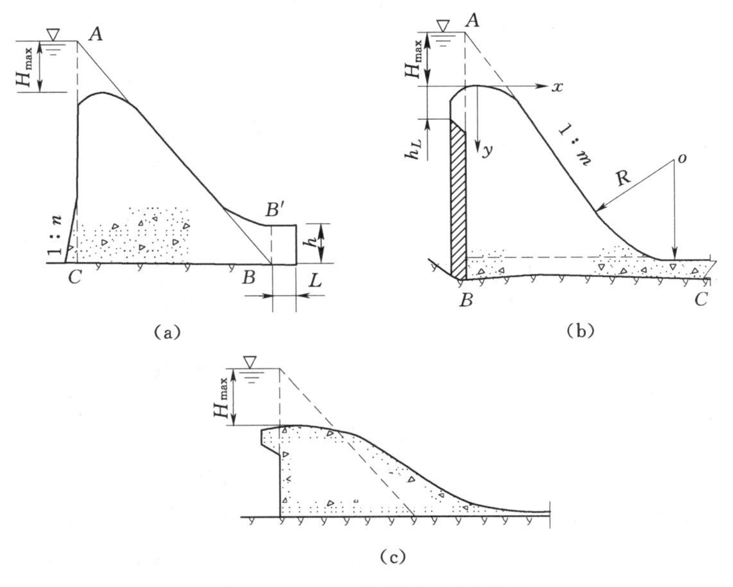

图2－2－17　溢流重力坝断面

当溢流坝断面小于基本三角线时，可适当调整堰顶曲线，使其与三角形的斜边相切；对有鼻坎的溢流坝，鼻坎超过基本三角形以外，当 $\frac{L}{h}>0.5$，经核算 $B—B'$ 截面的拉应力较大时，可设缝将鼻坎与坎体分开，如图2－2－17（a）所示。当溢流断面大于基本三角

形时，如地基较好，为节省工程量，使下游与基本三角形一致，而将堰顶部伸向上游，将堰顶做成具有突出的悬臂。悬臂高度h_L应大于$0.5H_{max}$（H_{max}为堰上最大水头），如图2-2-17（b）所示。

若溢流坝较低，其坝面顶部曲线可直接与反弧段连接，如图2-2-17（c）所示。

3. 溢流重力坝的消能方式

通过溢流坝下泄的水流，具有很大的动能，常高达几百万甚至几千万千瓦，如此大的能量，如不加以处理，必将冲刷下游河床，破坏坝趾下游地基，威胁建筑物的安全或其他建筑物的正常运行。国内外坝工实践中，由于消能设施不善而遭受严重冲刷的例子屡见不鲜。因此，必须采取妥善的消能防冲措施，确保大坝安全运行。

消能设计的原则：尽量使下泄水流的大部分动能消耗在水流内部的紊动中以及与空气的摩擦上，且不产生危及坝体安全的河床或岸坡的局部冲刷，使下泄水流平稳，结构简单、工作可靠和工程量较少。消能设计包括了消能的水力学问题与结构问题，前者是指建立某种边界条件，对下泄水流起扩散、反击和导流作用，以形成符合要求的理想水流状态；后者是要研究该水流状态对固体边界的作用，较好地设计消能建筑物和防冲措施。

岩基上溢流重力坝常用的消能方式有挑流式、底流式、面流式和戽流式（淹没面流式）等，其中挑流消能应用最广，底流消能次之，而面流及戽流消能一般应用较少。本节只简单介绍挑流消能。

挑流消能是利用挑流鼻坎，将下泄的高速水流抛向空中，然后自由跌落到距坝脚较远的下游水面，与下游水流相衔接的消能方式，如图2-2-18所示。能量耗散一般通过高速水流沿固体边界的摩擦（摩阻消能）、射流在空中与空气摩擦、掺气、扩散（扩散掺气消能）及射流落入下游尾水中淹没紊动扩散（淹没、扩散和紊动剪切消能）等方式消能。一般来说，前两者消能率约为20%，后者消能率为50%。挑流消能具有结构简单、工程造价低、检修施工方便等优点，但会造成下流冲刷较严重、堆积物较多、雾化及尾水波动较大等。因此，挑流消能适用于坚硬岩石的中、高坝，低坝需经论证才能选用。当坝基有延伸至下游缓倾角软弱结构面，可能被冲坑切断而形成空面，危及坝基稳定或岸坡可能被冲塌危及坝肩稳定时，均不宜多用。

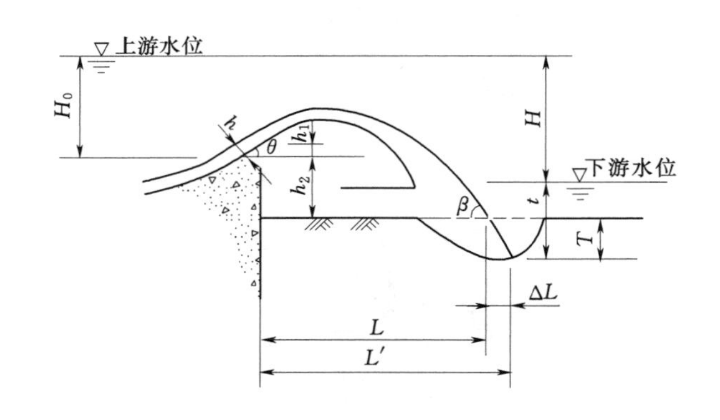

图2-2-18　挑流消能示意图

（七）重力坝的材料及构造

重力坝的主要筑坝材料为混凝土。对于水工混凝土，除强度外，还应按其所处的部位和工作条件，在抗渗、抗冻、抗冲刷、抗侵蚀、低热、抗裂等性能方面提出不同的要求。

1. 混凝土重力坝的材料

混凝土强度等级是混凝土的重要性能指标，一般重力坝的混凝土其抗压强度等级采用的是C10、C15、C20、C25等级别；C7.5只用于应力很小的次要部位或作回填重用；C30或更高强度等级的混凝土应尽量少用，或仅用于局部。

混凝土的耐久性是材料性能的综合性指标，包括以下方面：

(1) 抗渗性。对于大坝的上游面，基础层和下游水位以下的坝面均为防渗部位，其混凝土应具有抵抗压力水渗透的能力。抗渗性能通常用W即抗渗等级表示，抗渗等级分为W2、W4、W6、W8、W10共五个等级，大坝混凝土抗渗等级应根据所在部位和水力坡降确定。

(2) 抗冻性。混凝土的抗冻性能指混凝土在饱和状态下，经多次冻融循环而不破坏，不严重降低强度的性能。通常用F即抗冻等级来表示，分为F50、F100、F150、F200、F300共五个等级。

抗冻等级一般应视气候分区、冻融循环次数、表面局部小气候条件、水分饱和程度、结构构件重要性和检修的难易程度确定。

(3) 抗磨性。抗磨性是指抵抗高速水流或挟沙水流的冲刷、抗磨损的能力。目前，尚未制定出定量的技术标准，一般而言，对于有抗磨要求的混凝土，应采用高强度混凝土或高强硅粉混凝土，其抗压强度等级不应低于C20，要求高的则不应低于C30。

(4) 抗侵蚀性。抗侵蚀性是指抵抗环境水的侵蚀性能。当环境水具有侵蚀性时，应选用适宜的水泥且尽量提高混凝土的密实性。此外，为了提高坝体的抗裂性，除应合理分缝、分块和必要的温控措施以防止大体积混凝土结构产生的温度裂缝外，还应选用发热量较低的水泥（如大坝水泥、矿渣水泥等），减少水泥用量，再适当掺入粉煤灰或外加剂等。

2. 坝体混凝土的分区

由于坝体各部分的工作条件不同，其对混凝土强度等级、抗掺、抗冻、抗冲刷、抗裂等性能要求也不同。为了节省和合理使用水泥，通常将坝体不同部位按不同工作条件分区，采用不同等级的混凝土，如图2-2-19所示为重力坝的三种坝段分区情况。

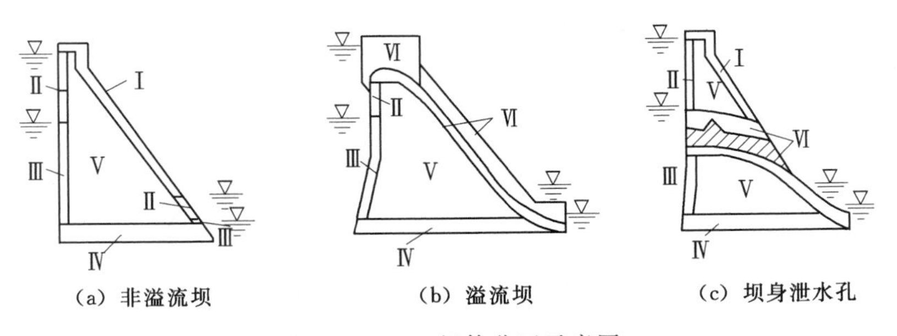

图2-2-19 坝体分区示意图

Ⅰ区为上、下游以上坝体外部表面混凝土，Ⅱ区为上、下游变动区的坝体外部表面混凝土，Ⅲ区为上、下游以下坝体外部表面混凝土，Ⅳ区为坝体基础混凝土，Ⅴ区为坝体内部混凝土，Ⅵ区为抗冲刷部位的混凝土（例如溢洪道溢流面、泄水孔、导墙和闸墩等）。分区性能见表2-2-7。

表 2-2-7　大坝材料分区特性

分区	强度	抗渗	抗冻	抗冲刷	抗侵蚀	低热	最大水灰比	选择各分区的主要因素
Ⅰ	+	—	++	—	—	+	+	抗冻
Ⅱ	+	+	++	—	+	+	+	抗冻、抗裂
Ⅲ	++	++	+	—	+	+	+	抗渗、抗裂
Ⅳ	++	+	+	—	+	++	+	抗裂
Ⅴ	++	+	+	—	—	++	+	
Ⅵ	++	—	++	++	++	+	+	抗冲耐磨

注　1. 表中有“++”的项目为选择各区等级的主要控制因素，有“+”的项目为需要提出要求的，有“—”的项目为不需提出要求的。
2. 坝体为常态混凝土的强度等级不应低于C7.5，碾压混凝土强度等级不应低于C5。
3. 同一浇块中混凝土强度等级不宜超过两种，分区厚度尺寸最少为2～3m。

3. 重力坝坝体防渗与排水设施

(1) 坝体防渗。在混凝土重力坝坝体上游面和下游面最高水位以下部分，多采用一层具有防渗、抗冻、抗侵蚀的混凝土作为坝体防渗设施，防渗指标根据水头和防渗要求而定，防渗厚度一般1/20～1/10水头，且不小于2m。

(2) 坝体排水设施。靠近上游坝面设置排水管幕，以减小坝体渗透压力。排水管幕距上游坝面的距离一般为作用水头的1/25～1/15，且不小于2m。排水管常用预制多孔混凝土管，间距2～3m，内径15～20cm，排水管幕沿坝轴线一字排列，管孔铅直，与纵向排水、检查廊道相通，上下游与坝顶和廊道直通，便于清洗、检查和排水，如图2-2-20所示。施工时应防止水泥漏入及其他杂物堵塞。

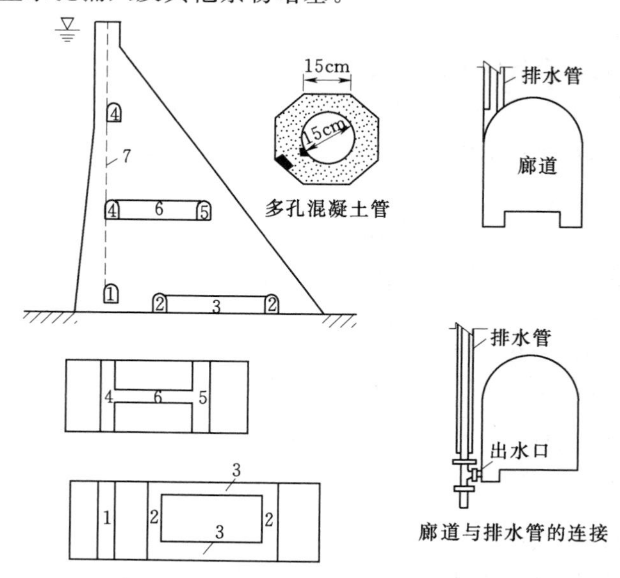

图 2-2-20　坝体排水和廊道布置示意图

1—基础灌浆排水廊道；2—基础纵向排水廊道；3—基础横向排水廊道；4—纵向排水检查廊道；5—纵向检查廊道；6—横向检查廊道；7—坝体排水管

4. 坝体分缝与止水

(1) 坝体分缝。由于地基不均匀沉降和温度变化，施工时期的温度应力及施工浇筑能力和温度控制等原因，一般要求重力坝坝体进行分缝。按缝的作用可分为沉降缝、温度缝及工作缝；按缝的位置可分为横缝、纵缝及水平缝。

横缝是垂直于坝轴线的竖向缝（图 2-2-21）可兼作沉降缝和温度缝，一般有永久性和临时性两种。纵缝是为适应混凝土浇筑能力和减小施工期温度应力而设置的临时缝，可兼作温度缝和工作缝。纵缝布置形式有竖直纵缝、斜缝和错缝。水平工作缝是上下层新老混凝土浇筑块之间的施工接缝，是临时性的。

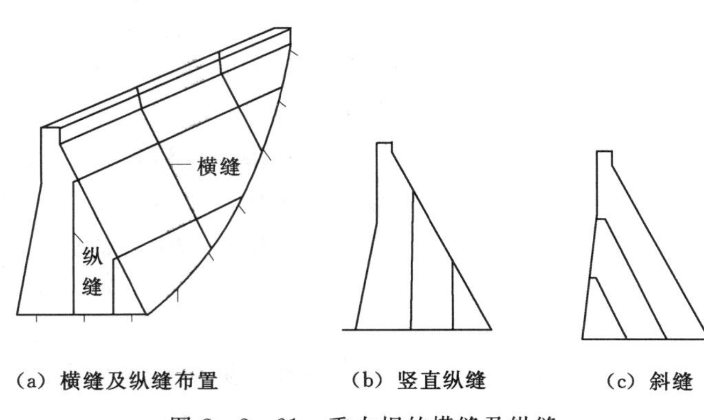

图 2-2-21 重力坝的横缝及纵缝

(2) 止水。重力坝横缝的上游面、溢流面、下游面最高尾水位以下及坝内廊道和孔洞穿过分缝处的四周等部位应设置止水设施。止水材料有金属、橡胶、塑料、沥青及钢筋。

对于高坝的横缝止水常采用两道金属止水片和一道防渗沥青井，如图 2-2-22 所示。当有特殊要求时，可考虑在横缝的第二道止水片与检查井之间进行灌浆作为止水的辅助设施。

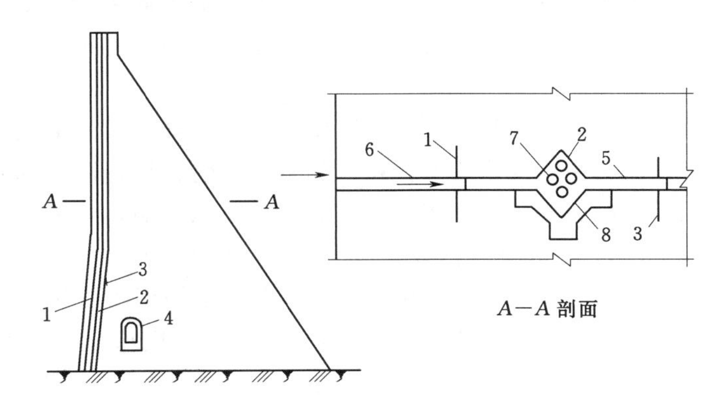

图 2-2-22 横缝止水构造示意图

1—第一道止水铜片；2—沥青井；3—第二道止水片；4—廊道止水；
5—横缝；6—沥青麻片；7—电加热器；8—预制块

对于中、低坝的横缝止水可适当简化，如中坝第二道止水片可采用橡胶或塑料片等。低坝经论证也可采用一道止水片，一般止水片距上游坝面 0.5～2.0m，以后各道止水设施之间的距离为0.5～1.0m。

在坝底，横缝止水必须与坝基岩石妥善连接。通常在基岩上挖一深30～50cm的方槽，将止水片嵌入，然后用混凝土填实。

(八) 重力坝的地基处理

由于受长期地质作用，天然的坝基一般都存在风化、节理、裂隙等缺陷，有时也存在断层、破碎带和软弱夹层等，因此，必须进行地基处理。地基处理的目的有三个方面：渗流控制、强度控制和稳定控制。地基处理的措施包括开挖清理、固结灌浆、破碎带或软弱夹层的专门处理，断层防渗帷幕灌浆，钻孔排水等。

1. 地基的加固处理

坝基的加固处理有开挖清理、固结灌浆和破碎带的处理等。

(1) 坝基开挖清理。坝基开挖清理的目的是使该坝体坐落在稳定、坚固的地基上，坝基的开挖深度应根据坝基应力情况、岩石强度及其完整性，结合上部结构对基础的要求研究确定。

(2) 坝基的固结灌浆。混凝土坝工程中，对岩石的节理裂隙采用浅孔低压灌注水泥浆的方法对坝基进行加固处理，称为固结灌浆，如图2-2-23所示。

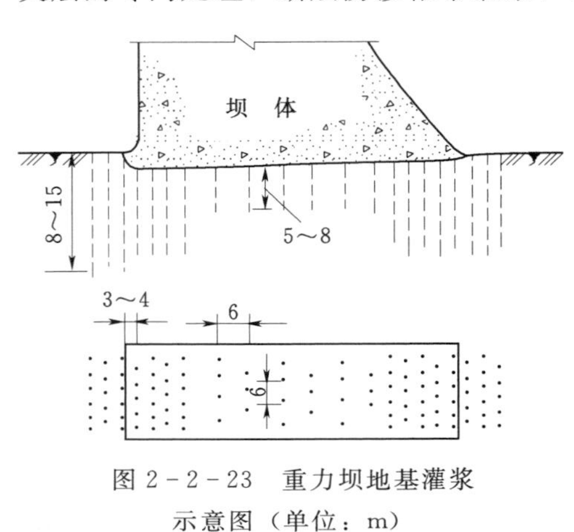

图2-2-23 重力坝地基灌浆示意图（单位：m）

固结灌浆的目的是：提高基岩的整体性和弹性模量，减少基岩受力后的变形，提高基岩的抗压、抗剪强度，降低坝基的渗透性、减少渗流量，在防渗帷幕范围内先进行固结灌浆可提高帷幕灌浆的压力。

(3) 坝基软弱破碎带的处理。当坝基中存在较大的软弱破碎带时，如断层破碎带、软弱夹层、泥化层、裂隙密集带等，对坝的受力条件和安全及稳定有很大危害，则需要专门的加固处理。

对于侧角较大或与基面接近垂直的断层破碎带，需采用开挖回填混凝土的措施。对于软弱的夹层，如浅埋软弱夹层，要多用明挖换基的方法，将夹层挖除，回填混凝土。对埋藏较深的，应结合工程情况分别采用在坝踵部位做混凝土深齿墙，切断软弱夹层直达完整基岩，如图2-2-24所示，如在夹层内设置混凝土塞[图2-2-24 (a)]，在坝趾处建混凝土深齿缝[图2-2-24 (b)]，在坝趾下游侧岩体内设钢筋混凝土抗滑桩，或预应力钢索加固，化学灌浆等措施[图2-2-24 (c)]，以提高坝体和坝基的抗滑稳定性。

2. 坝基的防渗处理

防渗处理的目的是增加渗透途径，防止渗透破坏，降低坝基面的渗透压力，减少坝基的渗漏量。坝基及两岸的防渗措施，可采用水泥帷幕灌浆，经论证坝基也可采用混凝土齿墙、防渗墙或水平防渗铺面；两岸岸坡可采用明挖或洞挖后回填混凝土形成防渗墙。

3. 坝基排水

为了进一步降低坝体底面的扬压力，应在防渗帷幕后设置排水孔幕（包括主、副排水孔幕）。主排水孔幕可设一排，副排水孔幕视坝高可设1～3排（中等坝设1～2排，高坝

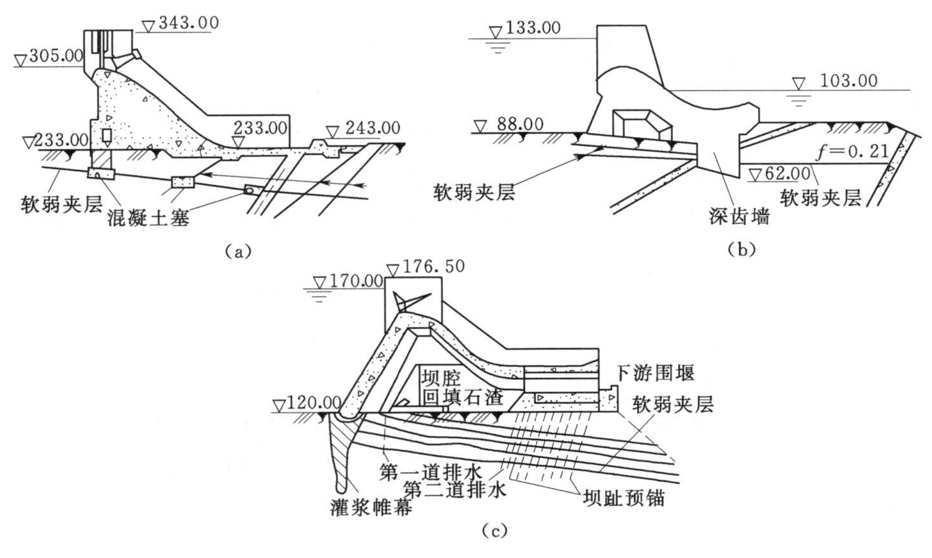

图 2-2-24 软弱夹层的处理（高程：m）

可设 2～3 排）。对于尾水位较高的坝，可在主排水孔幕下游坝基面上设置由纵、横廊道组成的副排水系统，采取抽排措施，当高尾水位历时较久，尚宜在坝趾增设一道防渗帷幕，如图 2-2-25 所示。

（九）混凝土重力坝的运用管理

混凝土重力坝在运用过程中，由于设计、施工、运行管理及其他各种原因，所表现出的主要问题包括失稳、风化、磨损、剥蚀、裂缝、渗漏甚至破坏，因此必须加强混凝土重力坝的养护和管理。

1. 混凝土重力坝的检查和养护

混凝土重力坝的检查和养护分为运用前、运用中和特殊情况，其主要工作内容如下：

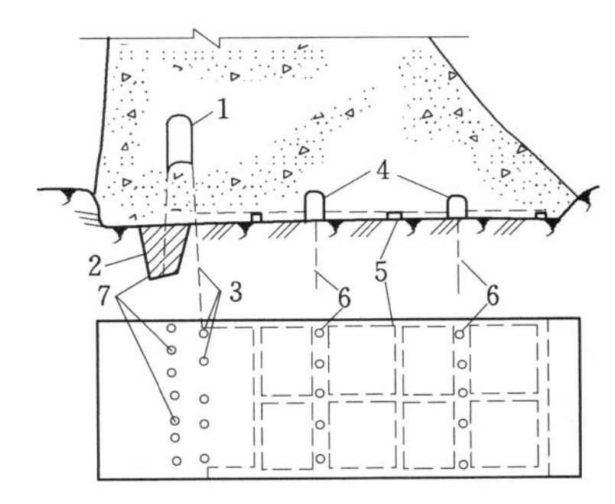

图 2-2-25 坝基排水系统

1—灌浆排水廊道；2—灌浆帷幕；3—主排水孔幕；4—纵向排水廊道；5—半圆管；6—副排水孔幕；7—灌浆孔

（1）运用前的检查与养护。工程竣工验收期间，应了解工程设计施工情况，特别是水下部分和隐蔽工程的情况，在运用前，要根据设计资料和竣工验收规定，全面进行检查。对于施工中混凝土蜂窝、麻面、孔洞和裂缝、渗漏等缺陷，要根据严重程度分别进行表面处理、堵漏或补强处理。施工中用的模板、排架及机械设备等应全部拆除收存，遗留在表面的螺栓及其他铁件应割除。

（2）运用中的检查与养护。应经常检查坝面完整情况，保持排水系统的畅通，定期检查伸缩缝工作情况。做好安全检查与防护，对各种观测设备要做好保护，如有损坏或失效，应及时进行修复或更换。

（3）特殊情况下的检查与养护。当遇到设计水位运行、低水位运行、地震、台风和寒冷冻害等特殊情况后，应立即对工程进行检查，如有缺陷，应及时养护修理；发现异常现象时，要加强观察，并记录发展情况、研究紧急处理措施。

2. 混凝土重力坝裂缝的处理

裂缝的处理方法，主要有表层涂抹、喷浆修补、表面黏补、凿槽嵌补和灌浆处理五种，应当根据裂缝的性质和具体条件进行选择。这里仅介绍后三种方法。

（1）表面黏补。表面黏补就是运用胶黏剂把橡皮及其他材料粘贴在裂缝部位的混凝土面上，达到封闭裂缝的目的。常用的方法有橡皮黏补、玻璃丝布黏补、纯铜片和橡皮联合黏补等。

（2）凿槽嵌补。沿裂缝凿槽，槽内嵌填各种防水材料。嵌补材料主要有沥青砂浆、环氧砂浆、预缩砂浆、聚氯乙烯胶泥等。

（3）灌浆处理。通过钻孔对裂缝内部进行灌浆，以达到防渗堵漏或固结补强的作用。布孔方式分骑缝孔与斜孔两种，骑缝孔用于浅孔或仅需防渗堵漏的情况，斜孔用于深缝及骑缝孔浆液扩散范围不足的情况。常用的灌浆材料有水泥和各种化学材料，可按裂缝的性质、开度及施工条件等情况选定。

3. 混凝土重力坝渗漏的处理

渗漏处理的基本原则是“上堵下排”，主要方法有以下几种：

（1）坝体渗漏的处理。通常在迎水面封堵。首先降低上游库水位，使渗漏入口露出水面再考虑混凝土表面损坏和裂缝处理的方法进行修补，对于裂缝宽度随温度变化的渗漏处理，要考虑既能适应裂缝开合，又能保证封堵止水。

（2）坝基（或接触）渗漏的处理。主要有以下几种相应的处理方法：

1）加深加厚帷幕。由于帷幕深度不够时应加大原帷幕深度。如孔距过大，还要加密钻孔，进行补强灌浆。

2）接触灌浆处理。钻孔的深度一般钻至基岩以下 2m 进行灌浆，主要是加强坝与基岩之间的接触。

3）固结灌浆处理。对原有顺河方向的断层破碎带，贯穿坝基造成的渗漏，除在该处加深加厚帷幕外，还需进行固结灌浆。

4）改善排水条件。当查明排水不畅或排水堵塞时，应设法疏通，必要时增设排水孔以改善排水条件。

（3）绕坝渗漏的处理。一般是在上游面封堵，也可以进行灌浆处理。

4. 混凝土表面损坏处理

混凝土表面损坏现象主要包括表面蜂窝、麻面、表层裂缝、松软、剥落、钢筋外露或锈蚀等。表面损坏如若不及时处理，将缩短使用寿命，严重时会削弱结构强度，甚至使建筑物失效而破坏。混凝土表面常用的修补处理方法有水泥砂浆修补、预缩砂浆修补、喷浆修补、喷混凝土修补、压浆混凝土修补和环氧材料修补等。

5. 混凝土重力坝的安全监测

（1）变形监测。

1）水平位移监测。坝体表面的水平位移可用视准线法或三角网法施测，前者适用于坝轴线为直线、顶长不超过 600m 的坝，后者可用于任何坝型。较高混凝土坝坝体内部的水平位移可用正垂线法、倒垂线法或引张线法测量。

2）铅直位移（沉降）监测。对混凝土坝坝内的铅直位移，可采用精密水准仪和精密连通管法量测。

（2）裂缝监测。混凝土建筑物的裂缝是随荷载环境的变化而开合的。监测方法是在测点处设金属标点或用测缝计进行。需要监测空间变化时，亦可埋设“三向标点”。

（3）应力及温度监测。在混凝土建筑物内设置应力、应变和温度监测点，能及时了解局部范围内的应力、温度及其变化情况。应力（或应变）的离差比位移要小得多，作为安全监控指标比较容易把握，故常以此作为分级报警指标。

（4）渗流监测。坝基扬压力监测多用测压管，也可采用差动电阻式渗压计，测点沿建筑物与地基接触面布置。坝体内部渗透压力可在分层施工缝上布置差动电阻式渗压计。

二、土石坝与面板堆石坝

（一）土石坝

1．土石坝概述

土石坝是指由土料、石料或土石混合料，采用抛填、碾压等方法堆筑成的挡水坝。由于结构简单、施工方便、可就地取材和投资低等特点，土石坝是应用最为广泛和发展最快的一种坝型，也是历史最为悠久的坝型。目前世界上最高的水坝为塔吉克斯坦的罗贡土石坝，坝高335m。我国已建的最高土石坝为小浪底土石坝，最大坝高154m。

（1）土石坝的类型。

按坝高分类，根据SL 274—2020《碾压式土石坝设计规范》的规定，土石坝按其坝高可分为低坝、中坝和高坝。高度在30m以下的为低坝，高度在30～70m为中坝，高度在70m以上为高坝。

按施工方法分类：

1）碾压式土坝。是用适当的土料，以合理的厚度分层填筑，逐层压实而成的坝。碾压填筑是应用最广的土坝施工方法。

2）水力冲填坝。是以水力为动力完成土料的开采、运输和填筑全部筑坝工序而建成的土坝。利用水力冲刷泥土形成泥浆，通过泵或沟槽将泥浆输送到土坝填筑面，泥浆在土坝填筑面经沉淀和排水固结形成新的填筑层，这样逐层向上填筑，直至完成整个坝体填筑。

3）定向爆破堆石坝。利用定向爆破方法，将河两岸山体的岩石爆出，抛向筑坝地点，形成堆石坝体，经过人工修整，浇筑防渗体，即可完成坝体建筑。

按坝体材料的可分为土坝、土石混合坝和堆石坝三种，如图2-2-26所示。

1）土坝。是用土料填筑而成的挡水坝。根据土料的分布情况，土坝还可分为均质坝、黏土心墙坝或斜墙坝、人工材料心墙坝或斜墙坝和多种土质坝。均质坝采用单一土料填筑，要求土料具有一定的防渗性能。黏土心墙坝或斜墙坝是采用防渗能力强的黏土作防渗体，设在坝体中上游位置，两边用透水性较大但抗剪强度较大的土料填筑。人工材料心墙坝或斜墙坝则是采用防渗能力强的人工材料，如沥青混凝土、钢筋混凝土作防渗体，设在坝体中上游位置，两边用土料填筑。多种土质坝采用多种土料填筑，一般要设防渗心墙或斜墙。

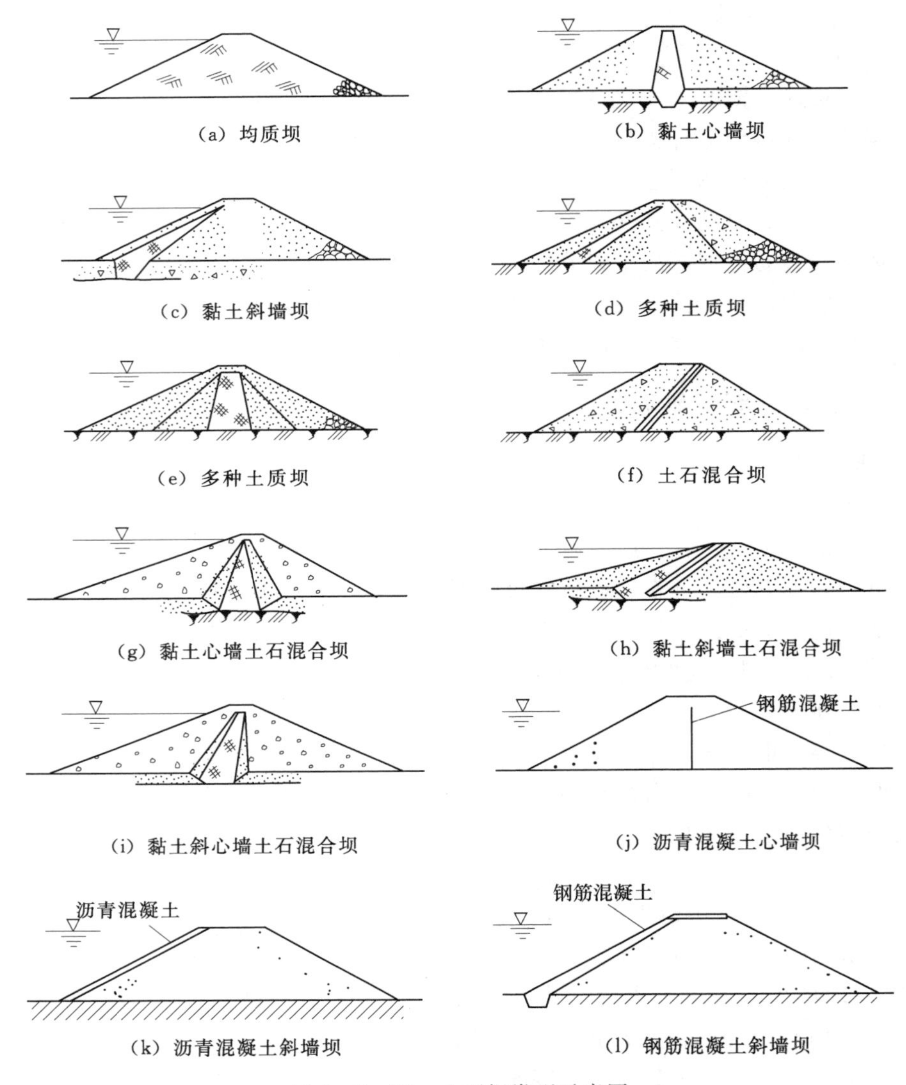

图 2-2-26　土石坝类型示意图

2）土石混合坝。多种土质坝的下游部分采用砂砾石料时，就构成土石混合坝。

3）堆石坝。坝体绝大部分采用石料堆筑的坝，需要设置防渗心墙或斜墙、防渗面板。

(2) 土石坝的工作原理。土石坝是土石材料的堆筑物，主要利用土石颗粒之间的摩擦、黏聚特性和密实性来维持自身的稳定，抵御水压力和防止渗透破坏。一般而言，土石坝为维持自身稳定需要较大的断面尺寸，因而有足够的能力抵御水压力。因此，土石坝工程主要面对两个问题：确保自身稳定和防止渗透破坏。其中自身稳定包括滑坡、渗流、沉陷和冲刷问题。

1）滑坡。由于土石材料为松散体，抗剪强度低，主要依靠土石颗粒之间的摩擦和黏聚力来维持稳定，没有支撑的边坡是填筑体稳定问题的关键。所以，土石坝失稳的形式，主要是坝坡的滑动或坝坡连同部分坝基一起滑动，影响坝体的正常工作，甚至导致工程失

事。为确保土石填筑体的稳定，土石坝断面一般设计成梯形或复合梯形，而且边坡较缓，通常为1∶1.5～1∶3.5。

2）渗流。渗流也是影响坝体稳定的重要因素。水库蓄水后，坝体挡水时，在上下游水位差的作用下，水流将通过坝身和坝基（包括两岸）向下游渗透。渗透水流在坝体内的自由水面称为浸润面，它与垂直坝轴线的剖面的交线称为浸润线，如图2-2-27所示。浸润线以上有一毛管水上升区，区内的土料处于湿润状态。毛管水层以上的水为自然含水区，浸润线以下为饱和渗流区。被饱和的土体承受上浮力和渗透动水压力，降低了抗剪强度指标，对坝坡稳定不利。渗流不仅使水库损失水量，还会使背水面的土体颗粒流失、变形，引起管涌和流土等渗透破坏。在坝体与坝基、两岸以及其他非土质建筑物的结合面，还会产生集中渗流现象。

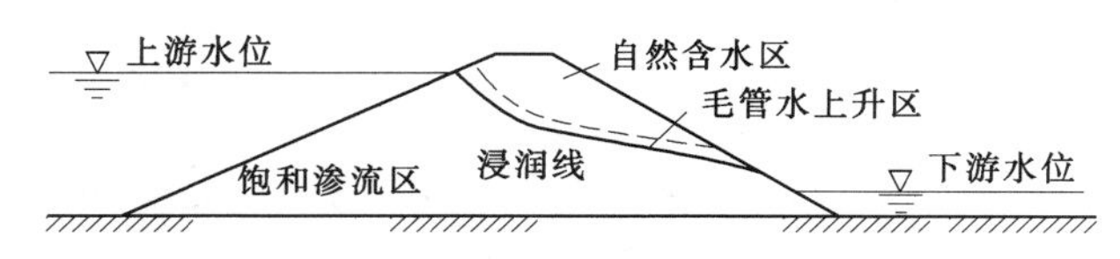

图2-2-27 土坝坝体渗流示意图

3）沉陷。由于土石颗粒之间存在较大的孔隙，在外荷载的作用下，易产生移动、错位，细颗粒填充部分孔隙，使坝体产生沉降，也使土体逐步密实、固结。如果土石坝颗粒级配不合理，沉降变形、不均匀会产生裂缝，破坏坝体结构，也会降低坝顶高程，使坝的高度不足。土石坝的沉陷与坝体、坝基的土石材料有关，因此，土石坝设计需要考虑土石材料选用、坝基处理、填筑工艺等因素，筑坝时应有适量的超填。

4）冲刷。土石坝为散粒结构，抗冲能力低，受到波浪、雨水和水流作用，会造成冲刷破坏。因此，土石坝坝坡要设置护面结构，特别是迎水面要防止波浪影响，是护面的重点。背水坡面要设置排水沟，防止雨水对坝面的冲刷。土石坝的溢洪道和引水洞一般远离坝区布置，以免冲刷坝体。

2. 土石坝剖面基本尺寸

土石坝剖面包括坝顶高程、坝顶宽度、上下游坝坡、防渗结构、排水结构及其细部构造。首先计算坝顶高程，根据具体要求和经验拟定剖面，进行渗流计算，最后进行坝坡稳定分析，根据稳定分析的结果判断坝剖面的合理性。一般需要多次重复以上步骤，直至得到合理的剖面。

（1）坝顶高程。根据正常运用和非常运用的静水位加相应的超高，即可确定坝顶高程。按下列四种工况计算，并取最大值：①设计洪水位＋正常运用条件的坝顶超高；②正常蓄水位＋正常运用条件的坝顶超高；③校核洪水位＋非常运用条件的坝顶超高；④正常蓄水位＋非常运用条件的坝顶超高＋地震安全加高。

设计的坝顶高程是针对坝体沉降稳定以后情况而言的。因此竣工时的坝顶高程预留足够的沉陷超高。一般施工质量好的土石坝沉陷量为坝高的0.2%～0.4%。

如图2-2-28所示，坝顶在水库静水位以上的超高按式（2-2-18）计算。

$$d = R + e + A \tag{2-2-18}$$

式中 R——最大波浪在坝坡上的爬高，m；

A——安全加高，m，按表 2-2-8 确定；

e——最大风壅水面高度，m，按式（2-2-19）计算。

$$e=\frac{k_f W^2 D}{2gH_m}\cos\beta \tag{2-2-19}$$

式中　k_f——综合摩阻系数，取 3.6×10^{-6}；

D——风区长度，m；

H_m——坝前风区水域平均水深，m。

β——计算风速与坝轴线法线的夹角，(°)；

W——计算风速，m/s，在正常运用情况，1、2 级坝，取 $W=(1.5\sim2.0)\overline{W}_{max}$；3、4、5 级坝取 $W=1.5\overline{W}_{max}$；非常运用情况，取 $W=\overline{W}_{max}$。$\overline{W}_{max}$是坝址多年平均最大风速。

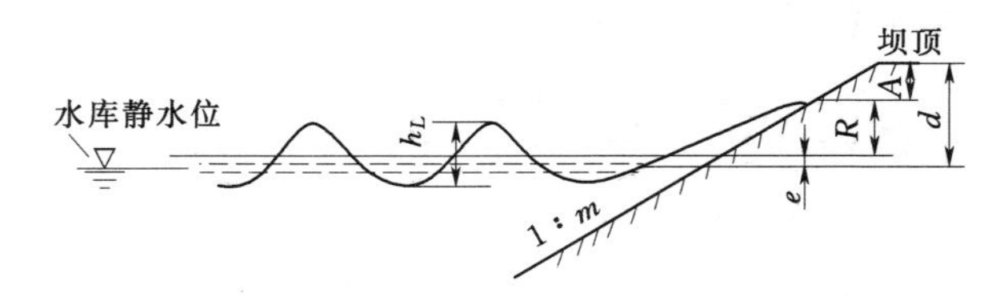

图 2-2-28　坝顶高程计算

表 2-2-8　**土石坝安全加高 A 值**　单位：m

坝的级别		1 级	2 级	3 级	4、5 级
设　计		1.5	1.00	0.70	0.50
校核	山区、丘陵区	0.70	0.50	0.40	0.30
	平原、滨海区	1.00	0.70	0.5	0.30

首先计算平均波浪爬高值 R_m，然后不同累积频率下的波浪爬高值 R_p 可由平均波高与坝迎水面前水深的比值和相应的累积频率 P 按表 2-2-12 规定的系数计算求得。

1）平均波浪爬高 R_m。

a. 当坝坡的单坡系数 m=1.5～5.0 时，平均爬高可按式（2-2-20）计算。

$$R_m=\frac{K_\Delta K_W}{\sqrt{1+m^2}}\sqrt{h_m L_m} \tag{2-2-20}$$

式中　K_Δ——坝面糙率渗透性系数，按表 2-2-9 选用；

K_W——经验系数，按表 2-2-10 选用；

h_m、L_m——平均波高和平均波长，m，按式（2-2-22、2-2-23）计算求得；

m——坝坡系数，当静水位附近变坡且设马道时，应采用折算坡度系数 m_e 代替，m 的折算坡度 $m_e=\frac{1}{2}\left(\frac{1}{m_上}+\frac{1}{m_下}\right)$，$m_上$、$m_下$ 为变坡处马道以上、马道以下的坝坡系数。

b. 当 $m\leqslant1.25$ 时，平均爬高可按式（2-2-21）计算。

$$R_m=K_\Delta K_W R_0 h_m \tag{2-2-21}$$

式中　R_0——无风情况下，平均波高 $h_m=1$，$K_\Delta=1$ 时的爬高值，可查表 2-2-11。

c. 当 1.25<m<1.5 时。可根据 m=1.25 和 m=1.5 的值按直线内插法求得。

表 2-2-9 **糙率及渗透性系数**

护面类型	K_Δ	护面类型	K_Δ
光滑不透水（沥青混凝土）	1.00	砌石	0.75～0.80
混凝土或混凝土板	0.90	抛填两层块石（不透水基础）	0.60～0.65
草皮	0.85～0.90	抛填两层块石（透水基础）	0.50～0.55

表 2-2-10 **经验系数 k_W**

$\frac{W}{\sqrt{gH}}$	≤1.0	1.5	2.0	2.5	3.0	3.5	4.0	≥5.0
K_W	1.00	1.02	1.08	1.16	1.22	1.25	1.28	1.30

表 2-2-11 **R_0 值**

m	0	0.5	1.0	1.25
R_0	1.24	1.45	2.20	2.50

d. 平均波高 h_m 和平均波长 L_m 计算。依据《碾压土石坝设计规范》（SL 374—2020），按莆田试验站公式计算。

平均波高 h_m 简化公式：
$$\frac{gh_m}{W^2}=0.0018\left(\frac{gD}{W^2}\right)^{0.45} \tag{2-2-22}$$

波浪平均周期 T_m 计算公式：
$$T_m=4.0\sqrt{h_m} \tag{2-2-23}$$

平均波长 L_m 计算公式：
$$L_m=\frac{gT_m{}^2}{2\pi}\approx 1.56T_m^2 \tag{2-2-24}$$

2）设计爬高 R_P。求出 R_m 后，设计波浪爬高值 R_P 应依据《碾压土石坝设计规范》（SL 274—2020）规定：1 级、2 级、3 级级坝采用累积频率为 1%的爬高值 $R_{1\%}$，4 级、5 级坝采用累积频率为 5%的爬高值值 $R_{5\%}$，查表 2-2-12，求得设计爬高值 R_P。

表 2-2-12 **爬高统计分布 $\left(\frac{R_P}{R_m}值\right)$**

$\frac{h_m}{H}$	P/%	0.1	1	2	4	5	10	14	20	30	50
<0.1	$\frac{R_P}{R_m}$	2.66	2.23	2.07	1.90	1.84	1.64	1.53	1.39	1.22	0.96
0.1～0.3		2.44	2.08	1.94	1.80	1.75	1.57	1.48	1.36	1.21	0.97
>0.3		2.13	1.86	1.76	1.65	1.61	1.48	1.39	1.31	1.19	0.99

当来风风向线与坝轴线的法线成夹角 β 时，波浪爬高 R_P 应有所降低。因此，应将爬高值 R_P 乘以风向折减系数 k_β 后作为设计值，k_β 值按表 2-2-13 选用。

表 2-2-13 **斜向波折减系数 k_β**

β	0°	10°	20°	30°	40°	50°	60°
k_β	1	0.98	0.96	0.92	0.87	0.82	0.76

3）小型低水头的土石坝，波浪爬高可按式（2-2-25）近似计算。

$$R = 3.2 K_{\Delta} h_m \mathrm{tg}\alpha \quad (2-2-25)$$

式中 h_m——波高，m；

α——静水位坝面坡角，(°)。

当坝顶上游侧设有防浪墙时，坝顶超高可改为对防浪墙顶的要求。在正常运用条件下，坝顶应高出静水位0.5m；在非常运用条件下，坝顶应不低于静水位。

（2）坝顶宽度。坝顶宽度应根据构造、施工、运行管理和抗震等因素确定，高坝的坝顶宽度可选用10～15m，中坝、低坝可选用5～10m，地震设计烈度为Ⅷ度、Ⅸ度时坝顶宜加宽。坝顶不应作为公共交通道路，确有必要时，应进行专门论证

（3）坝体坡度。一般在坝顶附近的坝坡宜陡些，向下逐级变缓，每级高度为15～20m，相邻坡率差不宜大于0.25～0.50。常用的坝坡一般取1∶2.0～1∶4.0。

土石坝坝坡的一般规律：

1）上游坝坡长期浸水，水库水位又有可能迅速下降，所以当上下游边坡用同种土料填筑时，上游坝坡常比下游坝坡缓。

2）土质斜墙坝的上游坡比心墙坝缓，而下游坡可比心墙坝陡。

3）砂壤土、壤土的均质坝坡比砂或砂砾组成的坝坡要缓些。

4）黏性土料坝的坝坡与坝高有关，坝越高坝坡越缓；而砂或砂砾料坝体的坝坡与坝高关系甚微。

5）坝坡马道设置应根据坝坡坡度变化、坝面排水、检修维护、监测巡查、增加护坡和坝基稳定等需要确定，其作用有拦截雨水，防止冲刷坝面，同时也兼作交通、检修、观测之用。设置符合下列规定：①土质防渗体分区坝和均质坝上游坝坡宜少设或不设马道，非土质防渗材料面板坝上游坡不宜设马道；②马道宽度应根据用途确定，最小宽度不宜小于1.50m；③当马道设排水沟时，排水沟以外的宽度不宜小于1.50m。土石坝的坝坡初选一般参照已有工程的实践经验拟定。初拟坝坡，可参考表2-2-14和表2-2-15。

表2-2-14　均质坝坝坡

坝高/m	塑性指数较高的亚黏土				坝高/m	塑性指数较低的亚黏土			
	马道		上游坡	下游坡		马道		上游坡	下游坡
	级数	宽度/m	自上而下	自上而下		级数	宽度/m	自上而下	自上而下
<15	1	1.5	1∶2.50 1∶2.75	1∶2.25 1∶2.50	<15	1	1.5	1∶2.25 1∶2.50	1∶2.00 1∶2.25
15～25	2	2	1∶2.75 1∶3.00	1∶2.50 1∶2.75	15～25	2	2.0	1∶2.50 1∶2.75	1∶2.25 1∶2.50
25～35	3	2	1∶2.75 1∶3.00 1∶3.50	1∶2.50 1∶2.75 1∶3.00	25～35	3	2.0	1∶2.50 1∶2.75 1∶3.25	1∶2.25 1∶2.50 1∶2.75

表 2-2-15　　黏土心墙坝坝坡

坝高 /m	坝坡				心墙	
	马道级数	马道宽 /m	上游坡 自上而下	下游坡 自上而下	顶宽 /m	边坡
<15	1	1.5	1∶2.00～2.25 1∶2.25～2.50	1∶1.25～2.00 1∶2.00～2.25	1.5	1∶0.2
15～25	1～2	2.0	1∶2.25～2.50 1∶2.50～2.75	1∶2.00～2.25 1∶2.25～2.50	2.0	1∶0.15～0.25
25～35	2	2.0	1∶2.50～2.75 1∶2.75～3.00 1∶3.00～3.50	1∶2.25～2.50 1∶2.50～2.75 1∶2.75～3.00	2.0	1∶0.15～0.25

3. 土石坝渗流分析

（1）渗流分析的目的。土石坝基本剖面确定后，需要通过渗流分析检验坝体及坝基的安全性，并为坝坡稳定分析提供依据。计算内容有坝体浸润线、渗流出逸点的位置、渗透流量和各点的渗透压力或渗透坡降。

（2）计算工况。根据土石坝的运行情况，渗流计算的工况应能涵盖各种不利运行条件及其组合，一般需要计算的工况有：上游正常蓄水位与下游相应的最低水位；上游设计洪水位与下游相应的水位；上游校核洪水位与下游相应的水位；库水位降落时上游坝坡稳定最不利的情况。

（3）渗流计算的水力学法。用水力学法计算渗流的基本要点是将坝内渗流分成若干段（即所谓分段法），应用达西定律和杜平假定，建立各段的运动方程式，然后根据水流的连续性求解渗透流速、渗透流量和浸润线等。

1）基本假定：①坝体土料是均质的，各向同性，即坝内各点在各个方向的渗透系数相同；②渗流属渐变流，过水断面上各点的坡降和流速相等；③渗流是层流，满足达西定律；④渗流满足连续流方程。

2）基本原理。

a）等效原理。20 世纪 20 年代苏联学者巴甫洛夫斯基提出，以浸润线两端为分界线，将均质土坝分为三段，即上游楔形体、中间段和下游楔形体，分别列出计算公式，再根据水流连续原理求解，称为三段法，如图 2-2-29（a）所示。

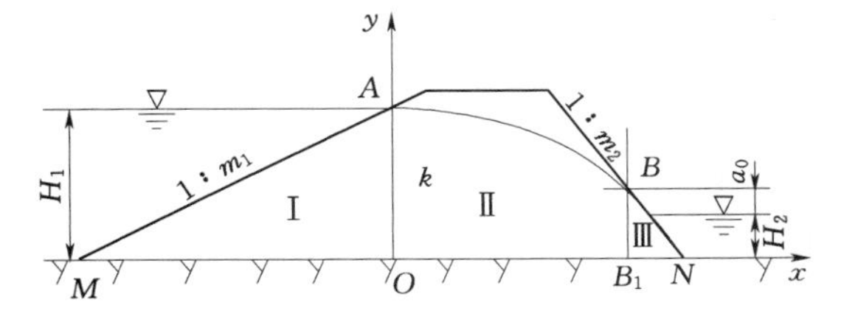

（a）三段法

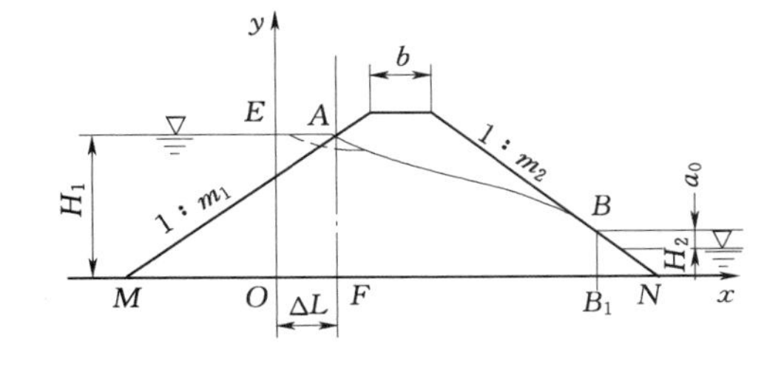

（b）两段法

图 2-2-29　等效原理示意图

用一个等效矩形体代替上游楔形体［图 2－2－29（b）］，把此矩形体与原三段法的中间段合二为一，成为第一段，下游楔形体为第二段。虚拟上游面为铅直的，距原坝坡与设计水位交点 A 的水平距离为 ΔL，根据流体力学和电拟实验可得

$$\Delta L = \frac{m_1}{1+2m_1}H_1 \tag{2-2-26}$$

式中　m_1——上游坝坡坡率；

H_1——坝前水深。

根据连续流原理得

$$q_{\text{I}} = q_{\text{II}} \tag{2-2-27}$$

b）叠加原理。计算坝体渗流量认为坝基不渗流，计算坝基渗流量认为坝体不渗流。分析计算坝断面总渗流量为

$$q_{总} = q_{体} + q_{基} \tag{2-2-28}$$

3）基本公式。

单宽渗流量计算公式为

$$q = \frac{K(H_1^2 - H_2^2)}{2L} \tag{2-2-29}$$

浸润线方程为

$$y = \sqrt{H_1^2 - \frac{2q}{K}x} \tag{2-2-30}$$

注意：上述浸润线方程与所建立的直角坐标系有关，坐标系建立不同则浸润线方程不同。

4）总渗流量的计算。

根据地形及坝体结构，沿坝轴线把坝分成若干段，各段的长度为 l_1，l_2，l_3，…分别计算各段的平均渗流量 q_1，q_2，q_3，…后，将各段渗流量相加，即可求出全坝的渗流量 Q，公式为

$$Q = \frac{1}{2}[q_1 l_1 + (q_1 + q_2)l_2 + \cdots + (q_{n-2} + q_{n-1})l_{n-1} + q_{n-1}l_n] \tag{2-2-31}$$

式中　q_1，q_2，…，q_{n-1}——断面 1，2，…，n 的单宽渗流量；

l_1，l_2，…，l_n——相邻两断面在坝顶处的水平距离，如图 2－2－31 所示。

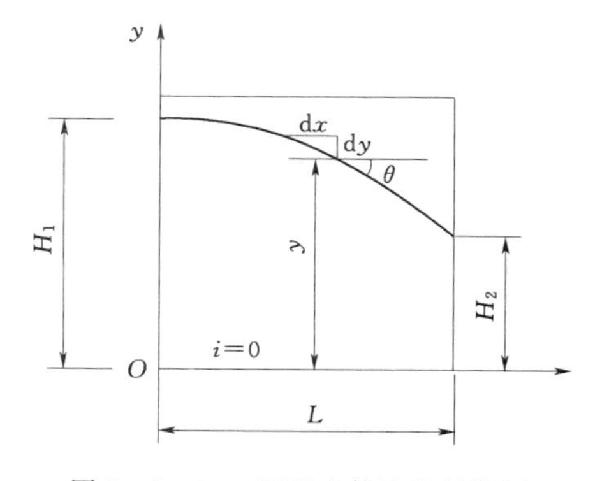

图 2－2－30　矩形土体渗流计算图

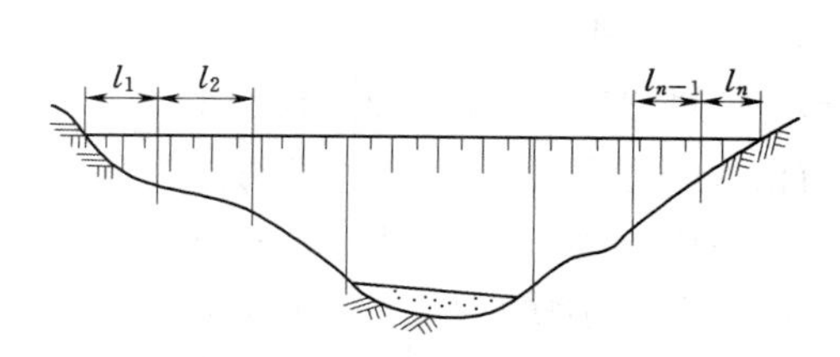

图 2－2－31　总渗流量计算

各种坝型渗流计算公式总结见表 2-2-16。

表 2-2-16　　渗流计算基本方程

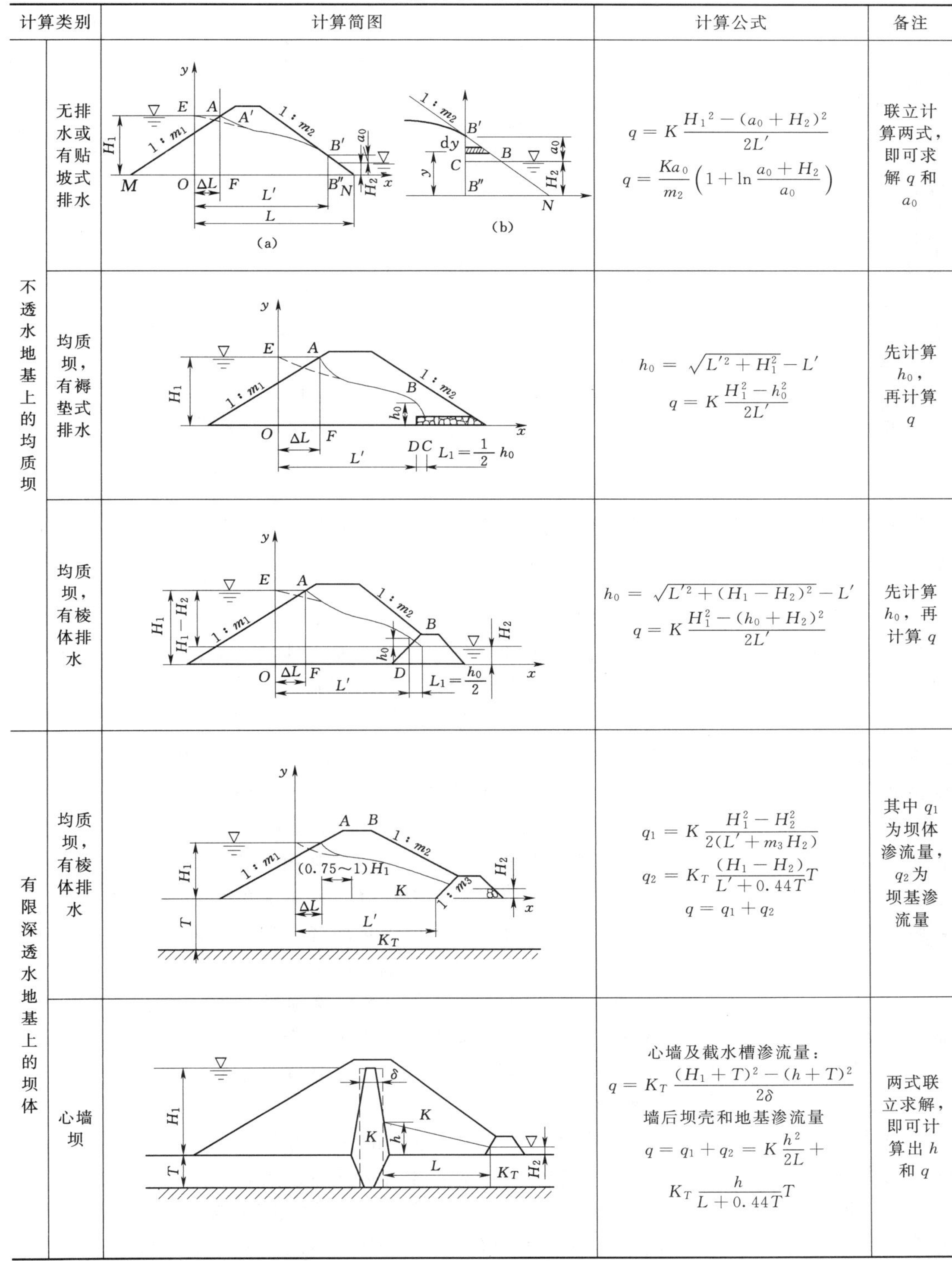

计算类别		计算简图	计算公式	备注
不透水地基上的均质坝	无排水或有贴坡式排水	(a)　(b)	$q = K\dfrac{H_1{}^2-(a_0+H_2)^2}{2L'}$ $q = \dfrac{Ka_0}{m_2}\left(1+\ln\dfrac{a_0+H_2}{a_0}\right)$	联立计算两式，即可求解 q 和 a_0
	均质坝，有褥垫式排水		$h_0 = \sqrt{L'^2+H_1^2}-L'$ $q = K\dfrac{H_1^2-h_0^2}{2L'}$	先计算 h_0，再计算 q
	均质坝，有棱体排水		$h_0 = \sqrt{L'^2+(H_1-H_2)^2}-L'$ $q = K\dfrac{H_1^2-(h_0+H_2)^2}{2L'}$	先计算 h_0，再计算 q
有限深透水地基上的坝体	均质坝，有棱体排水		$q_1 = K\dfrac{H_1^2-H_2^2}{2(L'+m_3H_2)}$ $q_2 = K_T\dfrac{(H_1-H_2)}{L'+0.44T}T$ $q = q_1+q_2$	其中 q_1 为坝体渗流量，q_2 为坝基渗流量
	心墙坝		心墙及截水槽渗流量： $q = K_T\dfrac{(H_1+T)^2-(h+T)^2}{2\delta}$ 墙后坝壳和地基渗流量 $q = q_1+q_2 = K\dfrac{h^2}{2L}+K_T\dfrac{h}{L+0.44T}T$	两式联立求解，即可计算出 h 和 q

续表

计算类别		计算简图	计算公式	备注
有限深透水地基上的坝体	带截水墙的斜墙坝		通过斜墙、截水墙的渗流量 $q = K_e \frac{H_1^2 - h^2 - Z_0^2}{2\delta \sin\alpha} + K_e \frac{H_1 - h}{\delta_1} T$ 下游坝体和坝基的渗流量 $q = q_1 + q_2 = K \frac{h^2 - H_2^2}{2(L' - mh)} + K_T \frac{h - H_2}{(L' - mh) + 0.44T} T$ $z_0 = \delta \cos\alpha$	两式联立求解，即可计算出 h 和 q
	带水平铺盖的斜墙坝		通过上游段的渗流量 $q = K_T \frac{H_1 - h}{L_n + 0.44T} T$ 通过下游段的渗流量 $q = q_1 + q_2 = K \frac{h^2 - H_2^2}{2(L - mh)} + K_T \frac{h - H_2}{L + 0.44T} T$	两式联立求解，即可计算出 h 和 q

注 表中 K、K_e、K_T 分别为坝体、防渗体和坝基的渗透系数；T 为透水地基深度；m_1、m_2、m_3 分别是上游坝坡、下游坝坡和排水棱体上游边坡坡比；$\Delta L = \frac{m_1}{1 + 2m_1} H_1$。

4. 土石坝的渗流变形及其防治措施

土坝及地基中的渗流，由于其机械或化学作用，可能使土体产生局部破坏，称为渗透破坏。严重的渗透破坏可能导致工程失事，因此必须加以控制。

(1) 渗透变形的形式（分类）。渗透变形的形式及其发生、发展、变化过程，与土料性质、土粒级配、水流条件以及防渗、排渗措施等因素有关，一般可归纳为管涌、流土、接触冲刷、接触流土、接触管涌等类型。最主要的是管涌和流土两种类型。

1) 管涌。坝体或坝基中的细土壤颗粒被渗流带走，逐渐形成渗流通道的现象称为管涌或机械管涌。管涌一般发生在坝的下游坡或闸坝的下游地基面渗流逸出处。使个别小颗粒土在孔隙内开始移动的水力坡降，称为管涌的临界坡降；使更大的土粒开始移动从而产生渗流通道和较大范围破坏的水力坡降，称为管涌的破坏坡降。单个渗流通道的不断扩大或多个渗流通道的相互连通，最终将导致大面积的塌陷、滑坡等破坏现象。

2) 流土。在渗流作用下，成块的土体被掀起浮动的现象称为流土。流土主要发生在黏性土及均匀非黏性土体的渗流出口处。发生流土时的水力坡降，称为流土的破坏坡降。

3) 接触冲刷。当渗流沿两种不同土壤的接触面或建筑物与地基的接触面流动时，把其中细颗粒带走的现象称为接触冲刷。

4) 接触流土。当渗流垂直作用的两种不同土壤中的一层为黏性土时，渗流可能将黏性土成块地移动，从而导致隆起、断裂或剥蚀等现象称为接触流土。

(2) 防止渗透变形的工程措施。一是在渗流的上游或源头采用防渗措施，拦截渗水或延长渗径，从而减小渗透流速和渗透压力，降低渗透比降；二是在渗流的出口段采用排水

减压措施和渗透反滤保护措施，提高渗流出口段抵御渗透变形的能力。一般采用的工程措施有：①设置垂直或水平防渗设施（如截水墙、斜墙、心墙和水平铺盖等）；②设置排水设施；③盖重压渗措施；④设置反滤层，反滤层是提高坝体抗渗破坏能力、防止各种渗透变形特别是防止管涌的有效措施。

5. 土石坝稳定分析

(1) 荷载和稳定安全系数的标准。土石坝的荷载主要包括自重、水压力、渗透压力、孔隙水压力、浪压力、地震惯性力等，大多数荷载的计算与重力坝相似。其中土石坝主要考虑的荷载有：自重、渗透压力、空隙压力等，分述如下。

1) 自重。土坝坝体自重分三种情况来考虑，即在浸润线以上的土体，按湿容重计算；在浸润线以下、下游水面线以上的土体，按饱和容重计算；在下游水位以下的土体，按浮容重计算。

2) 渗透力。渗透力是在渗流场内作用于土体的体积力。沿渗流场内各点的渗流方向，单位土体所受的渗透力 $p=\gamma J$，其中 γ 为水的容重；J 为该点的渗透坡降。

3) 孔隙水压力。黏性土在外荷载的作用下产生压缩，由于土体内的空气和水一时来不及排出，外荷载便由土粒和空隙中的空气与水来共同承担。其中，由土粒骨架承担的应力称为有效应力 σ'，它在土体产生滑动时能产生摩擦力；由空隙中的水和空气承担的应力称为孔隙水压力 u，它不能产生摩擦力。因此，孔隙水压力是黏性土中经常存在的一种力。

孔隙水压力的存在使土的抗剪强度降低，从而使坝坡的稳定性也降低。因此在土坝坝坡稳定分析时，应予以考虑。孔隙水压力的大小与土料性质、土料含水量、填筑速度、坝内各点荷载、排水条件等因素有关，且随时间而变化。因此，孔隙水压力的计算一般比较复杂，且多为近似估计。

4) 稳定安全系数的标准。根据《碾压式土石坝设计规范》(SL 274—2020) 规定：对于均质坝、厚斜墙坝和厚心墙坝，宜采用简化毕肖普法；对于有软弱夹层、薄斜墙坝和坝基内有软弱夹层或软弱带等情况，可采用摩根斯顿-普赖斯等滑楔法。

《碾压式土石坝设计规范》(SL 274—2020) 第 8.3.15 条规定：采用计及条块间作用力方法时，坝坡抗滑稳定安全系数应不小于表 2-2-17 规定的数值；

《碾压式土石坝设计规范》(SL 274—2020) 第 8.3.17 条规定：采用滑楔法进行稳定计算时，当假定滑楔之间作用力平行于坡面和滑底斜面的平均坡度时，按表 2-2-17 规定；当假定滑楔之间作用力为水平方向时，对 1 级坝正常运用条件最小安全系数应不小于 1.30，其他情况可比表 2-2-17 规定的数值减小 8%。

表 2-2-17　坝坡抗滑稳定最小安全系数

运用条件	工程等级			
	1	2	3	4、5
正常运用条件	1.50	1.35	1.30	1.25
非常运用条件Ⅰ	1.30	1.25	1.20	1.15
非常运用条件Ⅱ	1.20	1.15	1.15	1.10

(2) 土石坝边坡稳定计算。

1) 稳定计算工况。依照《碾压土石坝设计规范》(SL 274—2020) 规定，控制坝坡稳定应按如下几种工况计算：

正常运用条件：

a. 上游正常蓄水位与下游相应的最低水位或上游设计洪水位与下游相应的最高水位形成稳定渗流期的上、下游坝坡。

b. 水库水位从正常蓄水位或设计洪水位正常降落到死水位的上游坝坡。

非常运用条件Ⅰ：

a. 施工期的上、下游坝坡。

b. 上游校核洪水位与下游相应最高水位可能形成稳定渗流期的上、下游坝坡。

c. 水库水位的非常降落，即库水位从校核洪水位降至死水位以下或大流量快速泄空的上游坝坡。

非常运用条件Ⅱ：正常运用水位遇地震的上、下游坝坡。

2) 稳定计算方法。目前所采用的土石坝坝坡稳定分析方法的理论基础是极限平衡理论，即将土看作是理想的塑性材料，当土体超过极限平衡状态时，土体将沿着某一破裂面产生剪切破坏，出现滑动失稳现象。

a. 瑞典圆弧法。瑞典圆弧法是目前土石坝设计中坝坡稳定分析的主要方法之一。该方法简单、实用，基本能满足工程精度要求，特别是在中小型土石坝设计中应用更为广泛。

假设滑动面为一个圆柱面，在剖面上表现为圆弧面。将可能的滑动面以上的土体划

分成若干铅直土条，不考虑土条之间作用力的影响，作用在土条上的力主要包括：土条自重、土条底面的凝聚力和摩擦力。图 2-2-32 所示为用任意半径 R 和圆心 O 所画的滑动圆弧。

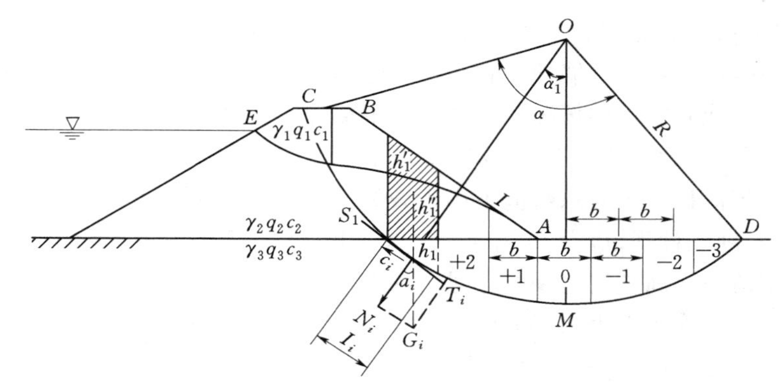

图 2-2-32　圆弧法计算示意图

AB—坝坡面；AE—浸润线；AD—地基面；CMD—滑裂面

根据考虑孔隙水压力影响的方法不同，圆弧滑裂面法分为有总应力法与效应力法。

总应力法：如图 2-2-32 所示，设某一滑裂面圆弧 $ABCD$，圆心为 O 和半径为 R，将滑裂弧内的土体分成宽度相等的若干土条，土条的高度为 h_i，宽为 b。现分析任一土条 i 作用在圆弧面上的力：

土条的重量 $W_i = \gamma_i b h_i$

土条重量的法向分力 N_i 和切向分力 T_i 为

$$\left.\begin{aligned} N_i &= W_i\cos\alpha = \gamma_i b h_i \cos\alpha \\ T_i &= W_i\sin\alpha = \gamma_i b h_i \sin\alpha \end{aligned}\right\} \tag{2-2-32}$$

在滑弧面上，总滑动力矩为总切向分力对圆心 O 点的力矩，为 $R\sum T_i$；总抗滑力矩为总法向分力 $\sum N_i$ 产生的总摩擦力 $\sum N_i \mathrm{tg}\varphi_i$ 和 abc 上总凝聚力 $\sum c_i l_i$ 对圆心 O 点产生的力矩为 $R(\sum N_i \mathrm{tg}\varphi_i + \sum c_i l_i)$ 坝坡稳定安全系为

$$K_c = \frac{\sum M_r}{\sum M_S} = \frac{R(\sum N_i \mathrm{tg}\varphi_i + \sum c_i l_i)}{R\sum T_i} \tag{2-2-33}$$

考虑孔隙水压力影响的坝坡稳定计算。　含水量较高的均质坝、厚心墙坝、厚斜墙坝和水中填土坝，在进行施工期坝坡稳定计算时应考虑孔隙水压力的影响。采用有效应力法计算的坝坡稳定安全系数为

$$K_c = \frac{\sum[(W_i\cos\alpha_i - u_i l_i)\mathrm{tg}\varphi_i' + C_i' l_i]}{\sum W_i \sin\alpha_i} \tag{2-2-34}$$

由于孔隙水压力的计算比较复杂. 施工期又没有坝身的渗透水流问题，对Ⅲ级以下的坝，可用式（2－2－32）的总应力法公式计算。

考虑渗透压力和水位降落时的坝坡稳定计算。土坝在稳定渗流期将产生流透压力；水库水位降落时，除产生渗透压力外，还将产生附加的孔隙水压力，要考虑它对坝坡稳定性的影响。为计算方便，通常采用有效应力法简化计算，即用变换重度的方法来近似考虑渗透压力的影响。具体作法是：在浸润线以上一律用湿重度，下游静水位以下一律用浮重度，在浸润线以下，下游静水位以上的土体，计算滑动力矩时用饱和重度，计算抗滑力矩时用浮重度。

有效应力法（简化法）的稳定计算公式如下：

$$K_c = \frac{\sum (W_i)_2 \cos\alpha_i \mathrm{tg}\varphi_i + \frac{1}{b}\sum c_i l_i}{\sum (W_i)_1 \sin\alpha_i} \tag{2-2-35}$$

式中　$(W_i)_1$、$(W_i)_2$——计算滑动力矩和抗滑力矩时各条块重量。

$$\left.\begin{aligned} (W_i)_1 &= \gamma_\omega h_1 + \gamma_s h_2 + \gamma_b h_3 + \gamma_b h_4 \\ (W_i)_2 &= \gamma_\omega h_1 + \gamma_b h_2 + \gamma_b h_3 + \gamma_b h_4 \end{aligned}\right\} \tag{2-2-36}$$

式中　γ_ω、γ_b、γ_s——土体的湿重度、浮重度和饱和重度；

h_1——土条坝体至浸润线之间的中线高度，m；

h_2——土条浸润线至下游水位之间的中线高度，m；

h_3——土条下游水位线至坝基之间的中线高度，m；

h_4——土条坝基至滑弧之间的中线高度，m。

在实际计算中，要首先确定土条宽度和进行土条编号。为计算方便，常取土条宽度 $b=0.1R$。土条的编号，应以通过圆心 O 点的铅直线作为第 0 号土条的中心线，然后，以宽度 b 向左、向右两侧连续量取，得出各块中心线的位置，其编号顺序和正负号为：上游坡：0 号土条以右为 1、2、3、…、n，以左为 -1，-2，…m,，下游坡正负号正相反。

如果两端土条的宽度 b'不等于 b，可将其高度 h'换算成宽度为 b 的高度 $h=\frac{b'h'}{b}$ 。因取 $b=0.1R$，所以 $\sin\alpha_i=\frac{ib}{R}=0.1i$ ，$\cos\alpha_i=\sqrt{1-(0.1)^i}$ 对每个滑弧都是固定数，不必每次计算。

b. 简化毕肖普法。瑞典圆弧法的主要缺点是没有考虑土条间的作用力，因而不满足力和力矩的平衡条件，所计算出的安全系数一般偏低。

毕肖普法是对瑞典圆弧法的改进。其基本原理是：考虑了土条水平方向的作用力（$H_i+\Delta H_i$ 与 H_i ，即 $H_i+\Delta H_i\neq H_i$），忽略了竖直方向的作用力（切向力，$X_i+\Delta X_i$ 与 X_i ，即令 $X_i+\Delta X_i=X_i=0$）。如图。由于忽略了竖直方向的作用力，因此称为简化的毕肖普法。只考虑土条间水平作用力忽略竖向力作用，如图 2-2-33 所示。

$$K=\frac{\sum\frac{1}{m_{ai}}[(W_i-u_ib_i+X_i-X_{i+1})\mathrm{tg}\varphi_i'+C_i'b_i]}{\sum W_i\sin\alpha_i} \tag{2-2-37}$$

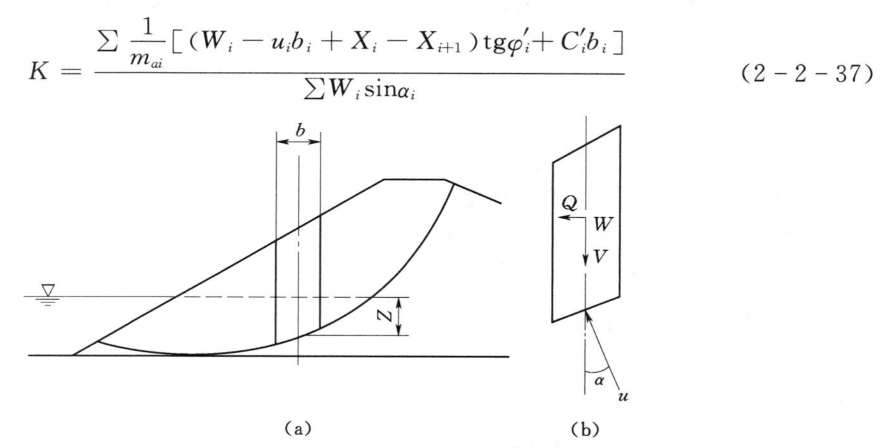

图 2-2-33 简化毕肖普法计算示意图

c. 最危险滑弧位置的确定。圆弧法计算需要选定圆弧位置——圆心位置和圆弧半径，但很难确定最危险圆弧位置（对应最小安全系数），一般是在一定范围内搜索，经过多次计算才能找到最小安全系数。确定搜索范围有两种方法：

（a）B. B 方捷耶夫法。最小安全系数范围如图 2-2-34 中的 $bcdf$，a 点为边坡中点，ca 为垂直线。

（b）费兰钮斯法。最小安全系数范围在 M_1M_2 连线上。

具体做法：在坝坡中点 a 作一铅垂线，并在该点作另一直线与坝坡面成85°角，再以 a 为圆心，以 R_1、R_2为半径画弧，与上述二直线相交形成扇形 acd，如图 2-2-34 所示。R_1、R_2的大小随坝坡坡度而变，可由表 2-2-17 查得。再以距坝顶 $2H$ 和距下游坝角 B 处 $4.5H$ 确定 M_1点，以 A 为顶点引水平角 β_2和由坝址 B 引 β_1角相交得出 M_2。连接 M_1、M_2并延长之得 M_2M 线。β_1、β_2也随坝坡坡率而变，由表 2-2-18 查得。在 M_2M 线上任取 O_1、O_2、O_3等点为圆心；均通过坝脚 B 点作圆弧，分别求出各圆弧的稳定安全系数，按标于 O_1、O_2、O_3位置上方，并连成 k_c的变化曲线。通过变化曲线的最小点作 M_2M 的垂直线 NN。在 NN 线上又任取数点 O_4、O_5…为圆心，仍通过 B 点作弧分别求最小安全系数，用上述同样方法计算，至少要计算 15 个点才能找到最小稳定安全系数。工作量很大，现在可用计算机进行。

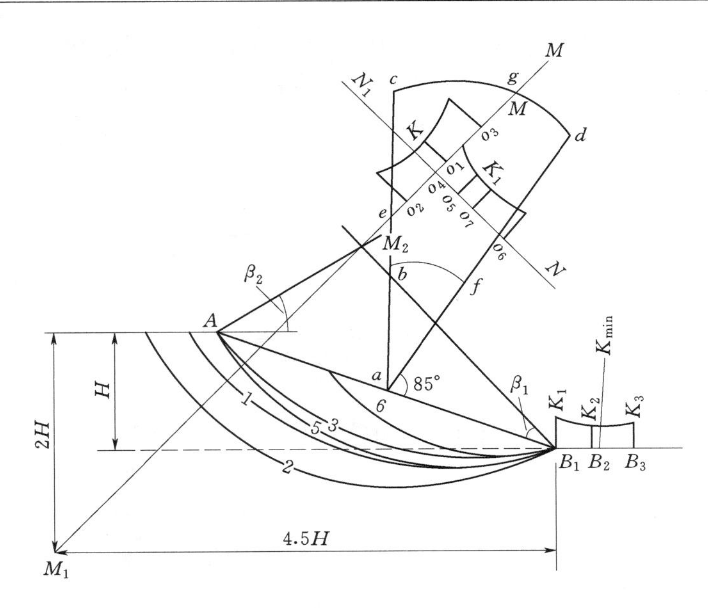

图 2-2-34 最小安全系数范围图

表 2-2-18 $R_内$、$R_外$ 值

坝坡		1∶1	1∶2	1∶3	1∶4	1∶5	1∶6
$\frac{R}{H}$	$R_内$	0.75	0.75	1.0	1.5	2.2	3.0
	$R_外$	1.50	1.75	2.30	3.75	4.80	5.50

注 1. H 为坝高。
2. 对于表 2-2-18 中未列的坝坡坡度，其 R_1、R_2 值可用内插法求得。

6. 土石坝的细部构造与坝体材料

土石坝的构造主要包括防渗体、排水设施、护坡、坝顶等部位的构造。

(1) 防渗体。

表 2-2-19 β_1、β_2 值

坝坡坡度	角度	
	β_1	β_2
1∶1.5	26°	35°
1∶2	25°	35°
1∶3	25°	35°
1∶4	25°	36°

1) 土质心墙位于土石坝坝体断面的中心部位，并略为偏向上游，有利于心墙与坝顶的防浪墙相连接；同时也可使心墙后的坝壳先期施工，坝壳得到充分的先期沉降，从而避免或减少坝壳与心墙之间因变形不协调而产生的裂缝。

在正常运用情况下，心墙顶部的高程应不低于上游设计水位 0.3～0.6m；在非常运用情况下，心墙顶部的高程应不低于非常运用情况下的静水位；对设有可靠的防浪墙的土坝，心墙顶部的高程也应不低于正常运用情况下的静水位。心墙顶部与坝顶之间应设置保护层，以防止冻结、干燥等因素的影响，并按结构要求不小于 1m，一般为 1.5～2.5m。墙顶部最小厚度按构造要求不小于 1.0～1.5m，如为机械化施工，应不小于 3.0m；厚度自上而下逐渐加大，保持 1∶0.15～1∶0.3 的坡度，以便与坝壳紧密结合；心墙底部厚度一般按允许渗透坡降决定，即不小于 $H/[J]$，

且不小于3m，其中 H 为作用水头，$[J]$ 为心墙土料的允许渗透坡降，采用轻壤土为3～4，壤土为4～6，黏土为6～8。心墙与坝壳之间应设置过渡层（图2-2-35），心墙与坝基及两岸必须有可靠的连接（图2-2-36）。对土基，一般采用黏性土截水墙；对岩基，一般采用混凝土垫座或混凝土齿墙。

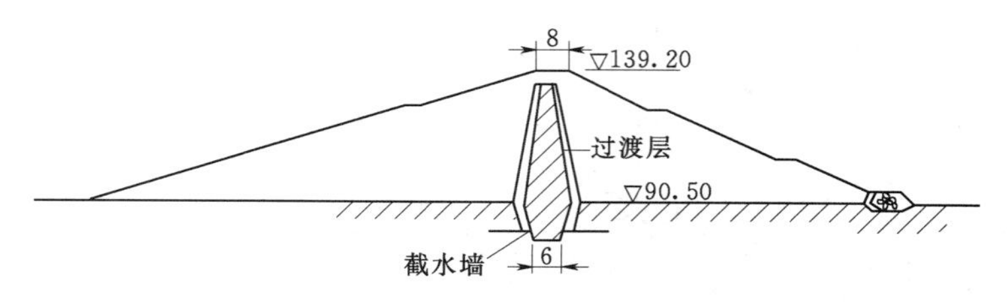

图2-2-35 心墙坝构造图（单位：m）

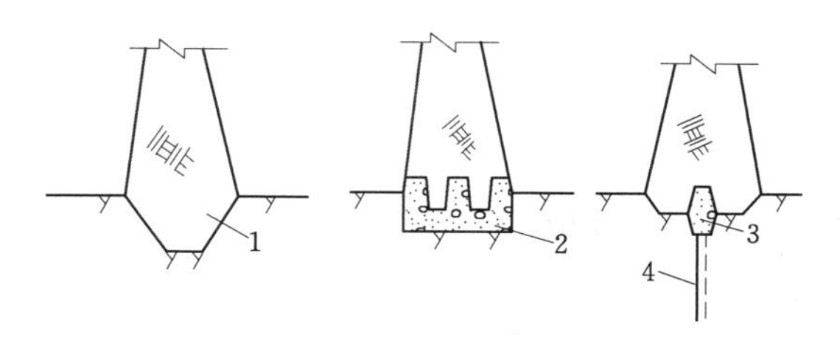

图2-2-36 心墙与地基的连接
1—截水墙；2—混凝土垫座；
3—混凝土齿墙；4—灌浆孔

2）土质斜墙位于土石坝坝体上游面（图2-2-37）。它是土石坝中常见的又一种防渗结构，填筑材料与土质心墙材料相近。在正常运用情况下，斜墙顶部的高程应不低于上游设计水位0.6～0.8m；在非常运用情况下，斜墙顶部的高程应不低于非常运用情况下的静水位；对设有可靠的防浪墙的土坝，斜墙顶部的高程也应不低于正常运用情况下的静水位。斜墙顶部与坝顶之间应设置保护层，以防止冻结、干燥等因素的影响，并按结构要求不小于1m，一般为1.5～2.5m。斜墙顶部的水平宽度不宜小于3m；斜墙底部的厚度应不小于作用水头的1/5。斜墙及过渡层的两侧坡度，主要取决于土坝稳定计算的结果，一般外坡应为1∶2.0～1∶2.5，内坡为1∶1.5～1∶2.0。斜墙的上游侧坡面和斜墙的顶部必须设置保护层，其目的是防止斜墙被冲刷、冻裂或干裂，一般用砂、砂砾石、卵石或碎石等砌筑而成。保护层的厚度不得小于冰冻和干燥深度，一般为2～3m。斜墙与坝壳之间应设置过渡层。

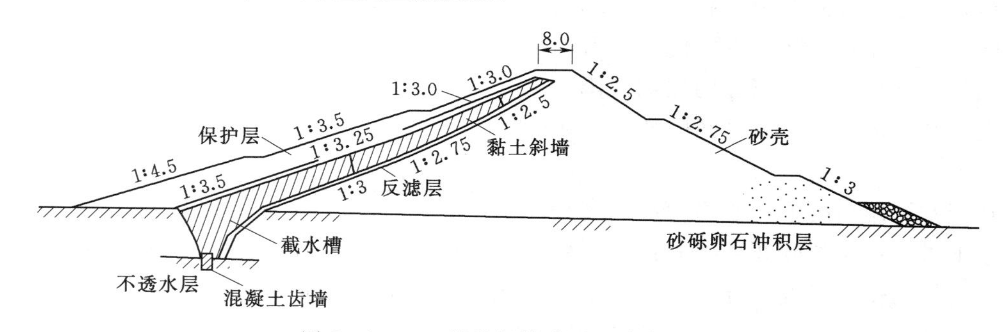

图2-2-37 斜墙坝构造图（单位：m）

3）非土料防渗体也称人工材料防渗体。主要包括沥青混凝土或钢筋混凝土做成的防渗体。

a）沥青混凝土防渗体。沥青混凝土具有较好的塑性和柔性，渗透系数很小，为$1\times10^{-7}\sim1\times10^{-10}$cm/s，防渗和适应变形的能力均较好；产生裂缝时，有一定的自行愈合的功能；施工受气候的影响小，是一种合适的防渗材料。沥青混凝土可以作成心墙，也可以作成斜墙。

沥青混凝土心墙不受气候和日照的影响，可减低沥青的老化速度，对抗震也有利，但检修困难。沥青混凝土心墙底部厚度一般为坝高的1/60～1/40，且不小于0.4m；顶部厚度不小于0.3m。心墙两侧应设置过渡层。沥青混凝土斜墙铺筑在厚1～3cm、由碎石或砾石做成的垫层和3～4cm厚的沥青碎石基垫上，以调节坝体变形。沥青混凝土斜墙一般厚20cm，分层铺填碾压，每层厚3～6cm。沥青混凝土斜墙上游侧坡度不应陡于1∶1.6～1∶1.7。

b）钢筋混凝土防渗体。钢筋混凝土心墙已较少使用。钢筋混凝土心墙底部厚度一般为坝高的1/40～1/20，顶部厚度不小于0.3m。心墙两侧应设置过渡层。钢筋混凝土面板一般不用于以砂砾石为坝壳材料的土石坝，因为土石坝坝面沉降大，而且不均匀，面板容易产生裂缝。钢筋混凝土面板主要用于堆石坝中。

c）复合土工膜。利用土工膜作为坝体防渗体材料，可以降低工程造价，而且施工方便快捷，不受气候影响。对2级及以下的低坝，经论证可采用土工膜代替黏土、混凝土或沥青等，作为坝体的防渗体材料。如云南楚雄州塘房庙水库堆石坝，坝高50m，采用复合土工膜作为防渗材料，布置在坝体断面中间，现已竣工运行。

（2）坝体排水。

土石坝坝身排水设施的主要作用是：① 降低坝体浸润线，防止渗流逸出处的渗透变形，增强坝坡的稳定性；② 防止坝坡受冰冻破坏；③ 有时也起降低孔隙水压力的作用。

1）堆石棱体排水是在坝趾处用块石堆筑而成的棱体，也称排水棱体或滤水坝趾。堆石棱体排水能降低坝体浸润线，防止坝坡冰冻和渗透变形。保护下游坝脚不受尾水淘刷，同时还可支撑坝体，增加坝的稳定性。堆石棱体排水工作可靠，便于观测和检修，是目前使用最为广泛的一种坝体排水设施，多设置在下游有水的情况，如图2-2-38（a）所示。

棱体排水顶部高程应超出下游最高水位，对1、2级坝，不应小于1.0m；对3、4、5级坝，不应小于0.5m；并应超过波浪沿坡面的爬高；顶部高程应使坝体浸润线距坝面的距离大于该地区的冻结深度；顶部宽度应根据施工条件和检查观测需要确定，且不宜小于1.0m；应避免在棱体上游坡脚处出现锐角。棱体的内坡坡度一般为1∶1～1∶1.5，外坡坡度一般为1∶1.5～1∶2.0。排水体与坝体及地基之间应设置反滤层。

2）贴坡排水是一种直接紧贴下游坝坡表面铺设的排水设施，不伸入坝体内部，因此，又称表面排水。贴坡排水不能缩短渗径，也不影响浸润线的位置，但它能防止渗流溢出点处土体发生渗透破坏，提高下游坝坡的抗渗稳定性和抗冲刷的能力。贴坡排水构造简单，用料节省，施工方便，易于检修，如图2-2-38（b）所示。

贴坡排水顶部高程应高于坝体浸润线出逸点，且应使坝体浸润线在该地区的冻结深度以下。对1、2级坝，不应小于2.0m；对3、4、5级坝，不应小于1.5m；并应超过波浪沿坡面的爬高；底脚应设置排水沟或排水体；材料应满足防浪护坡的要求。

贴坡排水一般由1～2层足够均匀的块石组成，下游最高水位以上的贴坡排水，可只

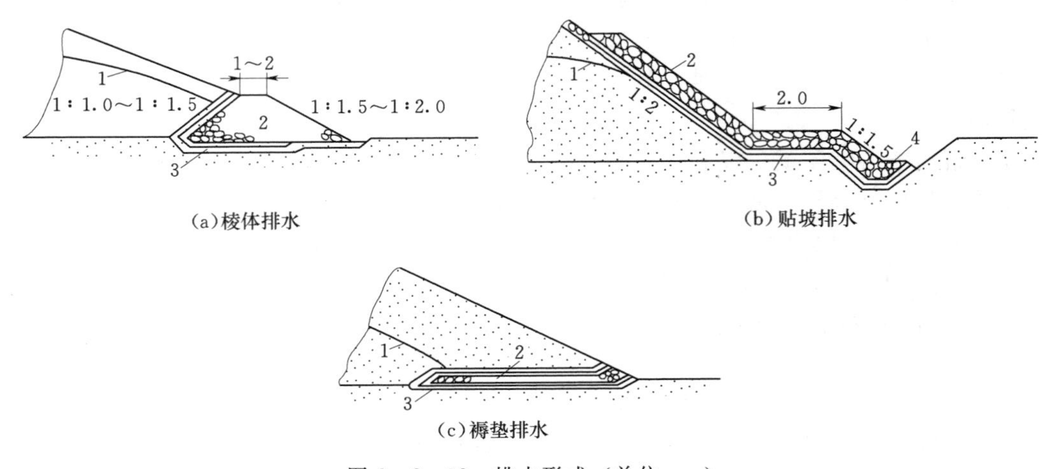

图 2-2-38 排水形式（单位：m）

1—浸润线；2—各种形式排水；3—反滤层；4—排水沟

填筑砾石或碎石。贴坡排水砌石或堆石与下游坡面之间应设置反滤层。

3）褥垫排水是设在坝体基部、从坝址部位沿坝底向上游方向伸展的水平排水设施，如图 2-2-38（c）所示。褥垫排水的主要作用是降低坝内浸润线。褥垫伸入坝体越长，降低坝内浸润线的作用越大，但越长也越不经济。因此，褥垫伸入坝内的长度以不大于坝底宽度的 1/4～1/3 为宜。褥垫排水一般采用粒径均匀的块石，厚度为 0.4～0.5m。在褥垫排水的周围，应设置反滤层。褥垫排水一般设置在下游无水的情况。但由于褥垫排水对地基不均匀沉降的适应性较差，且难以检修，因此在工程中应用得不多。

4）组合式排水是为了充分发挥不同排水设施的功效，根据工程的需要，采用两种或两种以上的排水设施形式组合而成的排水设施，如图 2-2-39 所示。

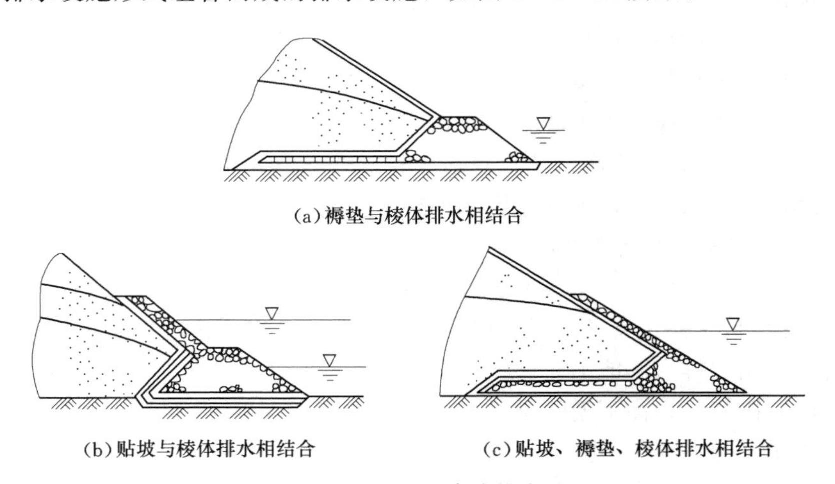

图 2-2-39 组合式排水

（3）坝顶及护坡。

坝顶一般采用碎石、单层砌石、沥青或混凝土路面。如坝顶有公路交通要求，坝顶结构应满足公路交通路面的有关规定。坝顶上游侧常设防浪墙，防浪墙应坚固、不透水，一

般采用浆砌石或钢筋混凝土筑成，墙底应与坝体中的防渗体紧密连接。坝顶下游侧一般设路边石或栏杆。坝顶面应向两侧或一侧倾斜，形成2%～3%的坡度，以便排除雨水，如图2-2-40所示。

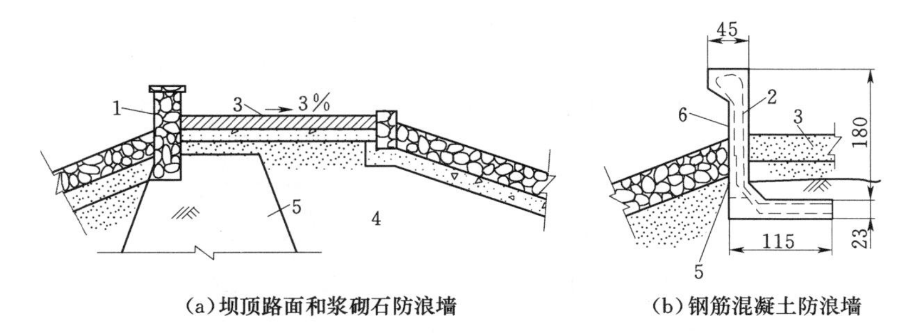

图2-2-40 坝顶构造

1—浆砌石防浪墙；2—钢筋混凝土防浪墙；3—坝顶路面；4—砂砾坝壳；5—心墙；6—方柱

护坡主要是保护坝坡免受波浪和降雨的冲刷，防止坝体的黏性土发生冰结、膨胀、收缩现象。对坝表面为土、砂、砂砾石等材料的土石坝，其上、下游均应设置专门的护坡。对堆石坝，可采用堆石材料中的粗颗粒料或超径石做护坡。

上游护坡主要有堆石（抛石）、干砌石、浆砌石、预制或现浇的混凝土或钢筋混凝土板（或块）、沥青混凝土等。上游面护坡的覆盖范围上部自坝顶起（如设防浪墙时，应与防浪墙连接），下部至死水位以下。死水位以下的距离，对1、2、3级坝，不宜小于2.50m；对4、5级坝，不宜小于1.50m。当上游最低水位不确定时，上游护坡应护至坝脚。

下游护坡主要有干砌石、草皮、钢筋混凝土框格填石等。下游面护坡的覆盖范围应由坝顶护至排水棱体；无排水棱体时，应护至坝脚，如图2-2-41所示。

干砌石、浆砌石、碎石或砾石护坡的厚度，一般为0.3m；当波浪作用较大时，干砌石护坡可能遭受破坏，宜采用水泥砂浆或细骨料混凝土灌缝或勾缝；草皮护坡草皮厚度一般为0.05～0.10m，且在草皮下部一般先铺垫一层厚0.2～0.3m的腐殖土。

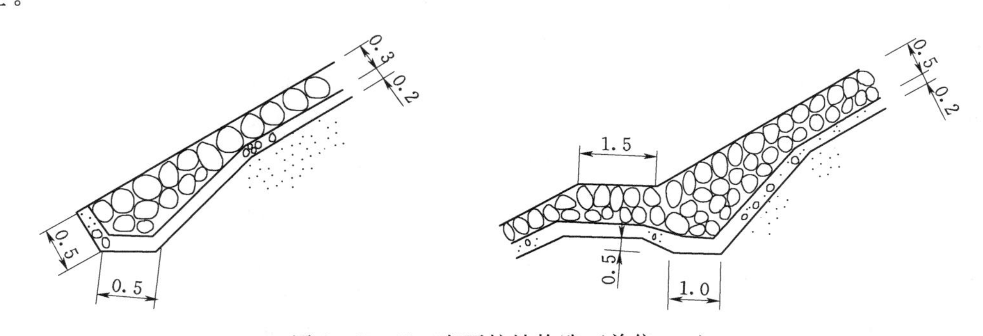

图2-2-41 砌石护坡构造（单位：m）

(4) 反滤层。设置反滤层的主要目的是提高土体抗渗破坏能力，防止各类渗透变形，如管涌、流土、接触冲刷等。反滤层一般由2～3层不同粒径、级配均匀、耐风化的砂、砾石、卵石或碎石构成。层的排列应尽量与渗流的方向垂直，各层的粒径按渗流方向逐层增大，如图 2-2-42 所示。

人工施工时，水平反滤层的最小厚度一般为 0.15～0.30m，垂直或倾斜反滤层的最小厚度为 0.50m；采用机械化施工时，反滤层的最小厚度根据施工方法确定。

当选择多层反滤料时，选择第二层反滤料时，将第一层反滤料作为被保护土；选择第三层反滤料时，将第二层反滤料作为被保护土。依此类推。

7. 坝体各部分对土料的要求

(1) 均质坝。要求渗透系数不大于 1×10^{-4} cm/s；粒径小于 0.005mm 的颗粒的含量不大于 40%，一般以 10%～30% 为宜；有机质含量（按质量计）不大于 5%，常用的是砂质黏土和壤土。

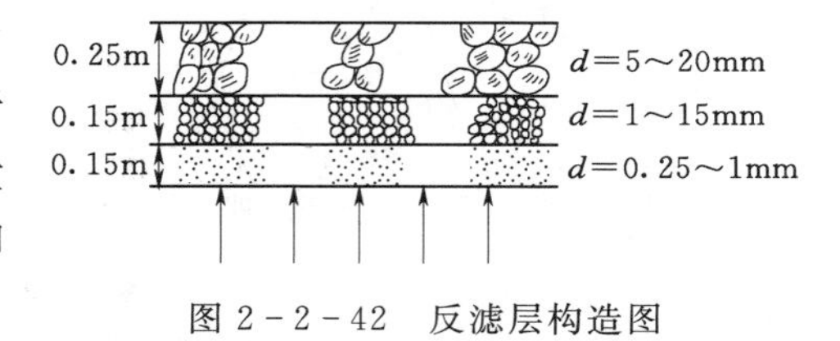

图 2-2-42　反滤层构造图

(2) 心墙坝和斜墙坝的坝壳。坝壳填料应使坝体具有足够的稳定性、较高的强度，并具有良好的排水性。砂、砾石、卵石、漂石、碎石等无黏性土料，料场开采的石料、开挖的石渣料，均可作为坝壳填料。均匀的中砂、细砂及粉砂，不均匀系数 $\eta=1.5\sim2.6$ 时，极易发生液化破坏，因此只可用于中、低坝坝壳的干燥区，但不宜用于地震区域的坝。

(3) 防渗体。一般要求渗透系数不大于 1×10^{-5}cm/s，与坝壳材料的渗透系数之比不大于 1/1000；水溶盐含量应小于 3%，有机质含量应小于 1%。用于填筑防渗体的砾石土，粒径大于 5mm 的颗粒含量不宜超过 50%，最大粒径不宜大于 150mm 或铺填厚度的 2/3，0.075mm 以下的颗粒含量不应小于 15%。填筑时不得发生粗料集中架空现象。

(4) 排水体。采用具有较高抗压强度，良好的抗水性、抗冻性和抗风化性的块石。块石料重度应大于 22kN/m^3，岩石孔隙率不应大于 3%，吸水率（按孔隙体积比）不应大于 0.8；块石料饱和抗压强度不应小于 30MPa，软化系数不应大于 0.75～0.85。

8. 填筑标准

(1) 根据《碾压式土石坝设计规范》(SL 274—2020) 规定：含砾和不含砾的黏性土的填筑标准应以压实度和最优含水率作为设计控制指标。设计干密度应以击实最大干密度乘以压实度求得。黏性土的压实度应符合下列要求：1 级坝、2 级坝和 3 级以下高坝的压实度不应低于 98%。3 级中坝、低坝及 3 级以下中坝压实度不应低于 96%。

(2) 砂砾石和砂的填筑标准应以相对密度作为设计控制指标，并应符合下列要求：砂砾石的相对密度不应低于 0.75，砂的相对密度不应低于 0.70，反滤料宜为 0.70。砂砾料中粗粒料含量小于 50%时，应保证粒径小于 5mm 的细料的相对密度也符合上述要求。

(3) 堆石的填筑标准宜用孔隙率为设计控制指标，并应符合下列要求：土质防渗体分区坝和沥青混凝土心墙坝的堆石料，孔隙率宜为 19%～26%。沥青混凝土面板坝堆石料的孔隙率在混凝土面板堆石坝和土质防渗体分区坝的孔隙率之间选择。

9. 土石坝的坝基处理

土石坝对地基的要求比混凝土坝低，一般不必挖除地表透水土壤和砂砾石等。但是，

为了满足渗透稳定、静力和动力稳定、容许沉降量和不均匀沉降等方面的要求，保证坝的安全经济运行，也必须根据需要对地基进行处理。对所有土石坝的坝基，首先应完全清除表面的腐殖土，可能形成集中渗流和可能发生滑动的表层土石，然后根据不同的地基情况采用不同的处理措施。

（1）岩基处理。

1）岩基上的覆盖层。对中、低土石坝，只需将防渗体坐落在基岩上，形成截水槽以隔断渗流即可。对高土石坝，最好挖除全部覆盖层，使防渗体和坝壳均建在基岩上。

2）防渗体与基岩的连接。防渗体与基岩的接触面应紧密结合。以前多要求在防渗体的基岩面上浇筑混凝土垫层或混凝土齿墙。但是，研究表明，混凝土垫层和齿墙的作用并不明显，受力条件不佳，易产生裂缝，因此，现在的发展趋势是将防渗体直接建在基岩上。

3）基岩内部防渗处理。主要是防渗帷幕。

4）对不良地质构造的处理。对断层、破碎带等不良地基构造，主要考虑渗透稳定性和抗溶蚀性能，而不太看重其承载力和不均匀沉降。处理方法主要有水泥灌浆或化学灌浆、混凝土塞、混凝土防渗墙、设置防渗铺盖等。

（2）砂砾石地基处理。

砂砾石具有足够的承载能力，压缩性不大，干湿变化对体积的影响也不大。但砂砾石地基的透水性很大，渗漏现象严重，而且可能发生管涌、流土等渗透变形。因此，砂砾石地基的处理主要是对地基的防渗处理。

1）垂直防渗设施。垂直防渗是解决坝基渗流问题效果最好的措施。垂直防渗的效果，相当于水平防渗效果的三倍。因此，在土石坝的防渗措施中，应优先选择垂直防渗措施。

垂直防渗措施主要有黏性土截水墙、混凝土防渗墙、灌浆帷幕、板桩等。

a）黏性土截水墙。当砂砾石透水地基的深度不大时，可将截水墙直接伸入岩基，并与岩基紧密相连。这种情况下的截水墙结构简单，工作可靠，防渗效果好；当砂砾石透水地基的深度较大时，可将截水墙深入坝基一定深度，不与岩基相连，称为悬挂式截水墙，但防渗效果较差，如图 2-2-43 所示。

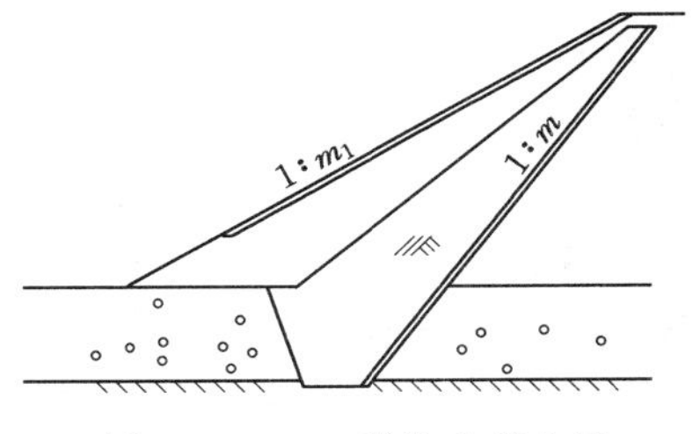

图 2-2-43　黏性土截水墙

截水墙的厚度 L 应满足容许渗透坡降的要求，$L \geq \frac{\Delta H}{[J_c]}$，且一般不小于 3m。式中，$\Delta H$ 为运行期最大水头，$[J_c]$ 为回填土料的容许渗透坡降。对轻壤土，$[J_c]=3\sim4$；对壤土，$[J_c]=4\sim6$；对黏土，$[J_c]=5\sim10$。截水槽的开挖边坡应缓于 1∶1，以保持边坡的稳定。截水墙一般位于心墙或斜墙的底部，截水墙的土料应与心墙或斜墙一致。

b）混凝土防渗墙。对深厚砂砾石地基，采用混凝土防渗墙是比较有效和经济的防渗设施，如图 2-2-44 所示。

c）灌浆帷幕。当砂砾石透水地基的深度很大时，可采用灌浆帷幕进行防渗，如图 2-2-45 所示。

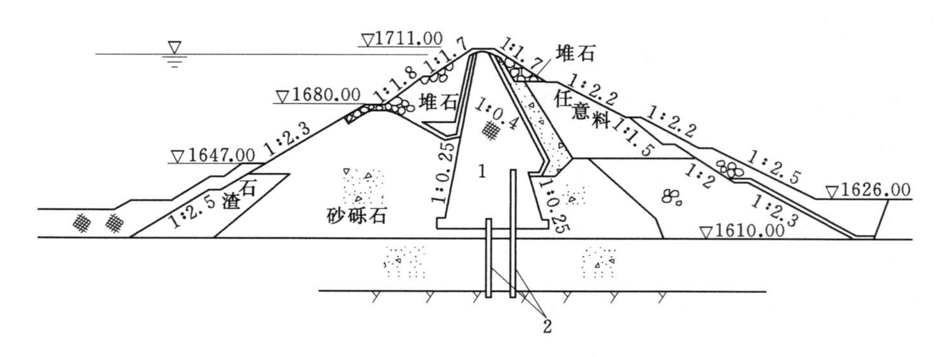

图 2-2-44　碧口土石坝防渗墙

1—黏土心墙；2—混凝土防渗墙

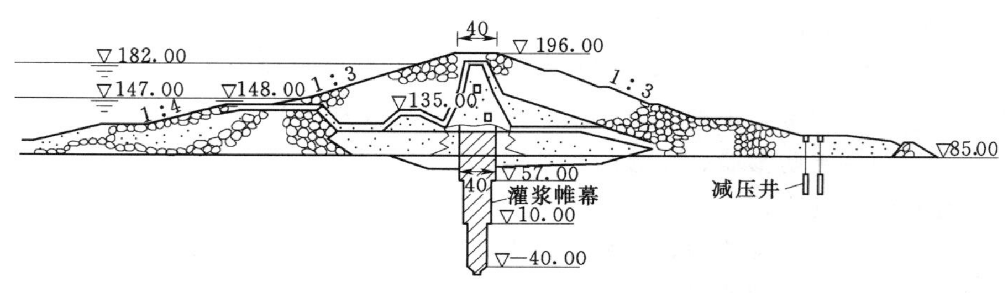

图 2-2-45　灌浆帷幕

d）板桩。当砂砾石透水地基的深度较大时，可采用钢板桩防渗。木板桩一般只用于临时工程。由于钢板桩在打入砂砾石地基中时可能产生弯曲、脱缝等现象，影响防渗效果，且造价较高，因此目前已较少采用。

2）水平防渗设施。土石坝中，水平防渗措施主要是设置防渗铺盖，如图 2-2-46 所示。防渗铺盖是位于上游坝脚、渗透系数很小的黏性土做成的水平防渗设施。水平铺盖的防渗效果远不如垂直防渗措施，但它结构简单、施工方便、造价较低，因此，当设置垂直防渗措施困难时，也是一种合适的防渗措施。

铺盖的渗透系数一般应小于 1×10^{-5}cm/s，铺盖的长度一般为 4～6 倍水头，铺盖的厚度应满足铺盖材料的容许渗透坡降的要求，一般不小于 0.5～1.0m。防渗铺盖很少单独作为土石坝的防渗措施，一般与其他措施相结合。

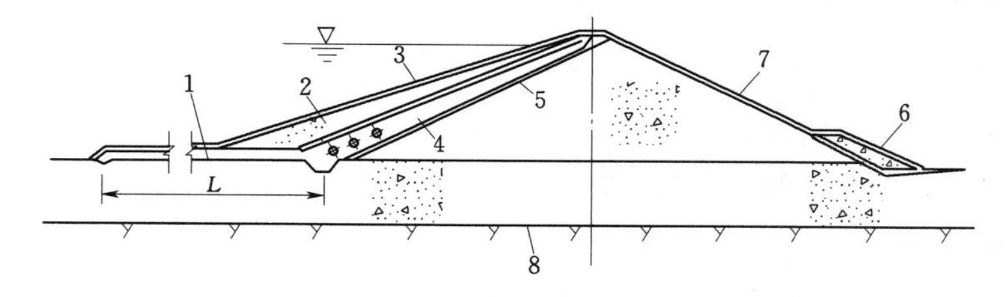

图 2-2-46　防渗铺盖示意图

1—防渗铺盖；2—保护层；3—护坡；4—黏土斜墙；5—反滤层；6—排水体；7—草皮护坡；8—基岩

（3）细砂、淤泥层、软黏土和湿陷性黄土地基处理。

1）细砂地基处理。细砂地基，特别是饱和的细砂地基，在动力作用下容易产生液化

现象，因此应加以处理。对厚度不大的细砂地基，一般采用挖除的办法。对于厚度较大的细砂地基，以前采用板桩加以封闭的办法，但很不经济；现在主要采用人工加密的办法，即在细砂地基中人工掺入粗砂。近年来，我国采用振冲法加密细砂地基，从而提高细砂地基的相对密度，取得了较好的效果。

2）淤泥层地基处理。淤泥夹层的天然含水量较大，容重小，抗剪强度低，承载能力差。当淤泥层埋藏较浅时，一般将其全部挖除；当淤泥层埋藏较厚时，一般采用压重法或设置砂井加速固结的方法。

3）软黏土和湿陷性黄土地基处理。当软黏土层较薄时，一般全部挖除；当软黏土层较厚时，一般采用换砂法或排水砂井法。对黄土地基，一般的处理方法有预先浸水，使其湿陷加固；将表层土挖除，换土压实；夯实表层土，破坏黄土的天然结构，使其密实等。

（二）土石坝的维护与管理

1. 土石坝病险水库存在的主要问题

病险水库一般是指工程实际洪水标准未达到规定要求的标准，或虽达到规定洪水的标准，但工程存在较严重的质量问题，影响大坝安全，不能正常运行的水库。土石坝病险水库存在的主要问题有：防洪标准低，工程质量存在严重问题，自然灾害（地震震害）以及其他土石坝病害与破坏（包括波浪对护坡的破坏、掘穴动物破坏等方面）。

2. 土石坝运行中的维护措施

土石坝在运行过程中的病险具体表现为渗漏、滑坡和裂缝。

（1）土石坝滑坡的处理措施。

1）土石坝上游坡由于库水位骤降而引起的滑坡处理。迅速停止放水，使库内保持一定水位，有利于避免滑坡体继续下滑；将滑坡体上部松软土体挖除，修整成比较平缓的坡度，裂缝上侧的陡坝也应适当进行削坡，以防因坡度过大而继续坍滑，其下部应做成缓坡倾斜面，以利排水；潜水或用其他方法摸清水下滑坡体的前缘位置，据以采用抛石或沙袋等临时性的压重固脚。

2）土石坝下游坡由于水库蓄水渗漏而引起的滑坡处理。对较大的坡度，宜尽可能适当降低库水位，以免下游坝体的浸润线继续抬高，扩大浸润区，增加滑动力，减低抗滑力；在坝体质量很差、渗漏严重、又不能降低水位的情况下，可在迎水坡抛土，以减少通过坝体的渗漏量；在滑坡体的坡面开沟导渗，使滑坡体中的积水能很快排除；在滑坡体上部挖除松软土体，并对裂缝上侧陡坎部分进行削坡；如滑坡体底部前缘达到或超过坝趾，应采取抛石压重固脚措施。

当滑坡稳定后，为确保水库安全，应对土石坝提出彻底的处理措施。

（2）土石坝裂缝的防治措施。土石坝发生破坏大多是由裂缝引起的。为了防止破坏事故，应尽力避免裂缝的产生。实践表明，只要设计正确，施工质量有保证，即使是高土石坝，也可以减少甚至避免裂缝。因此，应合理设计土石坝的剖面和细部结构，选择适宜的筑坝材料并采用合理的设计参数，严格控制施工质量，精心施工。

土石坝的开裂渗漏事故，有许多与水库操作方式有关。水库水位的突升、突降，易导致坝的开裂。故初次蓄水时，要求水位上升速率不能过快，使坝体内应力和应变状态借助于土体本身的蠕变性能逐步缓慢地重新分布，不致因突然加荷和湿陷而开裂。同样，水库

水位突降也会改变坝内的应力状态，使坝身发生不均匀变形，也应尽量避免。

无论在施工期还是运行期，必须定期观测坝体变形和内部的应力应变状态，以及渗透力、渗流量和渗水的性质和状态，监视任何可能的破坏以及裂缝的开展。对观测到的资料应及时进行分析，以便进一步指导运行管理工作。对已发现的裂缝，应加强监测，分析原因并及时进行处理。

（3）土石坝裂缝的处理。土石坝一旦出现裂缝，应及时查明性状，进行处理。一般表面干缩缝可用砂土填塞，表面再以低塑黏土封填、夯实，以防雨水渗入冲蚀。深度不大的裂缝，可按表面干缩缝处理，也可开挖重填。挖除裂缝部位的土体，重填稍高于最优含水量的土料，严格分层夯实，并采取洒水刨毛等措施保证新老土体的良好结合。

裂缝位于深部或延伸至深部时，可采取灌浆处理。灌浆材料常用粉沙含量多，甚至含少量中、细砂，塑性指数在10左右的粉质壤土或黄土作为浆材，以减少缝的固结收缩。浅层缝可采用低压灌浆，并应注意不引起水力劈裂。

在裂缝严重不能用其他方法处理时，可采用混凝土或黏土防渗墙，从坝顶开始，穿过坝身直达基岩。这种防渗墙与基础处理中的防渗墙类似。

（三）面板堆石坝

1. 概述

以堆石体为支承结构，在其上的表面浇筑混凝土面板作为防渗结构的堆石坝简称面板堆石坝或面板坝。

面板堆石坝与其他坝型相比有如下主要特点：就地取材；施工度汛问题比土坝较为容易解决；对地形地质和自然条件适应性较混凝土坝强；方便机械化施工，有利于加快施工工期和减少沉降；坝身不能泄洪，一般需另设泄洪和导流设施。

钢筋混凝土面板堆石坝的坝顶宽度一般不宜小于5m；防浪墙高可采用4～6m，背水面一般高于坝顶1.0～1.2m；坝坡一般采用1∶1.3～1∶1.4。对于地质条件较差或堆石体填料抗剪强度较低以及地震区的面板堆石坝，其坝坡应适当放缓。

2. 坝体的构造

（1）堆石体。堆石体是面板堆石坝的主体部分，根据其受力情况和在坝体所发挥的功能，又可划分为：垫层区（2区）、过渡区（3A区）、主堆石区（3B区）和次堆石区（3C区），如图2-2-47所示。

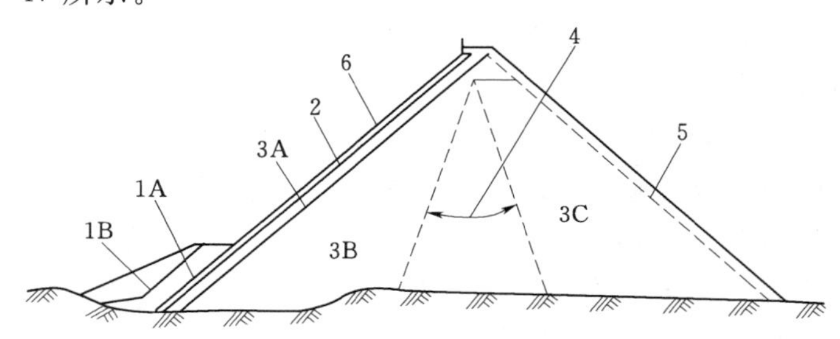

图2-2-47　混凝土面板堆石坝堆石体通用分区示意图

1A—上游铺盖区；1B—重压区；2—垫层区；3A—过渡区；3B—主堆石区；3C—下游次堆石区；4—主堆石区和下游堆石区的可变界限；5—下游护坡；6—混凝土面板

垫层区应选用质地新鲜、坚硬且耐久性较好的石料，可采用经筛选加工的砂砾石、人工石料或者由两者的混合掺配物。高坝垫层料应具有连续级配，一般最大粒径为80～100mm，粒径小于5mm的颗粒含量为30%～50%，小于0.075mm的颗粒含量应少于8%。

过渡区介于垫层区与主堆石区之间，起过渡作用，石料的粒径级配和密实度应介于垫层区与主堆石区之间。

主堆石区为面板坝堆石的主体，是承受水压力的主要部分，它将面板承受的水压力传递到地基和下游次堆石区，该区既应具有足够的强度和较小的沉降量，同时也应具有一定的透水性和耐久性。

下游次堆石区承受水压力较小，其沉降和变形对面板变形影响一般也不大，因而对填筑要求可酌情放宽。石料最大粒径可达1500mm，填筑层厚1.5～2.0m，用10t振动碾碾压4遍。

（2）防渗面板的构造。

1）钢筋混凝土面板。钢筋混凝土面板防渗体主要由防渗面板和趾板组成。面板是防渗的主体，对质量有较高的要求，即要求面板具有符合设计要求的强度、不透水性和耐久性。面板底部厚度宜采用最大工作水头的1%，考虑施工要求，顶部最小厚度不宜小于30cm。

2）趾板（底座）。趾板是面板的底座，其作用是保证面板与河床及岸坡之间的不透水连接，同时也作为坝基帷幕灌浆的盖板和滑模施工的起始工作面。

面板接缝设计（包括面板与趾板的周边接缝和趾板之间接缝）主要是止水布置，周边缝止水布置最为关键。面板中间部位的伸缩缝，一般设1～2道止水，底部用止水铜片，上部用聚氯乙烯止水带。周边缝受力较复杂，一般采用2～3道止水，在上述止水布置的中部再加PVC止水。如布置止水困难，可将周边缝面板局部加厚。

3）面板与岩坡的连接。为保证趾板与岸坡紧密结合和加大灌浆压重，趾板与岸坡之间应插锚筋固定。锚筋直径一般为25～35mm，间距1.0～1.5m，长3～5m。趾板范围内的岸坡应满足自身稳定和防渗要求，为此，应认真做好该处岸坡的固结灌浆和帷幕灌浆设计。固结灌浆可布置两排，深3～5m。帷幕灌浆宜布置在两排固结灌浆之间，一般为一排，深度按相应水头的1/3～1/2确定。灌浆孔的间距视岸坡地质条件而定，一般取2～4m，重要工程应根据现场灌浆试验确定。为了保证岸坡的稳定，防止岸坡坍塌而砸坏趾板和面板，趾板高程以上的上游坡应按永久性边坡设计。

三、拱坝

（一）概述

1．拱坝的特点

拱坝是一空间壳体结构，坝体结构可近似看作由一系列凸向上游的水平拱圈和一系列竖向悬臂梁所组成，如图2-2-48所示。坝体结构既有拱作用，又有梁作用。其所承受的水平荷载一部分由拱的作用传至两岸岩体，另一部分通过竖直梁的作用传到坝底基岩，如图2-2-49所示。拱坝两岸的岩体部分称为拱座或坝肩；位于水平拱圈拱顶处的悬臂

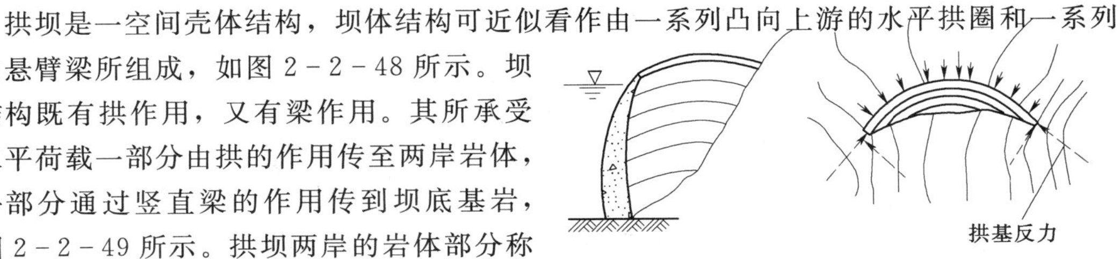

图2-2-48 拱坝示意图

梁称为拱冠梁，一般位于河谷的最深处。拱坝的稳定性主要依靠两岸拱端的反力作用。拱坝是一高次超静定结构，当坝体某一部位产生局部裂缝时，坝体的梁作用和拱作用将自行调整，坝体应力将重新分配。所以，只要拱座稳定可靠，拱坝的超载能力是很高的。混凝土拱坝的超载能力可达设计荷载的5～11倍。

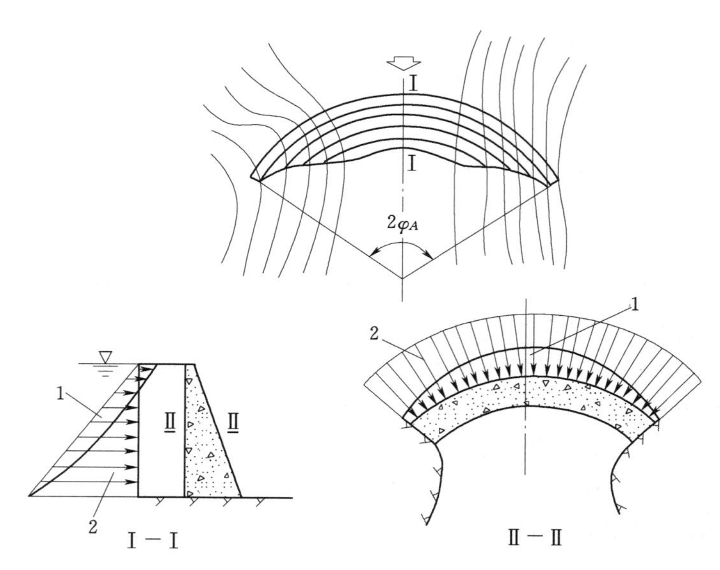

图2-2-49　拱坝平面及剖面图

1—拱荷载；2—梁荷载

拱坝坝体轻韧，弹性较好，整体性好，故抗震性能也是很高的。拱坝是一种安全性能较高的坝型。拱坝坝身不设永久伸缩缝，其周边通常固接于基岩上，因而温度变化和基岩变化对坝体应力的影响较显著，必须考虑基岩变形，并将温度荷载作为一项主要荷载。在泄洪方面，拱坝不仅可以在坝顶安全溢流，而且可以在坝身开设大孔口泄水。目前坝顶溢流或坝身孔口泄水的单宽流量已超过200m^3/(s·m)。拱坝坝身单薄，体形复杂，设计和施工的难度较大，因而对筑坝材料强度、施工质量、施工技术以及施工进度等方面要求较高。

2. 拱坝对地形和地质条件的要求

（1）对地形的要求。左右两岸对称，岸坡平顺无突变，在平面上向下游收缩的峡谷段。坝端下游侧要有足够的岩体支承，以保证坝体的稳定。以厚高比T/H来区分拱坝的厚薄程度。当$T/H<0.2$时，为薄拱坝；当$T/H=0.2\sim0.35$时，为中厚拱坝；当$T/H>0.35$时，为厚拱坝或重力拱坝。

L/H值小，说明河谷窄深，拱的刚度大，梁的刚度小，坝体所承受的荷载大部分是通过拱的作用传给两岸，因而坝体可较薄；反之，当L/H值很大时，河谷宽浅，拱作用较小，荷载大部分通过梁的作用传给地基，坝断面较厚。

在$L/H<2$的窄深河谷中可修建薄拱坝；在$L/H=2\sim3$的中等宽度河谷中可修建中厚拱坝；在$L/H=3\sim4.5$的宽河谷中多修建重力拱坝；在$L/H>4.5$的宽浅河谷中，一

般只宜修建重力坝或拱形重力坝。

左右对称的V形河谷最适宜发挥拱的作用，靠近底部水压强度最大，但拱跨短，因而底拱厚度仍可较薄；U形河谷靠近底部拱的作用显著降低，大部分荷载由梁的作用来承担，故厚度较大；梯形河谷的情况则介于这两者之间，如图2-2-50所示。

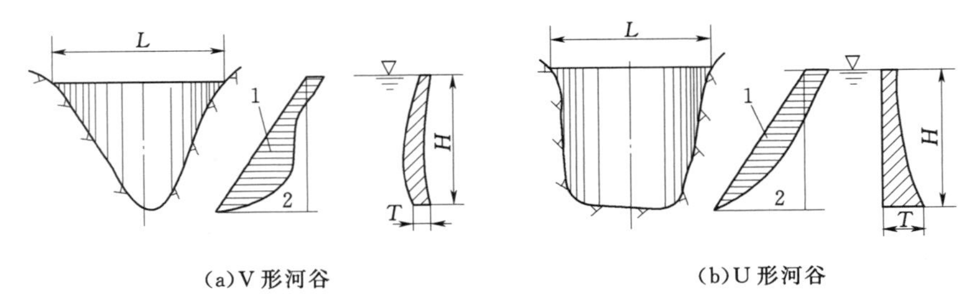

(a)V形河谷　(b)U形河谷

图2-2-50　河谷形状对荷载分配和坝体剖面的影响

1—拱荷载；2—梁荷载

(2) 对地质的要求。基岩均匀单一、完整稳定、强度高、刚度大、透水性小和耐风化等。两岸坝肩的基岩必须能承受由拱端传来的巨大推力，保持稳定并不产生较大的变形。

3. 拱坝的形式

按拱坝的曲率分，有单曲拱和双曲拱，如图2-2-51所示；按水平拱圈形式分，有圆弧拱坝、多心拱坝、变曲率拱坝（椭圆拱坝和抛物线拱坝等），如图2-2-52所示。

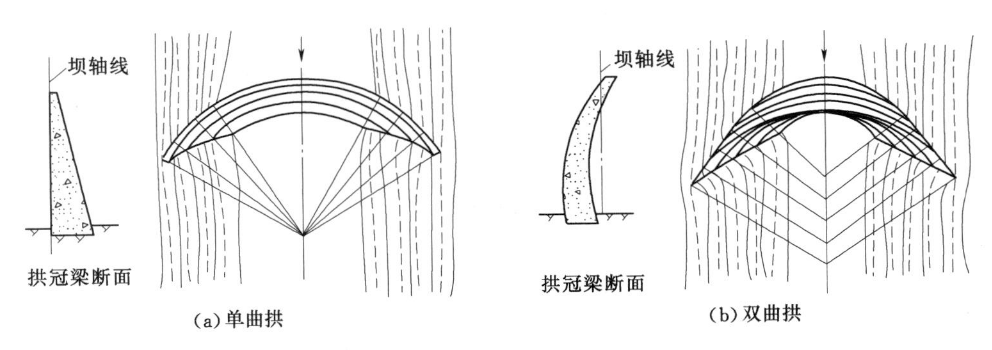

(a)单曲拱　(b)双曲拱

图2-2-51　单双曲拱坝示意图

(二) 拱坝的荷载及组合

1. 水平径向荷载

水平径向荷载有静水压力、泥沙压力、浪压力及冰压力等。

(1) 静水压力是坝体上的最主要荷载，应由拱、梁系统共同承担，可通过拱梁分载法来确定拱系和梁系上的荷载分配。

(2) 自重。坝体全部自重应由悬臂梁承担。

(3) 扬压力。拱坝坝体一般较薄，坝体内部扬压力对应力影响不大，对薄拱坝通常可

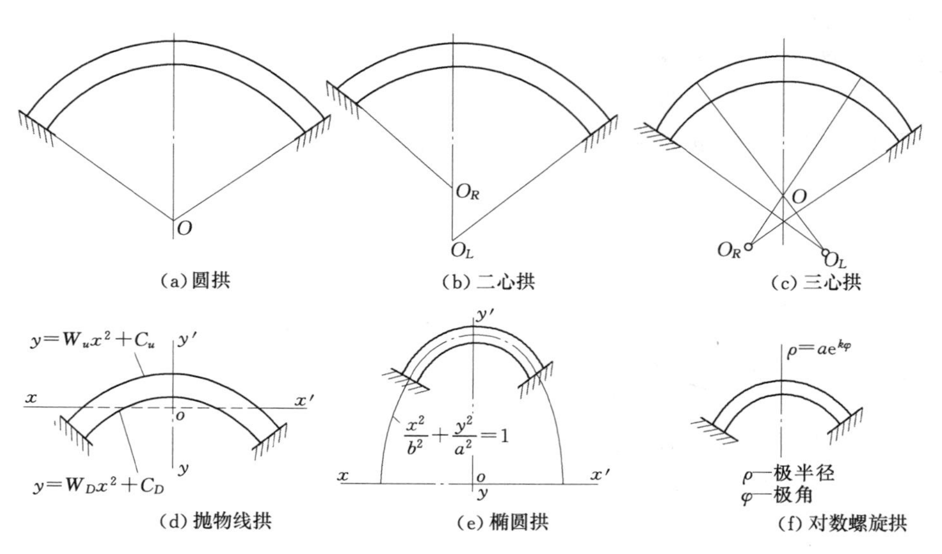

图 2-2-52　拱坝的各种水平拱圈形式

忽略不计。

2. 温度荷载

拱坝为一超静定结构，在上下游水温、气温周期性变化的影响下，坝体温度将随之变化，并引起坝体的伸缩变形，在坝体内将产生较大的温度应力。温度荷载是拱坝设计的主要荷载。拱坝系分块浇筑，经充分冷却，当坝体温度逐渐降至相对稳定值时，进行封拱灌浆，形成整体。拱坝封拱一般选在气温为年平均气温或略低于年平均气温时进行。封拱时温度越低，建成后越有利于降低坝体拉应力。封拱时的坝体温度称为封拱温度。温度荷载是指拱坝形成整体后，坝体温度相对于封拱温度的变化值。在一般情况下，温降对坝体应力不利；温升将使拱端推力加大，对坝肩稳定不利。

3. 地震荷载

由于拱坝的结构特性和对地震的反应与重力坝不同，拱坝应分别对顺流向和垂直流向的水平地震进行计算，一般不考虑竖向地震作用。

4. 拱坝的荷载组合

拱坝的荷载组合分为基本组合和特殊组合两类。重力坝的基本荷载和特殊荷载划分也适用于拱坝，只是在基本荷载中还应列入温度荷载。拱坝的荷载组合应根据荷载同时作用的可能性，选择最不利情况。

（三）拱坝坝肩稳定

坝肩岩体失稳的最常见形式是坝肩岩体受荷载后发生滑动破坏。这种情况一般发生在岩体中存在明显的滑裂面，如断层、节理、裂隙、软弱夹层等。另一种情况是当坝的下游岩体中存在较大的软弱带或断层时，即使坝肩岩体抗滑稳定性能够满足要求，但过大的变形仍会在坝体内产生不利的应力，同样也会给工程带来危害。

改善坝肩稳定性的工程措施如下：

(1) 通过挖除某些不利的软弱部位和加强固结灌浆等坝基处理措施来提高基岩的抗剪

强度。

（2）深开挖。将拱端嵌入坝肩深处，可避开不利的结构面及增大下游抗滑体的重量。

（3）加强坝肩帷幕灌浆及排水措施，减小岩体内的渗透压力。

（4）调整水平拱圈形态，采用三心圆拱或抛物线等扁平的变曲率拱圈，使拱推力偏向坝肩岩体内部。

（5）如坝基承载力较差，可采用局部扩大拱端厚度、推力墩或人工扩大基础等措施。

（四）拱坝的泄流和消能

1. 拱坝的泄流

拱坝坝身的泄水方式有自由跌落式、鼻坎挑流式、滑雪道式、坝身泄水孔式等。

（1）自由跌流式。泄流时，水流经坝顶自由跌入下游河床，如图 2-2-53 所示。自由跌落式适用于基岩良好、单宽泄洪量较小的小型拱坝。由于落水点距坝趾较近，坝下必须有防护设施。

（2）鼻坎挑流式。为了使泄水跌落点远离坝脚，常在溢流堰顶曲线末端以反弧段连接成为挑流鼻坎，堰顶至鼻坎之间的高差一般不大于 6～8m，大致为设计水头的 1.5 倍，反弧半径约等于堰上设计水头，鼻坎挑射角一般为 15°～25°。由于落水点距坝趾较远，可适用于泄流量较大的轻薄拱坝，如图 2-2-54 所示。

（3）滑雪道式。滑雪道泄洪是拱坝特有的一种泄洪方式，其溢流面曲线由溢流坝顶和紧接其后的泄槽组成，泄槽与坝体彼此独立，如图 2-2-55 所示。水流流经泄槽，由槽末端的挑流鼻坎挑出，使水流在空中扩散，下落到距坝较远的地点。由于挑流坎一般都比堰顶低很多，落差较大，因而挑距较远，适用于泄洪量较大、较薄的拱坝。

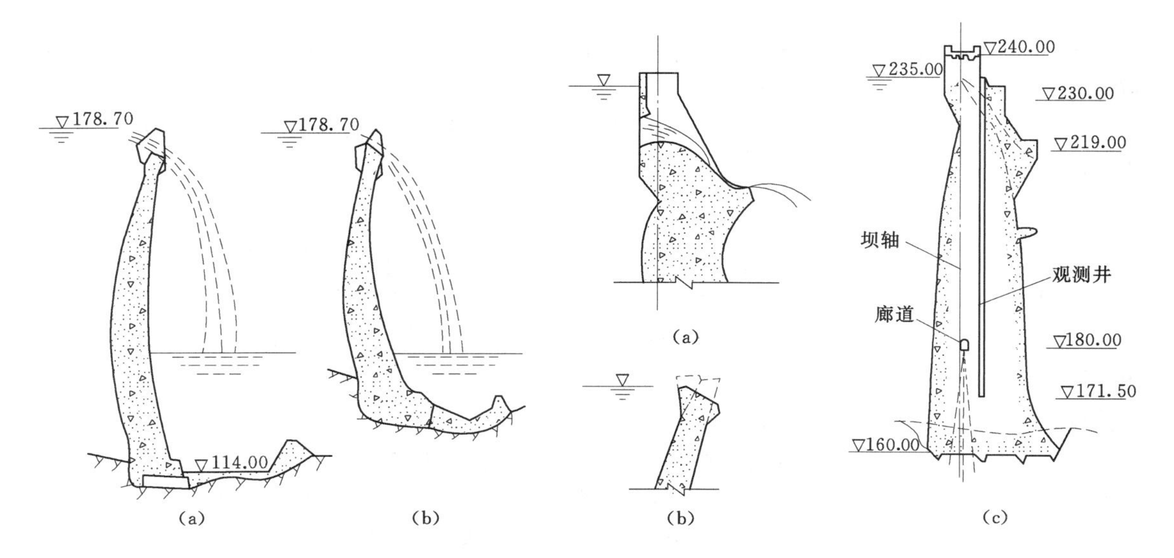

图 2-2-53　自由跌落式　　　　图 2-2-54　鼻坎挑流式

（4）坝身泄水孔式。在水面以下一定深度处，拱坝坝身可开设孔口。位于拱坝 1/2 坝高处或坝体上半部的泄水孔称为中孔；位于坝体下半部的泄水孔称为底孔。拱坝泄流孔口

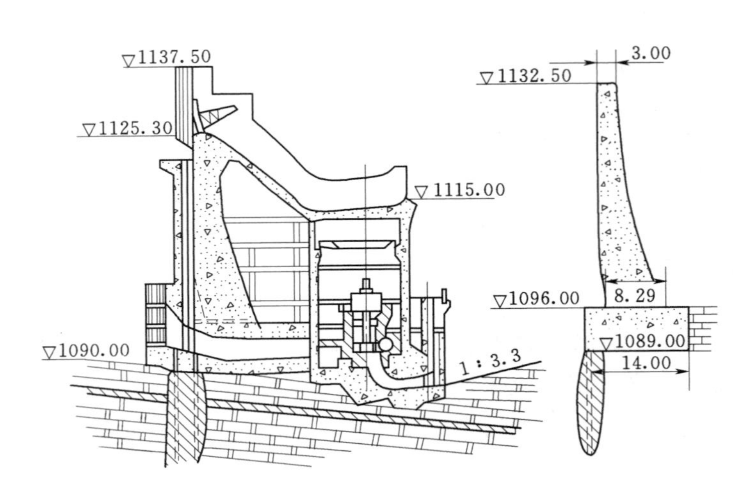

图 2-2-55　滑雪道式

在平面上多居中或对称于河床中线布置，孔口泄流一般是压力流，比堰顶溢流流速大，挑射距离远。

2. 拱坝的消能和防冲

拱坝水流过坝后具有向心集中现象，造成集中冲刷；拱坝河谷一般比较狭窄，当泄流量集中在河床中部时，两侧形成强力回流，冲刷岸坡。拱坝消能形式有水垫消能、挑流消能、空中冲击消能、底流消能。

（五）拱坝的构造及地基处理

1. 拱坝对材料的要求

拱坝常用材料主要是混凝土，中小型工程常就地取材，使用浆砌块石。拱坝对材料有抗渗性、抗冻性和低热等方面的要求。

浆砌石拱坝对砌体强度和整体性的要求也比浆砌石重力坝高。因而，胶结材料强度等级一般采用 M10 左右。

2. 拱坝的构造

（1）坝体分缝。拱坝是整体结构，不设置永久性横缝，为便于施工期间混凝土散热和降低收缩应力，需要分段浇筑，各段之间设有收缩缝，在坝体混凝土冷却到年平均气温左右，混凝土充分收缩后再用水泥浆封堵，以保证坝的整体性。收缩缝有横缝和纵缝两类。拱坝横缝一般沿径向或接近径向布置。拱坝较薄，一般可不设纵缝。对厚度大于 40m 的拱坝，经分析论证，可考虑设置纵缝。

（2）坝顶。坝顶宽度应根据交通要求确定。当无交通要求时，非溢流坝的顶宽一般不小于 3m。溢流坝段坝顶布置应满足泄洪、闸门启闭、设备安装、交通、检修等的要求。

（3）坝体防渗和排水。拱坝上游面应采用抗渗混凝土，其厚度为（1/15～1/10）H，H 为坝面该处在水面以下的深度。坝身内一般应设置竖向排水管，排水管与上游坝面的距离为（1/15～1/10）H，一般不少于 3m。排水管应与纵向廊道分层连接。排水管间距一般为 2.5～3.5m，内径一般为 15～20cm，多用无砂混凝土管。

(4) 廊道。为满足检查、观测、灌浆、排水和坝内交通等要求，需要在坝体内设置廊道与竖井。廊道的断面尺寸、布置和配筋基本上和重力坝相同。

(5) 坝体管道及孔口。坝体管道及孔口用于引水发电、供水、灌溉、排沙及泄水。管道及孔口的尺寸、数目、位置、形状应根据其运用要求和坝体应力情况确定。

(6) 垫座与周边缝。对于地形不规则的河谷或局部有深槽时，可在基岩与坝体之间设置垫座，在垫座与坝体间设置永久性的周边缝。

(7) 重力墩。重力墩是拱坝坝端的人工支座。对形状复杂的河谷断面，通过设重力墩可改善支承坝体的河谷断面形状。

3. 拱坝的地基处理

(1) 坝基开挖。坝基开挖对于高拱坝应尽量开挖到新鲜或微风化的基岩，中坝应尽量开挖到微风化或弱风化中、下部的基岩。

(2) 固结灌浆和接触灌浆。拱坝坝基的固结灌浆孔一般按全坝段布置。孔距一般为3～6m，呈梅花形布置，孔深一般为5～15m。固结灌浆压力，在保证不掀动岩石的情况下，宜采用较大值，一般为0.2～0.4MPa，有混凝土盖重时，可取0.3～0.7MPa。

为了提高坝底与基岩接触面上的抗剪强度和抗压强度，减少接触面的渗漏，要进行接触灌浆。接触灌浆的主要部位为坝与地基接触面的靠上游部分。

(3) 防渗帷幕。拱坝防渗帷幕的要求比重力坝的要求更为严格。防渗帷幕一般采用水泥灌浆，当水泥灌浆达不到防渗要求时，可采用化学灌浆，但应防止浆液污染环境。

帷幕灌浆孔深度，应伸入相对不透水层。如果相对不透水层埋藏较深，帷幕孔深可采用0.3～0.7倍坝高。帷幕灌浆孔一般用1～3排，其中1排孔应钻灌至设计深度，其余各排孔深可取主孔深的0.5～0.7倍。孔距是逐步加密的，开始约为6m，最终为1.5～3.0m，排距宜略小于孔距。灌浆压力应通过灌浆试验确定，在保证不破坏岩体的条件下取较大值，通常顶部段不宜小于1.5倍、底部不宜小于2～3倍坝前静水头。

(4) 坝基排水。排水孔与防渗帷幕下游侧的距离应不小于帷幕孔中心距离的1～2倍，且不得小于2～4m。主排水孔间距一般在3m左右，孔径不宜小于15cm。主排水孔深度在两岸坝肩部位可采用帷幕孔深的0.4～0.75倍，河床部位孔深不大于帷幕孔深的0.6倍，但不应小于固结灌浆孔的深度。

(5) 断层破碎带或软弱夹层的处理。对于坝基范围内的断层破碎带或软弱夹层，应根据其产状、宽度、充填物性质、所在部位和有关的试验资料，分别研究其对坝体和地基的应力、变形、稳定与渗漏的影响，并结合施工条件，采用适当的方法进行处理。

第三节 泄水类建筑物

一、河岸溢洪道

在水利枢纽中，为了防止洪水漫过坝顶，危及大坝和枢纽的安全，必须布置泄水建筑物，以宣泄水库按运行要求不能容纳的多余来水量。常用的泄水建筑物有河床式溢洪道、

河岸溢洪道。对于以土石坝及某些轻型坝型为主坝的枢纽，常在坝体以外的岸边或天然垭口布置溢洪道，称为河岸溢洪道。

（一）河岸溢洪道的类型

河岸溢洪道可以分为正常溢洪道和非常溢洪道两大类，正常溢洪道常用的形式主要有正槽式、侧槽式、井式和虹吸式四种。

1. 正槽溢洪道

正槽式溢洪道的泄槽与溢流堰轴线正交，过堰水流与泄槽轴线方向一致，在实际工程中，大多数以土石坝为主坝的水利枢纽都采用这种溢洪道，如图2-3-1所示。此类溢洪道水流平顺，泄水能力强，结构简单，适用于岸边有合适的马鞍形山口时，此时开挖量最小。

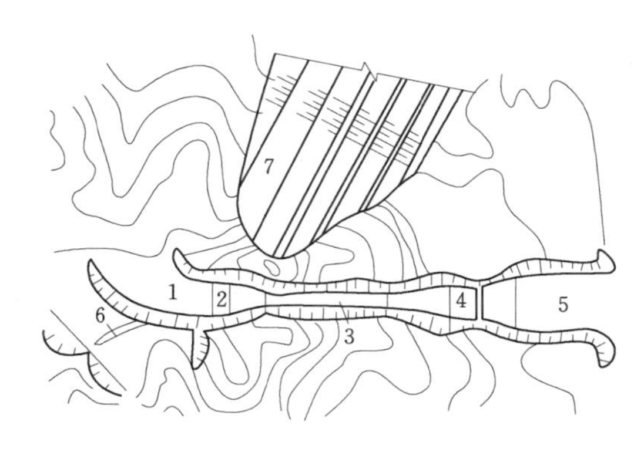

图2-3-1 正槽溢洪道布置图

1—进水段；2—控制段；3—泄槽；4—消能防冲段；5—出水渠；6—非常溢洪道；7—土坝

2. 侧槽溢洪道

侧槽溢洪道的溢流堰与泄槽的轴线接近平行，过堰水流在较短距离内转弯约90°，再经泄槽泄入下游。它适宜坝肩山体高，岸坡较陡的情况，如图2-3-2所示。此类溢洪道水流条件复杂，水面极不平稳，结构复杂，对大坝有影响，适用于两岸山体陡峭，无法布置正槽式溢洪道，可在坝头一端布置侧槽式溢洪道，此时溢流堰的走向与等高线大体一致，可减少开挖量，但水流有转向问题。适用于中、小型工程。

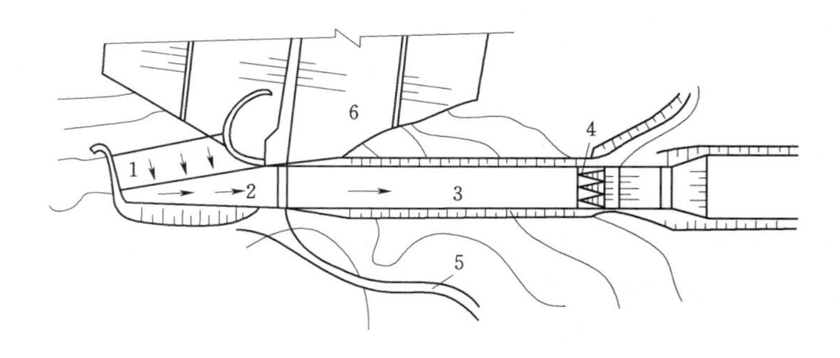

图2-3-2 侧槽溢洪道布置图

1—侧堰；2—侧槽；3—陡坡泄槽；4—消能防冲段；5—上坝公路；6—土石坝

3. 井式溢洪道

井式溢洪道由溢流喇叭口段、竖井段和泄洪隧洞段组成，如图2-3-3所示，井式溢洪道水流条件复杂，超泄能力差，容易产生空蚀和振动，我国目前较少采用。

4. 虹吸式溢洪道

如图2-3-4所示，虹吸式溢洪道是一种封闭式溢洪道，其工作原理是利用虹吸的作用进行泄水。当库水位达到一定的高程时，淹没了通气孔，水流经过堰顶并与空气混合，

逐渐将曲管内的空气带出，使曲管内产生真空，虹吸作用发生而自动泄水。此类溢洪道结构复杂，不便检修，易空蚀，超泄水能力弱，适用于中小型工程。

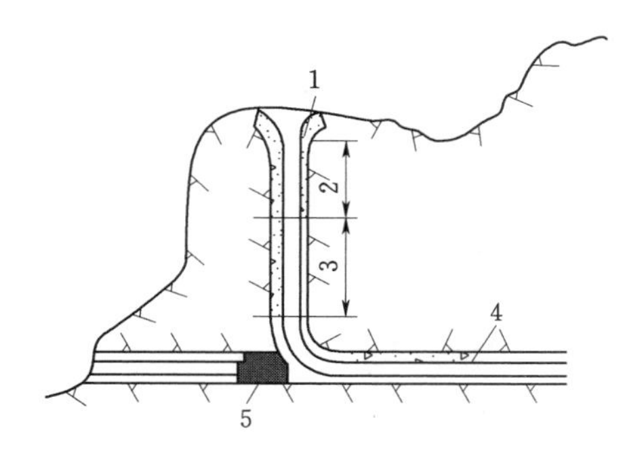

图 2-3-3 井式溢洪道典型布置

1—环形喇叭口；2—渐变段；3—竖井段；4—隧洞；5—混凝土塞

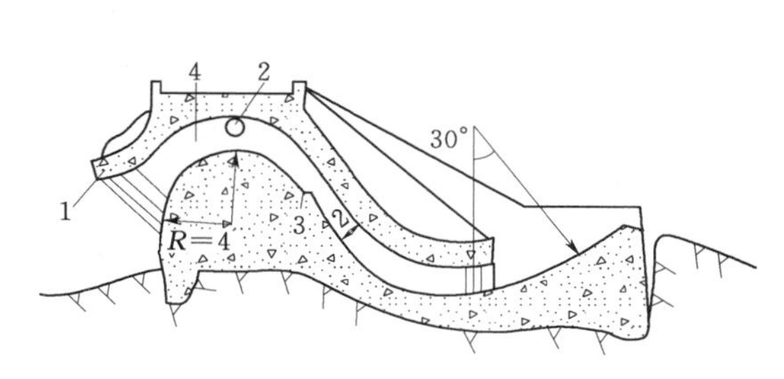

图 2-3-4 虹吸式溢洪道典型布置

1—遮檐；2—通气孔；3—挑流坎；4—曲管

以上四种类型的泄洪设施，前两种设施的整个流程是完全敞开的，故又称为开敞式溢洪道，而后两种又称为封闭式溢洪道。

（二）河岸溢洪道的位置选择

1. 安全方面

河岸溢洪道修建在坚固的岩石地基上，必须修在挖方上，两侧山体必须保证稳定，水流进出口不宜离大坝太近。

2. 经济方面

河岸溢洪道选择高程合适的马鞍形山口，开挖方量少，出水归河，冲毁农田要少。

3. 施工运用方面

为管理运用方便，河岸溢洪道不宜离大坝太远，施工中要考虑出渣线路、堆渣场地，最好开挖的土石料能用在修坝中。要考虑爆破的影响。

（三）正槽溢洪道

正槽溢洪道一般由进水渠、控制段、泄槽、消能防冲设施和出水渠五个部分组成。

1. 进水渠

进水渠是水库与控制段之间的连接段，其作用是进水及调整水流。当控制段邻近水库时，进水渠可用一喇叭形进水口代替，具体布置应从以下三个方面考虑：

（1）平面布置。长度尽量短，不少于 2 倍堰上水头，轴线尽量平直，最好为直轴线，如需转弯，$R>4B$（渠底宽），且堰前有足够长的直线段，保证正向进水。堰前进口为喇叭形。

（2）横断面布置。应足够大，以减少流速，减少水头损失，一般流速为 1～2m/s。断面形状为梯形，应注意边坡稳定，做好衬砌，减小糙率。

（3）纵断面布置。进水渠的纵断面应布置成平坡或不大的反坡（倾向水库）。当控制段采用实用堰时，堰前渠底高程宜比控制段堰顶高程低 $0.5H_s$（H_s为堰面设计水头）；当控制段采用宽顶堰时，渠底高程可与堰顶齐平或略为降低。

2. 控制段

溢洪道的控制段包括溢流堰及两侧连接建筑物，是控制溢洪道泄洪流量的关键部位。溢流堰通常可选宽顶堰、实用堰，有时采用驼峰堰。

(1) 宽顶堰的特点是结构简单，施工方便，水流条件稳定，但流量系数较小。在泄洪量不大的中小型工程中应用较广，堰型布置如图2-3-5所示。

(2) 实用堰的优点是堰面流量系数比宽顶堰大，泄水能力强，但施工相对复杂。在大中型工程中，特别是在泄洪流量较大的情况下，多采用实用堰，如图2-3-6所示。实用堰堰型多采用WES标准剖面堰和克-奥剖面堰。

(3) 驼峰堰是一种复合圆弧低堰，它的特点是堰体较低，流量系数较大，设计与施工难度介于WES堰与宽顶堰之间，对地基要求相对较低，适用于软弱岩性地基。

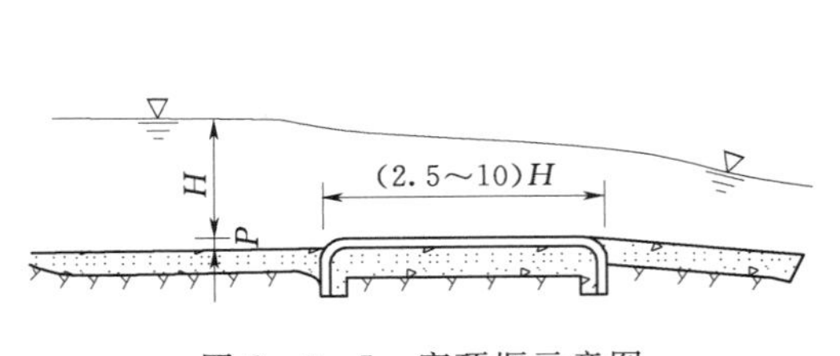

图2-3-5　宽顶堰示意图

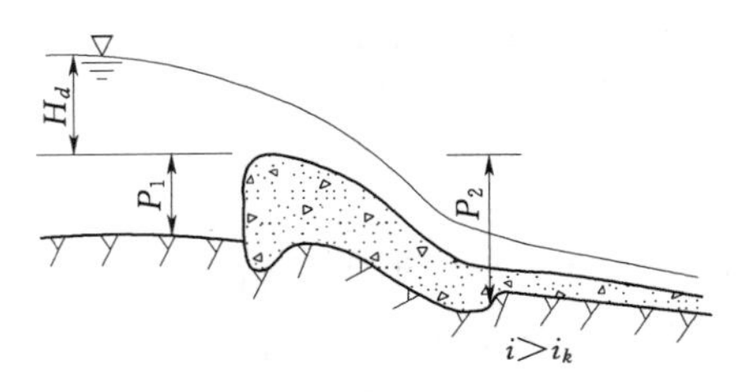

图2-3-6　实用堰示意图

3. 泄槽

(1) 泄槽的水力特征。泄槽的底坡常大于水流的临界坡，所以又称陡槽。槽内水流处于急流状态、紊动剧烈，由急流产生的高速水流对边界条件的变化非常敏感。当边墙有转折时就会产生冲击波，并可能向下游移动；如槽壁不平整时，极易产生掺气、空蚀等问题。

(2) 泄槽的平面布置。泄槽在平面上应尽量按直线、等宽和对称布置。当泄槽较长，为减少开挖工程量，可在泄槽的前端设收缩段、末端设扩散段，但必须严格控制。为了适应地形地质条件，减少工程量，泄槽轴线也可设置弯道，如图2-3-7所示。

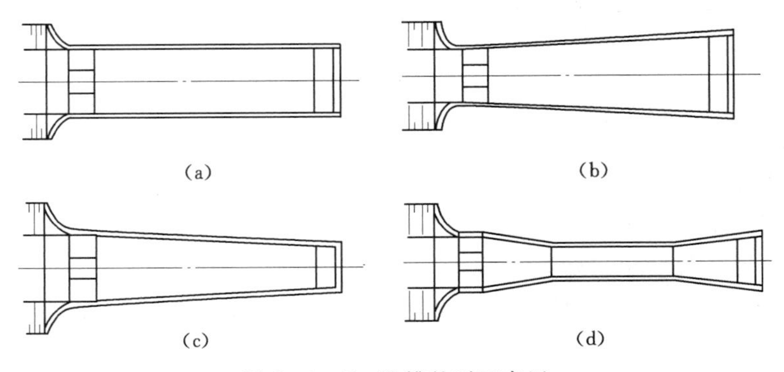

图2-3-7　泄槽的平面布置

当泄槽的边墙向内收缩时，将使槽内水流产生陡冲击波。冲击波的波高取决于边墙的偏转角θ，其值越大，波高则越大。当边墙向外扩散时，水流将产生缓冲击波。若扩散角θ过大，水流将产生脱离边墙的现象。因此，应严格控制其边墙的收缩角和扩散角，一般不宜大于5°～8°。泄槽在平面上需要设置弯道时，弯道段宜设置在流速小、水流比较平稳、

底坡较缓且无变化部位。宜选用较大的转弯半径及合适的转角，相对半径可取 $R/B=6\sim10$（R 为轴线转弯半径，B 为泄槽底宽），如图 2-3-8 所示。

（3）泄槽的纵剖面布置。泄槽纵剖面设计主要是选择适宜的纵坡。因此，对于长度较短的泄槽，宜采用单一的纵坡。为了保证不在泄槽上产生水跃，纵坡不宜太缓，而太陡的纵坡对泄槽的底板和边墙的自身稳定不利。因此，必须大于水流临界坡。

当泄槽较长时，为了适应地形地质条件，减少开挖量，泄槽沿程可随地形地质变化而变坡，但变坡次数不宜多，且以由缓变陡为好。纵坡由缓变陡，应避免缓坡段末端出射的水流脱离陡坡段始端槽底而产生负压和空蚀现象。为此，应在变坡处采用与水流轨迹相似的抛物线过渡，如图 2-3-9 所示。

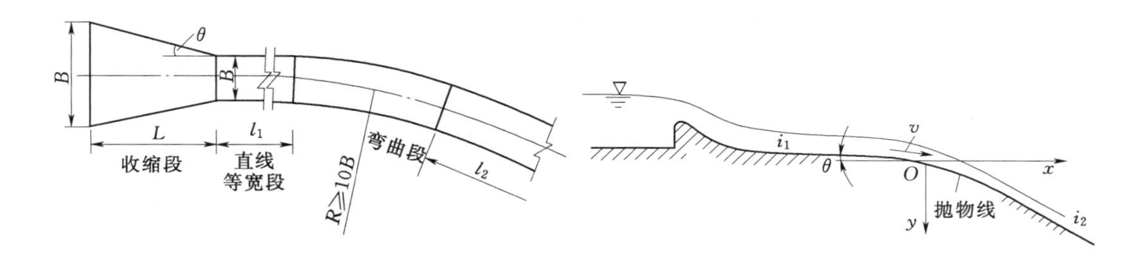

图 2-3-8 泄槽平面布置示意图

图 2-3-9 变坡处抛物线连接

纵坡由陡变缓时，由于槽面体型变化和离心力的作用，流态复杂，压力分布变化大，水流紊动强烈，该处容易发生空蚀，应尽量避免。如无法避免，变坡处用 $R\geqslant3\sim6$ 倍变坡处水深。

（4）泄槽的横断面。泄槽横断面形状在岩基上多做成矩形或近似于矩形，以使水流均匀分布和有利于下游消能，边坡坡比为 1∶0.1～1∶0.3；在土基上则采用梯形，但边坡不宜太缓，以防止水流外溢和影响流态，为 1∶1～1∶2。

泄槽边墙顶高程，应根据波动和掺气后的水面线，加上 0.5～1.5m 的超高来确定。对非直线段、过渡段、弯道等水力条件比较复杂的部位，超高应适当增加。掺气程度与流速、水深、边界糙率及进口形状等因素有关。

掺气水深 h_b（m）可用下式估算：

$$h_b=\left(1+\frac{\zeta v}{100}\right)h \qquad (2-3-1)$$

式中 h、h_b——泄槽计算断面不掺气水深及掺气后水深，m；

v——不掺气情况下计算断面的平均流速，m/s；

ζ——修正系数，一般为 1.0～1.4s/m，当流速大时宜取大值。

在泄槽转弯处的横剖面，弯道处水流流态复杂，由弯道离心力及冲击波共同作用下形成的外墙水面与中心线水面的高差 Δz 如图 2-3-10 所示。Δz 可按下式计算：

$$\Delta z=K\frac{v^2b}{gR_0} \qquad (2-3-2)$$

式中 Δz——横向水面差；

R_0——弯道段中心线曲率半径，m；

b——弯道宽度，m；

K——超高系数，其值可按表 2-3-1 查取。

为消除弯道段的水面干扰，保持泄槽轴线的原底部高程、边墙高程等不变，以利施工，常将内侧渠底较轴线高程下降 Δz，而外侧渠底则抬高 Δz，如图 2-3-10 所示。

表 2-3-1 横向水面超高系数 K

泄水槽断面形状	弯道曲线的几何形状	K 值
矩　形	简单圆曲线	1.0
梯　形	简单圆曲线	1.0
矩　形	带有缓和曲线过渡段的复曲线	0.5
梯　形	带有缓和曲线过渡段的复曲线	1.0
矩　形	既有缓和曲线的过渡段，槽底又横向斜倾	0.5

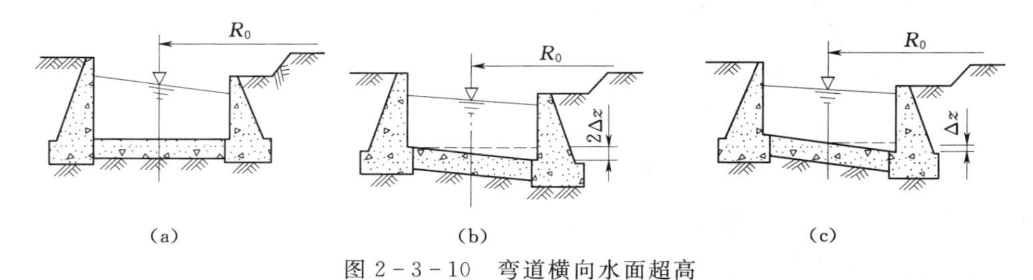

图 2-3-10 弯道横向水面超高

（5）泄槽的构造。

1）泄槽的衬砌：为了保护槽基不受冲刷和风化，泄槽一般都要进行衬砌，并且要求衬砌表面平整光滑，避免槽面产生负压和空蚀；接缝处止水可靠，防止高速水流钻入缝内将衬砌掀动；排水畅通，有效降低衬砌底面的扬压力而增加衬砌的稳定性。泄槽一般采用混凝土衬砌，流速不大的中小型工程也可以采用水泥砂浆或细石混凝土砌石衬砌，但应适当控制砌体表面的平整度。

2）衬砌的分缝、止水和排水：为控制温度裂缝及地基的不均匀沉陷，除了在泄槽底板上配置温度钢筋外，泄槽衬砌还需要在纵、横方向进行分缝。衬砌块的分缝宜错缝布置，一般情况下泄槽底板缝间距为 10～15m，衬砌较薄时可取小值。衬砌的接缝一般有平缝、键槽缝、齿槽缝和搭接缝四种形式，如图 2-3-11 所示。

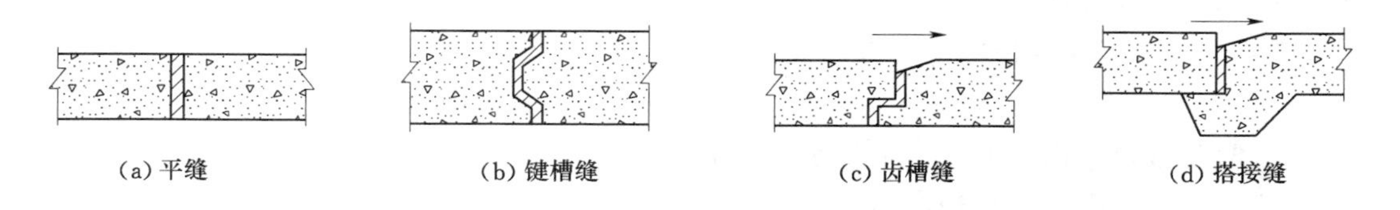

图 2-3-11 衬砌的接缝形式

为防止高速水流通过缝口钻入衬砌底面，将衬砌掀动，所有的伸缩缝都应布置止水，其布置要求与水闸底板基本相同。衬砌的排水设施：在纵、横伸缩缝下面布置，且纵、横

排水设施互相贯通。

注意：止水排水是防止动水压力和扬压力对衬砌稳定影响而采取的有力措施，对保证泄槽的安全运用是很重要的，切勿忽视其作用而马虎从事，以致造成工程事故。

4. 消能防冲设施

溢洪道泄水，一般单宽流量大、流速高，能量集中，如果消能设施考虑不当，出槽的高速水流与下游河道的正常水流不能妥善衔接，易造成下游河床和岸坡冲刷，甚至会危及溢洪道的安全。

河岸溢洪道一般采用挑流消能或底流消能。底流消能一般适用于土基或破碎软弱的岩基上，其消能原理和布置与水闸相应内容基本相同。挑流消能一般适用于较好岩石地基的高、中水头枢纽。挑坎下游常做一段短护坦以防止水流量大时产生贴流而冲刷齿墙底脚。为避免在挑流水舌的下面形成真空，影响挑距，应采取通气措施，如图 2-3-12 所示。

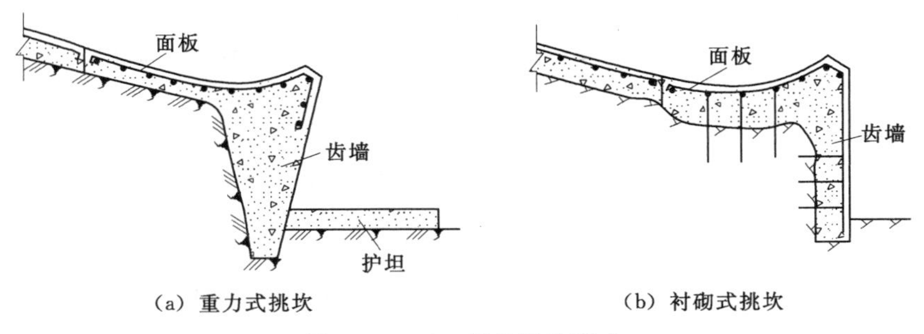

图 2-3-12 挑坎结构形式

5. 出水渠

出水渠的作用是使溢洪道下泄的洪水顺畅地流入下游河床。当消能防冲设施直接与河床连接时，可不另设出水渠。此时，必须通过水文计算和洪水调查等方法确定下游河床水位，同时还应考虑建库后可能发生的水位变化。

出水渠的布置优先考虑利用天然沟谷，并采用必要的工程措施，如明挖或布置成小型跌水，以较小的投资，保证沟谷受到冲刷或坍塌时不影响泄洪和危及当地民房及其他建筑物的安全，使出流平顺归入原河道。

（四）非常溢洪道

在建筑物运行期间可能出现超过设计标准的洪水，由于这种洪水出现机会极少，泄流时间也不长，所以在枢纽中可用结构简单的非常溢洪道来宣泄，主要有漫流式、自溃式、爆破引溃式三种。

1. 漫流式非常溢洪道

漫流式非常溢洪道与正槽溢洪道类似，将堰顶建在准备开始溢流的水位附近，而且任其自由漫流。这种溢洪道的溢流水深一般较小，因而堰长较大，多设于垭口或地势平坦之处，以减少土石方开挖量。如大伙房水库为了宣泄特大洪水，1977 年增加了一条长达 150m 的漫流式非常溢洪道。

2. 自溃式非常溢洪道

自溃式非常溢洪道是在非常溢洪道的底板上加设自溃堤，堤体可根据实际情况采用非

黏性的砂料、砂砾或碎石填筑，平时可以挡水，当水位达到一定高程时自行溃决，以宣泄特大洪水。按溃决方式可分为溢流自溃（图2-3-13）和引冲自溃（图2-3-14）两种形式。溢流自溃式构造简单、管理方便，但溢流缺口的位置和自溃时间无法进行人工控制，有可能溃坝提前或滞后，一般用于自溃坝高度较低，分担洪水比重不大的情况。当溢流自溃坝较长时，可用隔墙将其分成若干段，各段采用不同的坝高，满足不同水位的特大洪水下泄，避免当泄量突然加大时给下游造成损失。

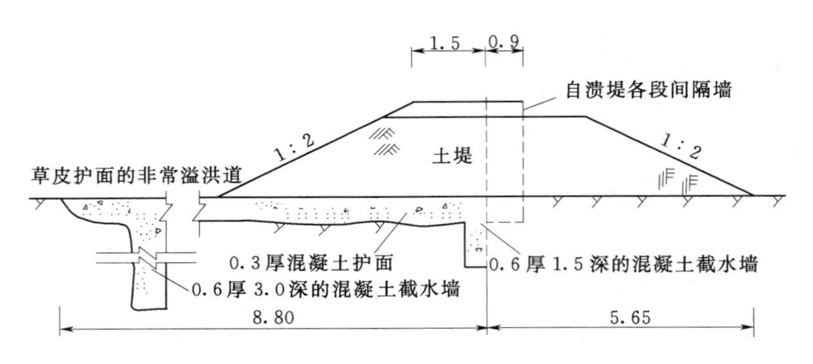

图2-3-13　溢流自溃式非常溢洪道（单位：m）

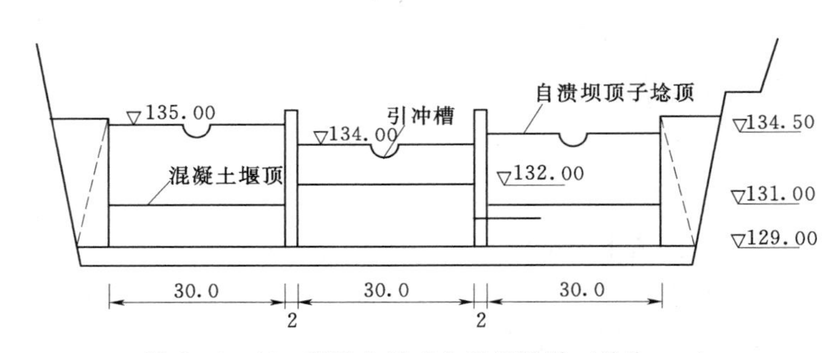

图2-3-14　引冲自溃式非常溢洪道（单位：m）

引冲自溃式是在自溃坝的适当位置加引冲槽，当库水位达到启溃水位后，水流即漫过引冲槽，冲刷下游坝坡形成口门并向两侧发展，使之在较短时间内溃决，在工程中应用较广泛。

3. 爆破引溃式非常溢洪道

爆破引溃式非常溢洪道是当需要泄洪时引爆预埋的炸药，使非常溢洪道的坝体形成一定尺寸的爆破漏斗，形成引冲槽，通过坝体引冲作用使其在短时间内迅速溃决，达到泄洪目的，如图2-3-15所示。

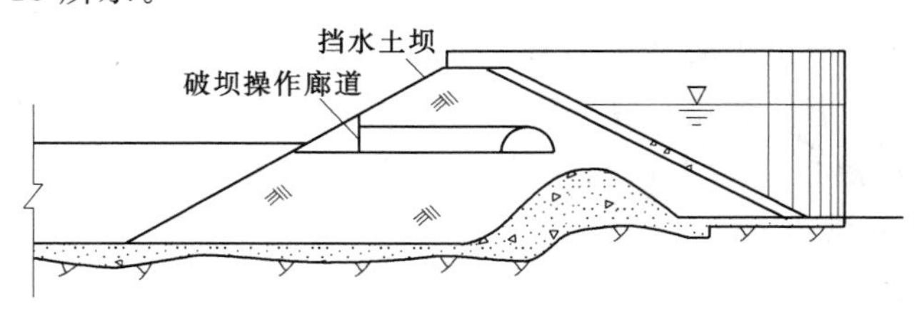

图2-3-15　爆破引溃式非常溢洪道

由于非常溢洪道的运用概率很低，实践经验还不多，目前在设计中如何确定合理的洪水标准、非常泄洪设施的启用条件及各种设施的可靠性等，尚待进一步研究解决。

(五) 溢洪道的运用管理

1. 存在的主要问题

根据有关资料统计，溢洪道在运用过程中主要存在以下几个问题：泄洪能力不足、闸墩开裂、闸底板开裂、陡坡底板被掀起、边墙冲毁、消能设施破坏等。

2. 主要处理措施

(1) 泄洪能力不足的处理。目前我国主要采取以下措施来处理泄洪能力的不足：①加高大坝，增加蓄水能力；②加大溢洪道泄洪断面；③改建溢洪设施；④增设泄洪设施；⑤清除阻洪设施。

(2) 闸墩和底板开裂的处理。处理闸墩和底板开裂应根据具体情况而定。为了适应温差变化而产生的温度应力，应认真进行抗裂验算及裂缝开展校核，一般要在闸墩下部与底板接触部位设置限裂及温度筋。

(3) 陡坡底板和边墙破坏的处理。溢洪道陡坡水流流速高、流态混乱，对底板和边墙破坏性极大，工程运用中，一般是首先考虑改善水流条件，水流条件受边界的约束影响很大，改善水流条件的关键是改善边界条件。其次是对破坏部位进行处理，具体方法较多，处理时应视其原因而采取不同措施。

(4) 消能设施破坏的处理。底流消能设施破坏的处理可参考水闸管理中有关内容。挑流消能设施存在的主要问题有气蚀破坏、挑距不足、贴壁流及局部破坏等，处理时应按不同情况具体对待。对于局部破坏，如程度较轻应及时进行填补平整修理，否则要修改原设计进行翻修，以消除产生破坏的条件。

二、水工隧洞

在水利枢纽中为满足泄洪、灌溉、发电等各项任务在岩层中开凿而成的建筑物称为水工隧洞。

(一) 水工隧洞的特点和类型

1. 水工隧洞的特点

(1) 结构特点。洞室开挖后，引起应力重分布，导致围岩变形甚至崩塌，为此常布置临时支护和永久性衬砌；承受较大内水压力的隧洞，要求围岩具有足够的厚度和必要的衬砌。

(2) 水力特点。枢纽中的泄水隧洞，其进口通常位于水下较深处，属深式泄水洞。它的泄水能力与作用水头 $H/2$ 成正比。但深式进口位置较低，可以提前泄水。隧洞承受的水头较高，易引起空化、空蚀。水流脉动会引起闸门等振动。隧洞出口单宽流量大，能量集中会造成下游冲刷。

(3) 施工特点。隧洞一般断面小，洞线长，工序多，干扰大，施工条件差，工期较长。因此，采用新的施工方法，改善施工条件，加快施工进度和提高施工质量在隧洞工程建设中需要引起足够的重视。

2. 水工隧洞的类型

(1) 按用途分类。

1）泄洪洞。配合溢洪道宣泄洪水，保证枢纽安全。

2）引水洞。引水发电、灌溉或供水。

3）排沙洞。排放水库泥沙，延长水库的使用年限，有利于水电站的正常运行。

4）放空洞。在必要的情况下放空水库里的水，用于人防或检修大坝。

5）导流洞。在水利枢纽的建设施工期用来施工导流。

（2）按洞内水流状态分类。

1）有压洞。隧洞的工作闸门布置在隧洞出口，洞身全断面均被水流充满，隧洞内壁承受较大的内水压力。引水发电隧洞一般是有压洞。

2）无压洞。隧洞的工作闸门布置在隧洞进口，水流没有充满全断面，有自由水面。灌溉渠道上的隧洞一般是无压洞。

一般来说，隧洞根据需要可以设计成有压的，也可以设计成无压的，还可以设计成前段是有压的而后段是无压的。但需要注意，在同一洞段内，应避免出现时而有压时而无压的明满流交替现象，以防止引起振动、空蚀等不利流态。

（二）水工隧洞的布置

1. 隧洞的组成

隧洞由进口段、洞身段和出口段（包括消能设备）组成。为了控制水流，需要设置闸门及其控制设备。

2. 隧洞的选线

隧洞的线路应尽量避开不利的地质构造，围岩不稳定及地下水位高，渗流量丰富的地段，以减少作用于衬砌上的围岩压力和外水压力；洞线在平面上应力求短直，这样可以减少工程费用，方便施工、减少水头损失；必须转弯时，其转弯半径不宜小于5倍洞径（或洞宽），转角不宜大于60°，弯道两端的直线段不宜小于5倍洞径（或洞宽）；隧洞应有一定的埋藏深度；对于长隧洞，选择洞线时还应注意利用地形地质条件，布置一些施工支洞、斜井、竖井，以增加工作面，加快施工进度；需要考虑进出口与其他建筑物的关系，如果水库所建的坝为土石坝，则进口应距离坝坡50m以上，出口应距离坝坡100m以上，以免水流冲刷坝坡。

3. 隧洞的纵坡选择

隧洞的坡度主要涉及泄流能力、压力分布、过水断面大小、工程量、空蚀特性及工程安全，应根据运用要求及上下游的水位衔接在总体布置中综合比较确定。

有压隧洞的纵坡主要取决于进出口高程，要求在最不利的条件下，全线洞顶保持不小于2m的压力水头。有压洞的底坡不宜采用平坡或反坡，因其会出现压力余幅不足且不利于检修排水。无压洞的纵坡应根据水力计算加以确定，一般要求在任何运用情况下，纵坡均应大于临界坡度。

4. 闸门位置布置

泄水隧洞一般都布置两道闸门，一道是主要闸门（或称工作闸门），用以控制流量，要求能在动水中启闭；另一道是检修闸门，当检修主要闸门或隧洞时用以挡水，在隧洞进口都要设置检修闸门。隧洞出口如低于下游水位，也要设置检修闸门。深水隧洞的检修闸门一般需要在动水中关闭，静水中开启，也称应急门。

（三）水工隧洞的构造

1. 进口段的形式及构造

（1）进口建筑物的形式（表 2-3-2）。

表 2-3-2　　进口建筑物的形式

进水口	适用条件及优缺点	进口形式示意图
竖井式进水口	适用于：河岸岩石坚固，开凿竖井无塌方危险。 优点：结构简单，不受风浪、水的影响，抗震及稳定好，地形条件适宜时，工程量较小。 缺点：竖井前的一段隧洞检修不便。	
塔式进水口	适用于：岸坡低缓，岩石破碎或覆盖层较厚。 优点：对于取水用的封闭塔，可在不同高程设置取水口，取用上层温度较高的清水。 缺点：受风浪、地震、冰的影响大，稳定性相对较差，需要工作桥与库岸相连	

续表

进水口	适用条件及优缺点	进口形式示意图
岸塔式进水口	适用于：岸坡较陡，岩石比较坚固稳定，可开挖成近于直立的陡壁时。 优点：稳定性比塔式好，施工、安装比较方便，无须接岸桥梁。 缺点：受风浪、冰、地震的影响较大	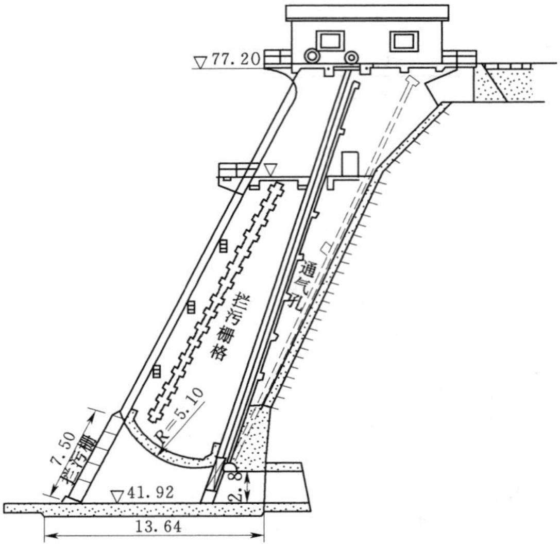
斜坡式进水口	适用于：完整的岩坡，地形适宜，闸门及拦污栅的轨道直接安装在斜坡的护砌上。 优点：结构简单，施工、安装方便，稳定性好，工程量小。 缺点：闸门面积加大，关门时不易靠自垂下降	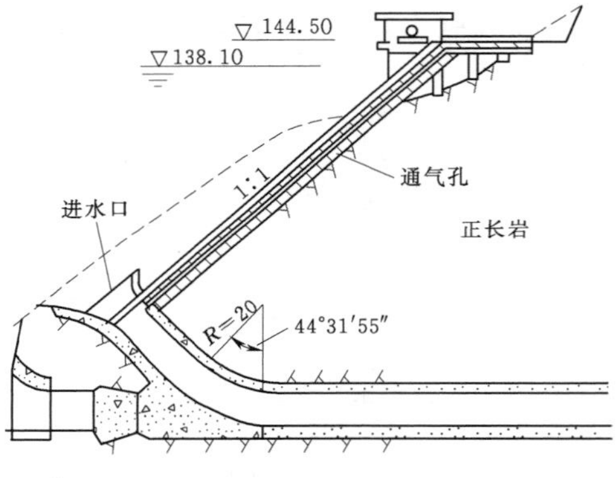

（2）进口段的组成及构造。进口建筑物主要由进水口、闸室段及渐变段所组成，主要包括拦污栅、进水喇叭口、门槽、平压管、通气孔和渐变段等。

1）拦污栅。拦污栅是由纵、横向金属栅条组成的网状结构。拦污栅布置在隧洞的进口，其作用是防止漂浮物进入隧洞。为了便于维修更换等，拦污栅通常做成活动式的。

2）进水喇叭口。喇叭口段是隧洞的首部。喇叭口的作用就是保证水流能平顺地进入隧洞，避免不利的负压和空蚀破坏，减少局部水头损失，提高隧洞的过水能力。

3）平压管。为了减小检修闸门的启门力，通常在检修闸门与工作闸门之间设置平压管与水库相通，如图 2-3-16 所示。检修完毕后，首先在两道闸门中间充水，使检修闸门前后的水压相同，保证检修闸门在静水中开启。

4）通气孔。通气孔是向闸门后通气的一种孔道。其主要作用是补充被高速水流带走的空气，防止气蚀的破坏和闸门的振动，同时在工作闸门和检修闸门之间充水时，通气孔

又兼作排气孔。因此，通气孔通常担负着补气、排气的双重任务。

2. 洞身段的形式及构造

(1) 洞身断面形式。

1) 有压隧洞断面形式。一般采用圆形，因为圆形水流条件和受力条件均有利；在面积一定的条件下，圆形过流能力最高。在围岩较好、内水压力不大时，为了施工方便，也可采用无压隧洞常用的断面形式。

2) 无压隧洞断面形式。主要有城门洞形[图 2-3-17 (d)、(i)]，马蹄形[图 2-3-17 (f)、(h)]或圆形[图 2-3-17 (a)、(b)、(c)、(g)]。

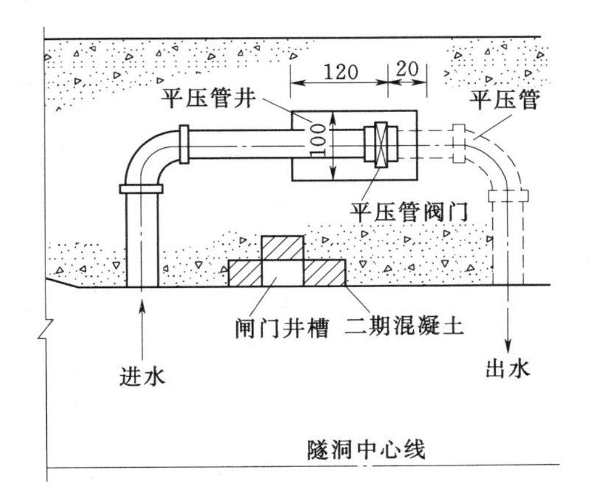

图 2-3-16 平压管布置（单位：cm）

其中城门洞形断面的优点是适宜于承受垂直山岩压力，也便于开挖和衬砌；但其拱圈受力较差。为了减小或消除作用在侧墙上的侧向围岩压力，可把直墙改为斜墙，变成马蹄形断面。当地质条件差，同时又有较大的外水压力时，可考虑采用圆形断面。当采用掘进机开挖施工时，也可采用圆形断面。

(2) 隧洞衬砌。泄水隧洞经常设置衬砌，衬砌的作用是承受山岩压力、内外水压力和其他荷载，保证围岩稳定；防止隧洞渗漏；防止水流、泥沙、空气和温度变化、干潮变化等对岩石的冲蚀和破坏作用；减少隧洞表面糙率。对于高速隧洞，还可使隧洞表面保持一定的平整度。

1) 衬砌的类型。

a) 平整衬砌（也称护面)。用混凝土、喷混凝土和浆砌石，如图 2-3-17 所示。做成的护面，它不承受荷载，仅起到平整隧洞表面、减小糙率、防止渗漏、保护岩石不受风化的作用。它适用于围岩坚硬、裂隙少、洞顶岩石能自行稳定，而隧洞的水头、流速和流量又比较小的情况。对无压洞，可以只在过水部分做平整衬砌，衬砌厚度按构造决定，对混凝土或喷混凝土一般可采用 5～15cm，浆砌条石厚 25～30cm。

b) 单层衬砌。单层衬砌是指由混凝土、钢筋混凝土、喷混凝土及浆砌石等做成的衬砌，如图 2-3-17 (a) ～ (f) 所示，适用于中等地质条件、高水头、高流速、大跨度的情况。衬砌的厚度应根据受力、抗渗、结构和施工要求分析确定，一般为洞径和跨度的 1/12～1/8。单层整体混凝土衬砌，其厚度不宜小于 20cm；单层钢筋混凝土衬砌不宜小于 25cm；双层钢筋混凝土衬砌不宜小于 30cm。

c) 组合衬砌。它是由两种或两种以上的衬砌形式组合而成的，如图 2-3-17 (g) ～ (j) 所示。如内层为钢板、外层为混凝土或钢筋混凝土；顶拱为砂浆或混凝土，边墙为混凝土或浆砌石；顶拱为喷锚衬砌，边墙和底板为混凝土或钢筋混凝土衬砌。

d) 预应力衬砌。多用于高水头的圆形有压隧洞。由于衬砌预加了压应力，可以抵消运行时产生的拉应力，可使隧洞衬砌厚度减薄，节省材料和开挖量。

e) 锚杆衬砌和喷混凝土衬砌。是一种新的支撑和衬砌技术，可以分开使用，也可以

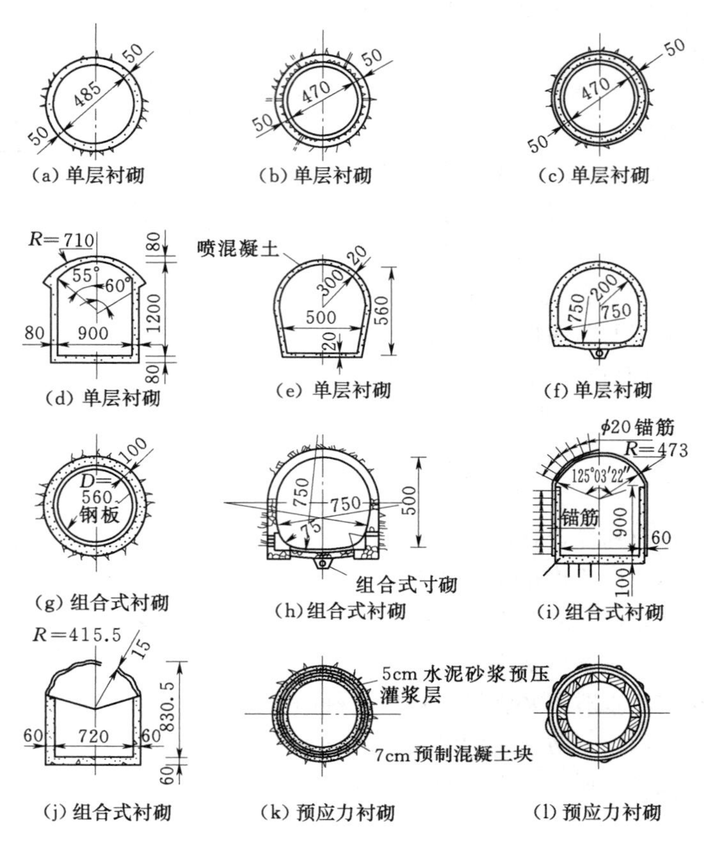

图 2-3-17 断面形式及衬砌类型（单位：m）

合起来使用。采用锚杆和喷混凝土一般可以减少 1/3 的工程费用，工期也可缩短。

2）衬砌的构造。混凝土或钢筋混凝土衬砌在施工和运用期，由于混凝土的干缩和温度应力可能产生裂缝；当隧洞穿过地质条件变化显著地区（通过断层、破碎带及其他软弱地带）可能由于不均匀沉降而产生裂缝；施工只能是分块分段浇筑。分缝的类型有以下几种：

a）施工缝（临时）。如图 2-3-18 所示，横向（垂直轴线）间距由浇筑能力决定（一

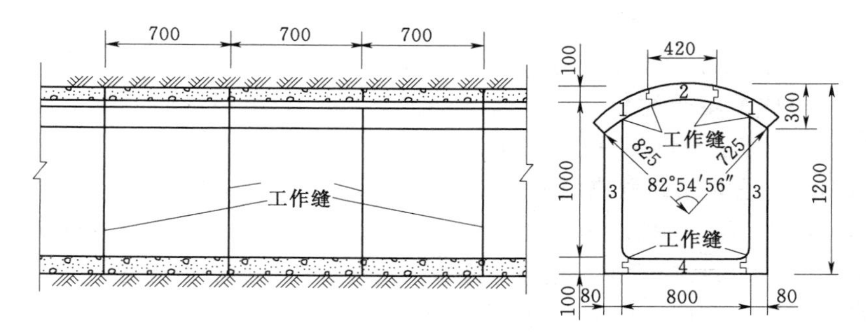

图 2-3-18 施工缝（单位：cm）

（右图 1～4 代表混凝土浇筑次序）

般与伸缩缝、沉降缝合在一起)；纵向（平行轴线）根据浇筑能力，缝设在顶拱、边墙及底板分界处或内力较小部位；施工缝需进行凿毛处理或设插筋以加强其整体性。

b）沉降缝（永久）。如图2-3-19所示，通过断层破碎带或软弱带，衬砌加厚，厚度突变处；洞身与进口渐变段等接头处，可能产生较大位移的地段。缝中设止水，填沥青油毡或其他填料。

c）伸缩缝（永久）。防止混凝土干缩和温度应力而产生的裂缝；缝的间距为6～12m，缝中设止水。

实际施工中，横向施工缝、沉降缝、伸缩缝尽量结合在一起。

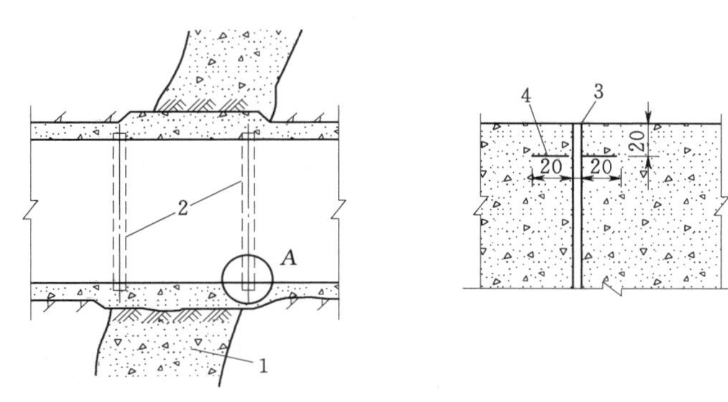

图2-3-19 伸缩沉降缝（单位：cm）

1—断层破碎带；2—变形缝；3—沥青油毡1～2m；4—止水片

3）灌浆。

a）回填灌浆。为了充填衬砌与围岩之间的空隙，使之紧密接合，共同工作，改善传力条件和减少渗漏。在顶拱部位预留灌浆管，在衬砌完成后，通过预埋管进行灌浆。一般在顶拱中心角90°～120°范围内灌浆，压力为2～3kg/cm²，孔距、排距一般为2～6m。

b）固结灌浆。在于加固围岩，提高围岩的整体性，减小山岩压力，保证岩石的弹性抗力，减小地下水对衬砌的压力。整个断面进行灌浆，一般灌浆压力为1.5～2.0倍内水压力。深入围岩2～5m，对于围岩条件差的地段或直径较大的隧洞（达6～10m），排距取2～4m，每排不宜少于6孔，对称布置。灌浆时应加强观测，防止洞壁产生变形或破坏。当地质条件良好，围岩的单位吸水率 $\omega<0.011$（min・m），可不进行灌浆。回填灌浆孔、固结灌浆孔通常分排间隔排列，如图2-3-20所示。

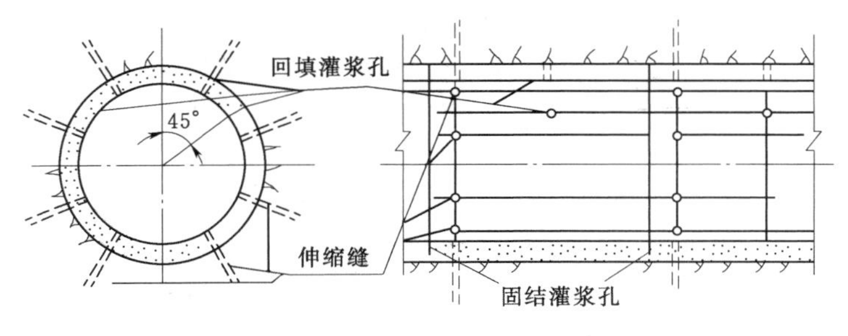

图2-3-20 灌浆孔布置图

4）排水。在隧洞下游段，渗漏水可能影响山岩稳定，需要设置排水。

对于无压隧洞，一般在洞底衬砌下埋纵向排水管。先在岩石内挖排水沟，中间埋疏松混凝土管或缸瓦管，四周填砾石，排水管通向下游。当外水压力较大时，也可在洞内水面线以上设置通过衬砌的径向排水管。

对于有压隧洞，除在洞底衬砌外埋设纵向排水管外，还设置环向排水槽，间距 4～10m，布置在回填灌浆孔的中间。环向排水槽先在岩石内挖 0.3m×0.3m 的沟槽，槽中填以卵石，外面用木板盖好。环向排水应与纵向排水相通。一般而言，有压洞的外水压力能抵消一部分内水压力，除外水压力起控制作用的特殊情况外，不需设排水，特别是有压洞覆盖层厚的进口附近，地质较差的地段，特别是围岩内存在易溶填充物，不宜设排水，而是加强固结灌浆。

凡设置排水的地方，即不再做固结灌浆，即使回填灌浆也要特别小心，排水孔与灌浆孔应相间布置，灌浆压力也不能太大，以免堵塞排水系统。隧洞的出口或侧向岩层较薄时，除在洞周做排水以外，还可在洞外打排水孔或排水平洞进行排水。

3. 出口段及消能设施

隧洞出口建筑物的形式与布置，主要取决于隧洞的功用及出口附近的地形地质条件。隧洞出口建筑物主要包括渐变段、闸室段及消能设施。有压隧洞出口常设有工作闸门和启闭设施，如图 2－3－21 所示，闸门前设渐变段，出口之后为消能设施；无压隧洞的出口仅设门框而不设闸门，以防止洞脸及上部岩石崩塌，洞身直接与下游消能设施相连接，如图 2－3－22 所示。

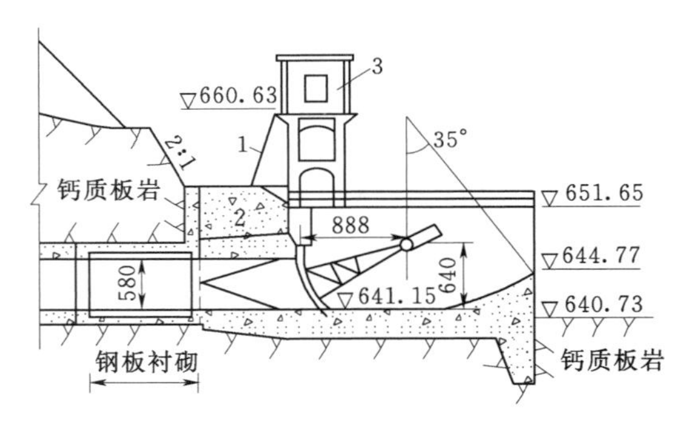

图 2－3－21 有压隧洞的出口建筑物
（尺寸单位：cm，高程单位：m）
1—钢梯；2—混凝土块压重；3—启闭机操纵室

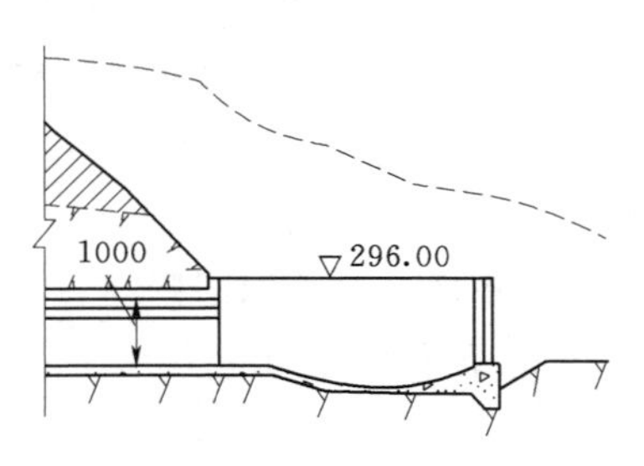

图 2－3－22 无压隧洞的出口结构图
（尺寸单位：cm，高程单位：m）

隧洞出口的消能方式与岸边溢洪道相似，常采用挑流消能和底流消能两种形式。由于隧洞的出口断面尺寸较小，单宽流量大，能量较集中，通常采用平面扩散措施，以减小挑流鼻坎处或消力池的单宽流量。

（四）隧洞的运用管理

隧洞和涵管是水库枢纽的重要建筑物，由于设计、施工、管理等方面的原因，可能出现裂缝、断裂、漏水、空蚀及磨损破坏等现象，影响工程的正常运行。

1. 隧洞的检查养护

隧洞的检查养护内容主要有以下几个方面：

(1) 运用前，要经常检查隧洞的衬砌有无变形、裂缝、漏水，出口部位有无异常潮湿和漏水现象，要及时分析原因并进行处理。检查隧洞进出口有无可能崩塌的山坡或危石，要及时清除或妥善处理。要及时清除拦污栅上的杂物，要定期进行泄水冲砂或清理，防止闸门被砂石卡阻而影响正常运行。

(2) 运用期间，随着闸门的启闭要密切注意观察和倾听洞内有无异常声响，设有观测设备的要做好记录；设有通气孔时，应及时清理吸入的杂物，确保其畅通；要注意正确操作运用，避免洞内出现明、满流交替的流态，对于无压洞严禁在受压情况下使用。

(3) 运用之后，要认真检查洞壁有无蜂窝、麻面、裂缝和漏水的孔洞，出口消能设施有无损坏现象等，要分析其产生的原因，提出处理的方法。

2. 隧洞衬砌开裂漏水的处理

隧洞衬砌开裂漏水的处理方法主要有水泥砂浆或环氧砂浆封堵、抹面，水泥或化学灌浆，喷锚支护，内衬补强等，应根据工程的具体情况选择使用。

水泥砂浆或环氧砂浆封堵、抹面主要用于过水表面存在蜂窝、麻面、细小漏洞或细小裂缝等问题较轻的情况；对于隧洞开裂漏水较严重的情况，采用水泥灌浆或化学灌浆是表里兼治、堵漏补强的常用方法；喷锚支护用于无衬砌损坏的加固和衬砌损坏的补强，目前常用的有喷混凝土、喷混凝土与锚杆联合、钢筋网喷混凝土与锚杆联合等方法；内衬补强用于衬砌材料强度不足，隧洞产生裂缝或断裂的情况。

3. 隧洞空蚀破坏的处理

空蚀的产生与多种因素有关，其中流速与边界条件是两个重要因素。根据国内外研究成果，目前常用的防空蚀措施主要包括：改善水流的边界条件、选用抗空蚀的材料、控制闸门开度、通气减蚀、掺气减蚀及加强施工质量控制等。

4. 隧洞的磨损处理

高速水流的泄水建筑物，磨损问题的处理措施主要是合理选择抗冲耐磨材料。常用的材料有铸石板镶面、铸石砂浆、铸石混凝土、聚合物砂浆、聚合物混凝土、钢板等。

本 章 小 结

本章以蓄水枢纽工程为例，讲述了组成蓄水枢纽的挡水类建筑物、泄水类建筑物的特点；重点介绍了重力坝、土石坝、拱坝、河岸溢洪道及水工隧洞等，各类建筑物的基本工作原理、类型、断面设计步骤、结构构造特点，并简要介绍了各类建筑物在运行期间的维护和管理要点。

自 测 练 习 题

一、名词解释

扬压力、固结灌浆、帷幕灌浆、浸润线、正槽式溢洪道、侧槽式溢洪道、回填灌浆。

二、填空题

1. 重力坝承受的主要荷载是呈三角形分布的________，控制坝体剖面尺寸的主要指标是________、________，重力坝的基本剖面是________形。

2. 溢流坝的溢流面由顶部的________、中间的________、底部的________组成。

3. 蓄水枢纽中应包含的基本建筑物有________、________和________三种。

4. 土石坝坝体排水设备常用构造形式有________、________、________、综合四种形式。

5. 隧洞进口建筑物的形式有________、________、________、________四种形式。

6. 开敞式正槽溢洪道由________、________、________、________、________五部分组成。

7. 土石坝的渗透变形的形式有________、________、________和________。

8. 砂砾石地基中常用的防渗设施有________、________、________、________等。

9. 非常溢洪道一般分为________、________和爆破引溃式三种。

10. 拱坝按拱坝的曲率分________、________。

11. 拱坝按水平拱圈形式分可分为________、________、________。

三、判断题

1. 固结灌浆是深层高压水泥灌浆，其主要目的是为了降低坝体的渗透压力。(　　)

2. 当围岩条件差，又有较大的内水压力时，无压隧洞也可采用圆形断面。(　　)

3. 波浪爬高和驻波高度不是一回事。(　　)

4. 回填灌浆的目的是加固围岩，提高围岩的整体性，减小围岩压力，保证岩石的弹性抗力。(　　)

5. 土石坝的垂直防渗措施是铺盖。(　　)

6. 土坝设计中，允许坝顶出现短暂的溢流。(　　)

7. 土石坝坝体的浸润线为二次抛物线。(　　)

8. 溢洪道控制段的溢流堰如不设闸门，堰顶高程应等于设计高水位。(　　)

9. 溢洪道泄槽布置中，泄槽的纵坡一般应小于水流的临界坡。(　　)

10. 拱坝坝身设永久伸缩缝以适应地基不均匀沉陷。(　　)

11. 拱坝在外荷载作用下的稳定性完全依靠坝体重量来维持稳定。(　　)

四、简答题

1. 简述重力坝的特点。

2. 重力坝如何进行分类？

3. 提高重力坝抗滑稳定措施有哪些？

4. 水工隧洞衬砌的功用的是什么？有哪几种类型的衬砌？

5. 溢流堰有几种形式？各有什么特点？

6. 泄槽的水力特征是什么？

7. 拱坝对地形和地质条件的要求？

8. 拱坝的特点有哪些？

9. 水工隧洞进口建筑物的形式有哪些？各适用于什么情况？

五、计算题

1. 确定黏土均质坝的坝顶高程。已知数据：工程等级标准为四级建筑物，数据如下：

安全超高：正常 0.7m；非常 0.4m；

波浪爬高及风壅水面高度：正常 1.2m；非常 0.7m；

库内最高静水位：正常 145m；非常 146m。

2. 计算下图所示重力坝坝基面的扬压力。

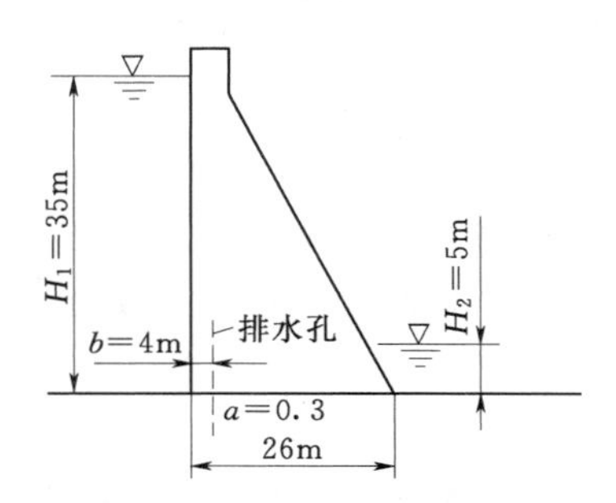

习题图　坝底扬压力计算示意图

第三章　取 水 枢 纽 工 程

【学习指导】 本章旨在学习了解我国的地表水取水工程的类型、现状及发展状况，重点学习取水枢纽工程的等级划分及种类，以及取水枢纽中各组成建筑物如水闸、输水渠道、渠系建筑物的组成及设计中的注意事项。

第一节　地表水取水工程现状和发展概况

我国地表水资源丰富，城镇给水中绝大多数是以地表水作为水源，而地表水取水工程又是城镇给水系统的重要组成部分。但由于我国幅员辽阔，江河湖海的水文、水质、气象、地形、地貌等条件千差万别，使得地表取水工程受自然条件和环境影响较大，又考虑到不同取水工程的规模也悬殊，因此，只有把工程设计、工程施工和建成后的运行管理工作做好，才可使城镇的供水安全得到保障。

一、我国取水工程现状及发展概况

（一）取水工程现状

新中国成立 60 多年来，我国的给水事业有了很大的发展，新建扩建了一大批大、中、小型给水工程，在地表水取水工程建设中，积累了不少实践经验，已经能够掌握并承担对冶金、化工、石油、火力发电厂和核电站等工业企业和城市联合供水系统的大型地表取水工程。如浙江秦山核电二期工程和广东省大亚湾和岭澳核电站的三个大型海水取水工程，取水量为 80～105m^3/s，投产运行正常，满足核电站运行要求。武钢二号水源泵房，设计总水量为 45.5m^3/s，设计前水工模型试验，设计中经多方案的技术经济比较，采用两个相同规模的河床式取水构筑物，生产运行效果良好。

（二）发展概况

在地表水取水时，采用固定式取水构筑物，当河流含砂量较高、泥沙颗粒粗、河流取水点有足够的水深时，采用斜管或斜板取水头部；在中小型山区河流上采用浮筒活动式或升降式取水头部，防砂型取水头部对取得较好的水质、去除粗颗粒泥沙以及减少水泵叶轮磨损等方面，获得了一定的效果。

在水位变化幅度大的江河中，采用湿井泵房和淹没式泵房，选用立式水泵和潜水型水泵代替卧式水泵等措施，有效地减少了建筑面积和基建投资。

在移动式取水构筑物中，浮船取水，利用带活动钢引桥的摇臂接头和电动铰锚技术，与摇臂式接头和手动铰锚技术相比有操作管理方便等优点。在西北高寒山区和东北寒冷地区的河道上，采用浮船和缆车取水技术也取得一定的效果。

在山区浅水河流中，活动低坝式取水，采用橡胶坝、水力自控翻板闸和浮体闸等方

式，具有构造简单、使用方便等优点。

在北方地区，对地表水取水构筑物的防冰絮和冰压等方面，如进水格栅，采用管道通蒸汽加热、格栅表面衬橡胶材料、空气鼓泡、斗槽取水等技术措施，都有较好的防冰效果。

总之，我国的地表水取水工程建设虽然已经取得了一定的成绩，但还不能适应工农业生产发展和人民生活用水的需要。今后随着我国国民经济建设的发展，科学技术的进步，科学管理水平的提高，必将对给水取水工程提出更高的要求和技术标准，有待从事给水排水专业和其他专业的科技人员继续努力，更好地为我国的现代化建设服务。

二、地表水取水构筑物分类

在给水工程中，从江河、湖泊、水库及海洋等地表水中取水的设施，称为地表水取水构筑物。地表水取水构筑物按结构形式可分为固定式、移动式和山区浅水河流取水构筑物三种形式。

1. 固定式取水构筑物

固定式取水构筑物取水口位置固定不变，安全可靠，应用较为广泛。根据水源的水位变化幅度，河岸边的地形、地质和冰冻、航运等因素，可有多种布置方式，常见的有以下几种：

(1) 江心进水头式（淹没式）。由取水头部、进水管、集水井和取水泵房组成，常用于岸坡平缓、深水线离岸较远、高低水位相差不大、含砂量不高的江河和湖泊。水流通过设在最低水位之下的进水头部，经过进水管流至集水井，然后由泵房加压送至水厂。

(2) 江心桥墩式。也称塔式，常用于水库，建于尚未蓄水时。构筑物高耸于水体中，取水、泵水设施齐全，用输水管送水上岸。可以在不同深度取水，以得到水质较好的原水。

(3) 河岸边式。集水井与泵房分建或合建于岸边，原水直接由进水口进入，一般适用于岸坡较陡，深水线靠近岸边的江河。对含砂量大、冰凌严重或两者均出现的河流，取水量又较大时，可采用斗槽式取水构筑物，它是一种特殊的河岸边式取水构筑物，其前以围堤筑成一个斗槽，粗砂将在斗槽内沉淀，冰凌则在槽内上浮。中国西北地区有多处斗槽式取水构筑物。

2. 移动式取水构筑物

移动式取水构筑物适用于水位变化较大的河流。构筑物可随水位升降，投资较小、施工简单，但操作管理较麻烦，取水安全性也较差，主要有以下两种形式：

(1) 浮船式。水泵设在驳船上，直接从河中取水，再经斜管输送至岸。浮船取水要求河岸有适当的坡度（20°～30°）。

(2) 缆车式。由坡道、输水斜管和牵引设备等主要部分组成。取水泵设在泵车上，当河流水位涨落时，泵车可由牵引设备沿坡道上下移动，以适应水位，同时改换接头。缆车式取水适宜于水位涨落速度不快（如不超过 2m/h）、无冰凌和漂浮物较少的河流。

3. 山区浅水河流取水构筑物

山区浅水河流取水构筑物一般适用于山区上游河段，流量和水位变化幅度很大，而且枯水期的流量和水深又很小，甚至局部地段出现断流的河流上。常用的取水构筑物形式有低坝式、底栏栅式和综合式。低坝式又可分为固定式低坝取水和活动式低坝取水（如橡胶坝、水力自动翻板闸、浮体闸等）。

地表水取水构筑物受水源流量、流速、水位影响较大，施工相对较复杂，要针对具体情况选择施工方案。

第二节 地表取水枢纽工程

地表取水枢纽工程是将河流、湖泊、水库或海洋中的水等引入渠道，以满足农田灌溉、水力发电、工业及生活用水等的需要。本节主要介绍用于农田灌溉引水的取水枢纽。因取水枢纽位于引水渠道的首部，所以也称渠首工程。

天然河道的水位、流量和含沙量等在一年内的变化很大，而且非常悬殊。一般洪水时期，水位高、流量大、含沙量高，而在枯水时期恰恰相反，因此很难满足农田灌溉的需要，常需采取工程措施，才能满足引水要求。

地表取水枢纽按照河道水位和流量的变化情况，一般可分为水库取水、提水引水式枢纽和自流引水枢纽三大类。

（1）水库取水。就是利用修建水库的方式，对河流水量进行调节后再通过引水渠道等引出供下游使用的一种取水形式。这在前面的重力坝、土石坝工程中已有陈述。

（2）提水引水式枢纽。河道水量可满足引水要求，但水位较低，不能满足自流引水条件时，可在灌区附近修建抽水站提水灌溉，这种取水枢纽称为提水引水式枢纽。

（3）自流引水枢纽。自流引水枢纽根据是否具有拦河建筑物，又可分为无坝取水枢纽和有坝取水枢纽。

一般在枯水期，渠道的水位和流量都能满足灌溉要求时，只需在河岸上选择适宜的地点，修建取水建筑物，就可以从河流侧面引水，不需要在河床上修建拦河坝。这种取水方式被称为无坝取水，所建的取水建筑物称为无坝渠首。它具有工程简单、投资省、施工易、工期短及收效快等优点；但因引入大量泥沙，使渠道流程不能正常工作，直接影响农业生产。

当河道水位较低不能保证引水灌溉时，则在河床上修建拦河坝，抬高水位，以便自流引水灌溉。这种引水方式称为有坝取水，所建的工程称为有坝渠首。这种渠首工作可靠，以便于防沙及综合利用，故在我国得到广泛采用。

一、无坝取水枢纽工程组成

1. 无坝取水枢纽工程的特点

无坝取水是一种最简单的取水方式，但不能控制河道水位，故常受到河水涨落、泥沙运动以及河床等的影响。当河道主流偏离取水口时，引水就得不到保证，严重时，取水口甚至被泥沙淤塞，无法正常使用。所以，无坝取水的工作条件非常复杂。

2. 无坝取水枢纽布置特点

合理确定无坝渠首位置，对于保证正常引水减少泥沙入渠起着决定性的作用，在确定

位置时，必须详细了解河岸的地质地形情况、河道洪水特性、含沙量及河床变迁规律。位置选择时可按以下原则确定：

(1) 根据弯道环流特点，无坝渠首应设在河道坚固、河流弯道的凹岸，以引取表层较清水流，防止泥沙入渠。当地形条件受到限制，不能把渠首布置在凹岸而必须设在凸岸时，应将渠首设在凸岸中点偏上游处（图 3-2-1），该处环流较弱，泥沙较少。必要时可在对岸设置丁坝将主流逼向凸岸，以利引水。

(2) 对于有分汊的河段，一般不宜在汊道上设置取水口。由于分汊河段上主流摆动不定，易导致汊道淤塞，引水困难。若由于位置的限制，取水口只能设在汊道上时，则应选择在比较稳定的汊道，并对河道进行整治，将主流控制在该汊道上。

(3) 无坝渠首设在直线河段也不一定理想。因从直线河段的侧面引水，河道主流在取水口处流向下游，只有岸边的水流进入取水口，故进水量较小且不均匀。此外由于水流转弯，引起横向环流，使河道的推移质大量进入河道，如图 3-2-2 所示。

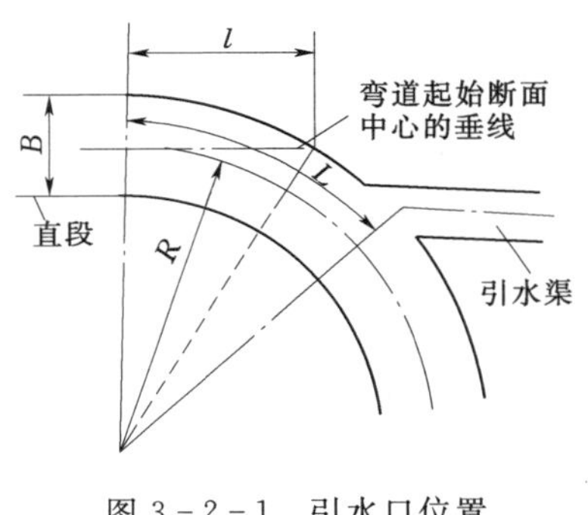

图 3-2-1 引水口位置

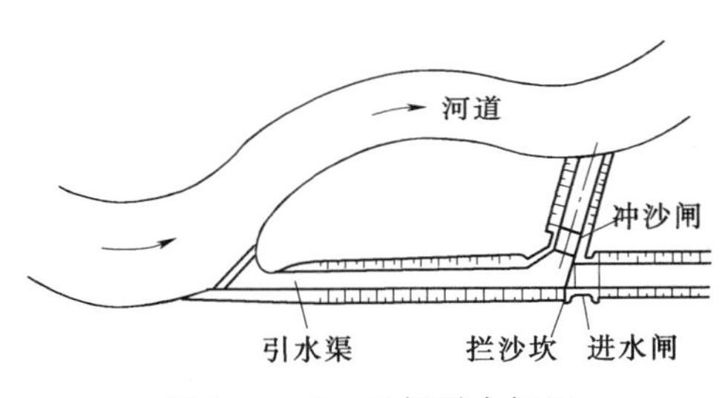

图 3-2-2 无坝引水枢纽

(4) 渠首位置应选在干渠路线比较短，而且不经过陡坡、深谷及坍方的地段，以减少土石方工程量，节约工程投资。

3. 无坝取水枢纽工程的布置形式

无坝取水枢纽工程根据其布置中取水口的数目可分为一首制渠首［图 3-2-3 (a) ～ (j)］和多首制渠首［图 3-2-3 (h)、(i)］两类。一首制渠首又有弯道凹岸取水工程、引水渠式取水工程及导流堤式取水工程等布置形式。一首制渠首多用于河床稳定、含沙量不高的河流上。

(1) 一首制渠首。

1) 弯道凹岸取水工程。这种取水利用弯道水流特性，引取表层较清水流，而含沙量高的底流则流向凸岸，它适用于河床稳定、河岸土质坚固的情况。由引水渠、进水闸、拦沙坎及沉沙设施等建筑物组成，如图 3-2-4 所示。引水渠的作用是使水流平顺进入闸孔；进水闸的作用是控制入渠水流；拦沙坎及沉沙设施的作用是防止推移质泥沙进入渠道。

2) 导流堤式渠首。在不稳定的河流上及山区河流坡降较陡、引水量较大的情况下，采用导流堤式渠首来控制河道流量，保证引水。导流堤式渠首由导流堤、进水闸及泄水冲沙闸等建筑物组成。导流堤的作用是束窄水流，抬高水位，保证进水闸能引取所需要的水

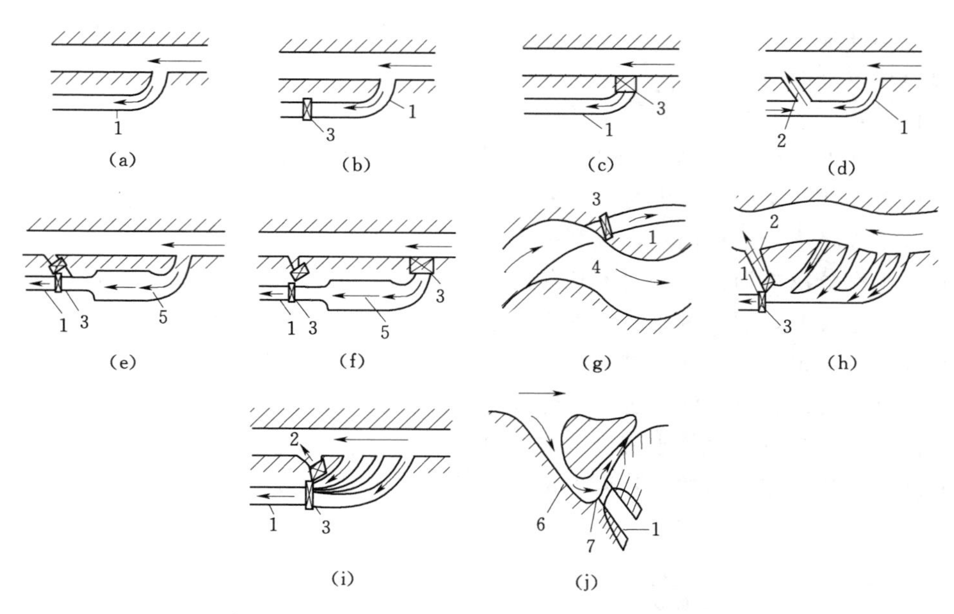

图 3-2-3 侧面引水无坝取水几种布置方案示意图

1—引水渠；2—泄水排沙渠；3—进水闸；4—导流堤；5—沉沙池；6—进水口引渠；7—底槛

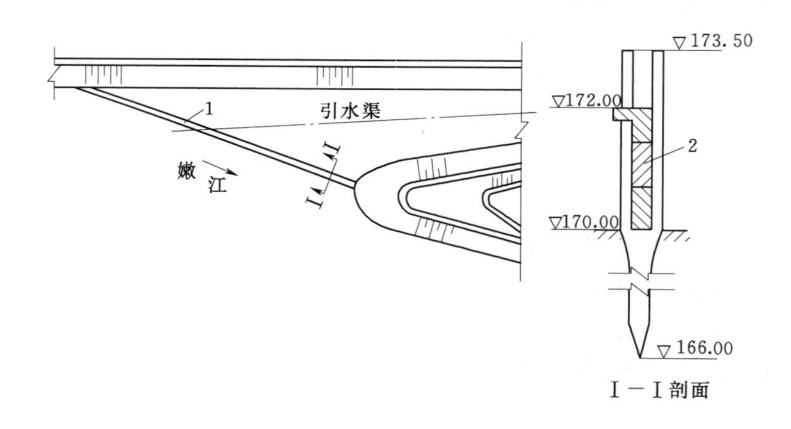

图 3-2-4 引水渠首拦沙坎布置图

1—拦沙坎；2—叠梁

量。导流堤轴线与主流方向成 10°～20°的夹角，向上游延长，接近主流。

进水闸与泄水冲沙闸的位置一般按正面引水排沙的形式布置，如图 3-2-5（a）所示，进水闸轴线与河流主流方向一致，冲沙闸轴线多与水流方向成接近 90°的夹角，以加强环流，有利排沙。当河流来水量较大、含沙量较低时，也可按侧面引水、正面排沙的形式布置，如图 3-2-5（b）所示，泄水排沙闸方向与水流方向一致，进水闸的中心线与主流方向以 30°～40°为宜。

3）引水渠式渠首。当河岸土质较差易被冲刷时，可将进水闸布置在距河岸较远的地方而形成引水渠式渠首，如图 3-2-6 所示。

引水渠式渠首的缺点是引水渠淤积后，冲沙效率不高，为保证供水，常需人工或机械

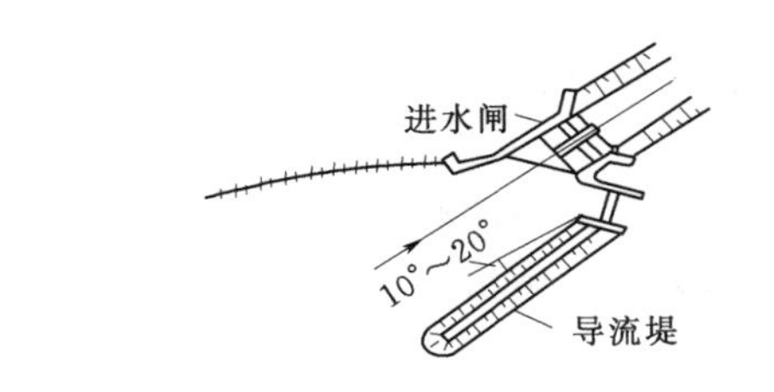

(a)正面取水，侧面排沙示意图

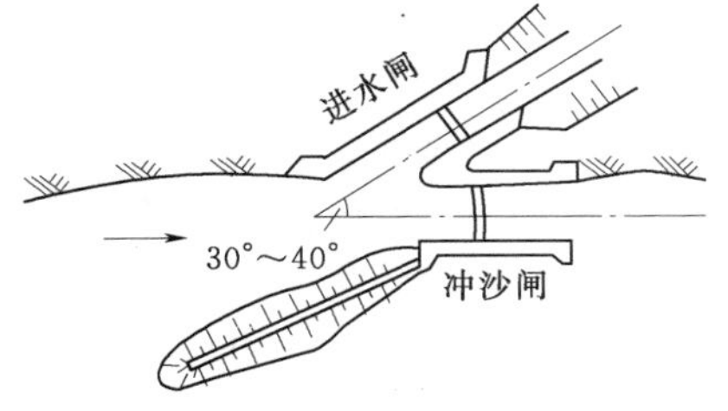

(b)正面排沙，侧面取水示意图

图3-2-5　导流堤式渠首

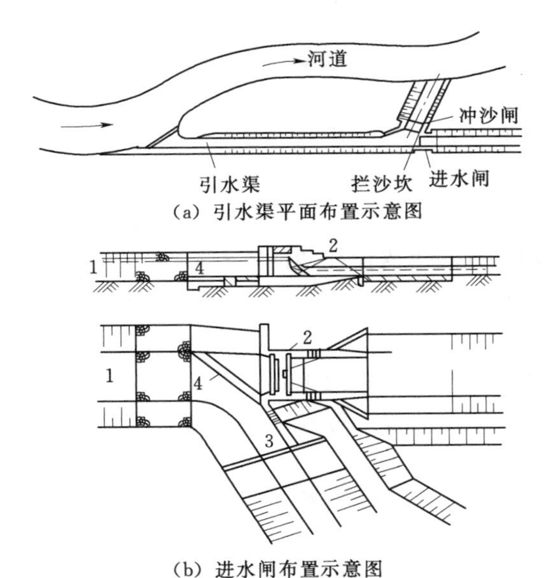

(a) 引水渠平面布置示意图

(b) 进水闸布置示意图

图3-2-6　闸前有长渠的取水工程

1—引水渠；2—进水闸；3—冲沙闸；4—拦沙坎

清淤。若能在取水口处设置简易的拦沙设施，对于减轻引水渠的淤积将十分有利。

（2）多首制渠首。

在不稳定的多泥沙河流上，采用一个取水口时，常常由于泥沙的淤塞而不能引足所需的水量，严重时甚至使渠首废弃。这时应采用多首制渠首。

多首制渠首一般由2～3条引水渠及进水闸、泄水排沙渠等组成。各渠相距1～2km，甚至更远些。洪水期仅从一取水口引水，其余取水口关闭；枯水期，由于水位较低，则由几个取水口同时引水，以保证引取所需水量。在图3-2-7所示的布置中，有两条引水渠与进水闸相连。其优点是某一个取水口淤塞后可由其他取水口进水，不致停止供水；引水渠淤积后，可以轮流清淤、引水；其主要缺点是清淤工作量大，维修费用高。

二、有坝取水枢纽工程组成

当河道水量丰富，但水位较低，不能保证自流灌溉，或引水流量较大，无坝取水不能引进所需流量时，可拦河筑坝，以便壅高水位和拦截水流，保证引取灌溉所需水量，这种取水方式称为有坝取水枢纽。有时河道水位虽能满足无坝引水的要求，但为了缩短干渠长度，或为了改善通航河道的航运条件及利用水力冲沙而需壅高水位时，可采用有坝取水枢纽。有坝取水枢纽一般位于山区丘陵地区河流上。

1. 有坝取水工程的组成及作用

有坝取水枢纽一般由壅水坝、进水闸、防排沙设施及上下游河道整治建筑物等组成。壅水坝横截河道，高度一般不超过10m，用以壅高水位和宣泄

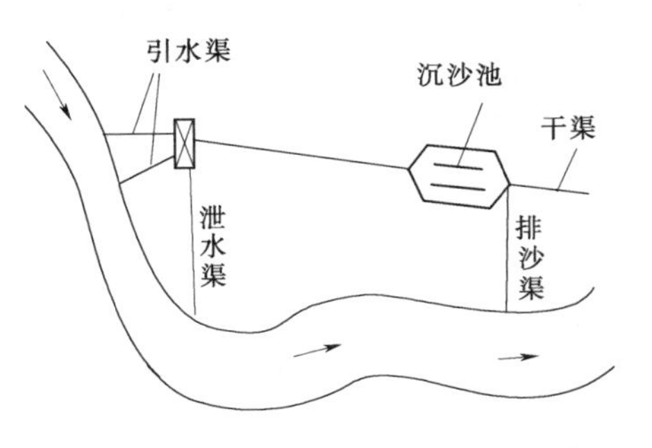

图3-2-7　多首制渠首布置示意图

河道多余水量及汛期洪水；进水闸位于坝端河岸上，用以控制入渠流量；防排沙设施用以防止泥沙进入引水渠道，常用的防排沙设施有沉沙槽、冲沙闸、冲沙廊道、冲沙底孔及沉沙池等。有坝取水枢纽一般位于多泥沙河流上。

当有综合利用要求时，根据枢纽任务的不同，在坝上或坝端修建一种或几种专门的水工建筑物，如水电站、船闸、筏道、鱼道等与壅水坝和进水闸组成综合利用枢纽。这种枢纽多建在我国南方清水河或少泥沙的河流上。

2. 渠首位置的选择

对于有坝取水枢纽工程的位置选择应按以下原则进行，拟订不同的布置方案，经技术经济比较后，选择最优方案。

(1) 渠首位置应能控制绝大部分的灌溉面积，必要时还应满足防洪、发电等综合利用的要求。

(2) 在多泥沙河流上，有坝渠首应选在河床稳定的河段。在弯曲河段上，取水口应选在弯道凹岸；在顺直河段，取水口应位于主流靠近河岸的地方。

(3) 河道宽窄有支流汇入时，渠首宜选在支流入口的上游，以免受支流泥沙的影响。但为增加引水流量也可选在支流入口的下游，但必须考虑支流泥沙的不利影响。

(4) 河道宽窄应适宜。渠道过窄，可节约工程量，节省投资，但会给施工及枢纽布置带来困难，同时溢洪时可能引起上游的淹没。

(5) 渠首应选在河岸坚固、高度适宜的地段，避免增加渠道土石方开挖量。

(6) 坝址地质应较好。最好选在岩石地基上，其次可以选在砂卵石或坚实的黏土地基上，再次是砂基上。淤泥和流沙地基不宜作为坝址。

(7) 应使渠首建成后尽可能不影响上下游原有水利工程的效益。

3. 有坝取水枢纽渠首的组成

在多泥沙河流上有坝取水枢纽的布置，其核心问题就是根据河流含沙量情况，选取合理的泥沙处理措施。根据泥沙处理措施的不同，渠首的布置形式有沉沙槽式、底栏栅式、沉沙池式、两岸引水式等。

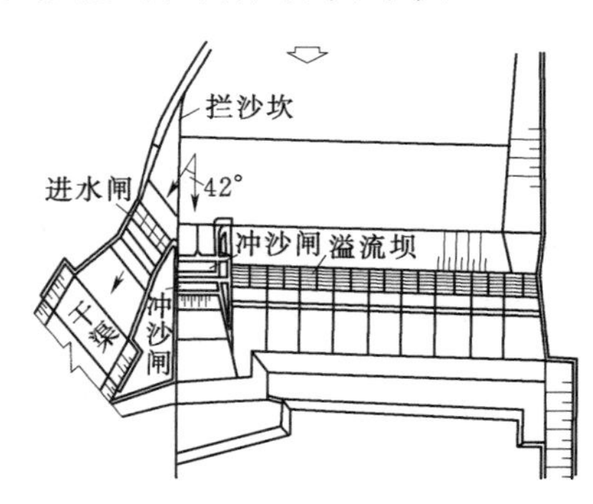

图 3-2-8　沉沙槽式渠首工程布置图

(1) 沉沙槽（冲沙槽）式渠首。这种取水枢纽工程又按照壅水建筑物的形式，分为低坝式渠首和拦河闸式渠首两类，如图 3-2-8 所示。

1) 低坝式渠首。低坝式渠首由壅水坝、进水闸、沉沙槽、冲沙闸、导流墙等建筑物组成，如图 3-2-8 所示。

壅水坝拦河设置，高度较低，仅能壅高水位，无法蓄水调节，除灌溉引水外，多余水量及汛期洪水均由坝顶宣泄到下游，因此，坝顶应有足够的溢流长度。进水闸位于坝端河岸上，可控制入渠流量。

冲沙闸布置在坝端并与进水闸相邻，可定期冲洗沉积在进水闸前的泥沙；同时宣泄河道部分洪水，使河道主流趋向进水闸，以保证进水闸能引取所需水量。

导流墙位于冲沙闸与壅水坝的连接处，并与进水闸的上游翼墙共同组成沉沙槽。导流

墙还可拦截淤积在坝前的泥沙，以免泥沙经沉沙槽进入渠道。

沉沙槽位于进水闸前，当冲沙闸关闭时，用以沉淀推移质泥沙，起到沉沙池的作用；冲沙闸开启时，沉沙槽又起到冲沙槽的作用，使水流集中，以便冲走槽中泥沙。

这种渠首布置形式建筑物结构简单，施工容易，造价低，一般适用于稳定性较好的河道。

2）拦河闸式渠首。拦河闸式渠首具有良好的壅水和引水防沙的效果，对地基的适应性强，尤其是能适用于下游砂质河床。当河道狭窄、汛期洪水流量较大而上游壅水位受限时，采用拦河闸式渠首更为有利。但拦河闸使用钢材较多，造价高。现在有些中小型渠首采用自动翻板闸门或橡胶坝，不仅造价低，而且便于管理。

拦河闸轴线与河道水流方向正交，底板高程视河道比降及引水比等进行确定。比降较大的山区性河流，引水比小时，闸底板与平均高程齐平；引水比较大或河道比降较小时，拦河闸底板高程应高于河底，以防止推移质泥沙进入拦河闸并在闸下游造成淤积。

进水闸布置在河岸上，引水角为锐角，底板高程应高出拦河闸底板至少 1.5m，以防止泥沙进入。为冲洗淤积在进水闸前的泥沙，一般将邻近进水闸的几孔拦河闸作为冲沙闸，并用导水墙与拦河闸隔开，导水墙和进水闸翼墙共同构成冲沙槽。拦河闸式渠首的布置如图 3－2－9 所示。

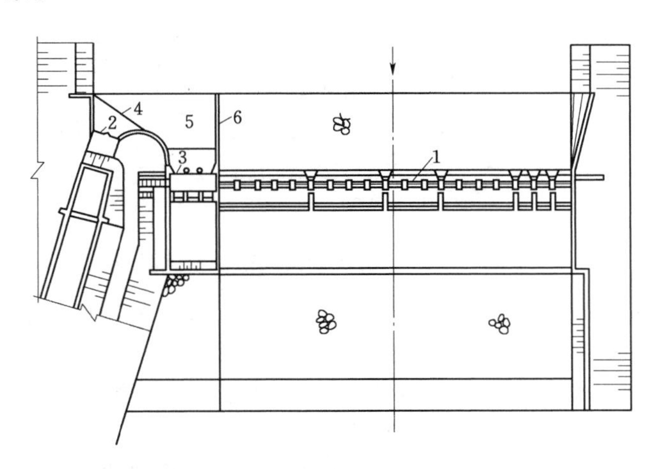

图 3－2－9　大清河渠首工程布置简图

1—自动翻板闸；2—进水闸；3—冲沙闸；4—拦沙坎；5—沉沙槽；6—导水墙

(2) 底栏栅式渠首。底栏栅式渠首一般由底栏栅坝、泄洪排沙闸、溢流堰、导沙坎及导流堤等组成。其中，底栏栅坝为必需设置，其他建筑物可视河道水文泥沙条件及引水情况而定，如图 3－2－10 所示。

底栏栅坝高度小，内设引水廊道，廊道顶装有金属栏栅，坝顶溢流时，部分或全部水流经栏栅空隙进入廊道，然后由廊道一端经进水闸流入廊道。

底栏栅坝的高度视河道推移质的多少和河道纵坡的陡缓而定。对不设冲沙闸的渠首，应尽可能低点，以利于推移质过坝，一般采用 0.5～1.0m；设有冲沙闸的渠首，为保证上游有一定的冲沙容积和冲沙水头，坝顶高程可适当提高。

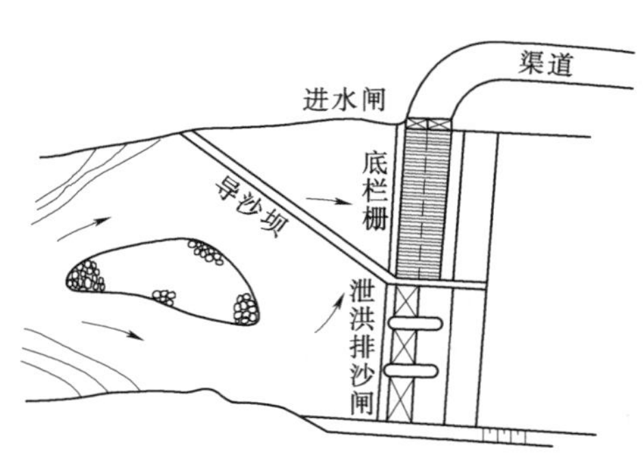

图 3-2-10　底栏栅式渠首

溢流堰一般设在导流堤上，也可与冲沙闸并列。当溢流堰布置在导流堤上时，其末端堰顶应高出底栏栅坝0.5～1.0m，以保证底栏栅坝引取最大流量时，溢流堰不溢流。

(3) 沉沙池式渠首。沉沙池式渠首在进水闸设沉沙池，并在沉沙池进口设置导流坎，或在进口底槛内设冲沙廊道，如图 3-2-11 所示。河道表层水流进入沉沙池，经沉淀后流入进水闸；而含沙量高的底流则由导沙坎导向冲沙闸，或由冲沙廊道直接排向下游。沉沙池淤满后，可关闭进水闸，利用水力冲洗，并经沉沙池末端的冲沙道排向原河道。该渠首防沙效果好，但结构复杂、造价高，一般用于有足够冲沙流量的河道。

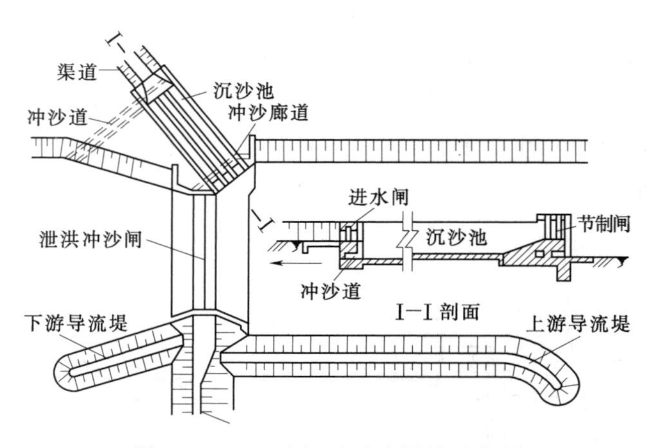

图 3-2-11　有沉沙池式渠首示意图

(4) 两岸引水式渠首。以上都是一岸取水的渠首工程，当两岸均有灌溉要求时，应考虑两岸引水式渠首布置。有以下几种布置形式：

1) 溢流坝两侧沉沙槽式枢纽。溢流坝两岸分别建造沉沙槽，如图 3-2-12。其优点是枢纽布置简单，造价较低，在陕西及山西应用较多；缺点是当多泥沙河流主流摆动时，总有一岸引水条件恶化，以致引水不畅。适用条件是河道稳定或河水满槽、水量丰富、有

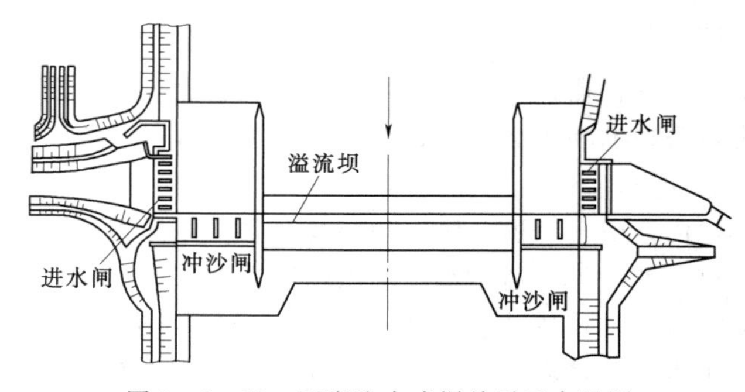

图 3-2-12　两岸取水式渠首平面布置图

足够的冲沙流量，使两岸取水口前的河床均能借冲沙闸形成深槽，保证两岸引水。

2）斜坝式两岸引水枢纽。该枢纽结合河流的弯曲形式将溢流坝倾斜布置，除了溢流外，还起导流作用，使河道形成S形河弯。两岸进水闸分别布置在上、下弯的凹岸，冲沙闸布置在斜坝的两端，水流借河道整治建筑物先流至上取水口。这种布置能防沙入渠，又可保证两个进水闸具有相同的取水条件，引水防沙效果良好。一般适用于河道具有稳定S形河势的情况。

渠首的建筑物较多，渠首布置要统筹考虑各建筑物的运用、施工、管理等因素。一般按相似工程经验拟订几个方案，经技术、经济比较后加以确定。如图3－2－13所示是引水、航运综合利用渠首布置图。

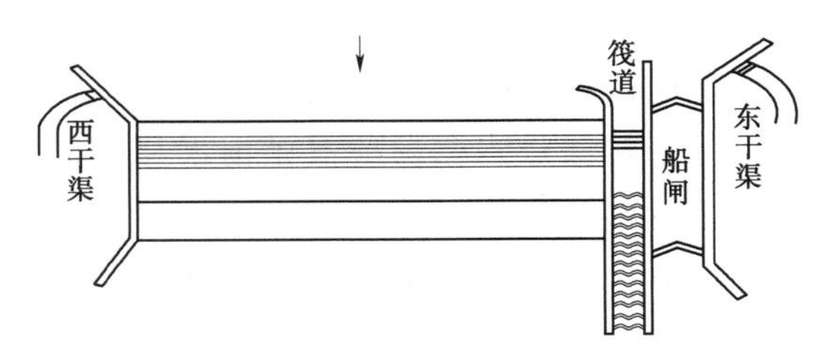

图3－2－13　综合利用渠首布置

第三节　小　型　水　闸

水闸是一种利用闸门的启闭来控制闸前水位和调节过闸流量的低水头水工建筑物，既能挡水又能泄水，在水利工程中的应用十分广泛。水闸常与堤坝、船闸、鱼道、水电站、抽水站等水工建筑物组成水利枢纽，共同发挥作用，以满足防洪、排洪、航运、灌溉以及发电等水利工程的需要。

一、水闸概述

（一）水闸的类型

1．按水闸的作用分类

水闸按其作用可以分为节制闸、进水闸、排水闸、分洪闸、挡潮闸、冲沙闸等，如图3－3－1所示。

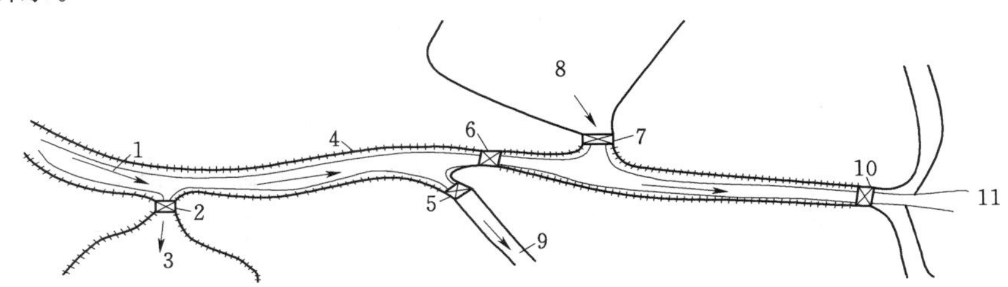

图3－3－1　水闸分类示意图

1—河流；2—分洪闸；3—滞洪区；4—堤防；5—进水闸；6—拦河闸；7—排水闸；8—滞水区；9—引水渠；10—挡潮闸；11—海

（1）节制闸（拦河闸）。拦河兴建，控制闸前水位以满足上游引水或航运的需要，同时调节下泄流量，以保证下游河道的安全。

（2）进水闸（渠首闸）。在河、湖、水库的岸边兴建，常位于引水渠道首部，用来控制引水流量，以满足灌溉、供水、发电或其他水利工程的需水量。

（3）排水闸。在江河沿岸兴建，作用是将控制地区内的洪涝水排入江河或湖泊。当外河水位较高时，可以将排水闸关闭，防止外水倒灌。排水闸的特点是既可双向挡水，又可双向过流。

（4）分洪闸。在河道一侧分洪道首部修建，用来将超过下游河道安全泄量的洪水泄入湖泊、洼地等分洪区，以削减洪峰，确保下游河道的安全。

（5）挡潮闸。建于河流入海河口上游地段，涨潮时关闭闸门，防止海水倒灌，落潮时开闸泄水。挡潮闸与排水闸类似，也具有双向挡水的特点。

（6）冲沙闸。冲沙闸是用来排除进水闸、节制闸前淤积的泥沙。当闸前有泥沙淤积时，可以通过开闸泄水，利用水流冲走泥沙。

此外，还有为排除河道冰凌及漂浮物等而修建的排冰闸和排污闸。

2. 按闸室的结构形式分类

按闸室的结构形式水闸可以分为开敞式和涵洞式两种。

（1）开敞式水闸。开敞式水闸的闸室是露天的，这类水闸的应用最广泛。它又分为无胸墙和有胸墙两种形式［图 3－3－2（a）、（b）］。前者的过闸水流不受任何阻挡，大量的漂浮物可随下泄水流排走，不会导致闸孔堵塞；后者在低水位时过流与无胸墙一样，而在高水位过流时为孔口出流，自由水面受到闸室上部胸墙的阻挡。

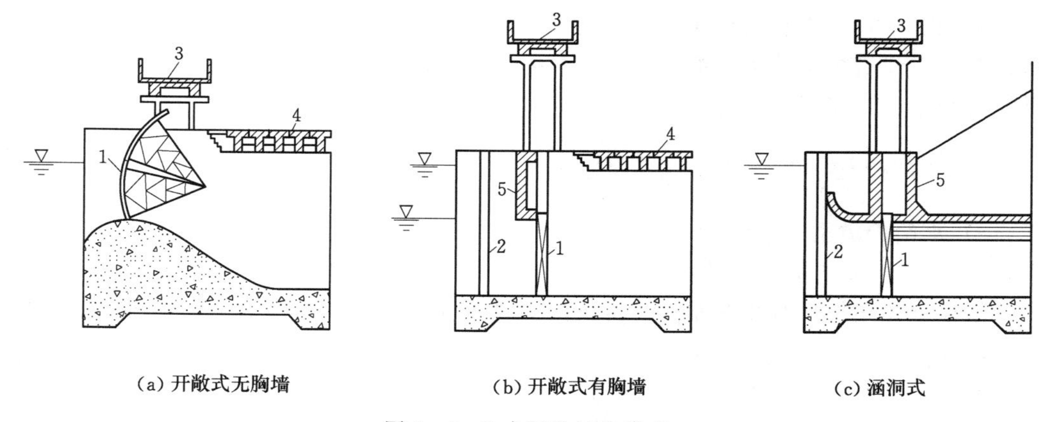

图 3－3－2 水闸的结构形式

1—闸门；2—检修门槽；3—工作桥；4—交通桥；5—胸墙

（2）涵洞式水闸［图 3－3－2（c）］。闸室后部有洞身段，洞顶有填土覆盖。涵洞式水闸可以分为有压和无压两种，前者多用于小型水闸和泄水闸，后者多用于小型分水闸。

3. 按过闸流量大小分类

按过闸流量大小可将水闸分为大、中、小型三种形式。一般过闸流量在 1000m^3/s 以上的为大型水闸；过闸流量在 100～1000m^3/s 的为中型水闸；流量小于 100m^3/s 的为小型水闸。

（二）水闸的工作特点

我国绝大多数水闸修建在平原地区的土基上，因而在抗滑稳定、防渗、消能防冲及深陷方面有自身的工作特点。

1. 地基方面

土基的特点：①抗剪强度低，稳定性差；②压缩性较大，容易产生不均匀沉降；③易产生渗透变形，抗冲刷能力差。因此，水闸在自重以及外荷载的作用下，可能导致地基产生较大的沉降和不均匀沉降，从而影响其正常使用。

2. 水流方面

（1）当水闸关闭挡水时，由于上、下游形成一定的水位差，使闸室承受较大的水平水压力。在该水平压力作用下，闸室有可能向下游滑动。另外，在水位差的作用下，水从上游通过地基及两岸向下游渗流，而渗透水流不仅对闸室和两岸建筑物的稳定性不利，而且还有可能将地基及两岸的土壤细小颗粒带走，严重时可能导致闸基和两岸的土体被掏空，引起水闸的失事。因此，在进行水闸设计时，需要重视其抗滑稳定性及渗流问题。

（2）当水闸开闸泄水时，在上、下游水位差的作用下，过闸水流通常具有较大的流速，对下游河床及岸坡产生较大冲刷。当冲刷范围扩大到闸室地基时，则有可能引起水闸失事。因此，在水闸设计时，需注意其地基的防冲问题。

（三）水闸的组成

水闸由上游连接段、闸室段和下游连接段三部分组成，如图 3-3-3 所示。

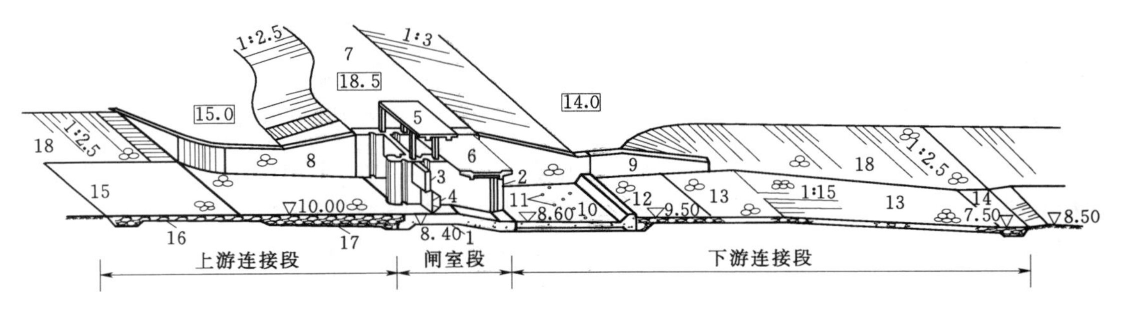

图 3-3-3 水闸组成示意图

1—闸室底板；2—闸墩；3—胸墙；4—闸门；5—工作桥；6—交通桥；7—堤顶；8—上游翼墙；9—下游翼墙；10—护坦；11—排水孔；12—尾坎；13—海漫；14—下游防冲槽；15—上游防冲槽；16—护底；17—铺盖；18—护坡

1. 上游连接段

上游连接段的主要作用是使水流平顺地进入闸孔，同时保护两岸及河床免受冲刷并具有防渗作用。上游连接段一般包括上游翼墙、铺盖、护底、上游防冲槽、上游护坡等部分。

上游翼墙的主要作用是使闸室和上游岸坡平顺连接，以保证水流平顺地进入闸孔。铺盖的位置紧靠闸室底板的上游，其主要作用是防渗和防冲。在铺盖的上游设置护底，用以保护河床。根据水流的流态及河床土质的抗冲能力，必要时宜在上游护底首端增设防冲槽。另外，为了保护河床两岸不受冲刷，还需在上游两岸设置护坡。

2. 闸室段

闸室段是水闸的主体部分，通常包括底板、闸墩、闸门、胸墙、工作桥、交通桥等。

底板是闸室的基础，它将闸室上部结构的重量及荷载较均匀地传给地基，并且具有防冲和防渗的作用。闸墩用来分隔闸孔并支承闸门、工作桥及交通桥等上部结构。闸门的作用是挡水和控制下泄流量。工作桥用于安装启闭设备，便于工作人员操作。交通桥则是为了连接两岸的交通。

3. 下游连接段

下游连接段包括下游翼墙、护坦（消力池）、海漫、下游防冲槽、下游护坡。

下游翼墙主要用于引导出闸水流均匀扩散，并具有防冲和侧向防渗的作用。护坦的主要作用是消减过闸水流的能量，防止冲刷下游河床。海漫是用来进一步消除下泄水流的剩余动能，并调整流速分布。为了防止下游河床的冲刷坑向上游发展，应在海漫的末端设置防冲槽。而下游护坡的作用与上游护坡相同，是用来保护岸坡免遭冲刷。

（四）水闸等级划分及洪水标准

（1）平原区水闸枢纽工程是以水闸为主的水利枢纽工程，其工程等别按水闸最大过闸流量及其防护对象的重要性划分成五等，见表 3-3-1。枢纽工程中的水闸建筑物级别和洪水标准按国家现行的 SL 252—2017《水利水电工程等级划分及洪水标准》的规定确定。

表 3-3-1　平原区水闸枢纽工程分等指标

工程等别	Ⅰ	Ⅱ	Ⅲ	Ⅳ	Ⅴ
规模	大（1）型	大（2）型	中型	小（1）型	小（2）型
最大过闸流量/(m^3/s)	≥5000	5000～1000	1000～100	100～20	<20
防护对象重要性	特别重要	重要	中等	一般	—

注　1. 当按表列最大过闸流量及防护对象重要性分别确定的等别不同时，工程等别应经综合分析确定。
2. 规模巨大或在国民经济中占有特殊重要地位的水闸枢纽工程，其等别应经论证后报主管部门批准确定。

（2）拦河闸、挡潮闸的洪（潮）水标准见表 3-3-2。平原区水闸闸下消能防冲的洪水标准应与该水闸洪水标准一致，并应考虑泄放小于消能防冲设计洪水标准的流量时可能出现的不利情况。山区、丘陵区水闸闸下消能防冲设计洪水标准，可按表 3-3-3 确定，并应考虑泄放小于消能防冲设计洪水标准的流量时可能出现的不利情况。当泄放超过消能防冲设计洪水标准的流量时，允许消能防冲设施出现局部破坏，但必须不危及水闸闸室安全，且易于修复，不致于影响工程运行。

表 3-3-2　拦河闸、挡潮闸洪（潮）水标准［重现期（年）］

项目		永久性水工建筑物级别				
		1	2	3	4	5
拦河闸	设计洪水标准	100～50	50～30	30～20	20～10	10
	校核洪水标准	300～200	200～100	100～50	50～30	30～20
挡潮闸		≥100	100～50	50～30	30～20	20～10

表 3-3-3　山区、丘陵区水闸闸下消能防冲设计洪水标准

水闸级别	1	2	3	4	5
闸下消能防冲设计洪水重现期/年	100	50	30	20	10

（3）灌排渠系上的水闸是灌排渠系建筑物中的一种类型，其一般无泄洪要求，因此其级别可按 GB 50288—2018《灌溉与排水工程设计规范》规定确定，见表 3-3-4。其洪水标准按 SL 252—2017《水利水电工程等级划分及洪水标准》规定确定。

表 3-3-4　灌排渠系建筑物分级指标

工程级别	1	2	3	4	5
过水流量/(m^3/s)	≥300	300～100	100～20	20～5	≤5

（4）位于防洪（挡潮）堤上的水闸，其重要性与防洪（挡潮）堤是一样的，不管其规模多大，一旦失事，其后果与防洪（挡潮）堤一样严重，且难以修复。因此，要求位于防洪（挡潮）堤上的水闸级别和防洪标准不得低于防洪（挡潮）堤的级别和洪水标准。

（5）平原区水闸闸下消能防冲的洪水标准应与该水闸洪水标准一致，并应考虑泄放小于消能防冲设计洪水标准的流量时可能出现的不利情况。山区、丘陵区水闸闸下消能防冲设计洪水标准，可按表 3-3-5 确定，并应考虑泄放小于消能防冲设计洪水标准的流量时可能出现的不利情况。当泄放超过消能防冲设计洪水标准的流量时，允许消能防冲设施出现局部破坏，但必须不危及水闸闸室安全，且易于修复，不致影响工程运行。

表 3-3-5　山区、丘陵区水闸闸下消能防冲设计洪水标准

水闸级别	1	2	3	4	5
闸下消能防冲设计洪水重现期/年	100	50	30	20	10

二、小型水闸的闸址选择及闸孔设计

（一）闸址选择

水闸的闸址选择应根据水闸的功能、特点和运用要求，综合考虑地形地质、水文、施工管理、潮汐、泥沙、冻土、冰情和周围环境等因素，经技术经济比较后选定。水闸的位置选择时，应注意以下几个方面的问题：

（1）地形地质方面。水闸宜选在地形开阔、岸坡稳定、岩土坚实和地下水水位较低的地方。特别应考虑选择在地质条件良好的天然地基上，最好是选择在新鲜完整的岩石地基上，或承载能力大、抗剪强度高、压缩性小、透水性小、抗渗稳定性好的土质地基上。尽量避免采用人工处理地基。

（2）水文水流方面。应考虑过闸水流平顺，流量分布均匀，不出现偏流和危害性冲刷或淤积。一般进水闸、分水闸或分洪闸的闸址宜选择在河岸基本稳定的顺直河段或弯道凹岸顶点稍偏下游处，但分洪闸的闸址不宜选在险工堤段和被保护重要城镇的下游堤段。

（3）施工管理方面。应考虑材料来源较近，施工导流容易解决，对外交通、场地布置、基坑排水、施工水电供应方便及水闸建成后工程管理维修方便、防汛抢险易进行的地点。

（4）其他方面。应考虑如果在平原河网地区交叉河口附近建闸，闸址宜选在距离交叉河口较远处；如果在多支流汇合口下游河道上建闸，闸址与汇合口之间宜保持一定的距离；如在铁路桥或一级、二级公路桥附近建闸，闸址位置不宜与铁路桥或一级、二级公路桥距离太近，以保证水闸的正常运行。

另外，水闸闸址选择时还要考虑占用土地及拆迁房屋要少，尽量利用周围已有的公路、动力、通信等公用设施，有利于绿化、美化环境和生态环境保护，有利于开展综合经营等。

（二）闸孔设计

闸孔设计的任务包括：①闸室、堰型等形式的选择；②闸底板高程、孔口总净宽、单孔尺寸和孔数等参数的确定。

闸孔的形式一般有宽顶堰孔口、低实用堰孔口以及胸墙孔口三种，如图3-3-4所示。

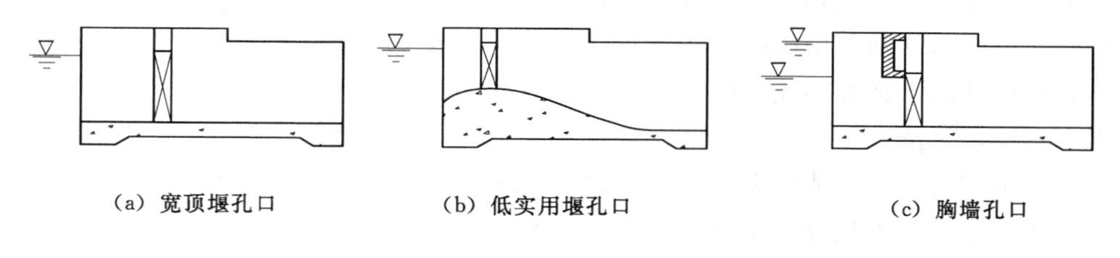

图3-3-4 闸孔形式

（1）宽顶堰。宽顶堰是水闸中最常采用的一种形式，尽管它的流量系数较小、易产生波状水跃，但是它有利于泄洪、冲沙、排污、排冰，而且构造简单、施工方便。

（2）低实用堰。水闸底板采用的实用堰，一般多为低堰。目前常用的低堰有WES堰、驼峰堰和梯形堰三种。常用于上游水位允许有较大壅高的山区河道，自由泄流时的流量系数较大，水流条件较好，选用适宜的堰面曲线可以消除波状水跃，但其泄流能力受下游水位影响较大。

（3）胸墙式。对于上游水位变幅较大的水闸，可以通过设置胸墙减小闸门及工作桥的高度，但这种结构形式不利于排冰、排污和通航。

（三）闸底板高程

闸底板高程一般根据水闸的类型、过闸的单宽流量、地形地质条件、下游河床的抗冲能力以及工程总投资等因素来确定。

对于小型水闸，由于两岸连接建筑物在整个工程量中所占的比重较大，因而将底板的高程定的稍高些，虽然会使闸室的宽度有所增加，但总的工程造价可能会更低。

另外，根据水闸所承担的任务不同，其闸底板高程的选择原则也有所区别。一般情况下，拦河闸和冲沙闸的底板高程与河底齐平，有利于减轻闸前泥沙淤积；进水闸或分洪闸在满足引用或分洪设计流量的条件下，其底板高程可比河底略高些，以防止泥沙进入渠道或分洪区；排水闸的底板高程则应尽可能定的低些，以满足排涝要求。

（四）闸孔总宽度及孔数

水闸闸孔的总净宽度可以根据闸孔的形式、闸底板的高程以及泄流状态等条件确定。

水闸的过闸水流流态一般可分为两种：①泄流时水流不受任何阻挡，呈堰流状态；②泄流时水流受到闸门或胸墙的阻挡，呈孔流状态。

1. 堰流

当过闸水流具有自由水面，其流态为堰流，闸孔总净宽 B 按下式计算：

$$B=\frac{Q}{\sigma\varepsilon m\sqrt{2g}H_0^{3/2}} \tag{3-3-1}$$

式中 B——闸孔总净宽，m；

Q——过闸流量，m^3/s；

σ——堰流淹没系数，水闸由于下游变幅大，淹没系数常小于1.0，对于自由出流 $\sigma=1.0$；

ε——堰流侧收缩系数；

m——流量系数；

H_0——计入行近流速水头的堰上水头，m。

2. 孔流

$$B=\frac{Q}{\sigma'\mu h\sqrt{2gH_0}} \tag{3-3-2}$$

式中 σ'——孔流淹没系数；

μ——孔流流量系数；

h——孔口高度，m。

式（3-3-1）与式（3-3-2）中，σ、ε、m、σ'、μ 的取值可由SL 265—2001《水闸设计规范》的附表查得。

当闸孔总净宽 B 确定后，可进行分孔。每孔的净宽 b，应根据水闸的任务、闸门的形式和启闭设备等条件，并依据闸门尺寸的要求加以选用。对于小型水闸，其每孔一般为2～4m。选定单孔的宽度 b 后，则所需的闸孔数目 $n=B/b$，n 值取整数，当闸孔数目较少时，宜采用单孔数，以便对称开启闸门，使下泄水流匀称，有利于消能防冲。

最后，按拟定的闸孔尺寸，考虑闸墩形状等影响，进一步验算水闸的过流能力是否满足要求。一般实际过流量与设计过流量的差值不得超过±5%，否则须调整闸孔尺寸，直至满足要求为止。在确定闸室总宽度时，从过流能力和消能防冲两方面考虑，闸室总宽度 B 值应与上、下游河道或渠道宽度相适应。一般闸室总宽度应不小于0.6～0.85倍河（渠）道宽度，河（渠）道宽度较大时，取较大值。

三、小型水闸的消能防冲设计

水流经过水闸流向下游时，具有较大的上下游水位差，另外上下游的河宽通常大于闸宽，使得过闸水流比较集中，因此过闸水流往往具有较大的动能，将对下游河床产生不同程度的冲刷，必须采取相应的消能防冲措施加以防止。

为了合理地设计水闸的消能防冲设施，首先应了解过闸水流的特点。

（一）过闸水流的特点

1. 易形成波状水跃

当水闸的上下游水位差较小时，水流的弗劳德数很小，会在下游形成波状水跃（图3-3-5），无强烈的旋滚，消能效果差，具有较大的冲刷能力。

另外，水流保持急流流态，不易向两侧扩散，致使两侧产生回流，缩小了河槽的有效过流宽度，使局部单宽流量增大，加剧了水流对下游河道的冲刷。

2. 易形成折冲水流

由于平原地区的河渠往往宽而浅，河宽常大于闸宽，水流过闸时先收缩，出闸后再扩散。如果工程布置或运行操作不当，就容易使主流集中。同时，主流的方向还常常左右摆动，形成折冲水流（图 3-3-6），淘刷下游河床。

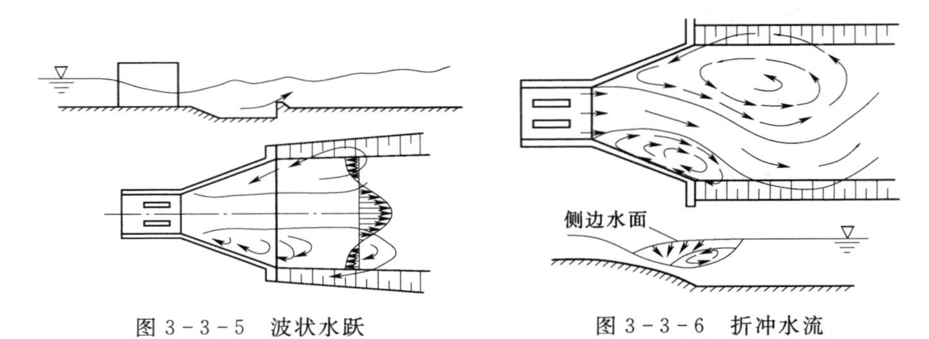

图 3-3-5 波状水跃　　　　图 3-3-6 折冲水流

（二）水闸的消能防冲设施

为了防止过闸水流对下游河床的冲刷，不仅要尽可能消除下泄水流的动能，同时还需保护河床及河岸，防止水流的剩余动能对河床的冲刷。这种工程措施被称为消能防冲，它首先是消能，其次是防冲，因此在消能防冲设计时，消能是主要环节。

水闸通常采用底流消能方式，这种消能形式由消力池、海漫和防冲槽三个部分组成。

1. 消力池

消力池的作用是促使水流形成水跃，消除其能量，以保护地基免受冲刷。它的主要形式有三种，分别是消力坎式、挖深式和综合式（图 3-3-7）。

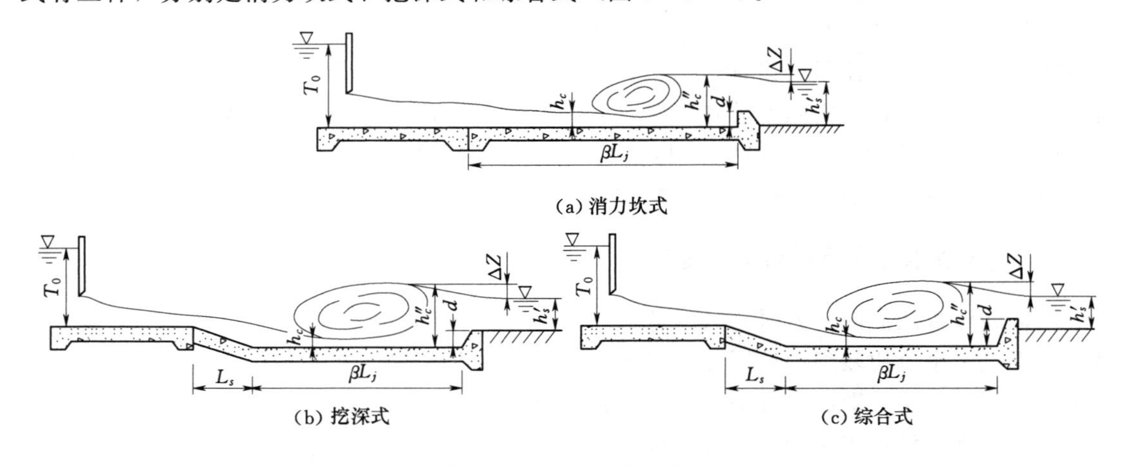

图 3-3-7 消力池的形式

当闸下游尾水深度略小于跃后水深时，可采用消力坎式消力池；当闸下尾水深度小于跃后水深时，可采用深挖式消力池，并采用斜坡面与闸底板相连接，斜坡面的坡度不宜陡

于1∶4；当闸下尾水深度远小于跃后水深，且计算消力池深度又较深时，可以采用深挖式与消力坎式相结合的综合消力池。

消力池的计算主要包括消力池深度、长度和消力池底板厚度的确定。

(1) 消力池深度。消力池的深度应该能使池内水深对水跃产生一定的淹没度，从而保证在下游水位发生波动等情况下，不会形成远驱水跃。

在小型水闸计算时，ΔZ（涌浪高度）可以忽略不计，消力池深度按下式近似计算：

$$d \approx \sigma_0 h''_c - h'_s \tag{3-3-3}$$

$$h''_c = \frac{h_c}{2}\left(\sqrt{1+8Fr^2}-1\right) \tag{3-3-4}$$

$$h_c^3 - T_0 h_c^2 + \frac{\alpha q^2}{2g\phi^2} = 0 \tag{3-3-5}$$

式中 d——消力池深度，m；

σ_0——水跃淹没系数，取1.05～1.10；

h''_c——跃后水深，m；

h'_s——下游水深，m；

h_c——跃前收缩断面水深，m；

Fr——跃前收缩断面水流的弗劳德数；

T_0——由消力池底板顶面算起的总势能，m；

α——水流动能校正系数，可取1.00～1.05；

q——过闸单宽流量，$m^3/(s\cdot m)$；

ϕ——流速系数，一般取0.95。

(2) 消力池长度。消力池的长度要保证水跃发生在池内，故消力池的长度与水跃长度有关。消力池的总长度包括斜坡段的水平投影长度和护坦水平段的长度，其计算公式为

$$L_{sj} = L_s + \beta L_j \tag{3-3-6}$$

式中 L_{sj}——消力池的总长度，m；

L_s——斜坡段长度，与斜坡段的坡度有关，m；

β——水跃长度校正系数，可取0.7～0.8；

L_j——自由水跃长度，m。

自由水跃的长度采用《水闸设计规范》中推荐的公式计算：

$$L_j = 6.9(h''_c - h_c) \tag{3-3-7}$$

(3) 消力池底板厚度。下泄水流在消力池内流态十分紊乱，池底要承受高速水流的冲击力、脉动压力以及扬压力等，受力比较复杂，因此消力池的底板必须具有足够的抗冲性、整体性和稳定性。为了满足以上要求，消力池底板的厚度应根据抗冲和抗浮的稳定性分别计算。

消力池的底板根据抗冲要求，可用下式计算：

$$t = k_1\sqrt{q\sqrt{\Delta H'}} \tag{3-3-8}$$

式中 t——消力池底板始端的厚度，m；

k_1——消力池底板的计算系数，可取0.15～0.20；

q——消力池进口处的单宽流量，$m^3/(s \cdot m)$；

$\Delta H'$——闸孔泄流时的上下游水位差，m。

消力池的底板根据抗浮要求，可用下式计算：

$$t = k_2 \frac{U - \gamma h_d}{\gamma_d} \tag{3-3-9}$$

式中 k_2——消力池底板的安全系数，可取1.1～1.3；

U——作用在消力池底板底面的扬压力，kPa；

γ——水的重度，kN/m^3；

h_d——消力池内平均水深，m；

γ_d——消力池底板的饱和容重，kN/m^3。

消力池底板的厚度应取以上两式计算的较大值。消力池末端的厚度可取$t/2$，但不宜小于0.5m。

2. 海漫

尽管水流在消力池内已消除了大部分能量，但仍有较大的余能，紊动现象仍很剧烈，特别是流速分布不均，底部流速较大，对河床仍有较大的冲刷能力，因此在消力池后仍需设置海漫护底，以保护河床免遭水流冲刷。

(1) 海漫长度。海漫的长度应根据可能出现的最不利水位和流量的组合情况进行计算。SL 265—2001《水闸设计规范》中建议，当$\sqrt{q_s \sqrt{\Delta H'}} = 1 \sim 9$，且消能扩散良好的情况时，可用下面的经验公式计算：

$$L_p = k_s \sqrt{q_s \sqrt{\Delta H'}} \tag{3-3-10}$$

式中 L_p——海漫长度，m；

k_s——海漫长度计算系数，当河床为粉砂、细砂时取13～14，中砂、粗砂及粉质壤土时取11～12，粉质黏土时取9～10，坚硬黏土时取7～8；

q_s——消力池末端的单宽流量，$m^3/(s \cdot m)$；

$\Delta H'$——上下游水位差，m。

(2) 海漫的布置和构造。当下游河床局部冲刷不大时，可采用水平海漫；反之，则采用倾斜海漫，或者前面一段采用水平的，后面接不陡于1∶10的斜坡段（图3-3-8）。

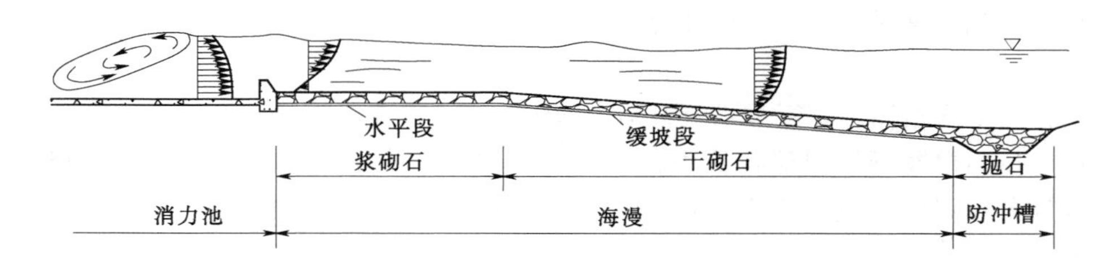

图3-3-8 海漫布置及其流速分布示意图

海漫在构造上应具有一定的柔性、透水性、抗冲性和表面粗糙性。柔性是为了在一定程度上能适应河床的变形；透水性是为了消除底部承受的渗透压力；抗冲性是为了确保海漫自身不会发生冲刷破坏，从而达到保护河床的目的；表面粗糙性则是为了消耗水流的

余能。

常用的海漫结构形式有以下几种：

1）干砌石海漫。通常由粒径大于30cm的块石砌筑而成，厚度为0.4～0.6m，常布置在海漫后段。在砌石下面一般铺设碎石、粗砂垫层。干砌石海漫的抗冲流速为2.5～4.0m/s，为了提高其抗冲能力，每隔6～10m设置一道浆砌石石梗。

2）浆砌石海漫。一般采用粒径大于30cm的块石，砌筑厚度一般为0.4～0.6m，内部设有排水孔，下部设反滤层。其抗冲能力大于同样粒径的干砌石海漫，可达3～6m/s，但柔性和透水性差，一般布置在海漫紧接消力池的前1/3的范围内。

3）混凝土海漫。整个海漫用混凝土板拼铺形成。混凝土板通常为边长2～5m的正方形，厚度为0.1～0.3m。板中设有排水孔，下部铺设反滤层或碎石垫层，其抗冲流速可达6～10m/s，但是造价较高。

4）其他形式的海漫。如铅丝石笼海漫不仅施工方便，而且能够较好地发挥其抗冲性、透水性和柔性等性能。

3. 防冲槽

水流经过海漫后，仍具有一定的冲刷能力。如要河床完全不受冲刷，必须将海漫设置得很长，但这样做很不经济。因此，常在海漫末端设置防冲槽［图3-3-9（a)］。防冲槽一般为堆石结构，其作用是当海漫末端发生河床底部冲刷时，防冲槽内的块石将会自动滚入被冲刷的河床上，从而阻止冲刷进一步向上游发展，确保海漫的安全。

防冲槽的尺寸应根据冲刷深度确定，海漫末端的河床冲刷深度可按下式计算：

$$d_m = 1.1\frac{q_m}{[v_0]} - h_m \tag{3-3-11}$$

式中　d_m——海漫末端河床冲刷深度，m；

q_m——海漫末端的单宽流量，$m^3/(s \cdot m)$；

$[v_0]$——河床土质允许不冲流速，m/s；

h_m——海漫末端的河床水深，m。

对于冲刷深度较小的水闸，可采用1～2m深的防冲齿墙［图3-3-9（b)］，以代替防冲槽。

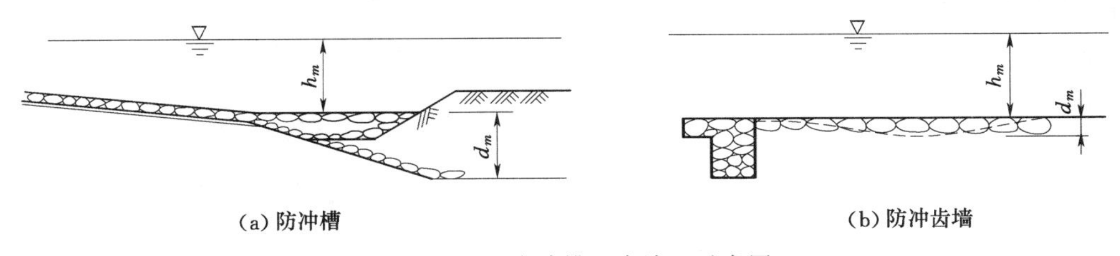

图3-3-9　防冲槽（齿墙）示意图

四、小型水闸的防渗排水设计

水闸在上下游水位差的作用下，将会在闸基及两岸连接建筑物的岸坡产生渗流。渗流将对建筑物产生不利影响，具体表现在：①闸基渗流在闸底板上产生的扬压力不利于闸室的稳定；②岸坡绕渗对两岸连接建筑物的侧向稳定性不利；③闸基渗流和岸坡绕渗可能引起渗透变形破坏，严重的甚至会导致整个水闸失事；④渗流可能会使地基内可溶解的物质加速溶解。因而，必须采取可靠的防渗排水措施，以消除和减少渗流对水闸所产生的不利影响。

水闸防渗排水设计的任务是根据水闸作用水头的大小、地基的地质条件等因素，拟定水闸的地下轮廓线和防渗排水设施的布置。

（一）水闸防渗长度的确定

水流在上下游水位差的作用下，经闸基向下游渗流，最终从消力池底板的排水孔等处逸出。从防渗铺盖的前端开始，沿铺盖、板桩、闸室底板及护坦，到下游排水的前端为止，是闸基渗流的第一根流线（图 3-3-10），称为地下轮廓线，其长度称为闸基的防渗长度。

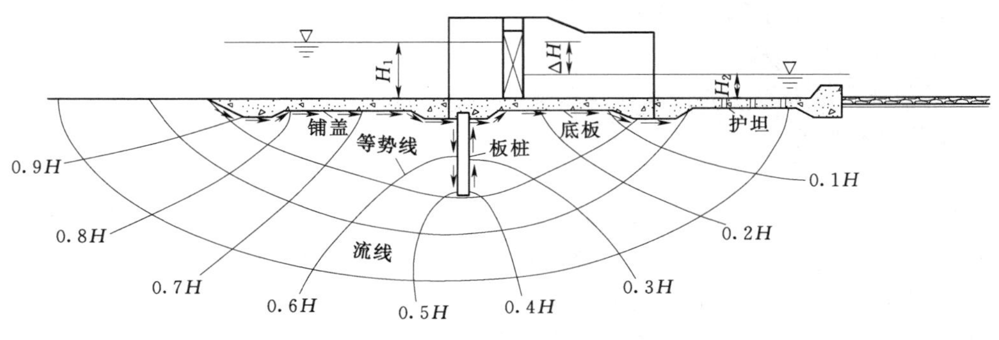

图 3-3-10 地下轮廓及流网

依据《水闸设计规范》，在工程规划和可行性研究阶段，初步拟定的闸基防渗长度应满足下式的要求：

$$L = C\Delta H \qquad (3-3-12)$$

式中 L——闸基防渗长度，即闸基轮廓线防渗部分水平段和垂直段长度的总和，m；

ΔH——上下游水位差，m；

C——允许渗径系数值，见表 3-3-6。当闸基设板桩时，可采用表 3-3-6 中所列规定值的小值。

表 3-3-6　允许渗径系数值

排水条件＼地基类别	粉砂	细砂	中砂	粗砂	中砾、细砾	粗砾夹卵石	轻粉质砂壤土	轻砂壤土	壤土	黏土
有滤层	13～9	9～7	7～5	5～4	4～3	3～2.5	11～7	9～5	5～3	3～2
无滤层	—	—	—	—	—	—	—	—	7～4	4～3

（二）防渗排水布置

当水闸的防渗长度初步确定后，可以根据设计要求及地基特性，并参考已建工程的经验进行水闸地下轮廓的防渗排水布置。

1. 布置原则

地下轮廓的防渗排水布置原则是“上防下排”，即在闸室底板的上游侧布置铺盖、板桩和齿墙等防渗设施，用以延长渗径，减小底板下的渗透压力及渗透比降；在下游侧布置排水孔、减压井等排水设施，以便尽快排出渗水，减小底板下的渗透压力，防止发生渗透

变形。

2. 布置方式

防渗排水布置方案与地基土质条件密切相关。

(1) 黏性土地基。由于黏性土具有凝聚力，故不易产生管涌，但其与闸底板间的摩擦系数较小，对闸室的稳定不利。因此，在进行地下轮廓布置时，主要考虑减小闸底渗透压力，从而提高闸室的稳定性。防渗措施一般采用水平铺盖，而不宜设置板桩［图 3-3-11 (a)］。排水设施一般可延伸到闸底板下，以降低底板上作用的渗透压力，同时还有利于加速黏性土的固结。当黏性土地基内有承压透水层时，应在消力池底面设置垂直排水深入透水层，以便将承压水引出，从而提高闸室的稳定性。

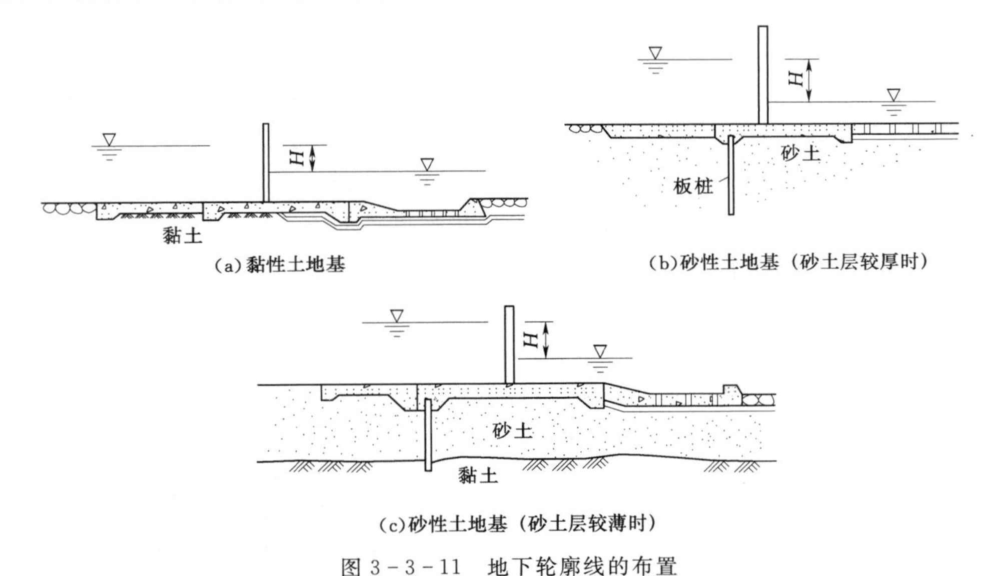

图 3-3-11 地下轮廓线的布置

(2) 砂性土地基。砂性土地基的特点是摩擦系数大，这有利于闸室的抗滑稳定性，然而，砂性土粒间无凝聚力，易产生管涌。因此，防渗设计时应以防止渗透变形为主。当砂土层很厚时，一般采用铺盖与悬挂式板桩相结合的方式，排水设施一般布置在消力池下面［图 3-3-11 (b)］。如果为细砂，可在铺盖上游端增设一道短板桩，以增加渗径，减小渗透坡降，但相邻两道板桩的间距应大于两道板桩长度之和的 0.7 倍，避免渗流跃过板桩，导致水平段的有效长度减小。当砂土层较薄时，可用板桩将砂层切断，并深入不透水层［图 3-3-11 (c)］。对于粉砂地基，为了防止地基液化，一般可将闸基四周用板桩封闭起来。

3. 防渗与排水设施

(1) 防渗设施。防渗设施是指构成地下轮廓的铺盖、板桩和齿墙，它可以分为水平防渗和垂直防渗两类。

1) 水平防渗。水平防渗的形式为铺盖，设在闸底板的上游侧，主要用来延长渗径，以降低渗透压力和渗透坡降，同时还具有防冲作用。铺盖的长度应根据闸基防渗需要确定，一般采用上下游最大水位差的 3～5 倍。铺盖的材料有黏土、壤土、混凝土板、钢筋混凝土板及土工膜等。

a）黏土及壤土铺盖。黏土及壤土铺盖通常采用渗透系数 $K=10^{-5}\sim10^{-7}$cm/s 的黏性土做成，同时要求其渗透系数低于地基土渗透系数的 1/100，以保证其具有足够的防渗能力。

铺盖的厚度 δ 应根据铺盖土料的允许水力坡降值按下式计算：

$$\delta=\frac{\Delta H}{[J]} \tag{3-3-13}$$

式中　ΔH ——计算断面处铺盖顶面和底面的水头差，m；

$[J]$ ——允许水力坡降，黏土铺盖为 4～6，壤土铺盖为 3～5。

为了保证铺盖碾压施工质量，黏土或壤土铺盖的最小厚度不宜小于 0.6m。由于铺盖各截面的 ΔH 值向下游方向逐渐增大，因此由上式计算的铺盖厚度也随之加大。根据经验，铺盖在靠近闸室处的厚度不小于 1.5m。为了防止铺盖发生干裂、冻胀及在施工期间被破坏，应在铺盖上面设 0.3～0.5m 的保护层。常用的保护层有干砌块石、浆砌块石或混凝土。在保护层和铺盖之间需设置 1～2 层由砂砾石铺筑的垫层，如图 3-3-12 所示。

b）混凝土及钢筋混凝土铺盖。如果当地缺少作铺盖的土料，则可以采用混凝土或钢筋混凝土铺盖（图 3-3-13），其厚度一般根据构造要求确定，为了保证铺盖的防渗效果和施工方便，最小厚度不宜小于 0.4m。在混凝土或钢筋混凝土铺盖与闸室底板连接处用沉降缝分开，铺盖本身在顺水流方向也需设沉降缝，间距一般为 8～20m，并且在上述沉降缝中应设置橡皮、塑料或纯铜片止水。

c）防渗土工膜。用防渗土工膜作为上游铺盖时，土工膜的厚度应根据作用水头、膜下土体可能产生的裂缝宽度、膜的应变和强度等因素确定。根据水闸工程的实践经验，土工膜的厚度不宜小于 0.5mm。土工膜铺盖的合理长度应使渗透坡降和渗流量限制在允许的范围内，一般长度为作用水头的 5～6 倍。为了防止树枝、石子等硬物将土工膜刺破，需在土工膜上部采用水泥砂浆、砌石或预制混凝土块进行保护，而在下部铺设垫层。

2）垂直防渗。常用的垂直防渗设施的形式有板桩、齿墙。

a）板桩。板桩一般设在闸底板的高水位一侧或铺盖的起始端，用以延长渗径，减小闸底板下作用的渗透压力，而设在闸底板下游端的短板桩则是用以减小逸出点的渗透坡降。板桩的入土深度视地基透水层的厚度而定，当透水层较薄时，可以将板桩插入不透水层内；当不透水层埋深较深时，则板桩的深度一般为上下游最大水头的 0.6～1.0 倍。

板桩按材料分有木板桩、钢筋混凝土板桩、钢板桩等。木板桩目前已很少采用了，这是由于木板桩易劈裂，因而施工质量难以保证。在一般的工程中，采用较多的是钢筋混凝土板桩，其入土深度根据地下轮廓布置、防渗长度计算和施工条件来确定。根据实践经验，钢筋混凝土板桩的最小厚度不宜小于 20cm，宽度不宜小于 40cm。为了方便钢筋混凝土板桩的施打，需将板桩的端部做成楔形。板桩两侧设有榫槽，以增加接缝处的不透水性。

板桩与闸室底板的连接方式有两种（图 3-3-14），一种是使板桩紧靠底板前缘，顶部嵌入黏土铺盖一定深度；另一种是将板桩顶部嵌入底板上游齿墙中专门设置的凹槽内，为了适应闸室的沉降，并保证其不透水性，槽内用可塑性较大的不透水材料进行填充。在实际工程中，应根据具体情况选用上述两种连接方式。前者适用于闸室沉降量较大，而板桩尖已插

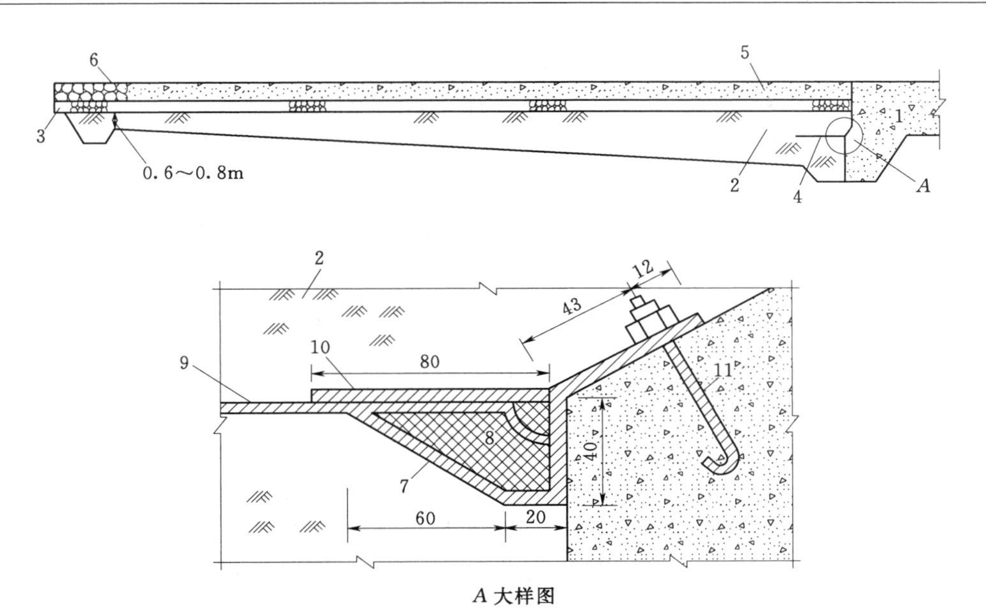

图 3-3-12 黏土铺盖构造（单位：cm）

1—闸底板；2—黏土；3—垫层；4—沥青油毡；5—混凝土板保护；6—砌石保护；7—两层沥青油毡，每层 0.5m；8—沥青填料；9—六层沥青油毡，每层 0.5m；10—木盖板；11—钢筋

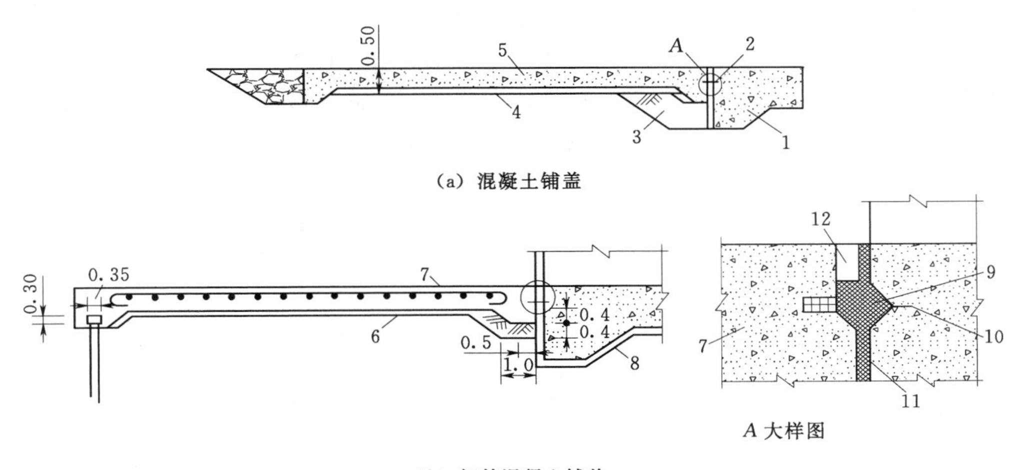

图 3-3-13 混凝土和钢筋混凝土铺盖构造（单位：m）

1—闸底板；2—止水；3—黏土；4—混凝土垫层；5—混凝土铺盖；6—黏性土垫层；7—钢筋混凝土铺盖；8—垫层；9—沥青；10—金属止水；11—油毛毡；12—水泥砂浆

入坚实土层的情况；后者则适用于闸室沉降量较小，而板桩尖未插入坚实土层的情况。

b）齿墙。闸底板上下游端一般都设置齿墙，它既能防渗，又能增加闸室的抗滑稳定性。齿墙的深度一般为 0.5～1.5m。

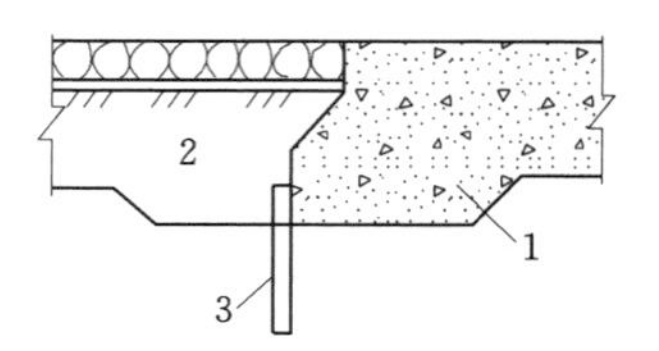

(a) 板桩紧靠底板前缘

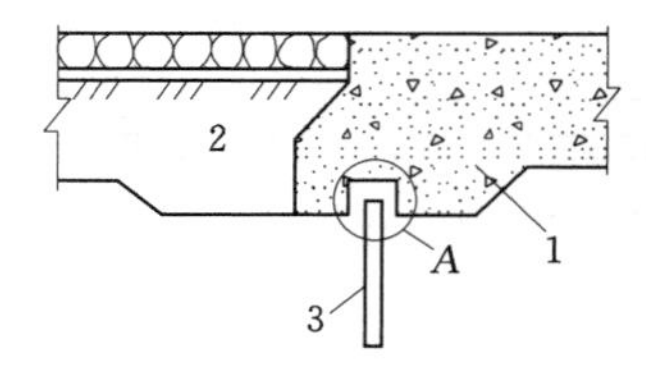

(b) 板桩顶部嵌入底板底面

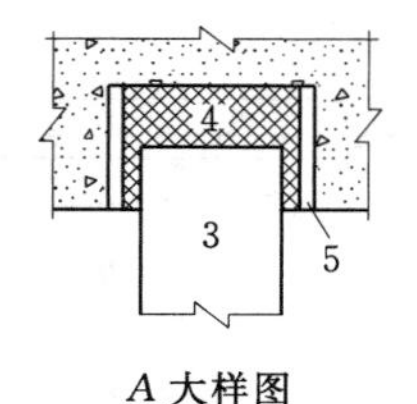

A 大样图

图 3-3-14　板桩与底板的连接

1—闸底板；2—铺盖；3—板桩；4—沥青；5—预制挡板

(2) 排水设施。水闸排水设施的主要作用将渗流安全地导向下游，以减小闸底板上作用的渗透压力，增加闸室的稳定性。

排水的形式有两种：平铺式排水和铅直排水。

1) 平铺式排水。平铺式排水是一种常用的排水形式，一般采用透水性强的卵石、砾石或碎石等材料平铺在设计位置。排水石的粒径为 1～2cm，在其下部与地基面间要设置反滤层，防止地基土产生渗透变形。反滤层常由 2～3 层不同粒径的石料组成，层面大致与渗流方向正交，其具体要求和构造参见土石坝部分。

2) 铅直排水。铅直排水指排水井，它常用于地基下有承压透水层处。将排水井伸入承压透水层内 0.3～0.5m，可引出承压水，达到降压的目的，从而提高闸室的稳定性。

(三) 闸基渗流计算

闸基渗流计算的目的是计算闸下渗流场内的渗透压力、渗透坡降及渗透流速等，并验证初步确定的地下轮廓线和排水布置是否满足规范要求。

闸基渗流计算常用的方法有流网法、改进阻力系数法和直线比例法。其中直线比例法假定渗流沿地下轮廓线的水头损失按直线规律变化，其计算方法简单。因此，尽管该方法的精度差，但仍为小型水闸所采用。直线比例法有勃莱法和莱因法两种。

1. 勃莱法

如图 3-3-15 所示，当已知水头 H 和地下轮廓线的长度 L 后，可按直线比例关系求出地下轮廓线任一点的渗透压力水头。

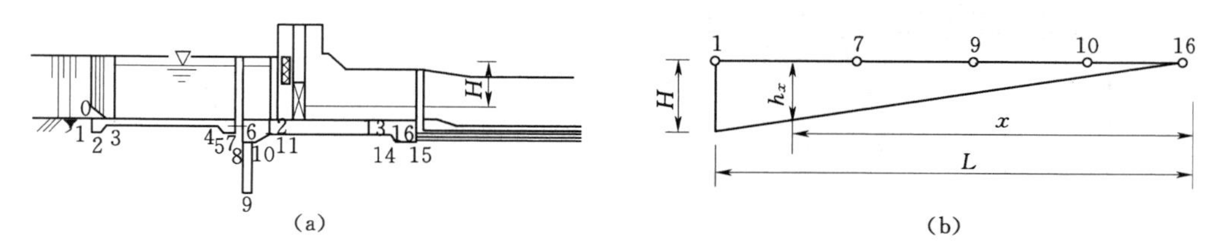

图 3-3-15　勃莱法计算示意图

$$h_x = \frac{H}{L}x \qquad (3-3-14)$$

式中　x——计算点与逸出点之间的渗径，m。

2. 莱因法

莱因根据更多的实际工程资料认为，单位长度渗径上，水平渗径的消能效果仅为垂直渗径的 1/3。计算时，将水平渗径（包括倾角小于和等于 45°的渗径）除以 3，再与垂直渗

径（包括倾角大于45°的渗径）相加，即为渗径的折算长度L'。

$$L' = L_1 + L_2/3 \tag{3-3-15}$$

式中 L_1——垂直渗径长度，m；

L_2——水平渗径长度，m。

计算出渗径的折算长度后，仍按式（3-3-14）计算各点渗透压力水头。

按上述方法计算出闸底板各点的渗透压力水头后，绘制闸底板渗透压力水头分布图，即可计算出闸底板的渗透压力大小，如图3-3-16所示。

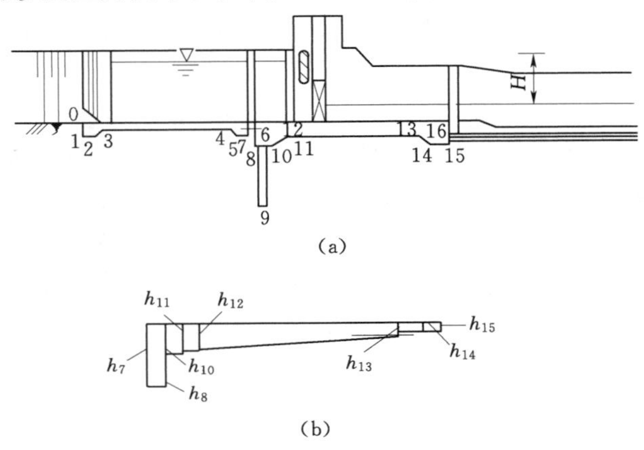

(a)

(b)

图3-3-16 闸底板渗透压力水头分布图

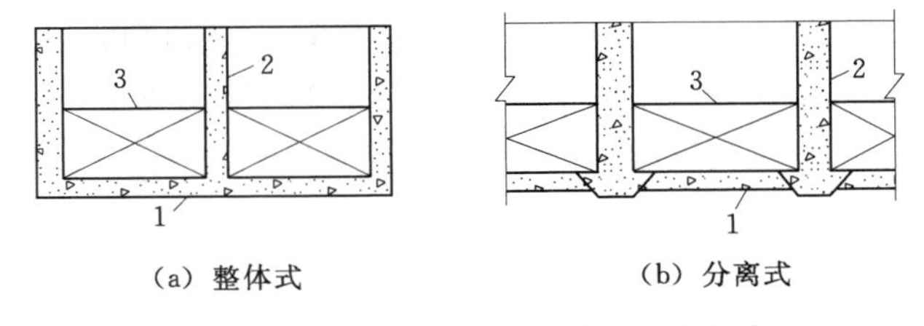

(a) 整体式　　(b) 分离式

图3-3-17 平底板与闸墩的连接方式

1—闸底板；2—闸墩；3—闸门

五、小型水闸闸室的布置与构造

水闸的闸室由底板、闸墩、闸门、胸墙、工作桥和交通桥等组成。

（一）底板

底板是闸室的基础，将水闸上部结构的重量及荷载传给地基，同时作为地下轮廓线的组成部分，降低通过地基的渗透水流的渗透坡降，防止地基受渗透水流作用可能产生的渗透变形，并保护地基免受水流的冲刷。

闸底板的结构形式常用的是平底板。当上游水位较高，而过闸水流的单宽流量受到限制时，可以采用低堰底板。

平底板按其与闸墩的连接方式，可以分为整体式和分离式两种，如图3-3-17所示。

1. 整体式底板

横缝设在闸墩中间，闸墩和底板浇筑成整体的称为整体式底板［图3-3-17（a）］。

它是闸室的基础部分，能够将上部结构的重量及荷载传递给地基，使地基应力趋于均匀。整体式底板一般用于地基条件较差的情况。

整体式底板顺水流方向的长度应根据上部结构布置、闸室抗滑稳定和基底应力分布较均匀等要求而定。当上下游水位差 ΔH 越大，地基条件越差，则底板越长。初步拟定底板长度 L 时，对砂砾石地基可取（1.5～2.0）ΔH，砂土和砂壤土地基可取（2.0～2.5）ΔH，黏壤土地基可取（2.0～3.0）ΔH，黏土地基可取（2.5～3.5）ΔH。

闸底板的厚度必须满足强度和刚度的要求。对于小型水闸最薄可取至 0.3m。

整体式底板常采用实体结构，当地基的承载力较差时，可以采用刚度大、重量轻的箱式底板。

2. 分离式底板

分离式底板是用缝将底板与闸墩分开，底板与闸墩在结构上互不传力［图 3－3－17（b）］。底板只起防渗和防冲的作用，而闸室上部结构的重量及外荷载直接由闸墩传给地基。因此，底板的厚度只需满足在扬压力的作用下，自身的重力能保证其稳定性，厚度较整体式底板薄。底板材料可用混凝土，对于小型水闸也可采用浆砌块石。用浆砌块石时，需在块石表面上浇筑一层厚度约为 15cm 的混凝土，主要起平整表面、防冲和防渗作用。

分离式底板一般适用于地质条件较好的坚实地基。

（二）闸墩

闸墩的作用主要是分隔闸室，同时支承闸门、胸墙、工作桥及交通桥等上部结构。

闸墩的长度应满足上部结构的布置要求，可等于或小于闸底板的长度。闸墩的上游墩头常采用半圆形，水流条件好，施工方便；下游墩头多采用流线型，有利于水流扩散，而小型水闸的下游墩头也有做成矩形的。闸墩的平面形式如图 3－3－18 所示。

图 3－3－18 闸墩的平面形式

闸墩的厚度应根据闸孔宽度、受力情况、闸门形式、结构构造要求等条件确定，使闸墩必须满足稳定和强度的要求。平面工作闸门的闸墩门槽处不宜小于 0.4m，对于小型水闸可取 0.2m，墩中分缝的缝墩厚度一般大于中墩。而弧形工作闸门没有门槽，因此闸墩可以采用较小的厚度。

平面闸门的门槽尺寸应根据闸门尺寸确定。一般工作门槽的深度为 0.2～0.3m，宽度为 0.5～1.0m；检修门槽的深度为 0.15～0.20m，宽度为 0.15～0.30m。检修门槽距工作门槽的净距为 1.5～2.0m，以便于检修人员操作。

闸墩的顶部高程应保证最高水位以上有足够的超高，同时还应考虑闸室沉降、闸前河渠淤积等影响，位于防洪堤上的水闸，其闸顶高程不得低于防洪堤的堤顶高程。下游部分的闸顶高程可适当降低，但应保证下游的交通桥梁底比下游的最高水位高出 0.5m，同时要保证桥面能与水闸两岸的道路衔接。

（三）闸门

闸门的作用是调节流量和上、下游水位，宣泄洪水及排放泥沙等。闸门按其结构形式通常分为平面闸门、弧形闸门以及自动翻板闸门等；按其工作性质主要可以分为工作闸门、事故闸门和检修闸门等。

闸门在闸室中的位置与闸室稳定、闸墩和地基应力以及上部结构的布置有关。平面闸门一般设在靠上游侧，有时为了利用水重来提高闸室的稳定性，也可将闸门向低水位侧移动。为了避免闸墩过长，弧形闸门需要靠上游侧布置。闸门顶应高出上游的最高蓄水位，对于胸墙式水闸，根据构造要求闸门顶稍高于孔口顶部即可。

（四）胸墙

胸墙的主要作用是挡水，从而减小闸门的高度及重量，同时，胸墙与闸墩相连，可以提高闸室在垂直水流方向上的刚度。胸墙的顶部高程与闸顶高程齐平，胸墙底缘迎水面做成圆弧形或椭圆形，有利于过闸水流平顺通过。

胸墙按结构形式分为板式和板梁式，如图 3－3－19 所示。对于跨度小于 5m 的水闸，胸墙一般采用板式结构，做成上薄下厚的楔形板，最小板厚不宜小于 20cm，为了施工方便也可做成等厚的。当胸墙的跨度大于 5m 时，多做成板梁式结构，以减小胸墙的自重。板梁式胸墙由板、顶梁和底梁三部分组成，多用于大型水闸。板的上下缘支承于顶梁和底梁上，两侧支承在闸墩上。

胸墙与闸墩的连接形式有简支和固结两种，如图 3－3－20 所示。简支式胸墙与闸墩分开浇筑，缝间涂沥青，并设置油毛毡。简支胸墙的断面尺寸较大，但是可以随温度的变化而自由伸缩，不致产生很大的温度应力而出现裂缝，并且其对闸墩不均匀沉降的适应性也比固结式胸墙好。而固结式胸墙与闸墩浇筑在一起，胸墙钢筋伸入闸墩内，形成刚性连接，可以增加整个闸室的刚度，但在温度变化和闸墩变位的影响下，胸墙容易在迎水面靠近闸墩处产生裂缝。

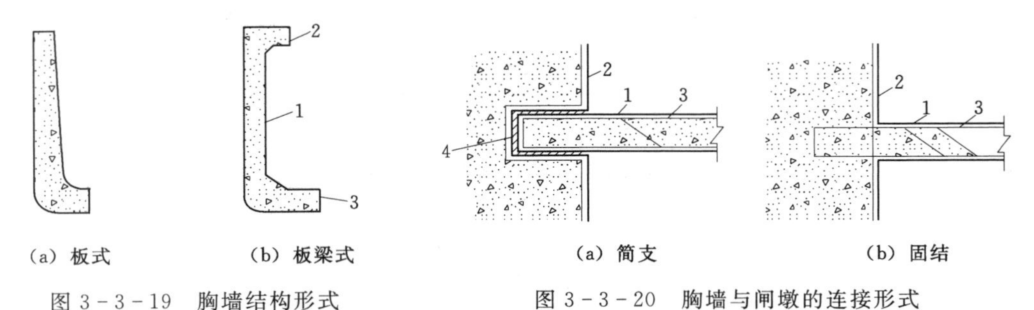

(a) 板式　　(b) 板梁式

图 3－3－19　胸墙结构形式

1—墙板；2—顶梁；3—底梁

(a) 简支　　(b) 固结

图 3－3－20　胸墙与闸墩的连接形式

1—胸墙；2—闸墩；3—钢筋；4—油毛毡

（五）工作桥

工作桥是为了启闭闸门而设置的，常设置在闸墩上。当工作桥较高时，也可在闸墩上修建支墩或排架，用以支承工作桥。

工作桥的高程应根据闸门、启闭设备的形式及闸门的高度而定，通常应保证闸门开启后不阻碍过闸水流，并留有一定的安全超高。在初步确定桥高时，平面闸门可取门高的两倍再加 1.0～1.5m 的安全超高。如果采用活动启闭设备，桥的高度可以降低一些，但仍需大于1.7倍的闸门高度；如果采用升卧式平面闸门，由于闸门全开后接近平卧，因此，工作桥可以设的低点。

工作桥的宽度不仅要满足启闭机所需的宽度，而且还应在其两侧各留0.6～1.2m以上的通道宽度，以便工作人员操作及设置栏杆、照明等。当采用卷扬式启闭机时，桥面总宽度采用3～5m；当采用螺杆式启闭机时，桥面总宽度一般取1.5～2.5m。

工作桥的结构形式应根据水闸的规模而定，对于小型水闸而言一般采用板式结构。

（六）交通桥

修建水闸时，常在其顶部修建桥梁以沟通两岸交通。交通桥的位置应根据闸室稳定及两岸交通连接等条件确定，一般布置在闸室靠低水位一侧，可以降低桥面高程，从而可降低闸门下游侧的闸墩高度。桥面的宽度按交通要求确定，一般公路桥单车道的净宽取4.5m，双车道的净宽取7.0m。

（七）分缝和止水

1. 分缝

闸室在垂直于水流方向上，每隔一定距离必须设缝，以免闸室因地基不均匀沉降及温度变化而产生裂缝。在岩基上，缝的间距不宜超过20m，土基上不宜超过35m，缝宽一般为2～3cm。

整体式底板的沉降缝一般设在闸墩中间，从而保证当闸室发生不均匀沉降时，闸室能够正常运行。为了减轻岸墙及墙后填土对闸室的不利影响，在岸墙处宜采用一孔一联或两孔一联，对于中孔，则可以采用三孔一联，如图3-3-21所示。如果地基条件比较好，可以将缝设在底板中间，这样不仅可以减少缝墩的工程量，还可以减少底板的跨中弯矩。

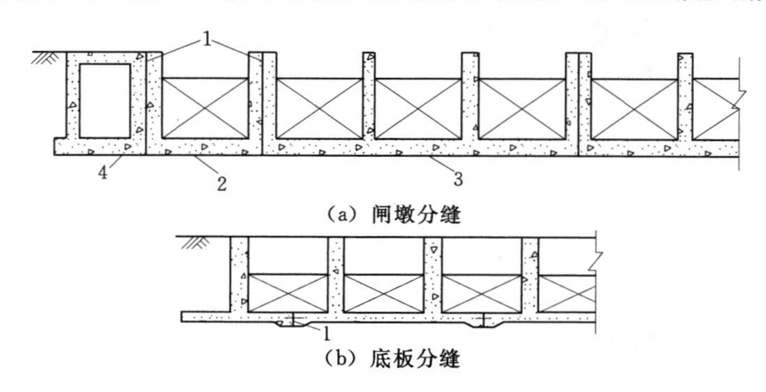

图3-3-21 闸室沉降缝布置图

1—沉降缝；2—单闸孔；3—三联闸孔；4—岸墙

另外，对于荷载大小悬殊的相邻结构或结构较长、面积较大的部位也需设缝。例如，在铺盖与闸室底板、消力池与闸室底板的连接处都需要设缝，当混凝土铺盖和消力池底板的面积较大时，其自身也需要设缝，如图3-3-22所示。

2. 止水

所有具有防渗要求的缝，均需设置止水。止水按其方向可以分为铅直止水和水平止水两种。前者设在缝墩中以及边墩与翼墙之间的铅直缝；后者设在铺盖、消力池底板与闸室底板、翼墙之间。

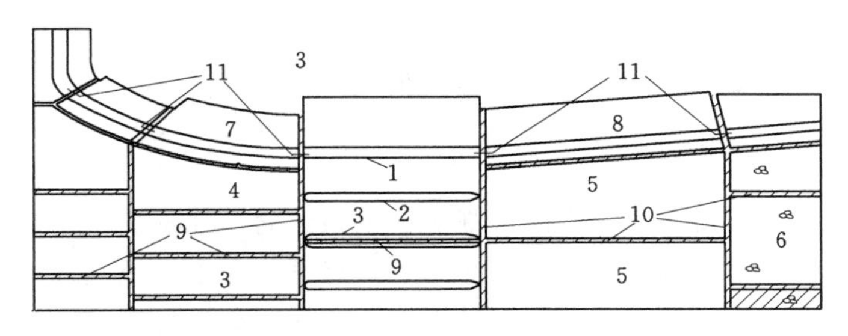

图 3-3-22 水闸的分缝与止水布置

1—边墩；2—中墩；3—缝墩；4—混凝土铺盖；5—消力池；6—浆砌石海漫；7—上游翼墙；8—下游翼墙；9—柏油油毛毡嵌纯铜止水片；10—柏油油毛毡止水片；11—铅直止水片

铅直止水一般采用如图 3-3-23 所示的构造形式。图 3-3-23 (a) 的止水施工简便，因而使用较广；图 3-3-23 (b) 的止水能适应较大的不均匀沉降，但其施工麻烦；图 3-3-23 (c) 的止水构造简单，适用不均匀沉降较小或防渗要求较低的接缝处。

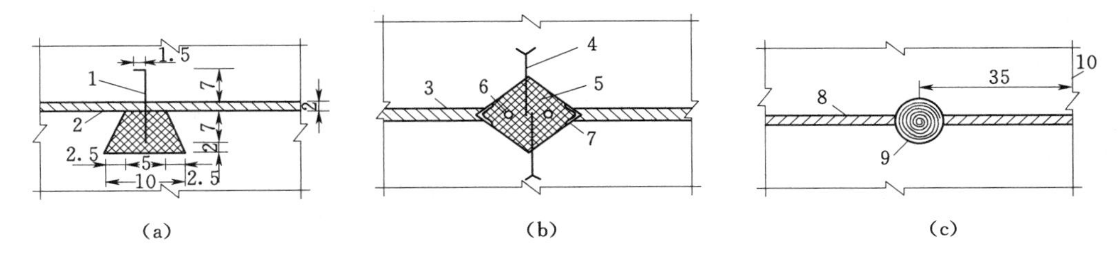

图 3-3-23 铅直止水构造图（单位：cm）

1—纯铜片或镀锌铁片；2—两侧各 2.5mm 柏油油毛毡伸缩缝及柏油沥青；3—沥青油毛毡及沥青杉板；4—金属止水片；5—沥青填料；6—加热设备；7—角铁；8—沥青油毛毡伸缩缝；9—ϕ19 沥青油毛毡；10—临水面

水平止水常采用如图 3-3-24 所示的构造形式。图 3-3-24 (a) 和图 3-3-24 (b) 的止水适用于地基沉降较大或防渗要求较高的接缝处；图 3-3-24 (c) 的止水构造简单，不设止水片或止水带，因而只适用于不均匀沉降较小或防渗要求较低的接缝处。

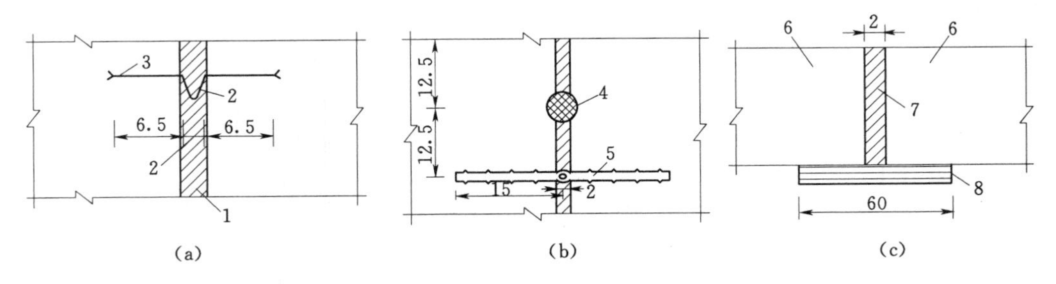

图 3-3-24 水平止水构造图（单位：cm）

1—柏油油毛毡伸缩缝；2—灌 3 号松香柏油；3—纯铜片；4—柏油麻绳；5—塑料止水片；6—护坦；7—柏油油毛毡；8—三层麻袋两层油毡浸沥青

止水交叉处的构造必须妥善处理好，使其成为一个完整的止水体系，否则会导致漏水。交叉的形式有两种：一种是铅直交叉；另一种是水平交叉。交叉处止水片的连接方式

有柔性连接和刚性连接两种。前者将止水片的接头部分埋在沥青块体中，常用于铅直交叉；后者将止水片剪裁后焊接成整体，多用于水平交叉。

六、闸室的稳定及地基处理

闸室在施工、运行或检修等各个时期都应该是稳定的，都不能产生过大的沉降或沉降差。在运行期，闸室在水平推力等荷载的作用下，有可能产生沿地基面的浅层滑动，也有可能连同一部分土体产生深层滑动。闸室竣工后，地基所承受的压应力最大，可能产生较大的沉降和不均匀沉降，这不但会使闸室的顶高程达不到设计要求，而且不均匀沉降将使闸室倾斜，无法正常工作，甚至出现断裂。当闸基压应力超过地基允许压应力后，地基也有可能失去稳定性。

由此可见，必须验算闸室在各种情况下的稳定性、沉降量及不均匀沉降量，以确保水闸能够安全可靠地运行。闸室的稳定计算宜取相邻顺水流向永久缝之间的闸室单元作为计算单元，对于孔数较少而未分缝的小型水闸，可取整个闸室作为验算单元。

（一）荷载及其组合

1．荷载计算

水闸承受的主要荷载包括自重、水重、水平水压力、扬压力、波浪压力、泥沙压力、土压力及地震力等。

（1）自重。闸室的自重包括底板、闸墩、胸墙、工作桥、交通桥、闸门及启闭设备等的重力。

（2）水重。水重指闸室范围内作用在底板上面的水体重力。

（3）水平水压力。水平水压力指作用在胸墙、闸门、闸墩及底板上的水平水压力。

当上游铺盖为黏土时，如图 3-3-25（a）所示，a 点处水平水压力强度按静水压强计算，b 点处则取该点的扬压力强度值，两点之间，以直线相连进行计算。

当为混凝土或钢筋混凝土铺盖时，如图 3-3-25（b）所示，止水片以上部分的水平水压力仍按静水压力分布计算，止水片以下按梯形分布计算，a 点的水平水压力强度等于该点的浮托力强度值加上 a 点的渗透压力强度值，b 点则取该点的扬压力强度值，a、b 点之间按直线连接计算。

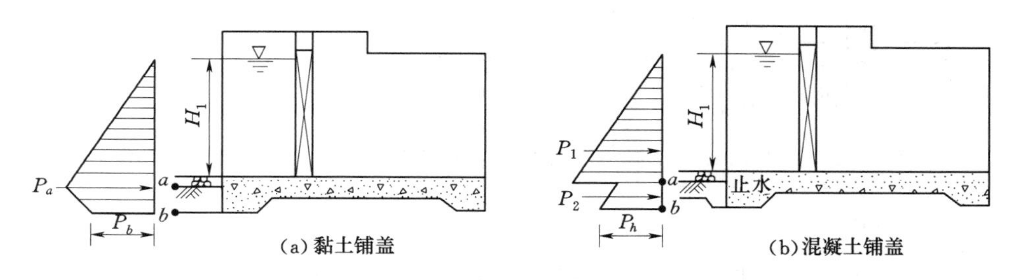

图 3-3-25 水闸的上游水平水压力分布图

（4）扬压力。扬压力指作用在底板底面上的渗透压力及浮托力之和。

（5）波浪压力。作用于水闸铅直或近似铅直迎水面上的浪压力，应根据闸前水深和实际波态，分别按 SL 265—2016《水闸设计规范》进行计算。

(6) 泥沙压力。水闸前有泥沙淤积时，计算时应考虑泥沙压力。

(7) 地震力。在地震区修建水闸，当设计烈度为Ⅶ度或大于Ⅶ度时，需考虑地震影响。

2. 荷载组合

荷载组合分为基本组合和特殊组合两种。基本组合包括正常蓄水位情况、设计洪水位情况和完建情况等。特殊组合包括校核洪水位情况、地震情况、施工情况和检修情况。计算闸室稳定和应力时，其荷载组合可按 SL 265—2016《水闸设计规范》中表 7.2.11 的规定采用。

水闸在正常运行时所受的荷载，如图 3-3-26 所示。

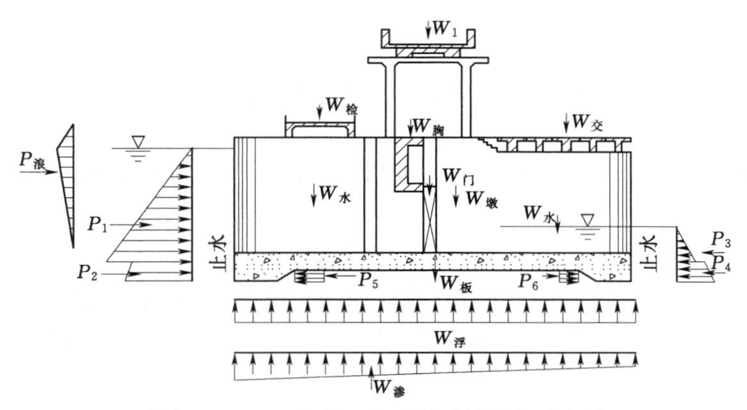

图 3-3-26 水闸正常运行时的荷载示意图

(二) 闸室的抗滑稳定计算

水闸在运行期内，如果闸室作用于地基的铅直力较小，那么当其所受到的水平力达到某一限值时，将会导致闸室沿地基表层滑动。

1. 计算公式

(1) 砂性土地基。砂性土地基上闸室沿基础底面的抗滑稳定，用式 (3-3-16) 验算：

$$K_c=\frac{f\sum W}{\sum P}\geqslant[K_c] \tag{3-3-16}$$

式中 $\sum W$——作用在闸室的全部铅直力的总和，kN；

$\sum P$——作用在闸室的全部水平力的总和，kN；

f——闸室底面与地基土间的摩擦系数，初步计算时，黏性土地基的 f 值取 0.20～0.45，壤土地基取 0.25～0.40，砂壤土地基取 0.35～0.40，砂土地基取 0.40～0.50，砾石、卵石地基取 0.50～0.55，上述各类地基中，较密实、较硬的取较大值；

$[K_c]$——设计规范允许的抗滑稳定安全系数，见表 3-3-7。

表 3-3-7 沿闸室基底面抗滑稳定安全系数的允许值 $[K_c]$

荷载组合	水闸级别				备注
	1	2	3	4、5	1. 特殊组合Ⅰ适用于施工情况、检修情况或校核洪水位情况； 2. 特殊组合Ⅱ适用于地震情况
基本组合	1.35	1.30	1.25	1.20	
特殊组合Ⅰ	1.20	1.15	1.10	1.05	
特殊组合Ⅱ	1.10	1.05	1.05	1.00	

（2）黏性土地基。黏性土地基上闸室沿基础底面的抗滑稳定，用式（3－3－17）验算：

$$K_c=\frac{\tan\varphi_0\sum W+c_0A}{\sum P}\geqslant[K_c] \quad (3-3-17)$$

式中 φ_0——闸底板底面与地基土之间的摩擦角，（°）；

c_0——闸底板底面与地基土之间的凝聚力，kN/m^2；

A——闸室底板的底面积，m^2；

其余符号意义同前。

2．提高闸室抗滑稳定的工程措施

当闸室沿基底面的抗滑稳定安全系数小于规范的允许值时，可以采取以下措施提高安全系数：

（1）调整闸门位置，将闸门向低水位侧移动，或将底板向上游端适当加长，以充分利用闸室水重。

（2）改变闸室的结构尺寸，从而增加自身重量。

（3）适当加深底板上下游端的齿墙深度，更多地利用底板以下地基土的重量。

（4）增加铺盖和板桩的长度，或在不影响防渗安全的条件下，将排水设施向闸室靠近，以减小闸底板上的渗透压力。

（5）设置钢筋混凝土铺盖作为阻滑板，增加闸室的抗滑稳定性。

（6）增设钢筋混凝土抗滑桩或预应力锚固结构。

（三）地基处理

在设计水闸时，尽可能利用天然地基，当天然地基不能满足抗滑稳定、承载力以及沉降量等要求时，必须对地基进行适当处理，使其达到运用要求。常用的地基处理方法有以下几种。

1．换土垫层法

换土垫层法将水闸基础下的软土层挖除一定的深度，换以强度较高的砂性土或其他土，并经过分层夯实或振密而形成换土垫层，如图3－3－27所示。该方法可以改善地基应力分布，减少沉降量，适当提高地基稳定性和抗渗稳定性，适用于厚度不大的软土地基。

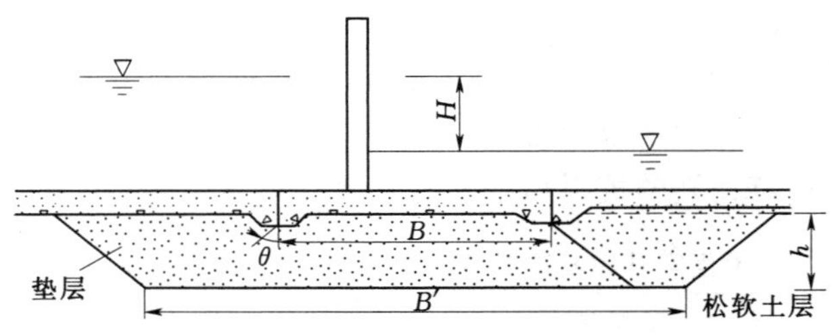

图3－3－27 换土垫层法

垫层的设计主要是确定垫层的厚度、宽度及所用材料。垫层的厚度应根据地基土质情况、结构形式、荷载大小等因素，以不超过下卧土层允许承载力为原则确定，一般为1.5～3.0m。垫层厚度过小，作用不明显；过大，基坑开挖困难。垫层的宽度，一般选用建

筑物基底压力扩散至垫层底面的宽度再加2～3m。换土垫层的材料以中壤土、含砾黏土等较为适宜。级配良好的中砂、粗砂和砂砾，易于振动密实，用作垫层材料也是适宜的。但由于粉砂、细砂、轻砂壤土或轻粉质砂壤土容易液化，故不宜采用。另外，垫层材料中不应含树皮、草根及其他杂质。

2. 桩基础法

当软土层的厚度较大且地基的承载力又不够时，可以考虑采用桩基础法。

水闸的桩基础一般采用钢筋混凝土桩，按其施工方法可以分为钻孔灌注桩和预制桩两类。钻孔灌注桩在选用桩径和桩长时比较灵活，因而运用的较多，其桩径一般在60cm以上，中心距不小于2.5倍桩径，桩长根据需要确定；对于桩径和桩长较小的桩基础，可以采用钢筋混凝土预制桩，其桩径一般为20～30cm，桩长不超过12m，中心距为桩径的3倍。

桩基按其受力形式可以分为摩擦桩和承重桩，如图3-3-28所示。水闸多采用摩擦桩，它是利用桩与周围土壤的摩擦阻力来支承上部荷载。

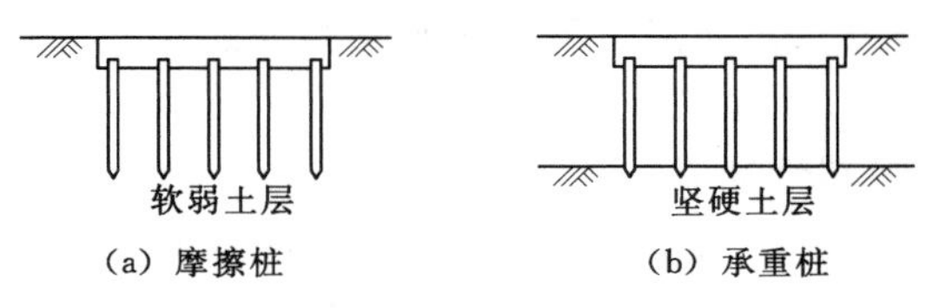

图3-3-28 桩基

3. 沉井基础法

沉井基础法是预先浇筑井圈，然后再挖除井圈内的软土，使井圈逐渐下沉到地基中，最终支撑在硬土层或岩石基础上。沉井基础法可以增加地基承载力，减少沉降量，提高水闸的抗滑稳定性，对防止地基渗透变形有利，适用于上部为软土层或粉细砂层、下部为硬土层或岩层的地基。

沉井基础在平面上多呈矩形，简单对称，便于施工浇筑和均匀下沉。沉井的长边不宜大于30m，长宽比不宜超过3，以便控制下沉。较长的矩形沉井中间应设隔墙（图3-3-29），从而增加长边的刚度。沉井的边长也不宜过小，否则接缝多，设置止水较麻烦。

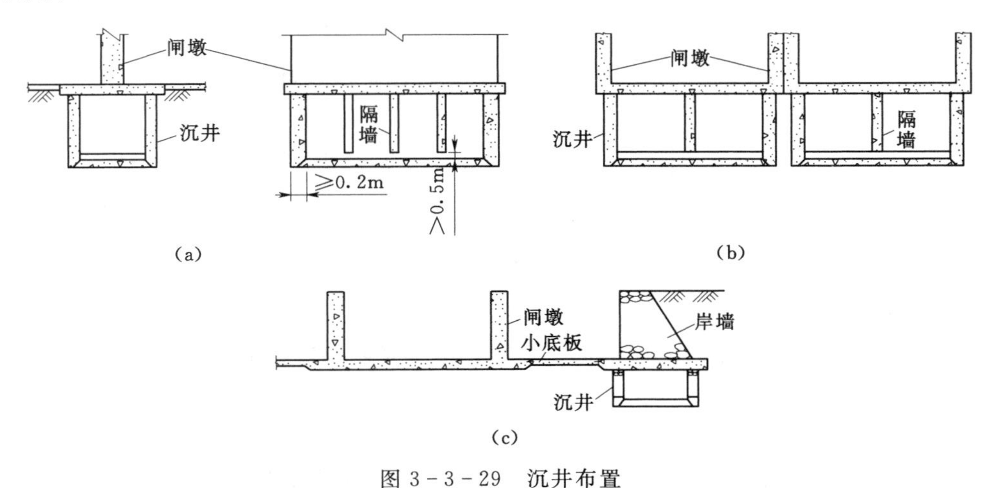

图3-3-29 沉井布置

七、小型水闸的两岸连接建筑物

水闸的两端要与两侧河岸相连接，当河道较宽时，其余部分还需布置土石坝等挡水建

筑物，因此水闸与河岸或土坝之间需要设置专门的连接建筑物，包括边墩、翼墙、岸墙等。

（一）连接建筑物的作用

两岸连接建筑物主要有以下作用：

（1）挡住两侧填土，保证河岸（或堤、坝）的稳定，免受过闸水流的冲刷。

（2）当水闸过水时，上游翼墙引导水流平顺过闸，下游翼墙使出闸水流均匀扩散，减少冲刷。

（3）可控制闸身两侧的渗流，防止岸坡或土石坝产生渗透变形。

（4）在软弱地基上设置岸墙，岸墙与边墩之间用沉降缝分开，这样可以减少两岸地基沉降对闸室应力的影响。

（二）连接建筑物的形式和布置

1. 上、下游翼墙

翼墙通常用于边墩的上、下游与河岸护坡相接。上游翼墙的作用是引导水流平顺地进入闸室，挡住两侧回填土；防止水流从两侧形成绕渗；保护回填土免受水流的冲刷。因此，上游翼墙的平面布置要与上游的进水条件和防渗设施相协调，其顺水流方向的投影长度应满足水流条件的要求，应大于或等于铺盖长度。上游端插入岸坡，墙顶要超出最高水位至少0.5～1.0m。下游翼墙的作用除挡住两侧回填土外，主要是引导出闸水流沿翼墙均匀扩散，避免在墙前出现回流漩涡等不利流态。下游翼墙的平均扩散角宜采用7°～12°，其顺水流向的投影长度应大于或等于消力池长度，墙顶一般要高出下游最高水位。

翼墙的平面布置通常有以下几种形式：反翼墙、扭曲面翼墙、斜降翼墙（图3-3-30），一般适用于小型水闸。

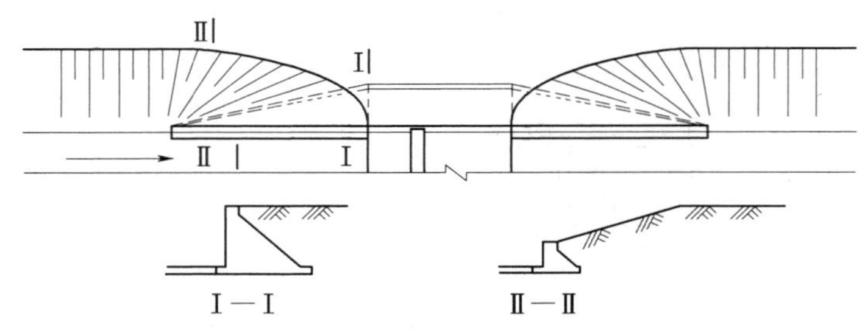

图3-3-30 斜降翼墙布置形式

2. 边墩和岸墙

闸室与两岸（或堤、坝）的连接形式与地基条件及闸身高度有关，岸墙的布置主要有以下几种形式：

（1）岸墙与边墩结合。当地基较好、闸身高度不大时，闸室通过边墩直接与两岸连接，因而边墩就是岸墙。此时，边墩承受迎水面的水压力、背水面的土压力、渗透压力以及自重和扬压力等荷载。根据地基条件，边墩与闸底板的连接方式可以采用整体式或分离式。边墩可做成重力式、悬臂式、扶壁式和空箱式，如图3-3-31所示。

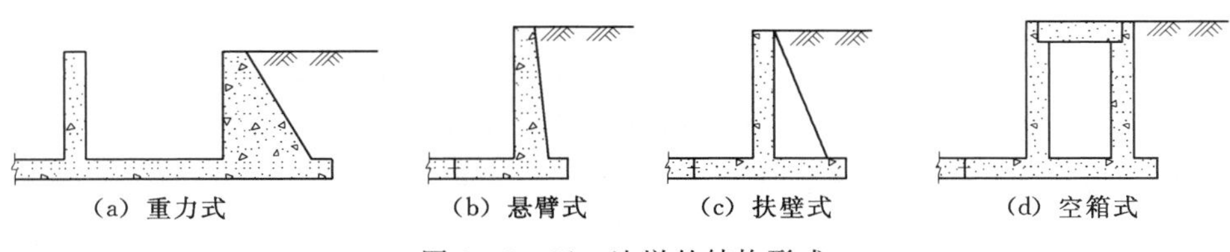

图 3-3-31 边墩的结构形式

(2) 岸墙与边墩分开。当闸身较高、地基软弱时，如果仍采用边墩直接挡土，则由于边墩与闸身地基的荷载悬殊，可能会产生较大的不均匀沉降，影响闸门启闭，并且在底板内产生较大的内力。此时，可在边墩后面设置岸墙，边墩和岸墙之间用沉降缝分开，边墩只起支承闸门及上部结构的作用，而土压力全部由岸墙承担。这种连接形式不仅可以减小边墩和底板的内力，同时还可以使作用在闸室上的荷载比较均匀，以减少不均匀沉降。岸墙可做成悬臂式、扶壁式、空箱式或连拱式，如图 3-3-32 所示。

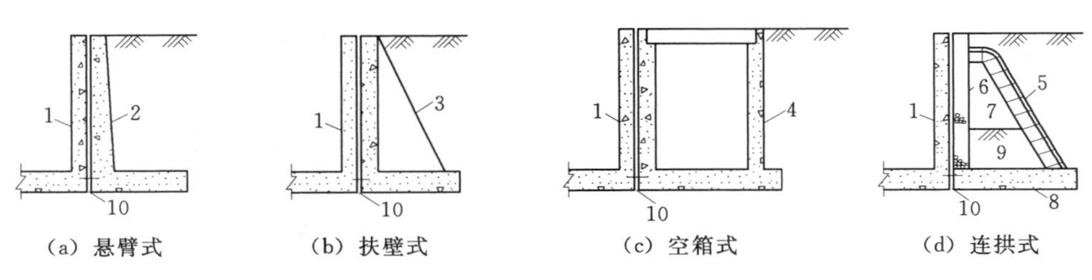

图 3-3-32 岸墙的结构形式

1—边墩；2—悬臂式岸墙；3—扶壁式岸墙；4—空箱式岸墙；5—预制混凝土拱圈；6—前墙；7—隔墙；8—底板；9—填土；10—沉降缝

八、小型水闸的运用管理

水闸在运行管理过程中应定期检查和维护，做到杂物清理、严禁超载、防止冲刷、启闭灵活、防蚀防腐。

(一) 水闸常见问题的处理

1. 水闸的裂缝处理

水闸的裂缝通常出现在闸底板、闸墩、翼墙、下游护坦等部位，浆砌石挡土墙和砌石护坡也易产生裂缝。

(1) 闸墩裂缝。闸墩裂缝最常见的是发生在弧形闸门闸墩的牛腿与闸门之间的范围内，多呈铅直向且贯穿闸墩。处理时，多采用预应力拉杆锚固法，一般是沿闸墩主拉应力方向增设高强度预应力钢筋（拉杆），主拉杆的布置应与主拉应力大小、方向相适应，呈扇形分布。

(2) 翼墙裂缝。上下游翼墙通常采用各种形式的挡土墙，由于温度变化、不均匀沉降、墙后未设排水孔、墙后填土不实或冻胀等原因，引起墙体移动、倾斜并产生裂缝。修补前，要查明并消除产生裂缝的原因。特别是墙后未设排水孔的，应重新设置。经验算，如墙体不能抵抗墙后土压力，可用锚筋加固。当挡土墙有整体滑动危险时，可在墙前打桩，并在桩上浇筑混凝土盖重。

(3) 下游护坦裂缝。护坦裂缝主要是由于地基不均匀沉陷、温度变化、排水堵塞或排水布置不合理等原因造成的。沉陷裂缝的处理一般是待其基本稳定以后，将裂缝改作沉陷缝，并在缝中设止水；温度裂缝虽然易于产生，但尺寸小、变化慢，一般可将缝隙凿槽，先用柏油麻绳封住后，再用砂浆抹平，但密实性差；也可在枯水期往槽内嵌补环氧材料或混凝土，有时也可利用裂缝作一道伸缩缝。

2. 渗漏处理

水闸的渗漏主要是指闸基渗漏和侧向绕渗等。处理原则仍为上截下排，即防渗和排渗相结合。

(1) 闸基渗漏。闸基的异常渗漏，不仅会引起渗透变形，甚至将直接影响水闸的稳定性，因此，要认真分析，查清渗水来源，工程中通常采用以下措施进行防渗：

1) 延长或加厚原铺盖。加大铺盖尺寸，可以提高防渗能力。如原铺盖损坏严重，引起渗径长度不足，应将这些部位铺盖挖除，重新回填翻新。

2) 及时修补止水。当铺盖与闸底板、翼墙间，岸墙与边墩等连接部位的止水损坏后，要及时进行修补，以确保整个防渗体系的完整性。

3) 底板、铺盖与地基间的空隙。是常见的渗漏通道，不仅使渗透变形迅速扩大，还会影响底板的安全使用，一般可采用水泥灌浆予以堵闭。

4) 增设或加厚防渗帷幕。建在岩基上的水闸，如基础裂隙发育或较破碎，可考虑在闸底板首端增设防渗帷幕，若原有帷幕的，应设法加厚。

(2) 侧向绕渗。严重的侧向绕渗将引起下游边坡的渗透变形，甚至造成翼墙歪斜、倒塌等事故。工程中防渗措施较多，如经常维护岸墙、翼墙及接缝止水，确保其防渗作用；对于防渗结构破坏的部位，应用开挖回填、彻底翻修的方法；若原来没有刺墙的，可考虑增设刺墙，但要严格控制施工质量；对于接缝止水损坏的，应补做止水结构，如橡皮止水、金属片止水、沥青止水。

3. 下游冲刷的处理

水闸下游冲刷破坏的主要部位是护坦、海漫、下游河床及两岸边坡。处理方法经常采用以改善水流流态、充分消能为目的的消能措施，以提高抗冲能力为目的的防护措施。

4. 水闸磨损的处理

水闸的磨损现象，主要发生在多沙河流上，如闸底板、护坦因设计不周，引起的磨损应通过改善结构的布置来防治。对于水闸护坦上因设置消力墩引起的立轴漩涡长时间挟带泥沙在一定的范围旋转，使护坦磨损，严重时会磨穿护坦，为此，可废弃消力墩，将尾槛改成斜面或流线形，使池内泥沙随水流顺势带向下游可减轻对护坦的磨损。

(二) 闸门、启闭机的运用管理

1. 运用前的准备工作

(1) 严格执行启闭制度。启闭制度是管理人员进行闸门操作的主要依据，一般情况下，不经批准，不得随意变动。

(2) 认真进行检查工作。为了确保闸门能安全及时的启闭，必须认真细致地进行检查工作。

1）闸门的检查。启闭前应检查门体有无歪斜，周围有无漂浮物卡阻现象、闸门开度是否在原定的位置；对于平板闸门，应检查闸门槽是否有堵塞、变形；在冰冻地区，冬季启闭闸门前要检查闸门的活动部位有无冻结现象。

2）启闭设施检查。主要包括启闭电流或动力有无故障，对于人力启闭的，要有人员保证；电动机应当运行正常，机电安全保护设施应完好可靠；机械转动部位的润滑油应充足，并符合规定要求；检查牵引设备是否正常，如钢丝绳是否锈蚀、断裂，螺杆、连杆和活塞杆等有无弯曲变形，吊点结合是否牢固等。

2. 闸门的操作

闸门在进行操作运用时，首先应明确设计规定的闸门运用原则，一般要求工作闸门能在动水情况启闭，检修闸门在静水情况启闭，事故闸门应能在动水情况关闭，一般在静水情况开启。闸门在操作运用时，应注意如下主要问题：

(1) 工作闸门的操作。工作闸门允许局部开启时，在不同的开度泄水，应注意对下游的冲刷和闸门、闸身的振动；不允许局部开启的工作闸门，中途不能停留使用；闸门泄流时，必须与下游水位相适应，使水跃发生在消力池内。

(2) 事故、检修闸门操作。不得用于控制流量；泄水期间，事故闸门要充分做好准备，一旦闸门下游发生事故，力争在最短的时间内关闭闸门；对于压力涵洞的检修闸门关闭后，洞内积水应缓慢放空，特别是洞身长度大、检修门距工作门较远的情况。

(3) 多孔闸门的运用。不能全部同时启闭时，可由中间向两边依次对称开启，闭门时则由两边向中间依次进行，以保证下泄水流均匀对称，减少冲刷；下泄水流量允许部分开启闸孔时，必须在水跃能控制在消力池内的情况下进行。

第四节 输 水 渠 道

渠道是灌溉、发电、航运、给水、排水等水利工程中广泛采用的一种输水建筑物。渠道遍布于整个灌区，线长路广，其规划和设计是否合理，将直接关系到土方量的多少、渠系建筑物的数量、施工管理的难易程度及工程效益的大小。

按其作用可分为灌溉渠道、排水渠道、发电渠道和综合利用渠道等。

渠道的设计任务是在给定设计流量后，选择渠道的线路，确定渠道的纵横断面尺寸、形状、结构和空间位置等。

一、渠道的线路选择

渠道的线路选择关系于开发的合理性、渠道的安全输水及降低工程造价等关键问题，因此应综合考虑地形、地质、施工条件及挖填平衡、便于管理养护等各方面的因素。

(1) 渠道线路应力求短而直。在平原地区，渠道线路最好选成直线，并力求选在挖、填方相差不大的地方。如不能满足，应尽量避免深挖方或高填方地段，转弯不能太急，对于有衬砌的渠道，转弯半径不应小于2.5倍的渠道水面宽度；对于不衬砌的渠道，转弯半径不应小于5倍的渠道水面宽度。在山坡地带，渠道线路应尽量沿等高线方向布置，以免产生过大的挖填方量。同时，为减少工程量，渠道应与道路、河流正交。

（2）渠道线路应尽量避开渗漏严重、流沙、泥泽、滑坡以及开挖困难的岩层地带。必要时，可采用多方案比较选择。如可以采取防渗措施以减少渗漏；采用外绕回填或内移深挖以避开滑坡地段；采用混凝土或钢筋混凝土衬砌以保证渠道的安全运行等方案。

（3）为改善施工条件，确保施工质量，渠道的线路选择应全面考虑施工时的交通运输、水和动力设施的供应、机械施工场地、取土和弃土的位置等条件。

（4）渠道的线路选择要和行政区域划分及土地利用规划相结合，确保每个用水户都有相对独立的用水渠道，以便于运用及管理维护。

总之，渠道的线路选择必须重视野外勘察工作，从技术、经济等方面仔细分析比较，才能使渠道运用方便、安全可靠、经济合理。

二、渠道的纵横断面设计

渠道的断面设计一般包括横断面设计和纵断面设计，两者相互联系又互为条件。在实际设计工作中，纵横断面的设计应交替进行，最后通过分析比较选择最优断面。

合理的渠道断面，应满足以下几个方面的具体要求：有足够的输水能力，以满足用水对象的用水要求；有足够的水位，以满足自流的要求；有适宜的水流流速，以满足渠道的不冲、不淤或周期性的冲淤平衡要求；有稳定的边坡，以保证渠道不出现坍塌、不滑坡；有合理的断面形式，以减少渗透损失，提高水的利用系数；适当地满足综合利用的要求，尽量做到一专多能；尽量使工程量最小，以有效地降低工程总投资。

（一）渠道的横断面设计

渠道的横断面形式，一般采用梯形，以便于施工，并能保持渠道边坡的稳定，如图3-4-1（a）、（c）所示。在坚固的岩石地基上，渠道的横断面宜采用矩形断面，如图3-4-1（b）、（d）所示。当渠道通过城镇、工矿厂区或斜坡地段，渠道宽度受到限制时，可用混凝土等材料给予砌护，如图3-4-1（e）、（f）所示。

渠道的横断面尺寸，一般根据水力计算确定。对于梯形渠道，横断面尺寸的设计参数包括渠道边坡系数、糙率、渠底纵坡比降、断面宽深比等。当渠道的设计参数已经确定时，渠道断面尺寸便可根据明渠均匀流公式进行确定（流量公式 $Q=\omega C\sqrt{Ri}$，其中 ω 为过水断面的面积，C 为谢才系数，$C=\frac{1}{n}R^{1/6}$，R 为水力半径。）。此外，还需满足渠床稳定的要求，即保证渠道的流速满足不冲不淤的要求。

梯形渠道两侧的边坡系数，一般为1：1～1：1.5，土质差时，可取1：2～1：2.5，一般临水坡要缓于背水坡。对于挖、填方大的渠道，边坡系数应根据边坡稳定计算来确定，具体的应根据土质情况和开挖深度或填土高度确定。对于挖深大于5m或填高超过3m的土坡，必须根据稳定条件确定，计算与土石坝的稳定计算相同。为使边坡稳定和管理方便，在深度方向，每隔4～6m应设一平台，平台宽1.5～2m，并在平台内侧做排水沟，如图3-4-2所示。

渠道糙率 n 是反映渠床粗糙程度的一个评价指标，主要依据渠道有无护面、养护、施工情况，一般渠道可参考有关水力计算加以选定，应尽量接近实际值，大型渠道可通过试验资料分析确定。

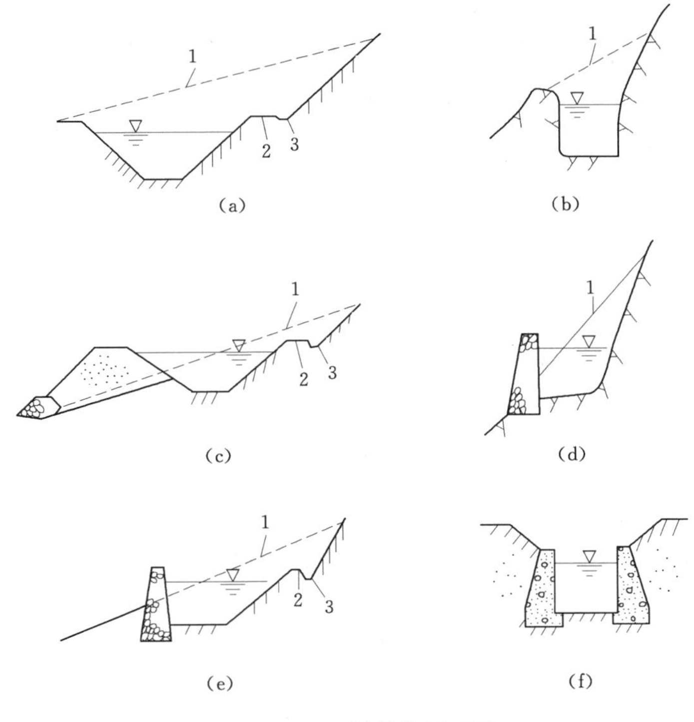

图 3-4-1 渠道横断面图

1—原地面线；2—马道；3—排水沟

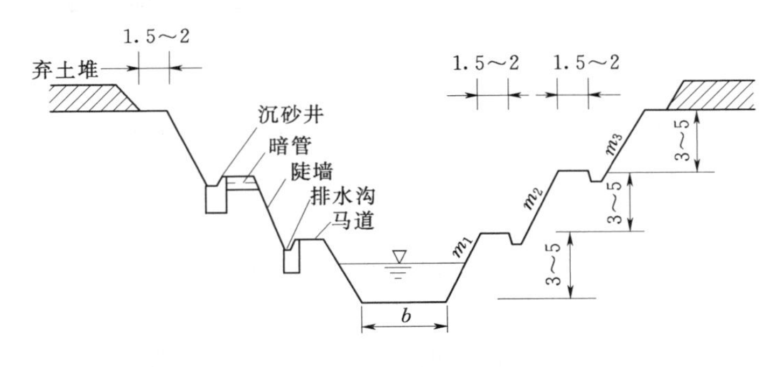

图 3-4-2 深挖渠道横断面图（单位：m）

渠道的比降 i 应根据地形、土质、渠道的用途及重要性，结合纵断面设计的要求进行确定。采用大的比降，可加大流速和减小渠道横断面面积，从而减小工程量；但流速过大，又会增大水头损失，还会引起冲刷；反之，虽减小了沿程水头损失，却增加了工程量，而且流速过小，还会引起泥沙淤积，甚至在渠内生长杂草，导致过水断面减小和糙率增加，从而降低渠道的过水能力。因此，对于渠道的底坡和横断面，应以渠道的不冲、不淤为条件进行选择。一般情况下，可参考表 3-4-1 所列的数值。

在渠道设计中常采用水力最佳断面，即在同等过水流量的情况下，过水断面面积最小。这就要求渠道底宽、水深和边坡有一定的比例。对于梯形渠道断面的宽深比 a，当流量大、含沙量小、渠床的土质较差时，多用宽浅式渠道；反之，宜采用窄深式渠道。具体的对于中、小型渠道，可根据渠道流量大小，根据经验数据在表3-4-2中选定。

表3-4-1　　渠道比降一般数值

渠道级别	干渠	支渠	斗渠	农渠
平原区渠道	1/5000～1/10000	1/3000～1/7000	1/2000～1/5000	1/1000～1/3000
滨湖区渠道	1/8000～1/15000	1/6000～1/8000	1/4000～1/5000	1/2000～1/3000
丘陵区渠道	1/2000～1/5000	1/1000～1/3000	石渠1/500，土渠1/2000	石渠1/300，土渠1/1000

表3-4-2　　渠道宽深比参考数值

流量/(m^3/s)	≤1	1～3	3～5	5～10	10～30	30～60
宽深比 a	1～2	1～3	2～4	3～5	5～7	6～10

渠道底部宽度还应考虑施工条件，对于人工开挖和衬砌护面的渠道，底宽一般不小于0.5m；对于机械开挖的渠道，则应考虑机械的尺寸，一般不小于1.5～3.0m；对于航运渠道，则应根据通航要求的水面宽度和水深加以确定。

为了减少渗漏损失、防止冲刷、增加稳定和降低糙率，以增加渠道的输水能力，可在渠道表面铺设一层混凝土、石料、黏土或沥青、塑料薄膜等材料作为护面。

（二）渠道的纵断面设计

渠道的纵断面设计任务，是根据灌溉水位要求确定渠道的空间位置，并把一些孤立的设计断面，通过渠道中心线的平面位置相互联系起来，然后结合渠线两侧的实际情况，进行调整确定。

一般渠道的纵断面设计内容主要包括确定渠道纵坡、正常水位线、最低水位线、最高水位线、渠底高程线、渠道沿程地面高程线和堤顶高程线。

渠道的纵断面设计中，纵坡的确定是否合理，关系到渠道输水能力的高低、控制灌溉面积的大小、工程造价的高低及渠道的稳定与安全。因此，渠道的纵坡选择应注意以下几项原则：

（1）渠道的纵坡应尽量接近地面原有坡度，以避免深挖高填。

（2）对于易冲刷的渠道，纵坡宜缓；地质条件较好的渠道，纵坡可适当陡一些。

（3）流量大时，纵坡宜缓一些；流量小时，可适当陡一些。

（4）水流的含沙量小时，应注意防冲，纵坡可以缓一些；含沙量大时，应注意防淤，纵坡可以适当陡一些。

（5）由于提水灌区水头宝贵，纵坡可以缓一些；自流灌区水头较富裕，纵坡可以陡些。

为了便于渠道的运用管理和保证渠道的安全，应设置一定的堤顶宽度和安全超高。一般情况下，可以根据渠道的设计流量，按经验进行选取（表3-4-3）。如果渠道的堤顶与交通道路相结合，其堤顶宽度应根据交通要求进行确定。

表 3-4-3　　堤顶宽度和安全超高数值

项目	田间毛渠	固定渠道流量/(m³/s)						
		<0.5	0.5～1	1～5	5～10	10～30	30～50	>50
超高/m	0.1～0.2	0.2～0.3	0.2～0.3	0.3～0.4	0.4	0.5	0.6	0.8
顶宽/m	0.2～0.5	0.5～0.8	0.8～1	1～1.5	1.5～2	2～2.5	2.5～3	3～3.5

第五节　渠系建筑物

在利用渠道输水以满足灌溉、发电、通航、给水、排水等需要的过程中，为有效控制水流、合理分配水量、顺利通过障碍物、保障渠道安全运用，需在渠道上修建一系列各种类型的建筑物，统称为渠系建筑物。

渠系建筑物的类型较多，如渠道与河渠、道路、沟谷相交时所修建的渡槽、倒虹吸管、涵洞等交叉建筑物；渠道通过坡度较陡或有集中落差的地段所需的跌水、陡坡等落差建筑物；穿过山冈而建的输水涵洞；方便群众农业生产以及与原有交通道路衔接，需修建的农桥等便民建筑物。

各类渠系建筑物的作用虽然迥异，但其仍具有面广量大、总投资大，同一类型建筑物工作条件较为相近的共同特点。因此，对其体型结构的合理设计具有十分重要的经济意义，且可以广泛采用定型设计和预制装配式结构，以期达到简化设计、加快施工进度、保证工程质量、降低造价的目的。

本节重点介绍交叉建筑物、落差建筑物。

一、渡槽

（一）渡槽的作用及组成

渡槽是输送渠道水流跨越河渠、道路、沟谷等的架空输水建筑物，可用来输送渠水、排沙、泄洪、导流等。

渡槽一般由进出口连接段、槽身、支承结构及基础组成，如图 3-5-1 所示。渠道通过进出口连接建筑物与槽身相连接，槽身置于支承结构上，槽身重量及槽中水重通过支承结构传给基础，再传给地基。

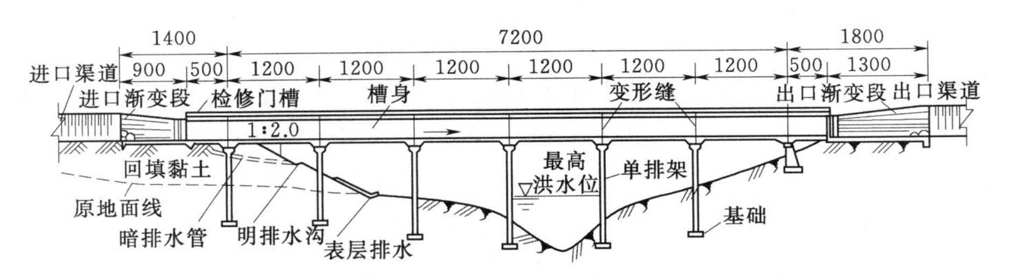

图 3-5-1　简支梁式渡槽剖面（单位：cm）

渡槽一般适用于渠道跨越窄深河谷且洪水流量较大，渠道跨越广阔滩地或洼地等情况。与倒虹吸管相比，具有水头损失小、便于管理运用及可通航等优点，是交叉建筑物中采用最多的一种形式。

（二）渡槽的类型

渡槽的类型，一般指输水槽身及其支承结构的类型。槽身及其支承结构的类型较多，且材料有所不同，施工方法各异，因而其分类方式也较多，按槽身断面形式分有U形槽、矩形槽及抛物线形槽等；按材料分有砖石渡槽、混凝土渡槽、钢筋混凝土渡槽、钢丝网水泥渡槽等；按施工方法分有现浇整体式、预制装配式及预应力渡槽；按支承结构形式分有梁式、拱式、桁架式、组合式及悬吊或斜拉式等。而其中梁式是最基本也是应用最广的渡槽形式。

梁式渡槽的槽身支承于墩台或排架之上，槽身侧墙在纵向起梁的作用。

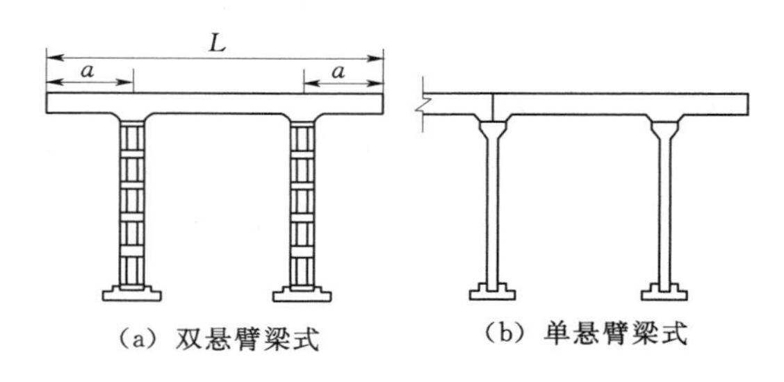

图3-5-2　悬臂梁式渡槽

根据支点位置的不同，梁式渡槽可分为简支梁式（图3-5-1）、悬臂梁式（图3-5-2）及连续梁式三种。悬臂梁式渡槽一般为双悬臂式，也有单悬臂式。

简支梁式渡槽结构简单，吊装施工方便，接缝止水易解决。但其跨中弯矩较大，底板全部受拉，对抗裂防渗不利。其常用跨度为8～15m，其经济跨度为墩架高度的0.8～1.2倍。

双悬臂梁又分为等跨双悬臂和等弯矩双悬臂两种形式。由于悬臂的作用，跨度可达简支梁的2倍左右，故每节槽身长度最大可达30～40m。但其重量大，施工吊装困难，且接缝止水因悬臂端变形大，故容易被拉裂。

单悬臂梁式一般只在双悬臂式向简支梁过渡或与进出口建筑物连接时采用。一般要求悬臂长度不宜过大，以保证槽身在另一支座处有一定的压力。

梁式渡槽的跨度不宜过大，一般在20m以下较经济。

（三）渡槽的总体布置

渡槽的总体布置主要包括槽址位置的选择、渡槽选型、进出口布置等内容。一般是根据规划确定的任务和要求，进行勘探调查，取得较为全面的地形、地质、水文、建材、交通、施工和管理等方面的基本资料，在技术经济分析的基础上，选出最优的布置方案。

1. 槽址位置的选择

选择槽址关键是确定渡槽的轴线及槽身的起止点位置。一般对于地形、地质条件较复杂，长度较大的大中型渡槽，应找2～3个较好的位置通过方案比较，从中选出较优方案。

选择槽址位置的基本原则是力求渠线及渡槽长度较短，地质良好，工程量最小；进、出口水流顺畅，运用管理方便；槽身起、止点落在挖方上，并有利于进、出口及槽跨结构的布置，施工方便。具体选择时，一般应考虑以下几个方面：

（1）地质良好。尽量选择具有承载能力的地段，以减少基础工程量。跨河（沟）渡槽，应选在岸坡及河床稳定的位置，以减少削坡及护岸工程量。

(2) 地形有利。尽量选在渡槽长度短，进出口落在挖方上，墩架高度低的位置。跨河渡槽，应选在水流顺直河段，尽量避开河弯处，以免凹岸及基础受冲。

(3) 便于施工。槽址附近尽可能有较宽阔的施工场地，料源近，交通运输方便，并尽量少占耕地，减少移民。

(4) 运用管理方便。交通便利，运用管理方便。

2. 槽型选择

长度不大的中小型渡槽，一般可选用一种类型的单跨或等跨渡槽。对于地形、地质条件复杂且长度大的大中型渡槽，视其情况，可选 1～2 种类型和 2～3 种跨度的布置方案。具体选择时，应主要从以下几方面考虑：

(1) 地形、地质条件。对于地势平坦、槽高不大的情况，宜选用梁式渡槽，施工较方便；对于窄深沟谷且两岸地质条件较好的情况，宜建单跨拱式渡槽；对于跨河渡槽，当主河槽水深流急，水下施工困难，而滩地部分槽底距地面高度不大，且渡槽较长时，可在河槽部分采用大跨度拱式渡槽，在滩地则采用梁式或中小跨度的拱式渡槽；对于地基承载力较低的情况，可考虑采用轻型结构的渡槽。

(2) 建筑材料情况。应贯彻就地取材和因材选型的原则。当槽址附近石料储量丰富且质量符合要求时，应优先考虑采用砌石拱式渡槽，但也应进行综合比较研究，选用经济合理的结构形式。

(3) 施工条件。若具备必要的吊装设备和施工技术，则应尽量采用预制装配式结构，以期加快施工进度，节省劳力。同一渠系上有几个条件相近的渡槽时，应尽量采用同一种结构形式，便于实现设计施工定型化。

3. 进出口建筑物

渡槽进出口建筑物一般包括进出口渐变段、槽跨结构与两岸的连接建筑物（槽台、挡土墙等）以及满足运用、交通和泄水要求而设置的节制闸、交通桥及泄水闸等建筑物。

进出口建筑物的主要作用是：①使槽内水流与渠道水流衔接平顺，并可减小水头损失和防止冲刷；②连接槽跨结构与两岸渠道，可以避免产生漏水、岸坡或填方渠道产生过大的沉陷和滑坡现象；③满足运用、交通和泄水等要求。

(1) 渐变段的形式及长度。为了使水流进出槽身时比较平顺，以利于减小水头损失和防止冲刷，渡槽进出口均需设置渐变段（图 3-5-1）。渐变段常采用扭曲面形式，其水流条件好，一般用浆砌石建造，迎水面用水泥砂浆勾缝。八字墙式水流条件较差，而施工方便。

渐变段的长度一般采用下列经验公式确定：

$$L=C(B_1-B_2) \tag{3-5-1}$$

式中 C——系数，进口取 1.5～2.0，出口取 2.5～3.0；

B_1——渠道水面宽度，m；

B_2——渡槽水面宽度，m。

对于中小型渡槽，通常进口 $L\geqslant 4h_1$，出口 $L\geqslant 6h_2$，h_1、h_2分别为上、下游渠道水深。

渐变段与槽身之间常因各种需要设置连接段，连接段的长度视具体情况由布置确定。

(2) 槽跨结构与两岸的连接。对于梁式、拱式渡槽，槽跨结构与两岸渠道的连接方式基本是相同的。其连接应保证安全可靠，连接段的长度应满足防渗要求，一般槽底渗径（包括渐变段）长度不小于6～8倍渠道水深；应设置护坡和排水设施，保证岸坡稳定；填方渠道还应防止产生过大的沉陷。

1）槽身与填方渠道的连接。通常采用斜坡式和挡土墙式两种形式。斜坡式连接是将连接段（或渐变段）伸入填方渠道末端的锥形土坡内，根据连接段的支承方式不同，又可分为刚性连接和柔性连接两种。

刚性连接［图3-5-3（a）］是将连接段支承在埋于锥形土坡内的支承墩上，支承墩建于老土或基岩上。对于小型渡槽，也可不设连接段，而将渐变段直接与槽身相连，并按变形缝构造要求设止水。

柔性连接［图3-5-3（b）］是将连接段（或渐变段）直接置于填土上，靠近槽身的一端仍支承在墩架上。要求回填土夯实，并根据估算的沉陷量，对连接段预留沉陷高度，保证进出口建筑物的设计高程。

挡土墙式连接（图3-5-4）是将边跨槽身的一端支承在重力挡土墙式边墩上，并与渐变段或连接段连接。挡土墙建在老土或基岩上，保证其稳定并减小沉陷量。为了降低挡土墙背后的地下水压力，在墙身和墙背面应设排水。渐变段与连接段之下的回填土，多采用砂性土，并应分层夯实，上部铺0.5～1.0m厚的黏性土作防渗铺盖。该种形式一般用于填方高度不大的情况。

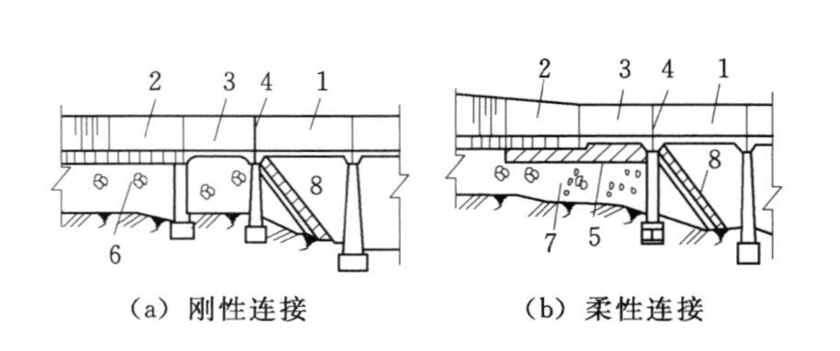

图3-5-3 斜坡式连接

1—槽身；2—渐变段；3—连接段；4—伸缩缝；5—黏土铺盖；6—黏性土回填；7—砂性土回填；8—砌石护坡

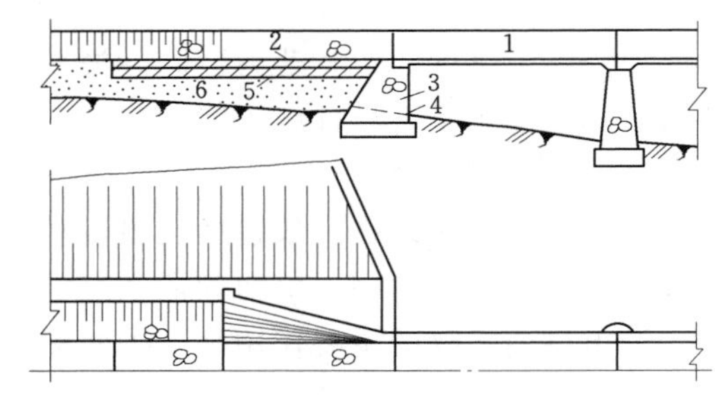

图3-5-4 挡土墙式连接

1—槽身；2—渐变段或连接段；3—挡土墙；4—排水孔；5—铺盖；6—回填砂性土

2）槽身与挖方渠道的连接（图3-5-5）。由于连接段直接建造在老土或基岩上，沉陷量小，故其底板和侧墙可采用浆砌石或混凝土建造。有时为缩短槽身长度，可将连接段向槽身方向延长，并建在浆砌石底座上。

（四）渡槽的水力设计

通过水力设计确定槽底纵坡、槽身过水断面形状及尺寸、进出口高程，并验算水头损失是否满足渠系规划的要求。

1. 槽底纵坡的确定

合理选定纵坡 i 是渡槽水力设计的关键一步，槽底纵坡 i 对槽身过水断面和槽中流速大小的影响是决定性的因素。当条件许可时，宜选择较陡的纵坡。初拟时，一般取 $i=l/$

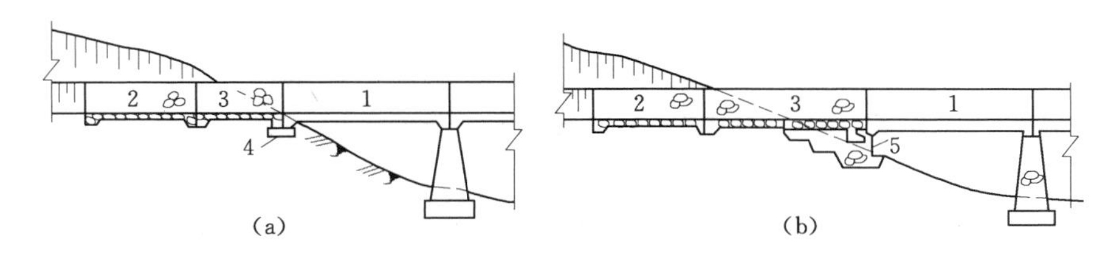

图 3-5-5　槽身与挖方渠道的连接

1—槽身；2—渐变段；3—连接段；4—地梁；5—浆砌石底座

500～l/1500 或槽内流速 v=1～2m/s（最大可达 3～4m/s）；对于长渡槽，可按渠系规划允许水头损失［ΔZ］减去 0.2m 后，再除以槽身总长度，作为槽底纵坡 i 的初拟值。

2. 槽身过水断面形状及尺寸的确定

槽身过水断面常采用矩形和 U 形两种，矩形断面可适用于大、中、小流量的渡槽，U 形适用于中小流量的渡槽。

槽身过水断面的尺寸，一般按渠道最大流量来拟定净宽 b 和净深 h，按通过设计流量计算水流通过渡槽的总水头损失值 ΔZ，若 ΔZ 等于或略小于渠系规划允许水头损失值［ΔZ］，则可确定 i、b 和 h 值，进而确定相关高程。

槽身过水断面按水力学有关公式计算，当槽身长度 $L \geqslant$（15～20）h（h 为槽内设计水深）时，则按明渠均匀流公式计算；当 $L <$（15～20）h 时，则按淹没宽顶堰公式计算。

初拟 b、h 时，一般按 h/b 比值来拟定，h/b 不同，槽身的工程量也不同，故应选定适宜的 h/b 值。梁式渡槽的槽身侧墙在纵向起梁的作用，加高侧墙可以提高槽身的纵向承载力，故从水力和受力条件综合考虑，工程上对梁式渡槽的矩形槽身一般取 h/b=0.6～0.8，U 形槽身 h/b=0.7～0.9；拱式渡槽一般按水力最优要求确定 h/b。

为了保证渡槽有足够的过水能力，防止因风浪或其他原因造成侧墙顶溢流，侧墙应有一定的超高。其超高与其断面形状和尺寸有关，对无通航要求的渡槽，一般可按下列经验公式确定：

矩形槽身
$$\Delta h = \frac{h}{12} + 5 \tag{3-5-2}$$

U 形槽身
$$\Delta h = \frac{D}{12} \tag{3-5-3}$$

式中　Δh——超高，即通过最大流量时，水面至槽顶或拉杆底面（有拉杆时）的距离，cm；

h——槽内水深，cm；

D——U 形槽过水断面直径，cm。

3. 总水头损失 ΔZ 的校核

对于长渡槽，水流通过渡槽时水面变化如图 3-5-6 所示。

（1）通过渡槽总水头损失 ΔZ。

$$\Delta Z = Z + Z_1 - Z_2 \tag{3-5-4}$$

ΔZ 应等于或略小于规划中允许的水头损失值。

（2）进口段水面降落值 Z。常近似采用下列公式计算：

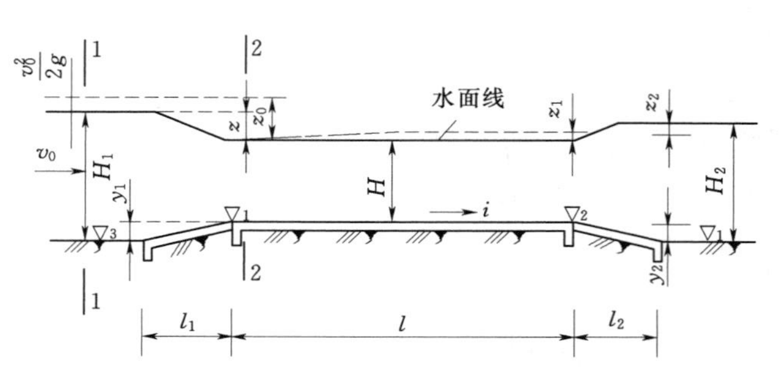

图 3-5-6　水力计算示意图

$$Z = \frac{1+K_1}{2g}(v^2 - {v_0}^2) \tag{3-5-5}$$

式中　v——渡槽通过设计流量时断面的平均流速，m/s；

g——重力加速度，取 9.81m/s^2；

v_0——上游渠道通过设计流量时断面平均流速，m/s；

K_1——进口段局部水头损失系数，与渐变段形式有关。当渐变段为长扭曲面时取 0.1，为八字斜墙时取 0.2，为圆弧直墙时取 0.2，为急变形式时取 0.4。

（3）槽身沿程水面降落值 Z_1。

$$Z_1 = iL \tag{3-5-6}$$

式中　i——槽身纵坡；

L——槽身总长度，m。

（4）出口段水面回升值 Z_2。根据实际观测和模型试验，当进出口采用相同的布置形式时，Z_2值与 Z 值有关，一般近似取

$$Z_2 \approx \frac{1}{3}Z \text{ 或 } Z_2 = \frac{1-K_2}{2g}(v^2 - {v_1}^2) \tag{3-5-7}$$

式中　v_1——下游渠道流速，m/s；

K_2——出口段局部水头损失系数，常取值 0.2。

4. 进出口高程的确定

为确保渠道通过设计流量时为明渠均匀流，进出口底板高程按下列方法确定（符号见图 3-5-6）。

进口槽底抬高值　$y_1 = H_1 - Z - H$　(3-5-8)

进口槽底高程　$\nabla_1 = \nabla_3 + y_1$　(3-5-9)

出口槽底高程　$\nabla_2 = \nabla_1 - Z_1$　(3-5-10)

出口渠底降低值　$y_2 = H_2 - Z_2 - H$　(3-5-11)

出口渠底高程　$\nabla_4 = \nabla_2 - y_2$　(3-5-12)

（五）槽身横断面形式的主要尺寸

最常用的断面形式是矩形和 U 形。矩形槽身常用钢筋混凝土或预应力钢筋混凝土结构，U 形槽身还可采用钢丝网水泥或预应力钢丝网水泥结构。

1. 矩形槽身

矩形槽身按其结构形式和受力条件不同，可分为以下几种情况：

(1) 无拉杆矩形槽（图 3-5-7）。该种形式结构简单，施工方便，主要用于有通航要求的中小型渡槽。侧墙做成变厚的，顶厚按构造要求一般不小于 8cm，底厚应按计算确定，而一般不小于 15cm。

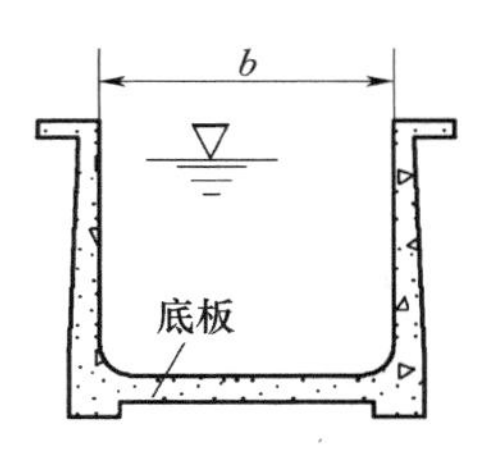

图 3-5-7 无拉杆矩形槽

(2) 有拉杆矩形槽（图 3-5-8）。对于无通航要求的中小型渡槽，一般在墙顶设置拉杆，可以改善侧墙的受力条件，减少侧墙横向钢筋用量。拉杆间距一般为 2m 左右。侧墙常采用等厚，其厚度为墙高的 1/16～1/12，一般为 10～20cm。在拉杆上还可铺板，兼作人行便道。

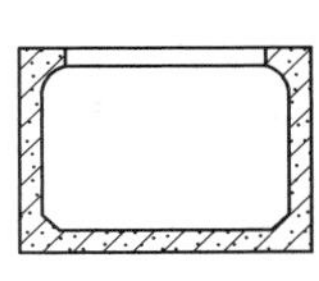
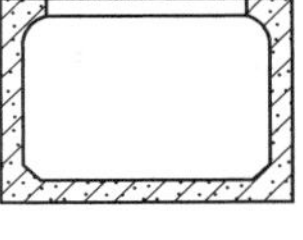

(a) 有拉杆矩形槽

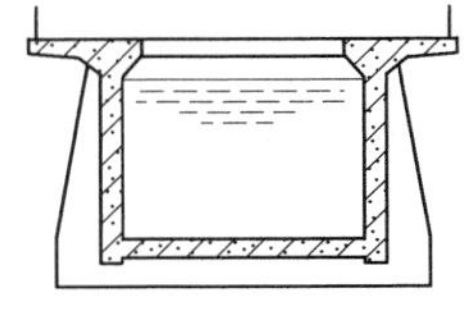

(b) 有拉杆带肋矩形槽

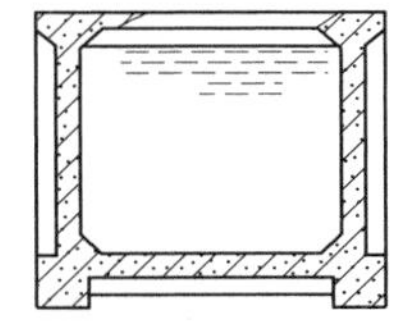

(c) 有拉杆带底梁矩形槽

图 3-5-8 有拉杆矩形槽

(3) 箱式结构（图 3-5-9）。该种形式既可以满足输水，顶板又可作交通桥，其用于中小流量双悬臂梁式槽身较为经济。箱中按无压流设计，净空高度一般为 0.2～0.6m，深宽比常用 0.6～0.8 或更大些。

矩形槽的底板底面可与侧墙底缘齐平［图 3-5-10（a）］，或底板底面高于侧墙底缘［图 3-5-10（b）］。后者用于简支梁式槽身时，可以减小底板的拉应力，对底板抗裂有利；前者适用于等跨双悬臂梁式槽身，构造简单，施工方便。为了避免转角处的应力集中，通常在侧墙和底板连接处设贴角，角度 $\alpha=30°\sim60°$，边长一般为 15～25cm。

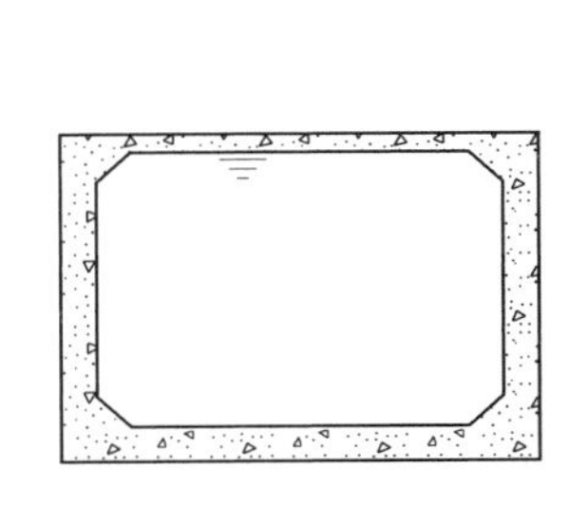

图 3-5-9 箱式结构

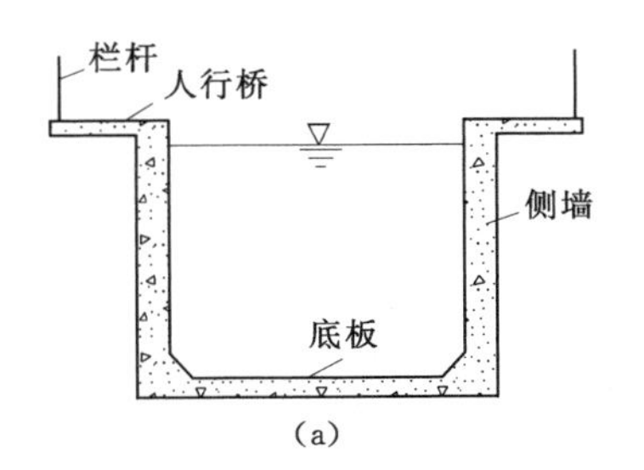

(a)

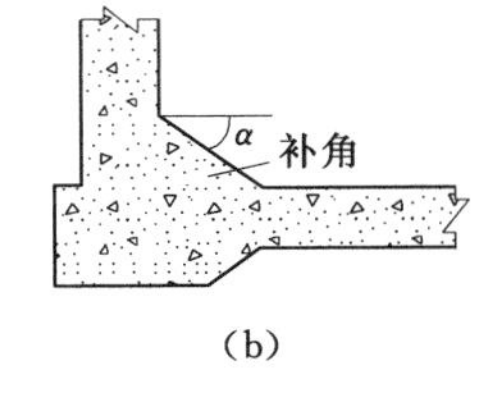

(b)

图 3-5-10 矩形槽补角图

2. U 形槽身

U 形槽身横断面由半圆加直段构成（图 3-5-11），槽顶一般设顶梁和拉杆，支座处设端肋。与矩形槽相比，其具有水力条件好、纵向刚度大等优点。

在初拟钢筋混凝土 U 形槽断面尺寸时，可参考以下经验数据［图 3-5-11（a）］：

壁厚 $t=(1/10\sim1/15)R_0$（常用 8～15cm）

直段高 $f=(0.4\sim0.6)R_0$

顶梁

$$a=(1.5\sim2.5)t$$
$$b=(1\sim2)t$$
$$c=(1\sim2)t$$

对于跨宽比大于 4 的梁式槽身，为增加槽身纵向刚度，满足横向抗裂要求，通常将槽底弧段加厚［图 3-5-11 (a)］。

$$t_0=(1\sim1.5)t$$
$$d_0=(0.5\sim0.6)R_0$$

图中 S_0 是从 d_0 的两端分别向槽壳外壁所作切线的水平投影长度，可由作图求出，一般 $S_0=(0.35\sim0.4)R_0$。

端肋的外侧轮廓可做成梯形［图 3-5-11 (b)］或折线形［图 3-5-11 (c)］。

钢丝网水泥 U 形槽，壁厚一般为 2～4cm，其优点是弹性好、自重轻、预制吊装方便、造价低，但耐久性差，易出现锈蚀、剥落、漏水等现象，故一般适用于小型渡槽。

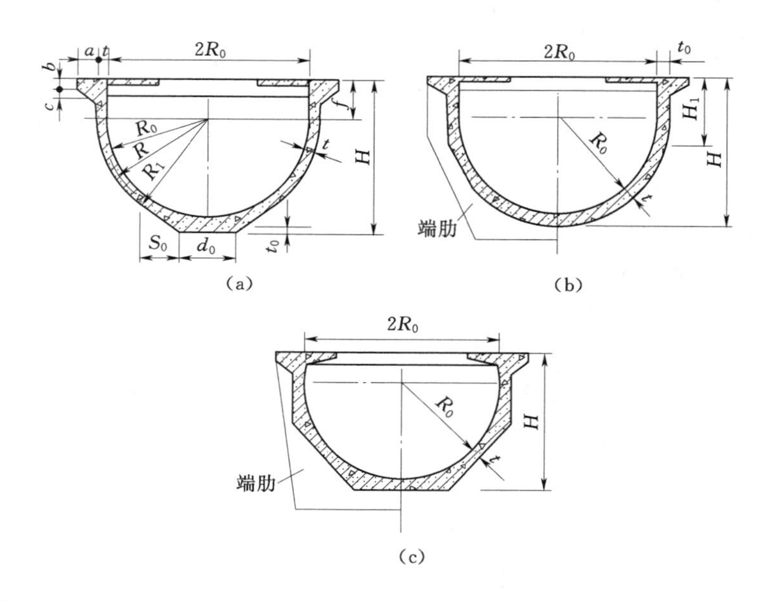

图 3-5-11 U 形槽身

（六）支承结构的形式及尺寸拟定

梁式渡槽的支承结构形式有重力墩式、排架式、组合式墩架和桩柱式槽架等。

1. 重力墩

重力墩可分为实体墩（图 3-5-12）和空心墩（图 3-5-13）两种形式。

实体墩的墩身通常用砖石、混凝土等材料建造而成，墩体的承载力和稳定易满足要求，但其用料多、自重大，故不宜用于槽高较大和地基承载力较低的情况。一般适宜高度为 8～15m。构造尺寸一般为墩顶长度略大于槽身的宽度，每边外伸约 20cm；墩头一般采用半圆形。墩顶常设混凝土墩帽，厚 30～40cm，四周做成外伸 5～10cm 的挑檐，帽内布设构造钢筋，并根据需要预埋支座部件，墩身四周常以 20：1～30：1 的坡比向下扩大。

空心墩通采用混凝土预制块砌筑，也可采用现浇混凝土，壁厚约 20cm，墩高较大时

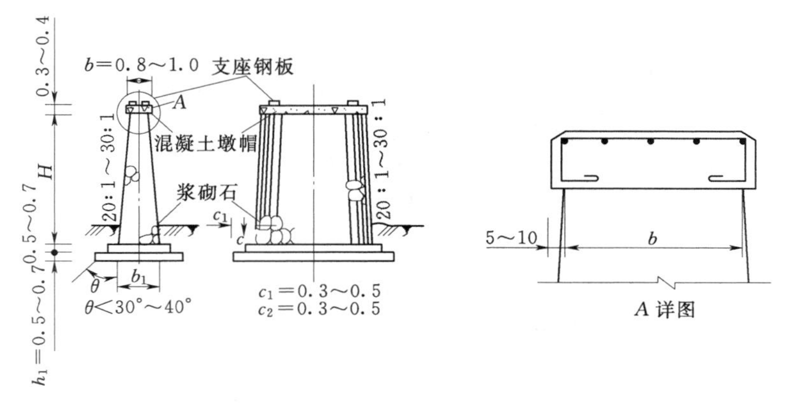

图 3-5-12 实体重力墩

由强度验算决定。该种形式可以节约大量材料，自重小而刚度大，在较高的渡槽中已被广泛应用。其外形尺寸和墩帽构造与实体墩基本相同，常用的横断面形状有圆矩形、矩形、双工字形及圆形四种（图 3-5-14）。墩内沿高每隔 2.5～4m 设置两根横梁，并在墩身下部和墩帽中央设进人孔。

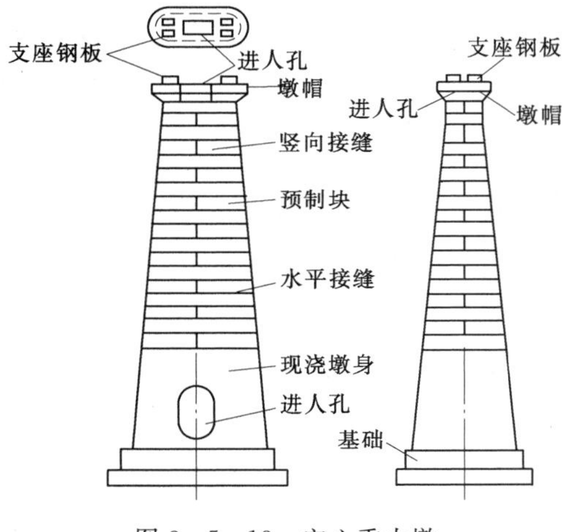

图 3-5-13 空心重力墩

2. 排架

一般采用钢筋混凝土建造，可现浇或预制吊装。常用的形式有单排架、双排架及 A 形排架等几种形式（图 3-5-15）。

单排架是由两根铅直立柱和横梁组成的多层钢架结构，工程中应用广泛，其适用高度一般在 20m 以内。双排架由两个单排架通过水平横梁连接而成，属空间结构，其结构承载力、稳定性及地基承载力均比单排架易满足要求，其适用高度一般为 15～25m。

当排架高度较大时，为满足结构承载力和地基承载力要求，可采用 A 形排架，其适用高度一般为 20～30m，但施工复杂、造价较高。

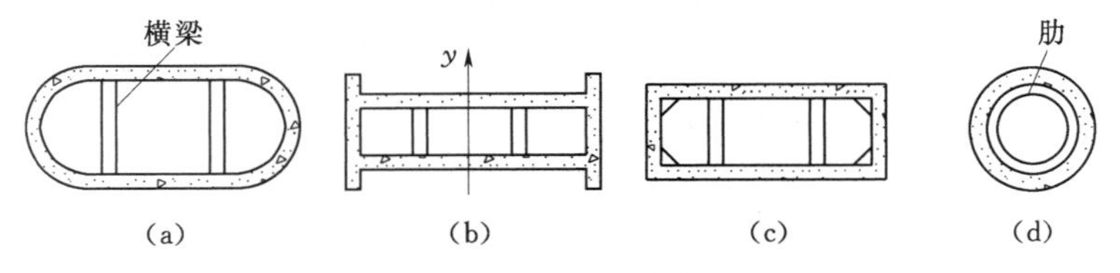

图 3-5-14 空心墩横断面形状

现以单排架为例说明结构尺寸的初步拟定（图 3-5-16）。立柱的截面尺寸：长边（顺槽向）b_1=（1/30～1/20）H，常取 b_1=0.4～0.7m；短边 h_1=（1/2～1/1.5）b_1，常取 h_1=0.3～0.5m。为了改善排架顶部的受力状况，通常排架顶部伸出短悬臂梁（牛腿），悬臂长度$C \geqslant b_1/2$，高度 $h \geqslant b_1$，倾角 θ=30°～45°。横梁间距 l 一般等于或小于立柱间距，

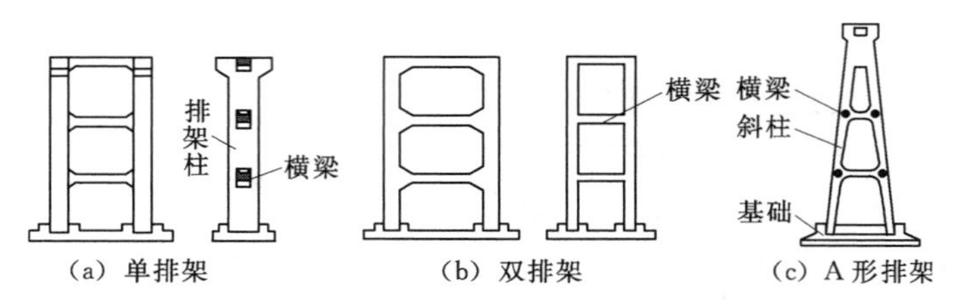

图 3-5-15 排架形式

常采用 2.5～4.0m，梁高 $h_2=(1/8\sim1/6)\ l$，梁宽 $b_2=(1/2\sim1/1.5)\ h_2$，横梁一般按等间距布置，但最下一层的间距可以灵活，横梁与立柱连接处常设 20cm×20cm 的贴角，以期改善交角处的应力状况。

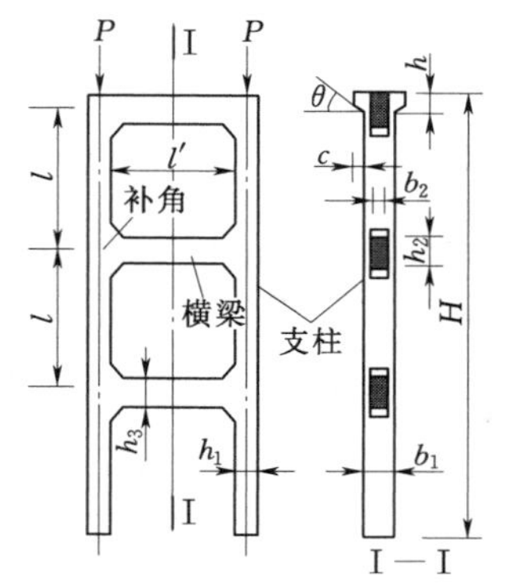

图 3-5-16 单排架结构尺寸

双排架和 A 字形排架都是由单排架构成的，其尺寸可参照单排架拟定。

排架与基础（常采用整体板式基础）的连接形式，视情况不同，可采用固接或铰接。现浇排架与基础采用整体结合，排架竖筋直接伸入基础内部，按固结计算。而预制装配式排架，可随接头处理方式而定。对于固结端，立柱与杯形基础连接时，应在基础混凝土终凝前拆除杯口内模板并凿毛，立柱安装前应将杯口清洗干净，并在杯口底浇灌不小于 C20 的细石混凝土，然后将立柱插入杯口内，在其四周再浇灌细石混凝土［图 3-5-17（a)］；对于铰接，只在立柱底部填 5cm 厚的 C20 细石混凝土抹平，将立柱插入后，在其周围再填 5cm 厚的 C20 细石混凝土，再填沥青麻绳即可［图 3-5-17（b)］。

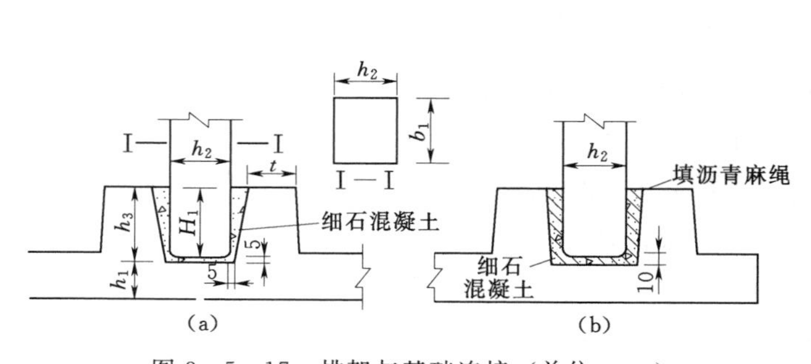

图 3-5-17 排架与基础连接（单位：cm）

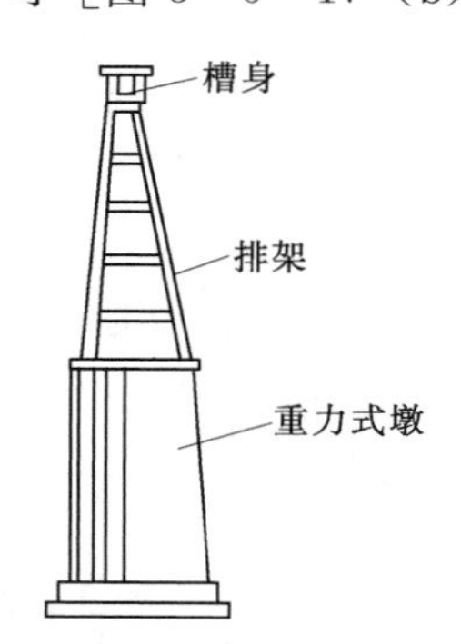

图 3-5-18 组合式墩架

3. 组合式墩架（图 3-5-18）

当渡槽高度超过 30m 或槽高较大，若采用加大柱截面尺寸以满足稳定要求不经济时，则应考虑采用组合式墩架，其上部是排架，下部是重力墩。位于河道中的槽架，最高洪水位以下常采用重力墩，其以上采用排架。

4. 柱桩式槽架（图 3-5-19）

柱桩式槽架的支承柱是桩基础向上延伸而成的，当地基条件差而采用桩基础时，采用此种槽架较为经济。双柱式又可分为等截面和变截面两种形式。

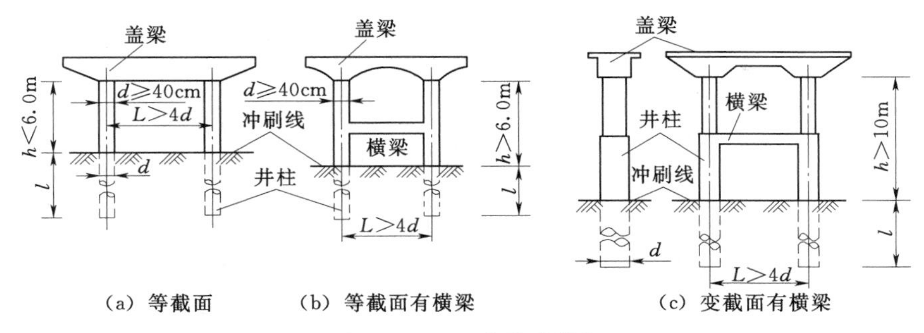

图 3-5-19 柱桩式槽架

(七) 基础

渡槽的基础，按其埋置深度可分为浅基础和深基础两类。埋置深度小于 5m 的为浅基础，大于 5m 的为深基础。

1. 基础形式的选择

基础形式的选择与上部作用、地质条件、洪水冲刷及施工基坑排水等因素有关，其中地质条件是主要因素。浅基础常采用刚性基础或整体板式基础（柔性基础）；深基础一般采用桩基础或沉井基础。

(1) 刚性基础 [图 3-5-20 (a)]。重力式槽墩的基础一般采用刚性基础，其通常用浆砌石或混凝土建成，这种基础通常以台阶形向下逐步扩大，为了使基础满足弯曲和剪切验算要求，通常用刚性角 θ 来控制，即 $\theta = \arctan(c/h)$。图中 c 为每级悬臂长度，h 为级高。对浆砌石基础，$\theta \leqslant 35°$；对混凝土基础，$\theta \leqslant 40°$。台阶的阶数，以扩大后的基底面积满足地基承载力的要求而定。

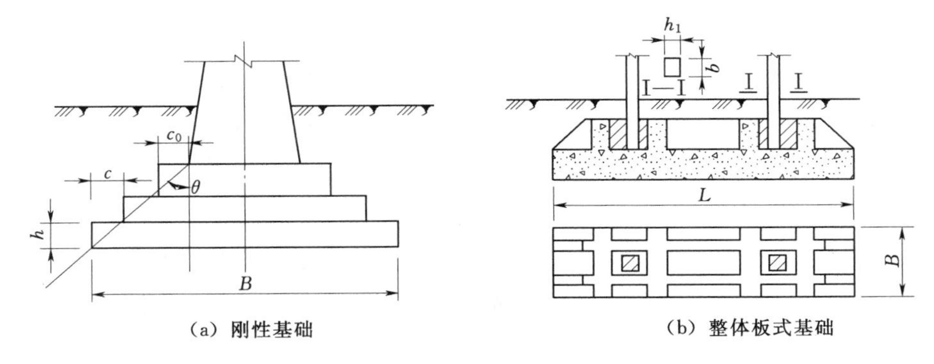

图 3-5-20 浅基础

(2) 整体板式基础 [图 3-5-20 (b)]。由于这种基础设计时需考虑弯曲变形，故又称柔性基础。一般采用钢筋混凝土结构。其能在较小的埋深下获得较大的基底面积，故适应不均匀沉陷的能力强，节省工程量，但需用一定数量的钢筋，主要用于地基承载力较低的情况。

整体板式基础的底面积应满足地基承载力要求，一般可参考类似已建工程初拟尺寸，或按下列经验公式初拟：

$$\left.\begin{aligned} B &\geqslant 3b_1 \\ L &\geqslant S+5h_1 \end{aligned}\right\} \qquad (3-5-13)$$

式中 B——底板宽度，m；

L——底板长度，m；

S——两立柱间的净距，m；

b_1、h_1——立柱横截面的长边与短边边长，m。

（3）桩基础。渡槽桩基础通常采用钻孔桩基础［图3－5－21（a）］，其特别适用于不宜断流需作水下施工的河道，地下水位高，明挖基坑有困难，或无法施工以及软土地基沉陷量过大或承载力不足等情况。一般采用钻井工具造孔，再在孔内放置钢筋并浇灌混凝土而成，其具有施工简单、速度快、造价低等优点。钻孔桩顶部应设承台，将各桩连成整体，承台上再建槽架、槽墩等结构。除钻孔桩以外，在工程中还采用打入桩、挖孔桩、管柱等桩基础。

（4）沉井基础［图3－5－21（b）］。当软弱土层下有持力好的土基或岩层，且其埋藏深度不大，或河床冲刷严重，基础要有较大埋深，即水深、流速较大，水下施工有困难时，宜采用沉井基础。但当覆盖层内有较大漂石、孤石或树木等阻碍沉井下沉的障碍物或持力层岩层表面倾斜度较大时，不宜采用之。

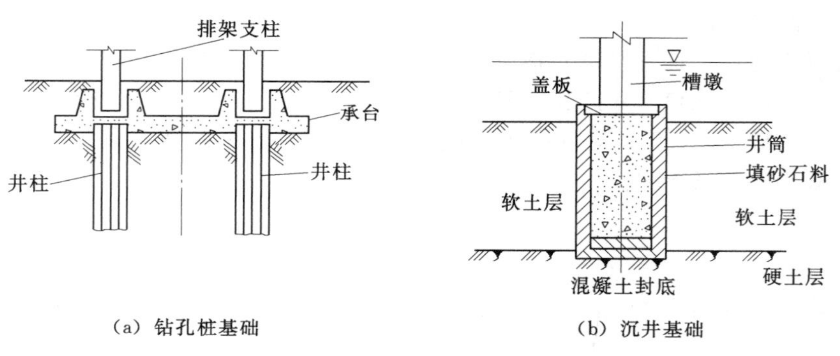

（a）钻孔桩基础　　（b）沉井基础

图3－5－21　深基础

2. 浅基础的埋置深度

浅基础的底面应埋置于地面以下一定的深度，其值应按地基承载力、耕作、抗冰冻及河床冲刷等情况，并结合基础形式及尺寸而定。在满足要求情况下，应尽量浅埋。具体应满足以下几个方面的要求。

（1）地基承载力要求。在满足地基承载力和沉陷要求的前提下，应尽量浅埋，但不得小于0.5m，一般埋于地面以下1.5～2.0m，且基底面以下持力层厚度应大于或等于1.0m。

（2）耕作要求。耕作地内的基础，基础顶面以上至少要留0.5～0.8m的覆盖层。

（3）抗冰冻要求。严寒地区基础顶面在冰冻层以下的深度应通过专门计算确定。

（4）抗冲刷要求。对于位于河道中受水流冲刷的基础，其底面应埋入最大冲刷线以下。最大冲刷线是各个槽墩处最大冲刷深度的连线，可参考有关专著计算最大冲刷深度。

（八）渡槽的细部构造

1. 槽身伸缩缝及止水

梁式渡槽每节槽身的接头处以及槽身与进出口建筑物的连接处，均需设伸缩缝，缝宽3～5cm，伸缩缝中必须用既能适应变形又能防止漏水的材料封堵。常见的伸缩缝止水形式如图3－5－22所示。

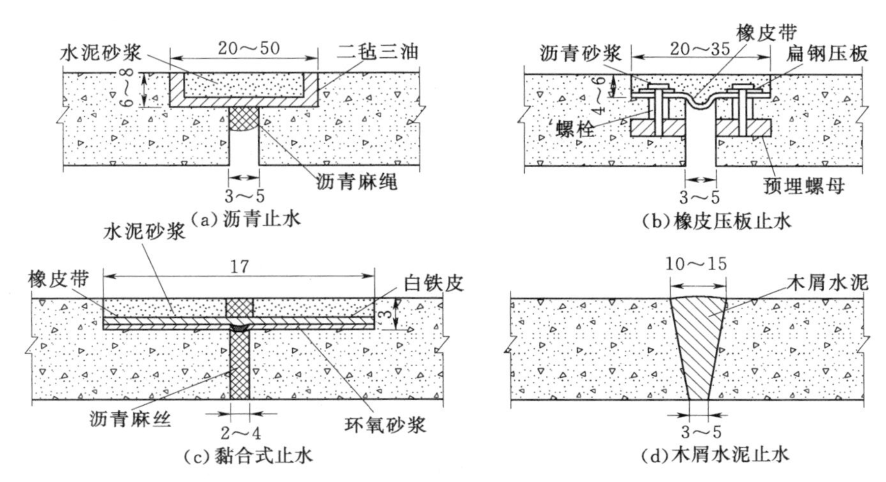

图3－5－22 止水形式（单位：cm）

2. 槽身的支座

（1）平面钢板支座［图3－5－23（a）］。支座的上、下座板，采用25～80mm的钢板制作，其活动端上、下座板的接触面，须刨光并涂以石墨粉，以减小摩阻力和除锈。一般用于跨径在20m以下的槽身支座。

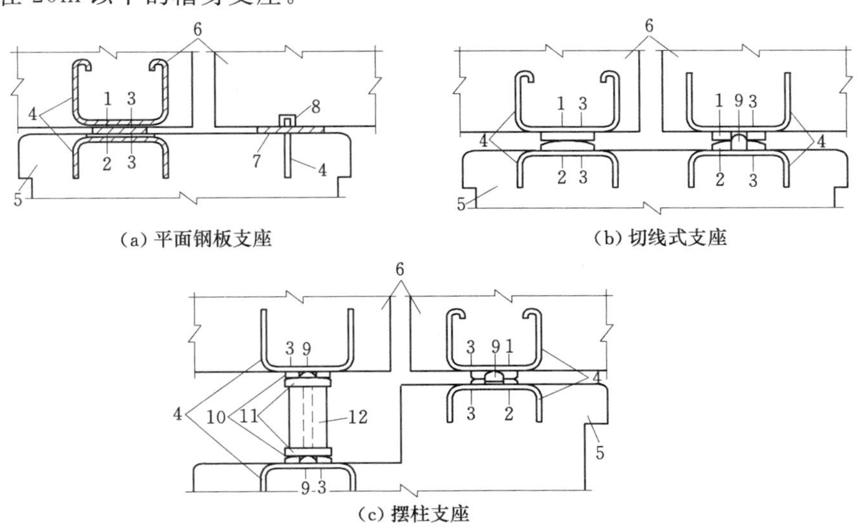

图3－5－23 渡槽支座的形式

1—上座板；2—下座板；3—垫板；4—锚栓；5—墩台帽；6—渡槽；7—钢板；8—套管；9—齿板；10—平面钢板；11—弧形钢板；12—摆柱

(2) 切线式支座［图 3-5-23 (b)］。支座的上座板底面为平面，下座板顶面为弧面，用 40～50mm 钢板精制加工而成。

(3) 摆柱支座［图 3-5-23 (c)］。支座的固定端仍采用切线式支座，活动端为摆柱支座。摆柱可用钢筋混凝土或工字钢作柱身，柱顶、底部配以弧形钢板。其适用于大型渡槽，但抗震性能较差。

多跨简支式渡槽，对于各跨的活动支座与固定支座一般按“定”“动”支座相间排列，使槽身所受的水平外力均匀分配给各个排架。但末跨槽身的固定支座，宜布置在岸墩上。

(九) 渡槽的运用管理

结合渡槽的工作运用特点，针对渡槽运用过程中主要的几个问题处理措施进行说明。

1. 过水能力不足

(1) 减少过水断面的糙率。槽身为砌石时，可以采用水泥浆材料抹面，以增加过水能力。

(2) 加大过水断面面积。确保基础和支承结构稳定的条件下加高加宽过水断面。

(3) 调整渡槽上、下游比降。

(4) 调整槽身比降或调换槽身形式。

2. 槽身漏水处理

(1) 胶泥止水。

1) 配料。胶泥的配制，应按实际工程情况，选择适宜的配合比。

2) 做内、外模。可先用水泥纸袋卷成圆柱状塞入接缝内，在缝的外壁抹一层水泥砂浆，作为外模。3～5 天以后，取出纸卷，将缝内清扫干净，并在缝的内壁嵌木条，用黏泥抹好缝隙作为内模。

3) 灌注。将配制好的胶泥慢慢加温，等胶泥充分塑化后，即可向环形模内灌注。

(2) 油膏止水。这是一种较为简便的方法，一般在缝内灌填油膏而成，其施工程序如下：

1) 接缝处理。接缝内要求清理干净，保持干燥状态。

2) 油膏预热熔化。预热熔化的温度，应保持在 120℃左右，一般是采取间接加温的方式进行。

3) 灌注。油膏灌注之前，应先在缝内填塞一定的物料，如水泥袋纸，并预留约 3cm 的灌注深度，然后灌入预热熔化的油膏。为使其粘贴紧密，应边灌边用竹片将油膏同混凝土面反复揉擦，当灌至缝口时，要用皮刷刷齐。

4) 粘贴玻璃丝布。先在粘贴的混凝土表面刷一层热油膏，将预先剪好的玻璃丝布贴上，再刷一层油膏和粘贴，最后再涂刷一层油膏。施工时，应注意粘贴质量，使其粘贴牢靠。

3. 木屑水泥止水

在接缝中堵塞木屑水泥，作为止水材料，该法施工简单，造价低廉，特别适用于小型工程。

二、倒虹吸管

(一) 倒虹吸管概述

倒虹吸管是输送渠水通过河渠、山谷、道路等障碍物的压力管道式输水建筑物，其形状类似倒置的虹吸管，但并无虹吸作用。

1. 倒虹吸管的适用条件

当渠道与障碍物间相对高差较小，不宜修建渡槽或涵洞时，可采用倒虹吸管。当渠道穿越的河谷宽而深，采用渡槽或填方渠道不经济时，也常采用倒虹吸管。

2. 倒虹吸管的特点

与渡槽相比，可省去支承部分，造价低廉，施工较方便；当埋于地下时，受外界温度变化影响小；属压力管流，水头损失较大；与填方渠道的涵洞相比，可以通过更大的山洪。在小型工程中应用较多。

3. 倒虹吸管的材料

目前，国内外应用较广的有钢筋混凝土、预应力钢筋混凝土和钢板三种。

（1）钢筋混凝土管具有耐久、价廉、变形小、糙率变化小、抗震性能好等优点，一般适用于中等水头（50～60m）以下情况。

（2）预应力钢筋混凝土管在抗裂、抗渗和抗纵向弯曲的性能均优于钢筋混凝土管，且节约钢材，又能承受高压水头作用。在同管径、同水头压力条件下，预应力钢筋混凝土管的钢筋用量仅为钢管的20%～40%，比钢筋混凝土管可节约20%～30%的钢筋，且可节省劳力约20%。故一般对于高水头倒虹吸管，优先采用此种。

（3）钢管具有很高的承载力和抗渗性，而造价较高，可用于任何水头和较大的管径。如陕西韦水倒虹吸管，钢管直径达2.9m。

带钢衬钢筋混凝土管，能充分发挥钢板与混凝土两者的优点，主要适用于高水头、大直径的压力管道工程。

4. 倒虹吸管的类型

按管身断面形状可分为圆形、箱形、拱形；按使用材料可分为木质、砌石、陶瓷、素混凝土、钢筋混凝土、预应力钢筋混凝土、铸铁和钢板等。

圆形管具有水流条件好、受力条件好的优点，在工程实际中应用较广，其主要用于高水头、小流量情况。

箱形管分矩形和正方形两种，可做成单孔或多孔，其适用于低水头、大流量情况。

直墙正反拱形管的过流能力比箱形管强，主要用于平原河网地区的低水头、大流量和外水压力大、地基条件差的情况，其缺点是施工较麻烦。

（二）倒虹吸管的布置与构造

倒虹吸管一般由进口、管身、出口三部分组成。总体布置应结合地形、地质、施工、水流条件、交通情况及洪水影响等因素综合分析而定，力求做到轴线正交、管路最短、岸坡稳定、水流平顺、管基密实。按流量大小、运用要求及经济效益等，可采用单管、双管或多管方案。

1. 管路布置

按管路埋设情况及高差大小不同，常采用以下几种布置形式。

（1）竖井式倒虹吸管（图3-5-24）。一般常用于压力水头小（小于3m）及流量较小的过路倒虹吸管，其优点是构造简单、管路短、占地少、施工较易，而水流条件较差、水头损失大。井底一般设0.5m深的集沙坑，以便清除泥沙及维修水平段时排水之用。

（2）斜管式倒虹吸管（图3-5-25）。中间水平、两端倾斜的倒虹吸管，该种形式水流条件比竖井式好，工程中应用较多。其主要适用于穿越渠道或河流而两者高差较小，且岸坡较缓的情况。

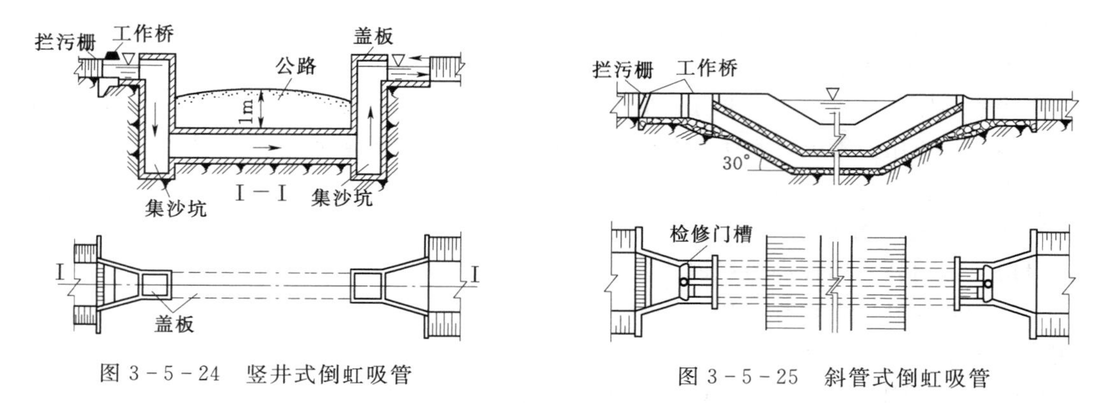

图 3－5－24 竖井式倒虹吸管

图 3－5－25 斜管式倒虹吸管

（3）折线形倒虹吸管（图 3－5－26）。当管道穿越河沟深谷，若岸坡较缓（土坡 $m\geqslant 1.5$，岩坡 $m\geqslant 1.0$），且起伏较大时，管路常沿坡度起伏铺设，称为折线形倒虹吸管。其常将管身随地形坡度变化浅埋于地表之下，埋设深度应视具体条件而异。该种形式开挖量小，但镇墩数量多，主要适用于地形高差较大的山区或丘陵区。

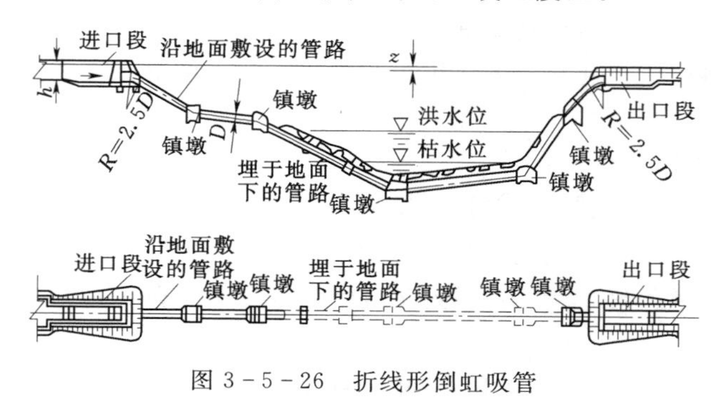

图 3－5－26 折线形倒虹吸管

（4）桥式倒虹吸管（图 3－5－27）。当管道穿越深切河谷及山沟时，为减低施工难度，

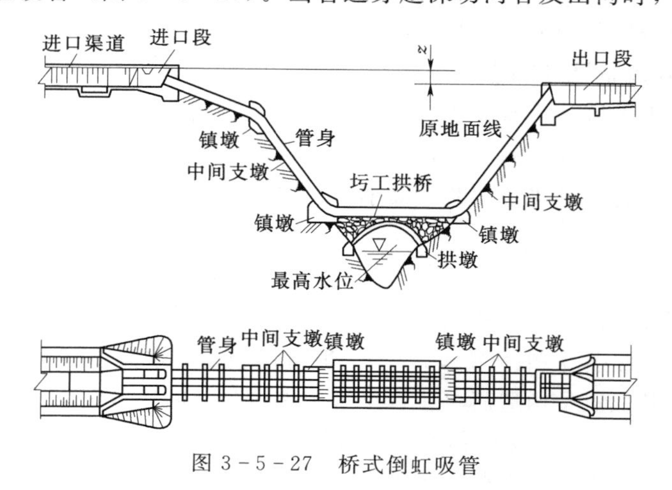

图 3－5－27 桥式倒虹吸管

降低管中压力水头，缩短管道长度，降低沿程水头损失，可在折线形铺设的基础上，在深槽部分建桥，在桥上铺设管道过河，称为桥式倒虹吸管，桥下应留一定的净空高度，以满足泄洪要求。

2. 进口段布置

进口段一般包括渐变段、进水口、拦污栅、闸门及沉沙池等，应视具体情况按需设置。

（1）渐变段。一般采用扭曲面，长度为3～4倍渠道水深，所用材料及对防渗、排水设施的要求与渡槽进口段相同。

（2）进水口。常做成喇叭形，进水口与胸墙的连接通常有三种形式，即当两岸坡度较陡时，对于管径较大的钢筋混凝土管与胸墙的连接［图3-5-28（a）］。喇叭形进口与管身常用弯道连接，其弯道半径一般采用2.5～4.0倍管的内径；当岸坡较缓时，可不设竖向弯道而将管身直接伸入胸墙内0.5～1.0m与喇叭口连接［图3-5-28（b）］。对于小型倒虹吸管，常不设喇叭口，一般将管身直接伸入胸墙［图3-5-28（c）］，其水流条件差。

（3）拦污栅。其常布设在闸门之前，以防漂浮物进入管内。栅条与水平面夹角以70°～80°为宜，栅条间距一般为5～15cm。其形式有固定式和活动式两种。

（4）闸门。单管输水一般不设闸门，常在进口处预留门槽，需要时用迭梁或插板挡水；双管或多管输水时，为满足运用和检修要求，则进口前设置闸门。

（5）沉沙池。若渠道水流中挟带大量粗粒泥沙，为防止管内淤积及管壁磨损，可考虑在进水口前设沉沙池（图3-5-29）。按池内沉沙量及对清淤周期的要求，可在停水期间采用人工清淤，也可结合设置冲沙闸进行定期冲沙。若渠道泥沙资料已知时，沉沙池尺寸按泥沙沉降理论计算而定；无泥沙资料时，可按下列经验公式确定：

$$\left.\begin{array}{ll}\text{池长} & L \geqslant (4\sim5)h \\ \text{池宽} & B \geqslant (1\sim2)b \\ \text{池深} & S \geqslant 0.5D+\delta+20(\text{cm})\end{array}\right\} \tag{3-5-14}$$

式中　b——渠道底宽，m；

h——渠道设计水深，m；

D——管道内径，cm；

δ——管道壁厚，cm。

3. 出口段布置

出口段一般包括出水口、闸门、消力池、渐变段等，其布置形式与进口段类似（图3-5-30）。为满足运用管理要求，通常在双管或多管倒虹吸管出口设闸门或预留迭梁门槽。

出口设消力池的主要作用是调整流速分布，使水流均匀地流入下游渠道，以避免冲刷。消力池的长度一般取渠道设计水深的3～4倍。

池深可按下式估算

$$S \geqslant 0.5D+\delta+30\ (\text{cm}) \tag{3-5-15}$$

式中，D、δ 与沉沙池经验公式中的含义相同。

出口渐变段形式一般与进口段相同，其长度通常取渠道设计水深的5～6倍。对于小型倒虹吸管，常用复式断面消力池与下游渠道按同边坡相连［图3-5-30（a）］。

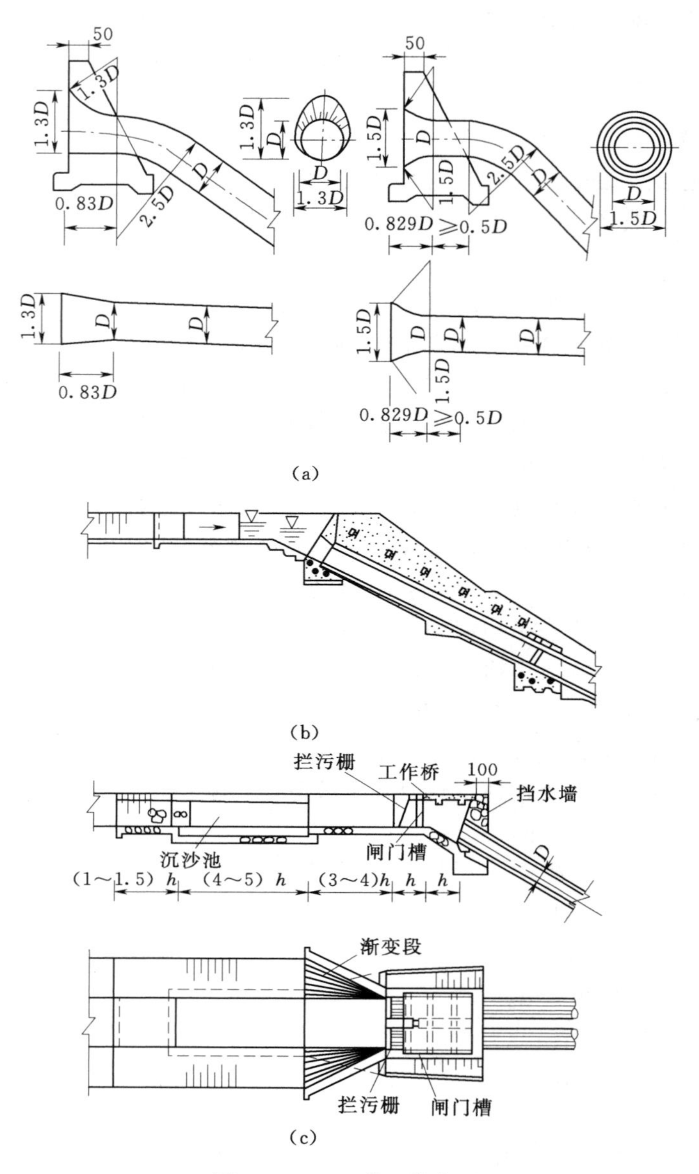

图 3-5-28　进口段布置

4. 倒虹吸管的构造

(1) 管身构造。为了防止温度变化、耕作等不利因素的影响，防止河水冲刷，管道常埋于地表之下（钢管一般采用露天布置）。其埋深视具体情况而定，一般要求：在严寒地区，须将管身埋于冰冻层以下；通过耕地时，应埋于耕作层以下，一般埋深为 0.6～1.0m；穿过公路时，管顶埋土厚度取 1.0m 左右；穿越河道时，管顶应在冲刷线以下 0.5～0.7m。

为了清除管内淤积和泄空管内积水以便进行检修，应在管身设置冲沙泄水孔，孔的底部高程一般与河道枯水位齐平，对桥式倒虹吸管，则应设在管道最低部位。进人孔与泄水

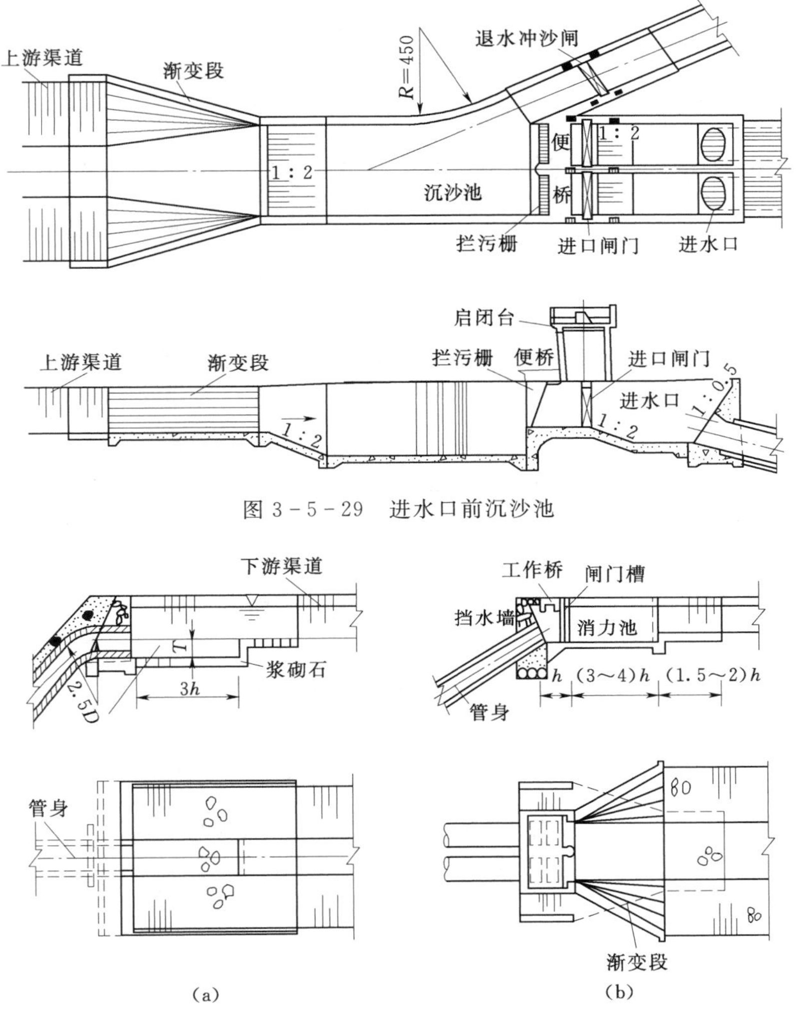

图 3-5-29 进水口前沉沙池

图 3-5-30 出口段布置

孔可单独或结合布置，最好布设在镇墩内。

倒虹吸管的埋设方式、管身与地基的连接形式、伸缩缝等，与土石坝坝下埋管基本相同。对于较好土基上修建的小型倒虹吸管，可不设连续座垫，而采用支墩支承，支墩的间距视地基及管径大小等情况而定，一般采用 2～8m。

为了适应地基的不均匀沉降以及混凝土的收缩变形，管身应设伸缩沉降缝，缝中设止水，缝的间距可根据地质条件、施工方法和气候条件综合确定。现浇钢筋混凝土管缝的间距，在挖方土基上一般为 15～20m，在填方土基上为 10m 左右，岩基上为 10～15m。缝宽一般为 1～2cm，常用接缝的构造如图 3-5-31 所示。

现浇管多采用平接和套接，缝间止水片现多采用塑料止水接头或环氧基液贴橡胶板，其止水效果好。预制管在低水头时用企口接，高水头时用套接，缝宽多为 2cm。各种接缝形式中，应注意塑料（或橡胶）不能直接和沥青类材料接触，否则会加速老化。

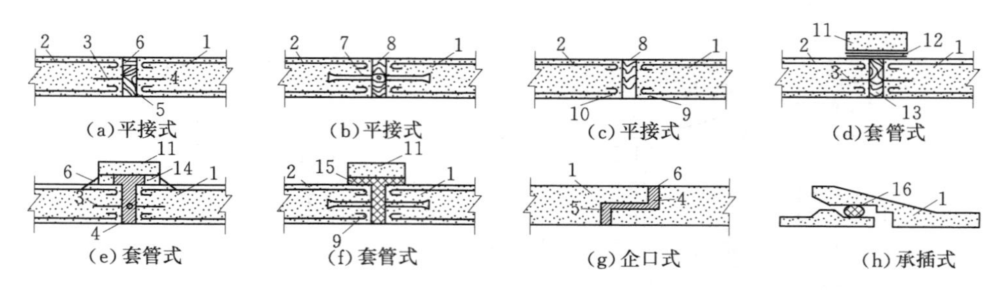

图 3-5-31　管身的接缝止水构造

1—管壁；2—钢筋；3—金属止水片；4—沥青麻绒；5—沥青麻绳；6—水泥砂浆；7—塑料止水带；8—防腐软木圈；9—环氧基液贴橡胶板；10—橡胶板保护层；11—套管；12—沥青油毡；13—柏油杉板；14—石棉水泥；15—沥青玛瑞脂；16—橡胶圈

预制钢筋混凝土管及预应力钢筋混凝土管，管节接头处即为伸缩沉降缝，其管节长度可达 5～8m，接头形式可分为平接式和承插式，承插式接头施工简易，密封性好，具有较好的柔性，目前被广泛采用。

(2) 支承结构及构造。

1) 管座（图 3-5-32)。对于小型钢筋混凝土管或预应力钢筋混凝土管，常采用弧形土基、三合土、碎石垫层，其中碎石垫层多用于箱形管，弧形土基、三合土多用于圆管。对于大中型倒虹吸管常采用浆砌石或混凝土刚性管座。

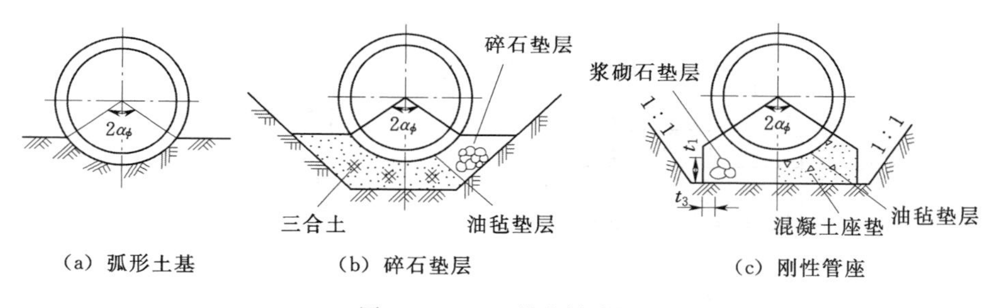

图 3-5-32　管座构造图

2) 支墩。在承载能力超过 100kPa 的地基上修建中小型倒虹吸管时，可不用连续管座而采用混凝土支墩，其常采用滚动式、摆柱式及滑动式。而对于管径小于 1m 的，也可采用鞍座式支墩，其包角一般为 120°，支墩间距取 5～8m 为宜。预制管支墩一般设于管身接头处，现浇管支墩间距一般为 5～18m。

3) 镇墩（图 3-5-33)。在倒虹吸管的变坡处、转弯处、管身分缝处、管坡较陡的斜管中部，均应设置镇墩，用以连接和固定管道，承受作用。镇墩一般采用混凝土或钢筋混凝土重力式结构，其与管道的连接形式有刚性连接和柔性连接两种。刚性连接是将管端与镇墩浇筑成一个整体［图 3-5-33 (a)］，适用于陡坡且承载力大的地基。柔性连接是将管身插入镇墩内 30～50cm 与镇墩用伸缩缝分开［图 3-5-33 (b)］，缝内设止水片，常用于斜坡较缓的土基上。位于斜坡上的中间镇墩，其上端与管身采用刚性连接，下端与管身采用柔性连接，这样可以改善管身的纵向工作条件。

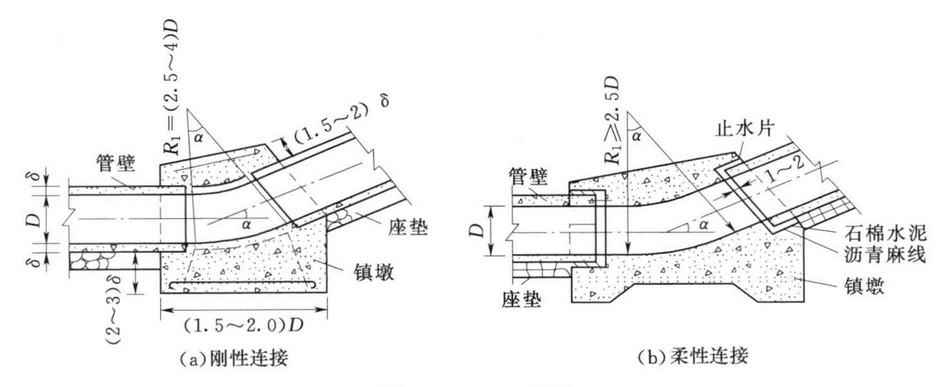

(a)刚性连接　　(b)柔性连接

图 3-5-33　镇墩

(三) 倒虹吸管的水力计算

倒虹吸管为压力流，其流量按有压管流公式进行计算。倒虹吸管水力计算是在渠系规划和总体布置基础上进行的，其上下游渠道的水力要素、上游渠底高程及允许水头损失均为已知。水力计算的主要任务是确定管道的横断面尺寸与管数、水头损失、下游渠底高程及进行进出口的水面衔接计算。

1. 确定横断面形状及管数

(1) 断面形状。最常用的断面形状有圆形、箱形、直墙正反拱形三种，设计中应结合工程实际情况选择合适的断面形状。

(2) 管数的确定。合理选择管数也是设计中关键之一。选用单管、双管或多管输水，主要考虑设计流量大小及其变幅情况、运用要求、技术经济等几个重要因素，对于大流量或流量变幅大、检修时要求给下游供水、采用单管技术经济不够合理时，宜考虑采用双管或多管。

2. 横断面尺寸

倒虹吸管横断面尺寸主要取决于管内流速的大小，管内流速应根据技术经济比较和管内不淤条件确定，管内的最大流速由允许水头损失控制，最小流速则按挟沙流速确定。工程实践表明，倒虹吸管通过设计流量时，管内流速一般为 1.5～3.0m/s。有压管流的挟沙流速可按下式进行计算：

$$v_{np}=w_0\sqrt[6]{\rho}\cdot\sqrt[4]{\frac{4Q_{np}}{\pi d_{75}^2}} \tag{3-5-16}$$

式中　v_{np}——挟沙流速，m/s；

w_0——泥沙沉速或动水水力粗度，cm/s；

ρ——挟沙水流含沙率，以质量比计；

Q_{np}——通过管内的相应流量，m^3/s；

d_{75}——挟沙粒径，mm，以质量计，小于该粒径的沙占 75%。

初选流速后，可按设计流量由公式 $A=\dfrac{Q}{v}$ 计算所需过水断面积 A。

对于圆形管，则管径为

$$D=\sqrt{\frac{4A}{\pi}} \tag{3-5-17}$$

对于箱形管，则

$$h=\frac{A}{b} \tag{3-5-18}$$

式中　b——管身过水断面的宽度，m；

h——管身过水断面的高度，m。

3. 水头损失计算及过流能力校核

倒虹吸管的水头损失包括沿程水头损失和局部水头损失两种。即总水头损失为

$$Z=h_f+h_j \tag{3-5-19}$$

式中　Z——总水头损失，m；

h_f——沿程水头损失，m；

h_j——局部水头损失之和，m。

由于一般情况下局部水头损失在总水头损失中所占比例很小，故除大型管道外，为简化计算，也可采用管内平均流速代替不同部位的流速值。

按通过设计流量计算水头损失 Z 后，与允许的 $[Z]$ 值进行比较，若 Z 等于或略小于 $[Z]$，则说明初拟的 v 合适；否则，另选 v，重新计算，直到 $Z\approx[Z]$。

过流能力按有压管流公式进行计算。

4. 下游渠底高程的确定

一般根据规划阶段对该工程水头损失的允许值，并分析运行期间可能出现的各种情况，参照类似工程的运行经验，选定一个合适的水头损失 Z，据此确定下游渠底设计高程。确定的下游渠底高程应尽量满足：①通过设计流量时，进口处于淹没状态，且基本不产生壅水或降水现象；②通过加大流量时，进口允许产生一定的壅水，但一般不宜超过30～50cm；③通过最小流量时（按最小不利情况输水），管内流速满足不淤流速要求，且进口不产生跌落水跃。

5. 进口水面衔接计算

(1) 验算通过最大流量时，进口的壅水高度是否超过挡水墙顶和上游堤顶有无一定的超高。

(2) 验算通过最小流量时，进口的水面跌落值是否会在管道内产生不利的水跃情况。为了避免在管内产生水跃，可根据倒虹吸管总水头损失的大小，采用不同的进口结构形式（图 3-5-34）。

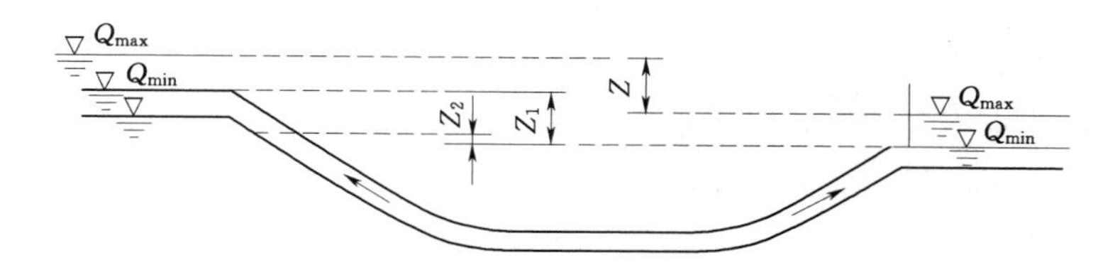

图 3-5-34　倒虹吸管水力计算

当 Z_1-Z_2 差值较大时，可适当降低进口高程，在进口前设消力池，池中水跃应被进口处水面淹没 [图 3-5-35 (a)]。

当 Z_1-Z_2 差值不大时，可降低进口高程，在进口设斜坡段 [图 3-5-35 (b)]。

当 Z_1-Z_2 很大时，在进口设消力池布置困难或不够经济时，可采用在出口设闸门。

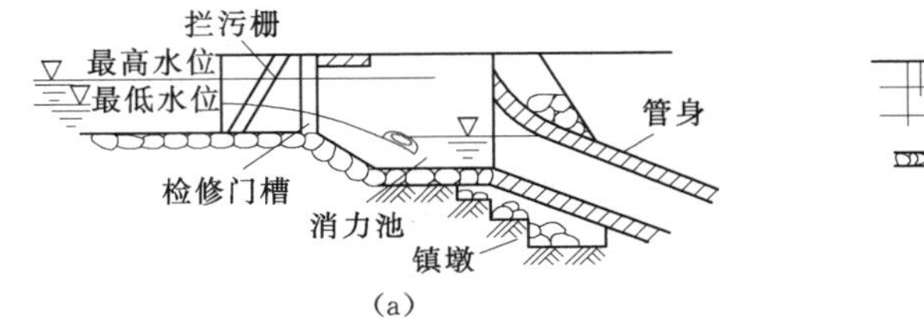

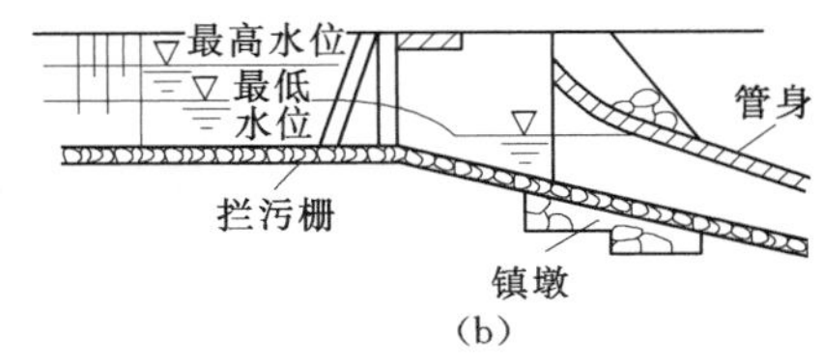

图 3-5-35 倒虹吸管进口水面衔接

(四) 倒虹吸管的运用管理

1. 倒虹吸管的管理

(1) 初次放水或冬修后，不应放水太急，以防回水的顶涌破坏。

(2) 与河谷交叉的倒虹吸管，要做好护岸工程，并经常保持完整，防止冲刷顶部的覆土。

(3) 顶部上弯的管顶应设放气阀，第一次放水时，要把其打开，排除空气，以免造成负压，引起管道破坏。

(4) 寒冷地区，冰冻前应将管内积水抽干，若抽水困难较大时，也可将进出口封闭，使管内温度保持在0℃以上，以防冻裂管道。

(5) 闸门、拦污栅、排气阀要经常维护，确保操作运用灵活。

2. 倒虹吸管的维修

(1) 裂缝漏水的处理。按其发生的部位和形状，一般分为纵向裂缝、横向（环向）裂缝和龟纹裂缝。有关资料和试验表明，凡管壁裂缝宽度小于0.1mm的，对渗漏和钢筋锈蚀均无显著影响，可不做处理；当裂缝宽度超过0.1mm时应进行处理，以防裂缝漏水，造成破坏。

裂缝的处理：应达到管身补强和防渗漏的目的，如内衬钢板、钢丝网水泥砂浆、钢丝网环氧砂浆、环氧砂浆贴橡皮、环氧基液贴玻璃丝布、聚氯乙烯胶泥填缝及涂抹环氧浆液等。

(2) 接头漏水的处理。可先在接缝处充填沥青麻刀，然后在内壁表层用环氧砂浆贴橡皮。对于已填土并且受温度影响较小的埋管，可改用刚性接头，并在一定距离内设柔性接头。刚性接头施工时，可在接头内外口填入石棉或水泥砂浆，内设止水环，并在内壁面上涂抹环氧树脂。

钢制倒虹吸管的接头漏水，主要原因通常是主管壁薄，刚度不足，受力变形后不能与伸缩节的外套环钢板相吻合，或者是伸缩节内所填充的止水材料不够密实，或者压缩后回弹不足。为了防止钢制虹吸管接头漏水，首先要求设计时，采用加强管壁刚度的有效措施，在运用管理中，每年的冬修都必须拆开伸缩节，进行止水材料的更换。

三、跌水与陡坡

当渠道通过地面坡度过陡的地段或陡坎时，往往将水流的落差集中，并修建建筑物连接上下游渠道，以减少渠道的挖填方量，并有利于下级渠道分水，使总体造价最低，这种建筑物称为落差建筑物。

常见的落差建筑物有跌水、陡坡两种，可用于调节渠道纵坡，还可用于渠道上分水、排洪、泄水和退水建筑物中。

水流呈自由抛射状态跌落于下游消力池的落差建筑物称为跌水，水流沿着底坡大于临界坡的明渠陡槽呈急流而下的落差建筑物称为陡坡。

（一）跌水

跌水的上下游渠底高差称为跌差。跌差小于 3～5m 时布置成单级跌水；跌差超过 5m 时布置成多级跌水，常采用等落差布置，每级跌差控制在 3～5m。跌差可根据建筑材料及单宽流量选取。单级跌水由进口连接段、跌水口、跌水墙、消力池和出口连接段组成，如图 3-5-36 所示。

1. 进口连接段

进口连接段由翼墙和防冲式铺盖组成，如图 3-3-37 所示，其作用是平顺水流、防渗及防冲。翼墙的形式有扭曲面、八字墙、圆锥形等，其中扭曲面翼墙的水流条件较好。

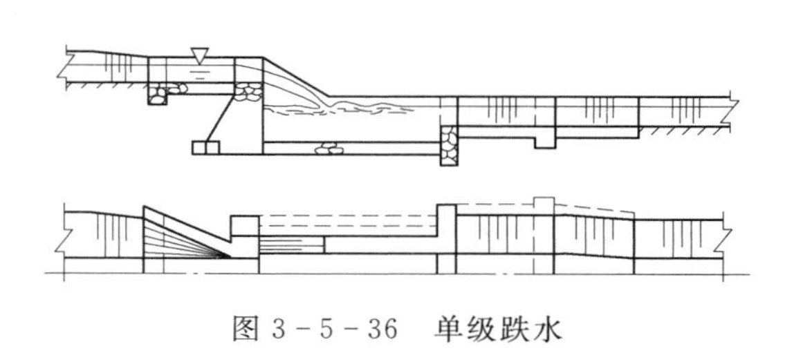

图 3-5-36 单级跌水

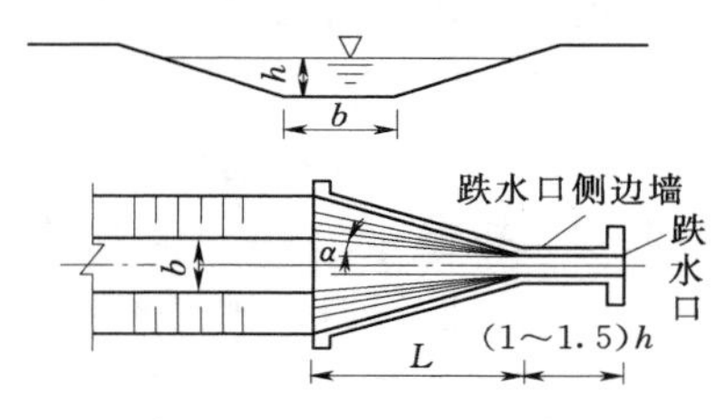

图 3-5-37 进口连接段

2. 跌水口

跌水口亦称控制缺口，其作用是控制上游渠道水面线在各种流量下不会产生壅高或降低。跌水口是设计跌水和陡坡的关键。常将跌水口横断面缩窄成缺口，减小水流的过水断面，以保持上游渠道要求的正常水深。缺口形式有矩形、梯形、抬堰式，如图 3-5-38 所示。

（1）矩形跌水口。跌水口底部高程与上游渠底相同。缺口宽度设计按通过设计流量时，跌水口前的水深与渠道水深相近的条件控制。其优点是结构简单，施工方便；缺点是在流量大于或小于设计流量时，上游水位将产生壅高或降落，单宽流量大、水流扩散条件不好时对下游消能不利。矩形跌水口适用于渠道流量变化不大的情况，如图 3-5-38 (a) 所示。

（2）梯形跌水口。跌水口底部高程与上游渠底相同，两侧为斜坡。按两个特征流量设计缺口断面尺寸，使上游渠道不致产生过大壅水和降落现象。其单宽流量较矩形跌水口小，减少了对下游渠道的冲刷。梯形跌水口适用于流量变化较大或较频繁的情况，如图 3-5-38 (b) 所示。

梯形跌水口的单宽流量仍较大，水流较集中，造成下游消能困难。当渠道流量较大时，常用隔墙将缺口分成几部分，减轻对下游的冲刷。

(3) 抬堰式跌水口。在跌水口底部做一抬堰，其宽度与渠底相等。常做成无缺口抬堰［图3-5-38(c)］或做成带矩形小缺口抬堰［图3-5-38(d)］。前者能保持通过设计流量时，使跌水口前水深等于渠道正常水深。但通过小流量时，渠道水位将产生壅高或降低，同时抬堰前易造成淤积，适用于含沙量不大的渠道。后者避免了淤积问题。

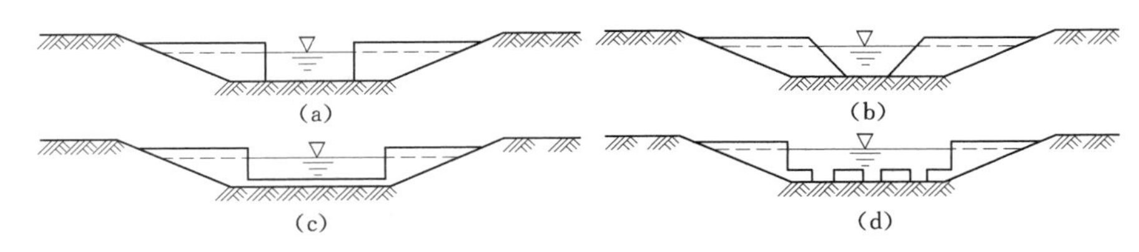

图3-5-38 跌水口形式

3. 跌水墙

跌水墙有直墙和倾斜墙两种，常采用重力式挡土墙。由于跌水墙插入两岸，其两侧有侧墙支撑，稳定性较好。设计时，常按重力式挡土墙设计，但考虑到侧墙的支撑作用，也可按梁板结构计算。在可压缩性的地基上，跌水墙与侧墙间常设沉降缝。在沉降量小的地基上，可将两者做成整体结构。

为防止上游渠道渗漏而引起下游的地下水位抬高，减小对消力池底板等的渗透压力，应做好防渗排水设施。设置排水管道时，应与下游渠道相连。

4. 消力池

跌水墙下设消力池，使下泄水流形成底流式消能，设计原理同水闸，其长度尚应计入水流跌落到池底的水平距离。

5. 出口连接段

出口连接段包括海漫、防冲槽、护坡等。其作用是消除余能，调整流速分布，使水流平顺进入渠道，保护渠道免受冲刷。出口连接段长度大于进口连接段。消力池末端常用1∶2或1∶3的反坡与下游渠底相连，水平扩散角度一般采用30°～45°。

(二) 陡坡

陡坡由进口连接段、控制缺口(或闸室段)、陡坡段、消力池和出口连接段组成，如图3-5-39所示。

根据不同的地形条件和落差大小，陡坡也可建成单级或多级两种形式。后者多建在落差较大且有变坡或有台阶地形的渠段上。至于分级及各级的落差和比降，应结合实际地形情况确定。

陡坡的进口连接段和控制缺口的布置形式与跌水相同，但对进口水流平顺和对称的要求比跌水更严，以使下泄水流平稳、对称且均匀地扩散，为下游消能创造良好条件。由于陡坡段水流速度较高，若其进口及陡坡段布置不当，将产生冲击波致使水流翻墙和气蚀等。

陡坡的控制缺口常利用闸门控制水位及流量，如图3-5-40所示。其优点是既能排沙，又能保证下泄水流平稳、对称且均匀地扩散。陡坡与桥相结合时把控制缺口设计成闸往往是比较经济的。

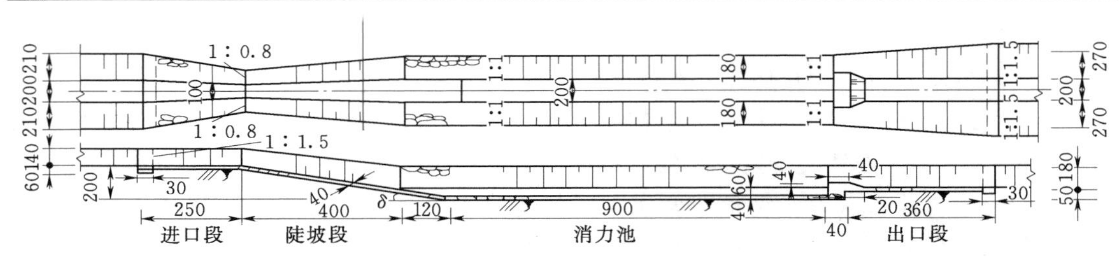

图 3-5-39 扩散形陡坡（单位：cm）

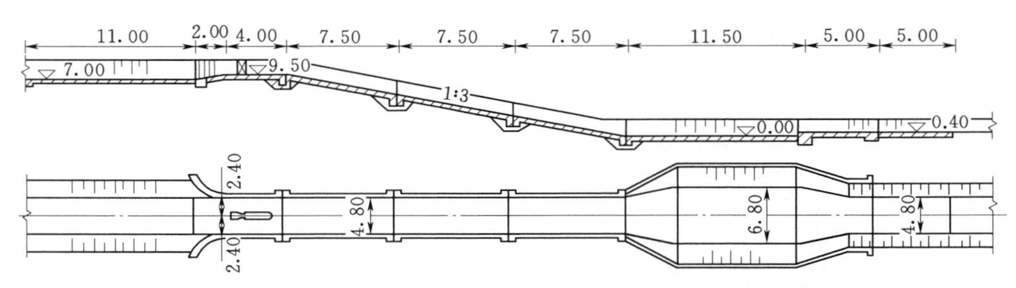
图 3-5-40 有闸控制的陡坡（单位：m）

1. 陡坡段的布置

在平面上应采用直线布置，陡坡底可做成等底宽、扩散形或菱形三种。等底宽的优点是结构简单，其缺点是对消能不利，一般适用于落差较小的小型陡坡。就消能而言，扩散形或菱形陡坡较为有利。横断面常做成梯形或矩形。

(1) 扩散形陡坡。如图 3-5-39 所示，扩散形陡坡的布置主要决定于比降和扩散角。当落差一定时，比降越大则底坡越陡，工程量越小。因此，工程中多采用较大的比降，一般为 1∶3～1∶10。在土基上修建陡坡时，其最大倾角不能超过饱和土的内摩擦角以保证工程安全。根据经验，扩散角一般为 5°～7°。

(2) 菱形陡坡。菱形陡坡的布置是上部扩散、下部收缩，在平面上呈菱形，如图 3-5-41 所示，并在收缩段的边坡上设置导流肋。这种布置能使水跃前后的水面宽度一致，两侧不产生立轴游涡，使出口处流速分布均匀，减轻对下游的冲刷，一般用于落差在 2～8m 的情况。

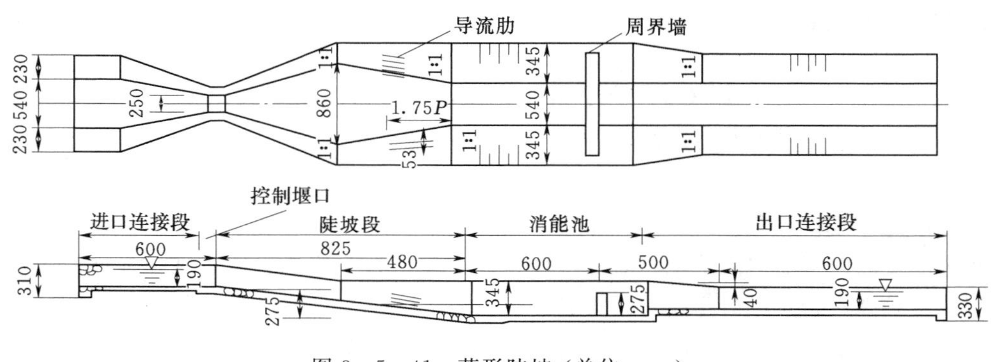

图 3-5-41 菱形陡坡（单位：cm）

(3) 陡坡段的人工加糙。在陡坡段进行人工加糙后，调整了垂线上的流速分布，增加

了紊流层，降低流速，增加水头损失，对改善下游流态及消能有明显的作用。其效果与人工加糙的布置形式、尺寸等密切相关，一般大中型陡坡通过模型试验确定。常见的加糙形式有双人字形槛、交错式矩形糙条、单人字形槛、梅花形布置方墩等，如图 3-5-42 所示。

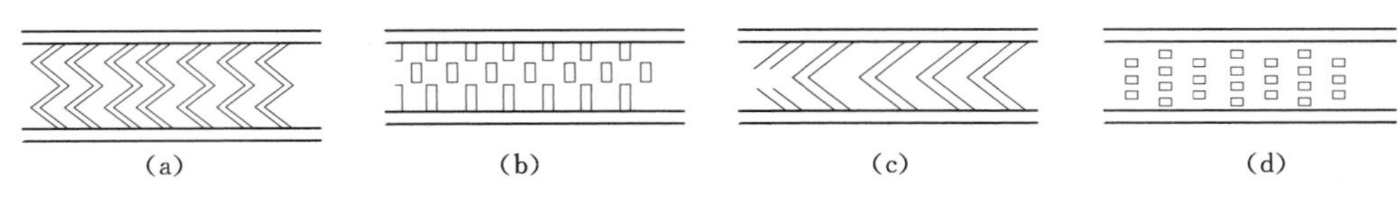

图 3-5-42 人工加糙

2. 消力池及出口连接段

消力池断面常采用梯形，或者低于渠底的部分用矩形，高于渠底部分用梯形。为了提高消能效果，消力池中常设一些辅助消能工，如消力齿、消力墩、消力肋及尾槛等。

出口段采用反坡调整流速分布效果比较好，反坡可用 1∶2～1∶3。若消力池断面大于下游渠道断面，出口衔接段收缩应不小于 3∶1。护砌段断面应与下游渠道一致，护砌长度一般为 $L=(6\sim15)h''$（h''为跃后水深）。

本 章 小 结

本章重点学习地表取水工程的类型、特点及应用范围，不同地表取水工程的组成建筑物，应着重掌握以下内容：地表取水工程的分等与分级的依据；无坝取水工程的类型和组成特点；有坝取水工程的类型和组成建筑物；水闸的组成及设计要点；渠系建筑物的组成及设计要点。

自 测 练 习 题

一、填空题

1. 水闸按闸室结构形式可分为________和________两种形式。

2. 在水闸的运行中，海漫起到的作用是________，工程上常用的海漫形式有________、________、________和________。

3. 渡槽一般由________、________和________及________组成。

4. 渡槽的适用条件，一般是所跨越的河渠相对高差________，河道的岸坡________，流量________的情况。

5. 渡槽水力计算包括________、________及________、________等内容。

6. 倒虹吸管的纵剖面布置形式，主要有________、________、________和桥式倒虹等。

7. 倒虹吸管的管身埋设深度，对于跨河情况，管顶应在________以下 0.5m；对于穿越公路情况，管顶应在路面以下________m。

8. 渠系建筑物中，陡坡是指上游渠道水流沿________下泄到下游渠道的________建筑物。

9. 有坝取水枢纽，是指河道水量________，但水位________，不能满足________要

求，或引水量较大，无坝引水不满足要求的情况。

10. 无坝引水枢纽中，引水角一般为30°～50°，引水角越小，水流条件越________、冲刷越________、渠首的布置也就越________。

二、选择题

1. 对渡槽来讲，下面说法正确的是（　　）。
   A. 输送水流跨越河道、道路、购谷等障碍物
   B. 水头损失较小，便于通航、管理
   C. 其分为槽身、支撑结构、基础
   D. 和倒虹吸管比较，造价低廉、施工方便
2. 渡槽按支承结构形式可分为（　　）。
   A. U形渡槽　B. 钢筋混凝土渡槽　C. 梁式渡槽
   D. 拱式渡槽　E. 桁架式渡槽
3. 渡槽、倒虹吸和涵洞，属于（　　）。
   A. 控制建筑物　B. 落差建筑物　C. 交叉建筑物　D. 泄水建筑物
4. 跌水与陡坡，属于（　　）。
   A. 控制建筑物　B. 落差建筑物　C. 交叉建筑物　D. 泄水建筑物
5. 下列渠系建筑物中，属于控制建筑物的是（　　）。
   A. 节制闸　B. 渡槽　C. 跌水陡坡　D. 泄水闸
6. 道路与渠道相交叉，因高差较小（渠高路低），应采用（　　）方案。
   A. 渡槽　B. 桥梁　C. 涵洞　D. 倒虹吸
7. 当上一级渠道的水量丰富、水位较高时，则其引水方式应采用（　　）。
   A. 无坝取水　B. 有坝取水　C. 蓄水取水　D. 抽水取水
8. 无坝引水枢纽的组成，不应包含（　　）。
   A. 引水闸　B. 节制闸　C. 冲沙闸　D. 排沙闸

三、简答题

1. 无坝取水工程的特点是什么？都有哪些形式？
2. 有坝取水工程的特点是什么？都有哪些形式？
3. 水闸的地基处理方法有哪些？
4. 提高闸室抗滑稳定性的工程措施有哪些？
5. 梁式渡槽的支承形式有哪几种？各有何优缺点？适用条件是什么？
6. 试说明渡槽常用基础的种类及适用范围。
7. 渡槽断面有哪些形式？每种形式的优缺点及适用性如何？
8. 如何确定倒虹吸管的横断面尺寸？
9. 如何计算倒虹吸管的水头损失？试用公式说明。
10. 陡坡、跌水各由哪几部分组成？

第四章　水力发电工程

【学习指导】本章学习水力发电的基本原理，水能的开发方式和水电站的基本类型，水力发电站工程中的引水建筑物、厂区建筑物的布置以及水轮发电机组的布置等，重点掌握水力发电工程中水电站建筑物的布置、厂区建筑物的运行和管理等。

第一节　水力发电工程概述

一、水力发电的基本原理

（一）水能的利用原理

水力发电的任务是采用最经济安全的方法，将消耗在河床路程上的水能收集储存起来并转换成电能。水力发电工程是指修建不同的水工建筑物来集中水头并引入一定的流量，形成水能，将其输送到水轮机中使水轮机旋转做功，并带动发电机发电的工程。在水力发电的全过程中，为了实现电能的连续生产而修建的一系列水工建筑物，安装的水轮发电机组及其附属设备和变电站的总体，称为水电站。

如图 4-1-1 所示，高处水池中的水体，具有较高的势能，当水池中的水由压力水管流过安装在水电站厂房内的水轮机而排至水电站下游的尾水渠时，水流冲击水轮机的转轮旋转，使水能转换为旋转的机械能，水轮机转轮又带动发电机转子旋转，在发电机的定子绕组上产生感应电势，当和外电路接通后，便产生了电流，发电机就向外供电。这就是水能转换为机械能然后再转换为电能的全过程，如图 4-1-2 所示。

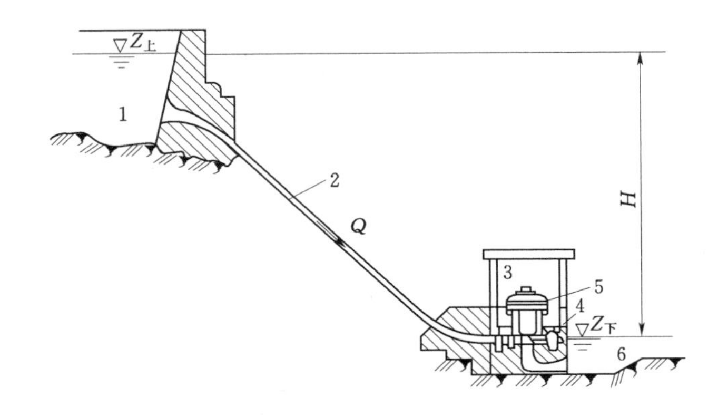

图 4-1-1　水电站示意图

1—水池；2—压力水管；3—水电站厂房；4—水轮机；5—发电机；6—尾水渠

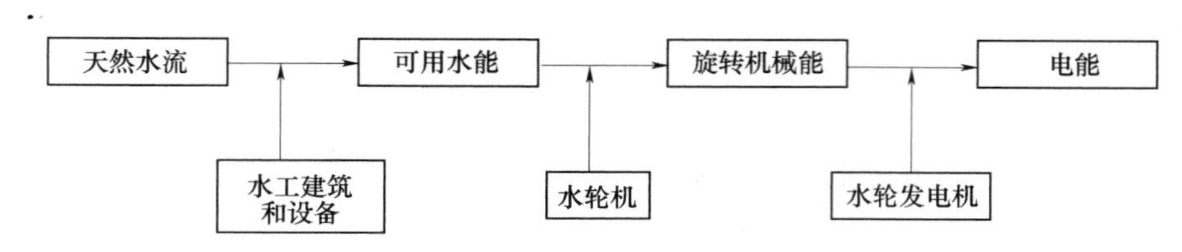

图 4-1-2　水能转换为电能过程框图

（二）水电站出力、发电量和装机容量

1. 水电站出力

通常把水流在单位时间内做功的能力称为水流出力。水电站所利用的水流出力，简称水电站出力，其大小与所取得的水头 H 和流量 Q 之间的关系为

$$N=9.81\eta QH \tag{4-1-1}$$

式中　N——水电站出力，kW；

η——水电站效率，%；

H——水头，m；

Q——流量，m^3/s。

水电站效率 η 是考虑到引水系统、水轮机、发电机和传动设备都存在能量损失而采用的系数。该值一般随水头和流量的变化而改变，常以设计工作状态下的数值为计算值。若设

$$K=9.81\eta$$

则由式（4-1-1）得

$$N=KHQ \tag{4-1-2}$$

式中　K——水电站出力系数，在规划电站时，对于大中型水电站一般取 $K=7.5\sim8.5$；对于小型水电站取 $K=6.0\sim7.5$。

2. 水电站发电量

水电站的发电量是指在某一段时间 T 内，水电站所发出的电能总量，其计算方法，对于较短的时段，如日、月等，发电量 E 可由该时段内电站的平均出力 N 和该时段的小时数 T 相乘得出，即

$$E=\overline{N}T \tag{4-1-3}$$

式中　E——T 时段内发电量，kW·h；

T——计算时段内小时数，h；

$\overline{N}$——T 时段内平均出力，kW。

对于较长时段，如季、年等，由式（4-1-3）先计算该季或年内各日（或月）的发电量，然后再总加得出。

3. 水电站装机容量

水电站装机容量是指电站所有机组额定容量的总和，这是表示水电站规模大小和生产能力的重要指标。所谓机组额定容量，是指发电机的铭牌出力，即水电站机组的单机容量。水电站装机容量决定了它在正常工作情况下的最大出力，是表示水电站发电能力的又一个重要的动能指标。

（三）水力发电特点

水流从高处向低处流动所产有的能量称为水能，其中对人们有用的称为水能资源。水能资源是一种清洁、可再生的能源，利用得越早，其价值越高。因此在条件允许的情况下，水能资源应作为优先开发的能源。具体而言，水力发电具有以下特点。

1. 水能为可储存能源

电能无法储存，生产与消费（发电、输电、用电）必须同时完成。水能则可存蓄在水库里，根据电力系统的要求进行生产，水库是电力系统的储能库。

2. 水能为可再生能源

由于水循环具有周期性，且周期短，大致为一年（水文年），所以水能资源是一种可“再生能源”，如不及早加以利用，就会白白浪费。

3. 水力发电具有可逆性

位于高处的水体引向低处的水轮发电机组，将水能转换成电能。反过来，位于低处的水体通过电动抽水机组，吸收电力系统能量将水送往高处水库储存，将电能又转换成水能。利用这种水力发电的可逆性修建抽水蓄能电站，对提高电力系统的负荷调节能力具有独特的作用。

4. 水火互济，调峰灵活

电力用户的用电量是时刻变化的，电网中的日负荷有高峰也有低谷。火电站、核电站从开机到正常运行通常需要几个小时，宜担负基荷运行。水电站启动灵活，在1～2min内，就能从停机状态达到满负荷运行、并网供电，宜于担任调峰、调频，事故备用，与火电站配合运行，互相补充。

5. 可综合利用，多方得益

水力发电只利用水流的能量，不消耗水量。因此，水资源可以综合利用，除发电以外，可同时兼得防洪、灌溉、航运、给水、水产养殖、旅游等方面的效益，进行多目标开发，既兴利，又除害。

6. 水电成本低、效率高

水力发电不消耗燃料，不需要开采和运输发电所用的燃料，自动化程度高，运行和维修费用低，所用水电站电能生产成本低，一般只有相同容量火电站运行成本的1/8～1/5。且水电站的能源利用率高，可达85%以上，而火电站燃煤热能效率只有40%左右。

7. 美化环境，能源洁净

水电站在生产电能的过程中不产生有害气体，无废渣、废水、化学污染和热污染。此外，水电站的建成，在上游形成了水库，环境幽静，水体纯净，空气清新，湖光山色，大大改善了环境，还可以成为风景游览区。

8. 受自然条件限制较大

修建水电站需要考虑多方面因素，如水量、落差、地质、地形、地理、环境、土地淹没、移民、政治、经济、交通等。水能资源只能就地开发，不少地区的水能资源很丰富，但由于当地经济欠发达，交通不便，难以充分开发和利用。大部分水电站至负荷中心或与电网连接点有相当距离，需要修建昂贵的输变电工程。

9. 一次性投资大，工期长

水力发电，其工程规模往往巨大，加之整个工程的实施要考虑水文情况、季节气候、水工建筑施工、机械安装、移民安置、施工技术、资金到位等诸多因素，工程投资及复杂程度巨大。小型工程其工期为3～5年，中型工程为8～10年，大型工程需10年以上。

10. 一旦出现事故，后果严重

巨大的水压力一旦因设计、施工、自然破坏或管理不当，将导致高压水管的破裂或溃坝等严重后果，对下游产生的灾害及水电站本身的破坏都是毁灭性的。因此，作为水利工作者，要求有极高的责任心及科学态度，做好勘测、设计及施工等环节的每一项工作。

二、水能资源的开发方式

（一）按照集中落差的方式分类

要充分利用河流的水能资源，首先要使水电站的上、下游形成一定的落差，构成发电水头。因此就开发河流水能的水电站而言，按其集中水头的方式不同分为坝式、引水式和混合式三种基本方式。

1. 坝式开发

在河流峡谷处拦河筑坝，坝前壅水，在坝址处形成集中落差，用输水管或者隧洞，引取上游水库中水流，通过设在水电站厂房内的水轮机带动发电机发电，发电后将尾水引至下游原河道，这种开发方式称为坝式开发。

坝式开发的特点如下：

（1）其水头取决于坝高。坝式开发的水头一般不高，目前坝式水电站的最大水头不超过300m。

（2）坝式水电站的引用流量较大，电站的规模也大，水能利用较充分（由于筑坝，上游形成的水库，可以用来调节流量）。目前世界上装机容量超过2000MW的巨型水电站大都是坝式水电站。此外，坝式开发的水库的综合利用效益高，可同时满足防洪、发电、供水等兴利要求。

（3）坝式水电站的投资大，工期长。原因是工程规模大、水库造成的淹没范围大、迁移人口多。

坝式开发适用于河道坡降较缓、流量较大，并有筑坝建库的条件。

2. 引水式开发

在河流坡降陡的河段上筑一低坝（或无坝）取水，通过人工修建的引水道（渠道、隧洞、管道）引水到河段下游，集中落差，再经压力管道引水到水轮机进行发电。这种用引水道集中水头的开发方式称为引水式开发。

引水式开发又可根据引水道是否有压分为有压引水式开发和无压引水式开发。

3. 混合式开发

如果自然河流的上游具有优良的库址建造水库，而紧接水库以下的河段坡度突然变陡，或是有较大的河湾，则往往可较经济地建坝集中部分水头，另设引水建筑物，由水库引水再次集中水头，从而使开发利用具有堤坝式和引水式两方面的特点，这便是混合式开发。

（二）按径流调节的程度分类

水电站出力的大小除与水头有关外，另一个重要因素就是流量。因此，还可以由取得流量的方式进行分类。

1. 径流式开发

在水电站取水口上游没有大的水库，不能对径流进行调节，只能直接引用河中径流发电，这种开发方式称为径流式开发。如前所述的无调节池的引水开发方式及库容很小的坝式开发都属此类。无调节水电站的运行方式、出力变化都取决于天然流量的大小，丰水期由于发电引用流量受到水电站过流能力的限制，因无水库蓄水或蓄水能力不足，只能出现弃水，而枯水期因流量小、出力不足。

这种开发方式多在不宜筑坝建库的河段采用，这类水电站具有工程量小、淹没损失小等优点。

2. 蓄水式开发

在取水口上游有较大的水库，这样就能依靠水库按照用电负荷对径流进行调节，丰水时满足发电所需之外的多余水量存蓄于水库，以补充枯水时发电水量的不足，这种开发方式称为蓄水式开发。如前所述的库容较大的有一定调节能力的坝式和混合式及有日调节池的引水式开发方式都属此类。调节径流的能力取决于有效库容、多年平均年径流量和天然径流在时间上分布的不均衡性。可以按调节径流周期长短，将相应水电站称为日调节水电站、年调节水电站和多年调节水电站。

3. 集水网道式开发

有些山区地形坡降陡峻，河流小而众多、分散且流量较小，经济上既不允许建造许多分散的小型水电站，又不可能筑高坝来全盘加以开发。因此在这些分散的小河流上根据各自条件选点修筑些小水库，在它们之间用许多引水道来汇集流量，集中水头，形成一个集水网系统，这种开发方式称为集水网道式开发（图 4－1－3）。

三、水电站的基本类型

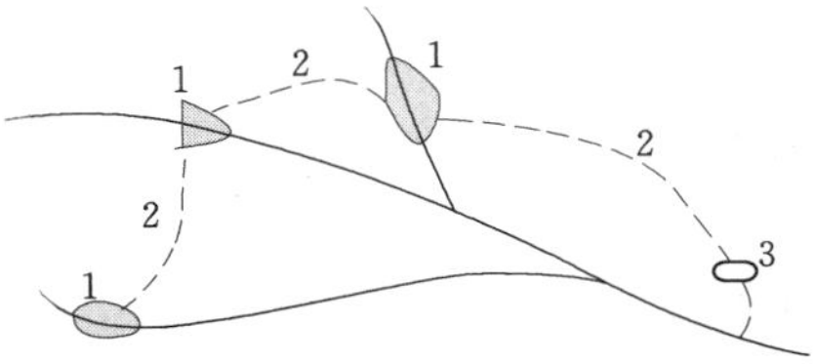

按照不同的分类方式，水电站的类型也是不同的，如按调节径流的程度不同分类有径流式水电站、蓄水式水电站及集水网道式水电站。但多数情况下都是按集中落差的方式来分类的。

图 4－1－3　集水网道式开发
1—水库；2—引水道；3—水电站

（一）坝式水电站

所谓坝式水电站，就是水能的开发方式为坝式的水电站，即用坝（或闸）来集中水头的水电站。按照坝和水电站厂房相对位置的不同，坝式水电站又分为河床式、坝后式、闸墩式、坝内式、溢流式等。在工程实际中，较常采用的坝式水电站是河床式和坝后式水电站。

1. 河床式水电站（图 4－1－4）

河床式水电站一般修建在河道中下游河道纵坡平缓的河段上。受地形的限制，为避免造成大面积淹没，只能修建高度不大的坝或闸，适当提高上游水位。集中的水头，小型水电站多为 10m 以下。河床式水电站水头不高，尤其是单机容量较大时，厂房的尺寸也较大，厂房本身质量足以承受上游的水压力，水电站的厂房常直接和大坝并排建造在河床中，它的进水口、拦污栅、闸门及启闭机构等与厂房连为一体，是挡水建筑物的一部分。

水电站的引用流量一般较大，多选用直径大、转速低的轴流式水轮发电机组，并排运行的机组多，是一种低水头、大流量的水电站。该类电站的长度大，可节省挡水建筑物的投资。我国1981年建成的长江葛洲坝水电站，装机容量21台（2715MW）就是一座大型的河床式水电站，也是我国目前最大的河床式水力发电站。

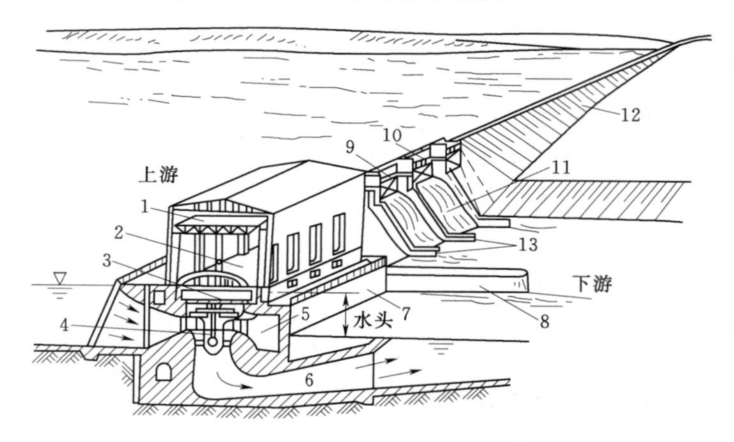

图4-1-4 河床式水电站

1—桥式吊车；2—主厂房；3—发电机；4—水轮机；5—蜗壳；6—尾水管；7—水电站厂房；8—尾水导墙；9—闸门；10—工作桥；11—溢流坝；12—拦河坝；13—闸墩

2. 坝后式水电站

在河流的中上游峡谷河段，允许一定程度的淹没，坝可以建得较高，以集中较大水头（300m以上）。由于上游水压力大，厂房本身的质量不足以抵抗水压并维持稳定性，不得不把厂房与大坝分开，将厂房移到坝后，使上游水压力完全由大坝来承担。图4-1-5所示为坝后式水电站厂区枢纽布置，图中厂房是河床较宽时的常用布置方式，它的进水口和压力管道埋设在坝基内；河床较窄时，为了大坝的安全，常采用隧洞而将厂房布置在河流的一岸上，与坝分开自成系统。坝后岸式厂房有利于变压装置设置和出线，以及全站对外交通的规划。

坝后式布置的水电站，不仅能获得较大的水头，更重要的是在坝前形成了可调节天然径流的水库，有利于发挥防洪、控制灌溉、发电、水产等方面的综合效益，而且对水电站的运行调度创造了十分有利的条件。坝后式水电站是我国采用最多的一种厂房布置方式，举世瞩目的三峡水电站就是坝后式水电站，其装机容量为18200MW。

（二）引水式水电站

引水式水电站的特点是上下游水位差主要靠引水形成。引水式水电站根据引用水流的形态不同又分为无压引水式和有压引水式。无压引水式是指引水道是水流形态无压的（如明渠），如图4-1-6（a）所示；有压引水式是指引水道是有压的（如压力隧洞），如图4-1-6（b）所示。引水式开发具有很大的灵活性，不仅可以沿河引水，还可利用相邻两条河流的高程差，进行跨河引水发电。如在我国川滇边界上，金沙江与以礼河高程差达1400m，两河最近点相距仅12km，因地制宜地采用了跨河引水发电方式。引水式开发的另一特点是不存在淹没和筑坝技术上的限制，水头集中常可达到很高的数值。但受当地天

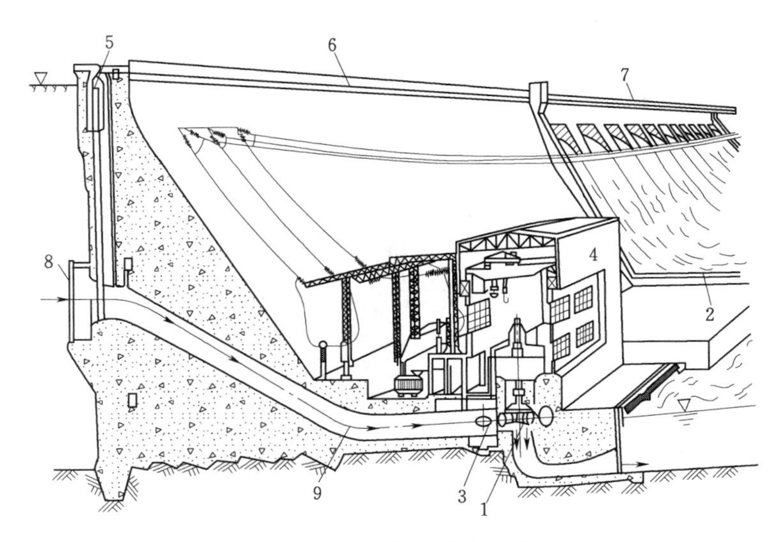

图 4－1－5　坝后式水电站

1—水轮机；2—导流墙；3—主阀；4—厂房；5—闸门；6—拦河坝；7—溢流坝；8—拦污栅；9—压力管道

然径流量或引水建筑物截面尺寸的限制，其发电引用流量一般不会太大。

引水式水电站通常水头相对较高，目前最大水头已达 2000m 以上；引用流量较小、水量利用率较低、综合利用价值较低；而且引水式电站库容很小，基本无水库淹没损失，因此工程量较小，单位造价较低。

（三）混合式水电站

如果自然河流的上游具有优良的库址建造水库，而紧接水库以下的河段坡度突然变大，或是有较大的河湾，则往往可较经济地建坝集中部分水头，另设引水建筑物，由水库引水再次集中水头，从而使开发利用具有堤坝式和引水式两方面的特点，这便是混合式开发，建立混合式水电厂，如图 4－1－7 所示。

严格说来，混合式水电站与引水式水电站没有严格的分界。一条河流水资源的开发，并不只采用一种方式。一条长数百或数千千米河流上的天然落差（常达数百、数千米），不可能集中在一座水电厂上，因为一次修筑数百、数千米高坝，或开挖数千千米的引水渠道，具有明显的技术和经济上的不合理性。一座水电站所能开发利用的河段长度都有一定的限制，小型水电站可开发的河段大多不超过 10km。当一条河流可开发的全长超过了一级开发所能达到的技术、经济允许长度时，就要合理地分段开发利用，在河段上开发工程自上而下，一个接一个，犹如一级级的阶梯，称为梯级开发。梯级开发布置的水电站又称为梯级电站。同一水源上的多个梯级电厂之间，具有水资源和水能利用上的相互制约性，因此，在初步规划水源开发规模时，就应充分注意到上下各级水电站之间的良好协调关系。

（四）抽水蓄能电站

抽水蓄能电站具有启动灵活、爬坡速度快等常规水电站所具有的优点和低谷储能的特点，是电力系统中最可靠、最经济、寿命周期长、容量大、技术最成熟的储能装置，是新

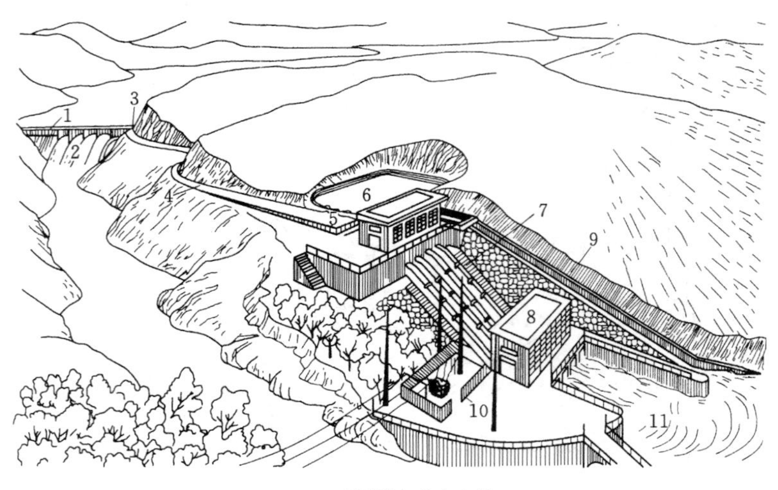

(a) 无压引水式水电站

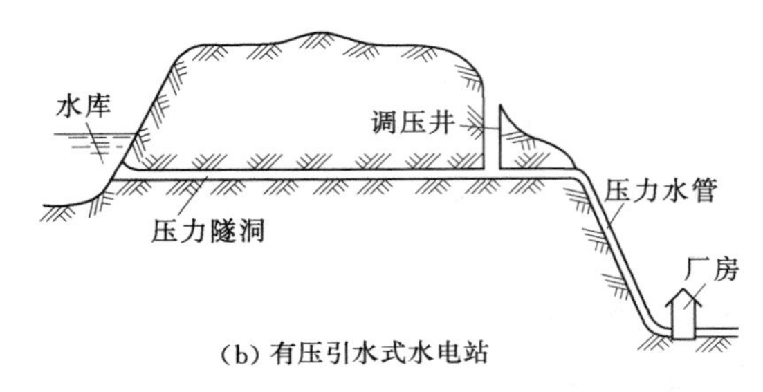

(b) 有压引水式水电站

图 4-1-6　引水式水电站

1—拦河坝；2—溢流坝；3—进水闸；4—引水渠道；5—压力前池；6—日调节池；7—压力管道；8—厂房；9—泄水道；10—开关站；11—尾水渠

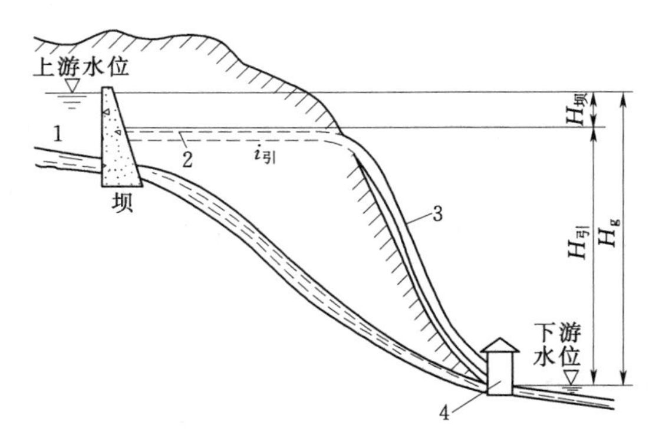

图 4-1-7　混合式水电站

1—水库；2—引水隧洞；3—压力管道；4—厂房

能源发展的重要组成部分。通过配套建设抽水蓄能电站，可降低核电机组运行维护费用、延长机组寿命；有效减少风电场并网运行对电网的冲击，提高风电场和电网运行的协调性以及电网运行的安全稳定性。

抽水蓄能电站是以水体为储能介质，起调节作用，主要解决电力系统的调峰问题。如图 4-1-8 所示，建筑物组成包括上下两个水库，用引水建筑物相连，蓄能电站厂房建在下水库处，采用双向机组。

抽水蓄能电站包括两个工作过程：①抽水蓄能，系统负荷低时，利用系统多余的电能带动水轮发电机组反向运转将下库的水抽到上库（电动机＋水泵），以水的势能形式储存起来；②放水发电，系统负荷高时，将上库的水放下来推动水轮发电机组（水轮机＋发电机）发电，以补充系统中电能的不足。

我国已建抽水蓄能电站有：①广东抽水蓄能电站，其装机容量为 2400MW（8×

300MW)；②天荒坪抽水蓄能电站，其装机容量为1800MW（6×300MW)；③十三陵抽水蓄能电站，其装机容量为800MW（4×200MW)；④潘家口抽水蓄能电站，其装机容量为420MW（3×90MW+150MW)，联合型；⑤西藏羊卓雍湖抽水蓄能电站，其装机容量为90MW（4×22.5MW)。

（五）潮汐电站

潮汐现象是海水受日月引力而产生的周期性升降运动，即海水的潮涨潮落。

潮汐发电就是利用潮水涨落产生的水位差所具有的势能来发电，也就是把海水涨落潮的能量变为机械能，再把机械能转变为电能（发电）的过程。潮汐电站就是在海湾或有潮汐的河口建一拦水堤坝，将海湾或河口与海洋隔开构成水库，再在坝内或坝房安装水轮发电机组，然后利用潮汐涨落时海水位的升降，海水通过轮机转动水轮发电机组发电。如图4-1-9所示。

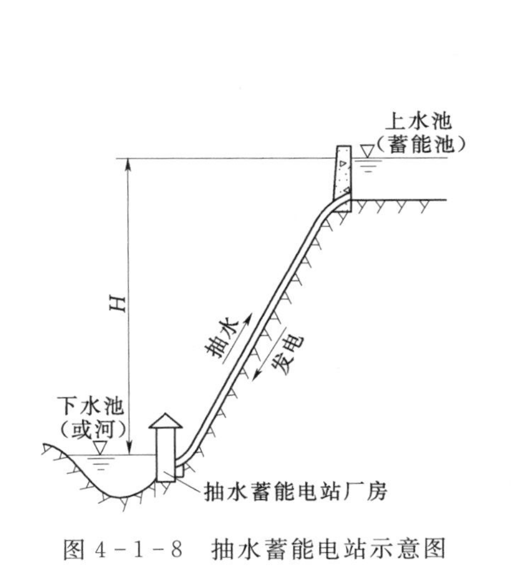

图4-1-8　抽水蓄能电站示意图

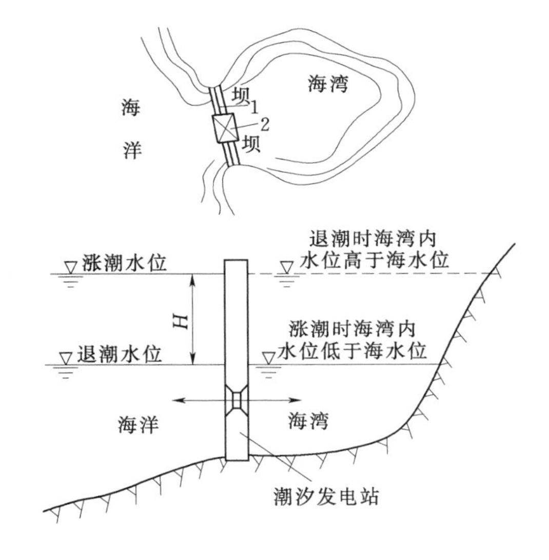

图4-1-9　潮汐电站布置示意图
1—挡水坝；2—电站厂房

由于潮差较稳定，且不存在枯水年与丰水年的差别，因此潮汐能的年发电量稳定。但由于潮汐发电的开发成本较高和技术上的原因，所以发展较慢。

第二节　水力发电工程各组成建筑物

一、引水建筑物

水力发电工程的引水建筑物指为发电从水库（或者河道）向库外（或向下游）引水用的建筑物，主要有引水渠道、引水隧洞、压力前池、调压室、压力水管等。

（一）引水渠道

水电站的无压引水渠道称为动力渠道。因其构造简单、施工方便、造价低等优点，故无压引水式水电站上采用渠道引水最为普遍。动力渠道分为自动调节渠道和非自动调节渠道，如图 4－2－1 所示。所谓自动调节渠道，是指当电站负荷减小，则渠末水位壅高直至渠首，从而自动调节进入渠道的流量。自动调节渠道的特点是渠顶高程沿渠道全长不变，且高于渠道内可能出现的最高水位，渠底按一定坡度逐渐降低，断面也逐渐加大，渠末压力前池处不设泄水建筑物。

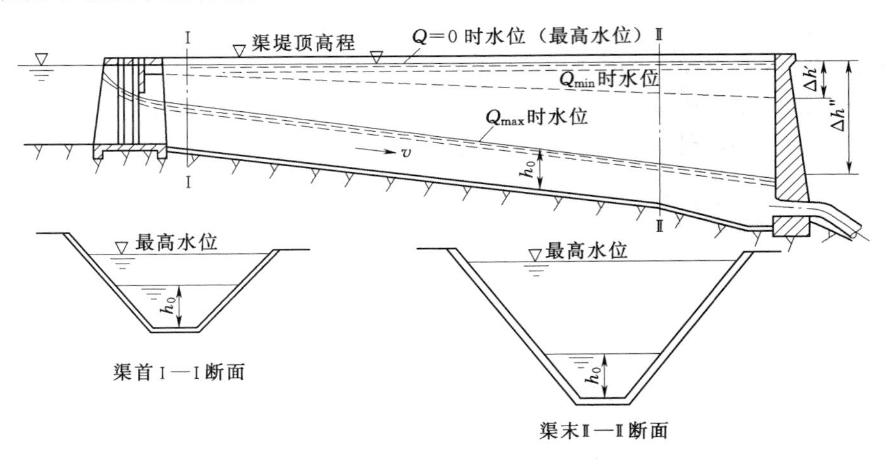

（a）自动调节渠道

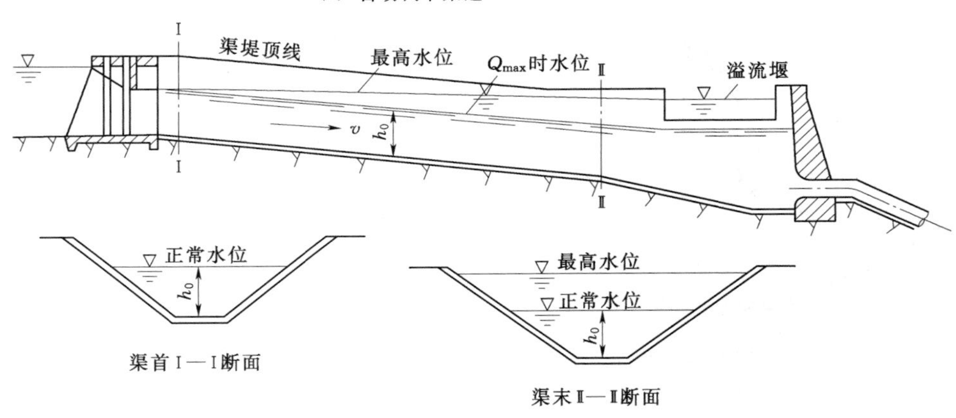

（b）非自动调节渠道

图 4－2－1　引水渠道

所谓非自动调节渠道，是指当电站负荷减小时，为避免漫顶，只能通过渠末溢流设施弃水，而渠首流量不发生显著变化，不能自动调节流量。非自动调节渠道的特点是渠顶沿渠道长度有一定的坡度，大致与渠底平行，断面也逐渐加大，渠末压力前池处设有泄水建筑物，一般为溢流堰或虹吸式溢水道，以控制渠道水位和宣泄多余水量。

（二）引水隧洞（经济流速 $v=2.5\sim4m/s$）

引水隧洞分为有压引水隧洞和无压引水隧洞。有压引水隧洞内，水流充满整个断面，内水压力较大；无压引水隧洞内，水流有自由表面。最常用的是有压引水隧洞。

（三）压力前池

压力前池是无压引水道与压力水管之间的水平建筑物，设在引水渠道或无压引水隧洞

的末端，如图 4-2-2 所示。

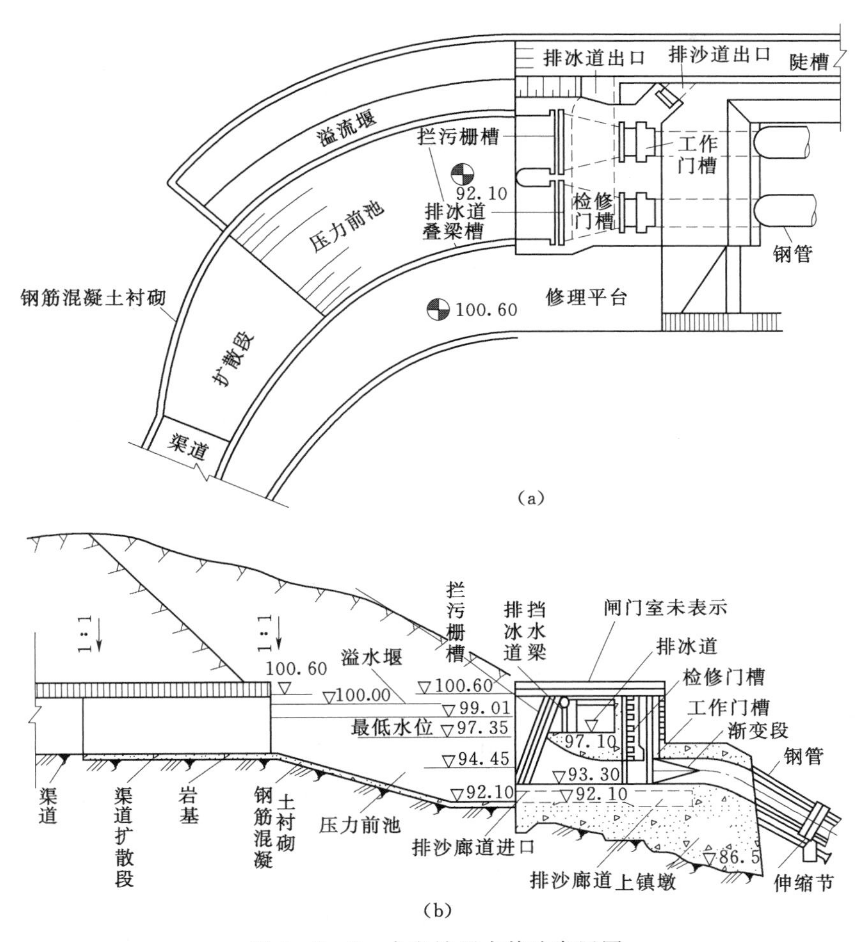

图 4-2-2　水电站压力前池布置图

1. 压力前池的功用及组成

(1) 压力前池的功用。

1) 将渠道来水分配给每条压力水管，并设置闸门控制进入压力水管的流量。

2) 拦截漂浮物和有害泥沙，防止其进入压力水管。在严寒地区还应设排冰道防止冰凌进入。

3) 通过泄水建筑物宣泄多余水量，限制水位升高或在电站停机时向下游供水。

4) 利用压力前池的容积在电站负荷变化时暂时补充水量不足或容纳多余水量。

(2) 压力前池的主要组成部分，包括前室、进水室、泄水建筑物、冲沙孔和排冰道等。

2. 压力前池的主要设备

压力前池的主要设备有拦污栅、检修闸门、工作闸门、通气孔、旁通管、启闭设备和清污机等。拦污栅设置在进水室入口处的栅槽中，下端支承于进水室底板，上端支承于防护梁上，一般与水平面夹角为 70°～80°。检修闸门位于工作闸门之前，但可能位于拦污栅之前或之后，为检修拦污栅、工作闸门和进水室提供安全工作条件。

（四）调压室

对于长有压引水道电站，为减小水击压力，常设置调压室作为减压措施。一般认为当压力过水系统的长度 L 与流速 v 的乘积 $Lv \geqslant (20 \sim 25) H_0$ 时（H_0 为电站最小净水头），应考虑设置调压室。调压室的功用是在电站负荷急剧变化时，缓解引水道的压力变化，同时对水量起到短时的调节作用。如果受到自然条件限制或为节省投资、缩短工期，可设置调压阀，它常装在蜗壳的近旁。

（五）压力水管

压力水管是指从水库、压力前池或调压室向水轮机输送发电所需水量的水管，其特点是坡度大，内水压力大，且承受动水压力。

1. 压力水管的类型

（1）按制作压力水管的材料分类：

1）钢管。钢管一般为钢板焊接而成，具有强度高、防渗性能好的优点，故多用于高水头电站和坝式电站，适用水头范围广。钢材宜用 A3、16Mn 和经正火的 15MnTi 等。

2）钢筋混凝土管。钢筋混凝土管分为现场浇筑或预制的普通钢筋混凝土管和预应力、自应力钢筋混凝土管等类型，具有耐久、价廉、节约钢材等优点。普通钢筋混凝土管一般适用于静水头 H 和管径 D 的乘积 $HD < 60\text{m}^2$，且静水头不超过 50m 的中、小型水电站。

（2）按压力水管的结构形式分类。

1）明管。敷设于地表，暴露在空气中的压力水管称为明管（图 4-2-3），又称露天式压力水管，一般要用镇墩和支墩予以支承。无压引水式水电站多采用这种结构形式。

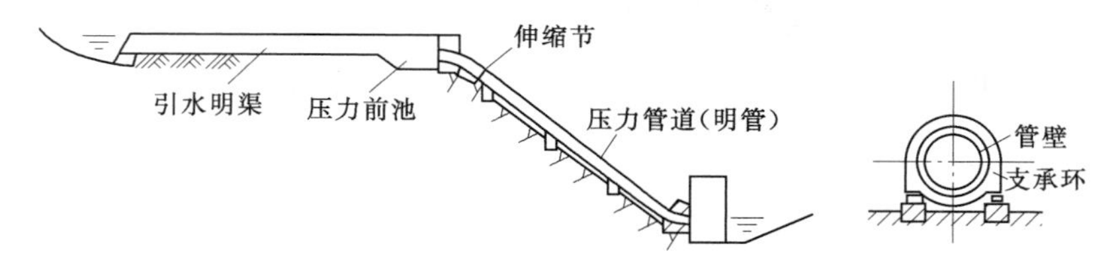

图 4-2-3　地面压力管道

2）地下埋管。埋入地层岩体中的压力水管称为地下埋管［图 4-2-4（a）］，又称隧洞式压力水管。有压引水式水电站多采用这种结构形式。

3）回填管。回填管是在地面上开挖沟槽，压力管道敷设在沟槽内后，再以土石回填，如图 4-2-4（b）所示，其内水压力全部由管壁承担。当电站厂房布置在地下或者地形地质条件不宜布置成明管时采用。

4）坝内埋管。埋入坝体内的压力水管称为坝内埋管。根据布置方式不同，可分斜式、平式、竖井式三种，混凝土重力坝或重力拱坝等坝式厂房一般均采用此种结构形式，如图 4-2-5 所示。

5）坝后背管。将压力钢管穿过上部混凝土坝体后布置在下游坝坡上，称为坝后背管，如图 4-2-6 所示。这种布置的压力管道较布置在坝内时稍长，且管壁要承受全部内水压力，管壁厚度较大，用钢量多。常用于宽缝重力坝、支墩坝及薄拱坝的坝后式水电站。

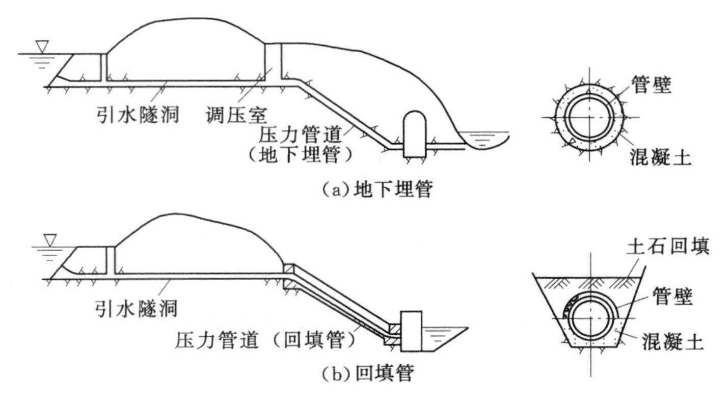

图 4-2-4　地下压力管道

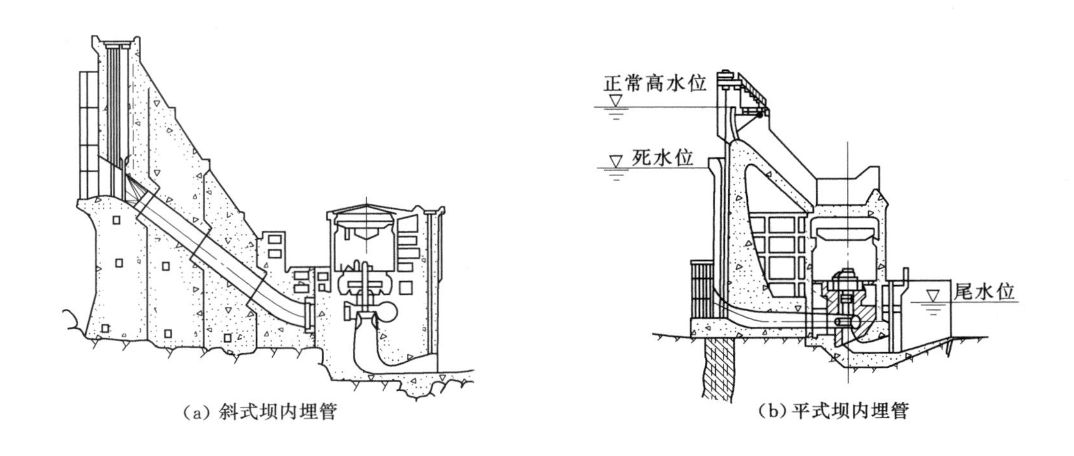

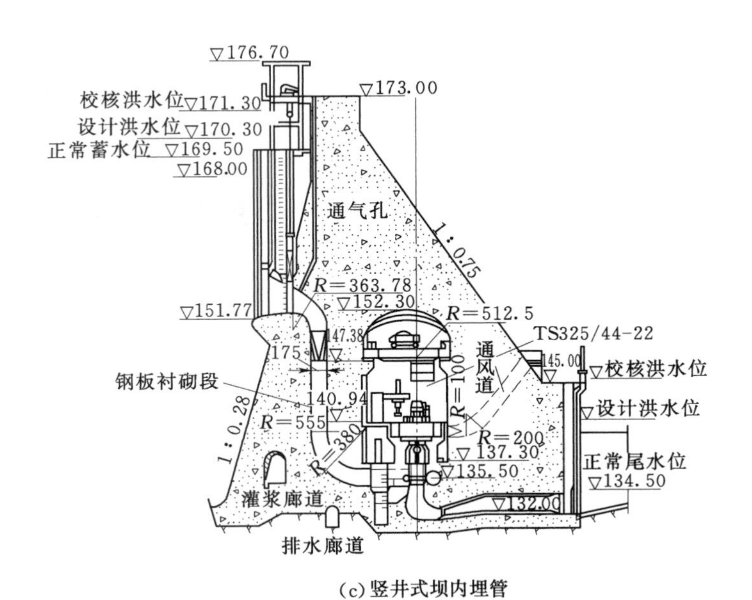

(c)竖井式坝内埋管

图 4-2-5　坝内埋管

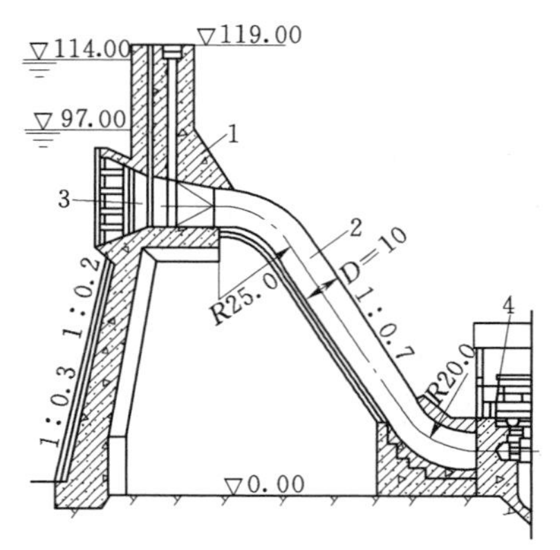

图4-2-6　坝后背管

1—坝；2—压力管道；3—进水口；4—厂房

2. 压力水管的供水方式

（1）单元供水。每台机组均有一根压力水管供水，即单元供水，如图4-2-7（a）、（d）所示。其特点是结构简单，水流顺畅，水头损失小，运行灵活可靠，管道易于制作；当其中一根管道或一台机组发生故障需要检修时不影响其他机组运行；但当管道根数较多和管道较长时，工程量大，造价高。适用于单机流量大或者管道较短的电站。坝内埋管一般较短，通常采用单元供水。

（2）联合供水。一根主管向电站全部机组供水，即单管多机供水，如图4-2-7（c）、（f）所示。其特点是可节省管材，降低造价，但需设置结构复杂的分岔管，水头损失也较大；每台机组前需设阀门；当主管发生故障或者检修时全部机组将停止运行，运行灵活性和可靠性较单元供水差。适用于高水头、小流量、管道较长的电站。较长的地下埋管由于不宜平行开挖几根相近的管井，通常采用联合供水。

（3）分组供水。布置有两根或多根主管，每根主管向两台或两台以上机组供水，即多管多机供水，如图4-2-7（b）、（e）所示。其特点介于上述两种供水方式之间，适用于管道较长、机组台数较多、需限制管径过大的电站。

无论采用联合供水或者分组供水，与每根管道相连的机组台数一般不宜超过4台。

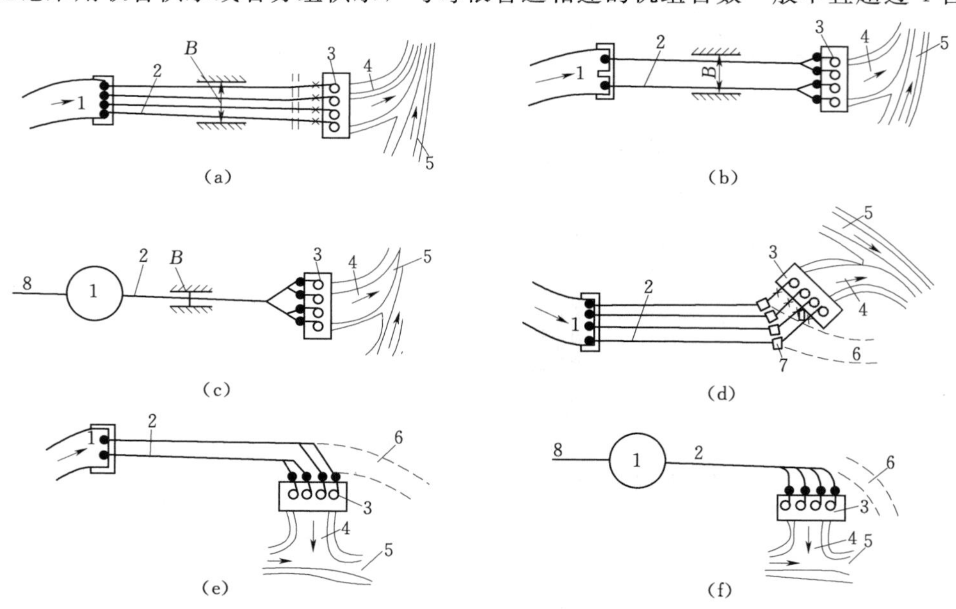

图4-2-7　压力管道向机组的供水方式

1—压力前池或调压井；2—压力管道；3—厂房；4—尾水渠；5—河流；6—排水渠；7—镇墩；8—压力隧洞；B—管床宽度

3. 压力水管的引进方式

压力水管在进入厂房之前，其主管的轴线与厂房纵轴线的相对方向称为引进方式。

(1) 正向进水。如图 4-2-7 (a)、(b)、(c) 所示，管道轴线与厂房的纵轴线垂直，其工作特点是管线较短，水头损失小；但若水管失事破裂将危及厂房。一般适用于水头较低、管道较短的水电站。

(2) 侧向进水。如图 4-2-7 (e)、(f) 所示，管道轴线与厂房的纵轴线平行，其工作特点是当水管破裂后，泄流可从排水渠排走，不致直冲厂房，但水流条件不好，增加水头损失，管材用量增加，开挖工程量较大。适用于高、中水头的电站。

(3) 斜向进水。如图 4-2-7 (d) 所示，管道轴线与厂房的纵轴线斜交，其工作特点介于上述两种引进方式之间，常用于分组供水和联合供水的电站。

二、水轮发电机组

在水力发电工程中，水轮机将水能转换成主轴扭矩传递给发电机主轴，带动发电机转子将机械能转换成电能，从发电机引出线输出。水轮机与发电机通过合理的连接组成水轮发电机组（简称机组）。

(一) 水轮机的基本类型和特点

水轮机根据能量转换情况不同分为反击式和冲击式水轮机。反击式水轮机按水流流入和流出转轮方向的不同，又分为混流式、轴流式、斜流式和贯流式水轮机。冲击式水轮机是在大气中进行能量交换的，水流能量以动能形态转换为转轮的机械能。根据转轮的进水特征，冲击式水轮机又分为切击式、斜击式和双击式等形式。

1. 混流式水轮机

混流式水轮机又称弗朗西斯式（Francis）水轮机，水流自径向进入转轮，大体上沿轴向流出，故称为混流式，如图 4-2-8 所示。

混流式水轮机结构简单，运行可靠，效率高，是应用最为广泛的机型。混流式水轮机应用水头范围宽阔，一般为 20～700m，最高达 734m。我国龙羊峡水电站 320MW 的水轮发电机组，就是采用混流式水轮机。

2. 轴流式水轮机

轴流式水轮机的水流进入和流出转轮时，都是轴向的，故称轴流式，其应用水头为 3～80m，如图 4-2-9 所示。根据转轮叶片在运转中能否转动，又分为轴流定桨式和轴流转桨式两种，轴流转桨式又称卡普兰（Kaplan）式。

轴流定桨式水轮机一般用于水头和负荷变化幅度较小的电站。轴流定桨式水轮机的应用水头一般为3～50m。

轴流转桨式水轮机适用于负荷变化较大的大、中型低水头电站，其应用水头一般为 2～88m。我国葛洲坝水电站安装的 175MW 机组，就是采用的轴流转桨式水轮机。

3. 斜流式水轮机

水流流经水轮机转轮时，水流方向与轴线呈某一倾斜角度，它是 20 世纪 50 年代发展起来的一种机型，其结构和特性方面均介于混流式和轴流转桨式之间，如图 4-2-10 所示。斜流式水轮机有较高的高效率区，且具有可逆性，常作为水泵水轮机用于抽水蓄能电站中。应用水头范围一般为40～200m，因其结构复杂，造价较高，很少用于小型水电站。

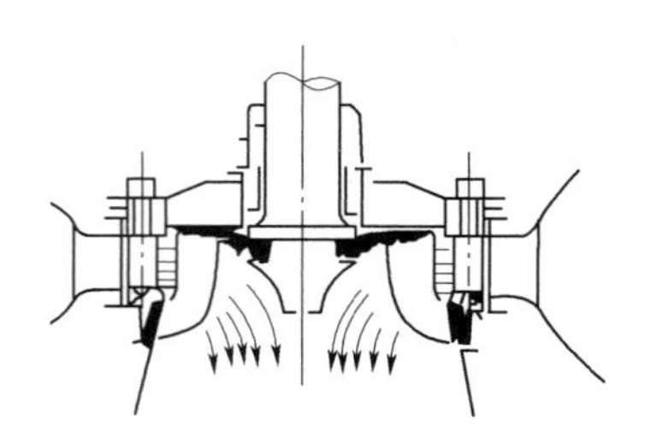

图4-2-8 混流式水轮机

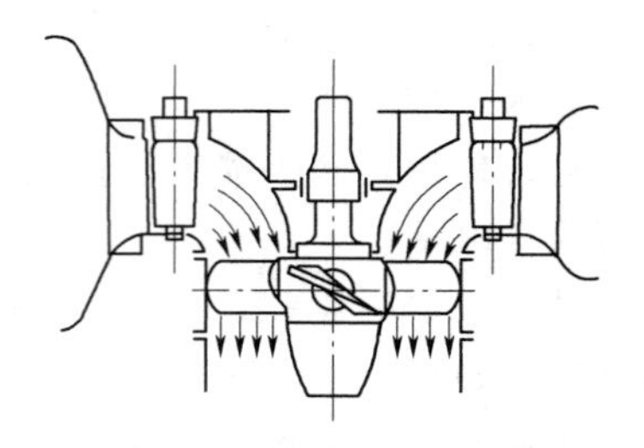

图4-2-9 轴流式水轮机

4. 贯流式水轮机

当轴流式水轮机的主轴水平（或倾斜）装置，且不设置蜗壳，采用直尾水管，水流一直贯通，这种水轮机称为贯流式水轮机，如图4-2-11所示。贯流式水轮机是开发低水头水力资源的一种机型，应用水头通常在20m以下。

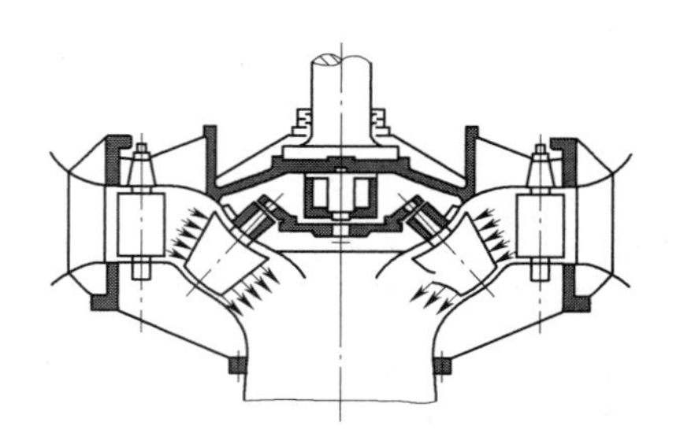

图4-2-10 斜流式水轮机

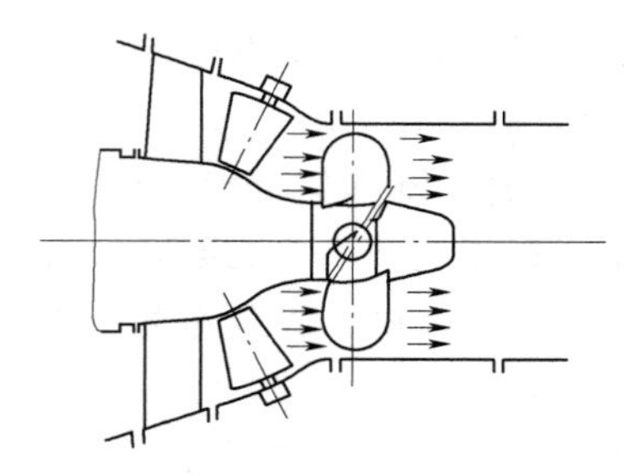

图4-2-11 贯流式水轮机

贯流式水轮机也有定桨与转桨之分，由于发电机的装置方式及传动方式不同，这种水轮机又分为全贯流式和半贯流式两类。目前应用最多的是灯泡贯流式水轮机，其结构紧凑、稳定性好、效率高，其发电机布置在被水绕流的钢制灯泡体内，水轮机与发电机可直接连接，也可通过增速装置连接。

5. 切击式水轮机

切击式水轮机一般又称水斗式水轮机或培尔顿（Pelton）水轮机，如图4-2-12所示。它是冲击式水轮机中应用最广泛的一种机型，适用于高水头电站。中小型切击式用于水头100～800m、大型切击式一般应用于400m以上水头，目前最高应用水头达1770m。

6. 斜击式水轮机

斜击水轮机的射流与转轮平面夹角约为22.5°，如图4-2-13所示，这种水轮机用在中小型电站，使用水头一般在400m以下，最大单机出力可达4000kW。

7. 双击式水轮机

双击式水轮机的结构简单，制造容易，但效率低，只适应于小水电站，如图4-2-14所示，应用于水头10～150m。

（二）发电机的基本组成

1. 发电机型号的含义

（1）旧型号。TS—同步水轮发电机；W—卧式结构；N—农用；分子表示铁芯外径

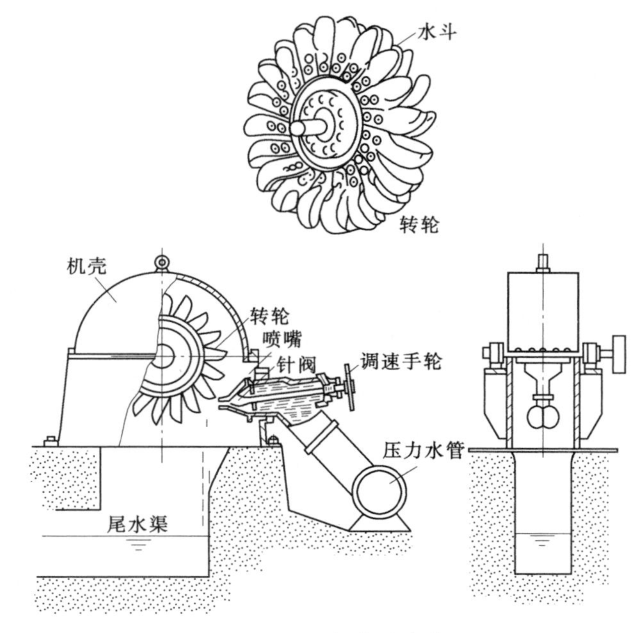

图 4-2-12 切击式水轮机

(cm)，分母表示定子铁芯高度 (cm)，横线后数字表示极数。

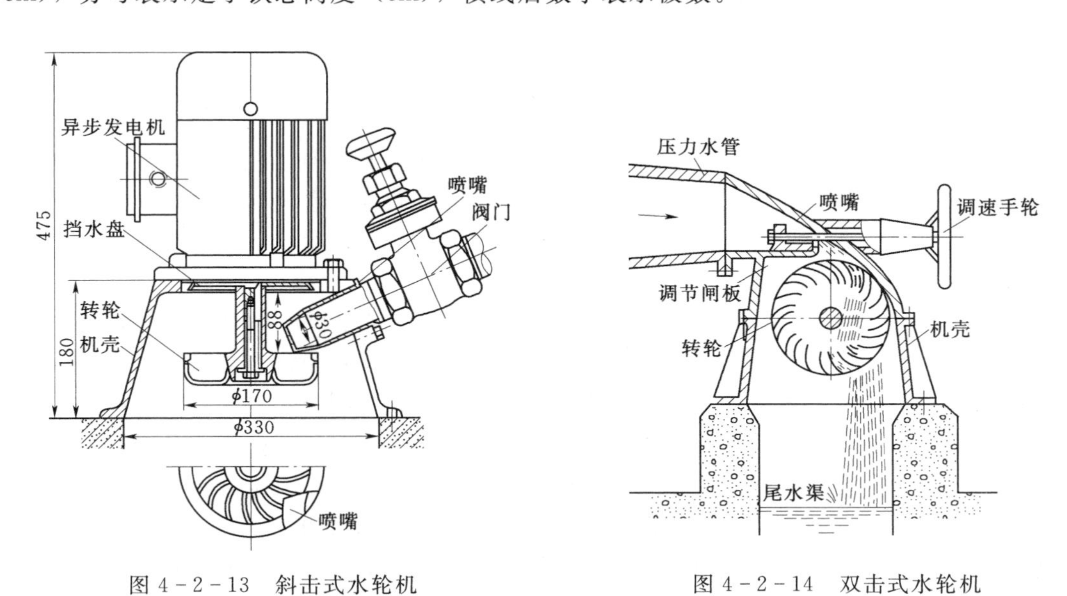

图 4-2-13 斜击式水轮机

图 4-2-14 双击式水轮机

例：TS325/44-22 表示同步立式水轮发电机；定子铁芯外径 325cm；定子铁芯高度 44cm；22 个磁极。

(2) 新型号。SF—立式空冷水轮发电机组；SFS—立式水内冷水轮发电机组；SFW—卧式（同步）水轮发电机组；SFG—贯流式水轮发电机组；SFD—抽水蓄能水轮发电机电动机。

例：SF3000－22/325 表示立式空冷水轮发电机；额定容量 3000kW；磁极个数为 22；定子铁芯外径 325cm。

2. 发电机主要部件

发电机是机组的发电设备，其核心是转子和定子。定子有主引出线，为防止发电过程中发电机温升过高，发电机设有通风设施。设有承受机组轴向力的推力轴承；防止机组运行中摆动设有导轴承，各轴承中有润滑冷却系统，保证机组正常运行；配有励磁系统给发电机转子提供励磁电流；配有永磁发电机供给机组转数变化信号；设有制动装置供停机时制动用等。

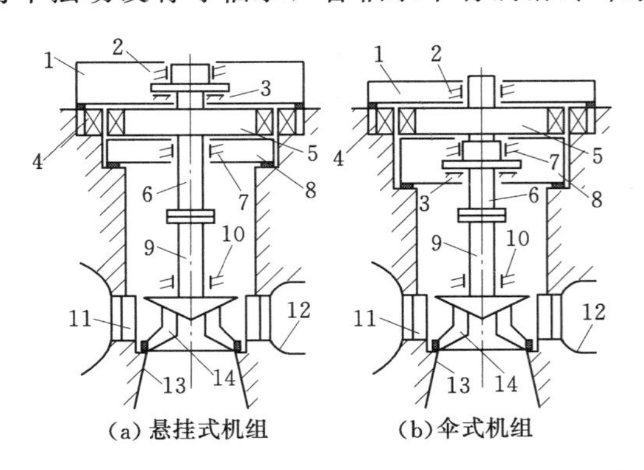

图 4－2－15　立式机组的布置形式

1—上机架；2—上导轴承；3—推力轴承；4—发电机定子；5—发电机转子；6—发电机主轴；7—下导轴承；8—下机架；9—水轮机主轴；10—水导轴承；11—水轮机导水部件；12—水轮机引水部件；13—水轮机尾水管；14—水轮机转轮

（三）水轮发电机的布置形式

根据机组主轴轴线布置的不同，水轮发电机组有立式布置和卧式布置两大类。立式机组轴承受力好，机组占地面积小，运行平稳，但是厂房分发电机层和水轮机层，因此厂房高度尺寸大，上、下两层机组安装检修不方便，厂房投资大，适用于发电机径向尺寸较大的大中型机组（图 4－2－15）。图 4－2－16 所示为水电站立式机组的安装平面图。

卧式机组发电机和水轮机在同一厂房平面上，安装、检修和运行维护方便，厂房投资小，但是径向轴承受力不好，发电机径向尺寸不能太大，否则容易引起机组振动。机组占地面积较大，水轮机、发电机的噪声对运行人员干扰大，夏季室温高，适用于发电机径向尺寸较小的机组。

1. 立式机组的布置形式

如图 4－2－15 所示，立式机组布置的特点是有三个承受机组转动系统径向不平衡力的径向轴承，即上导轴承、下导轴承和水导轴承，一个承受机组转动系统自重和轴向水推力的推力轴承。中小型水电站常见的立式机组有悬挂式机组和伞式机组两种布置形式。

（1）悬挂式机组。这类机组的结构特点是推力轴承布置在发电机转子上部的上机架中，与上导径向轴承布置在同一油箱中。机组运行稳定性好，但机组高度尺寸较大。

（2）伞式机组。这类机组的结构特点是推力轴承布置在发电机转子下部的下机架中，与下导径向轴承布置在同一油箱中。机组运行稳定性差，但机组高度尺寸较小。

2. 卧式机组的布置形式

根据承受机组转动系统径向不平衡力和机组转动系统自重的径向轴承个数不同，卧式机组有四支点机组、三支点机组和两支点机组三种布置形式。每台机组承受机组转动系统轴向水推力的推力轴承只有一个。推力轴承一般与最靠近水轮机的径向轴承——水导轴承布置在同一油箱中。

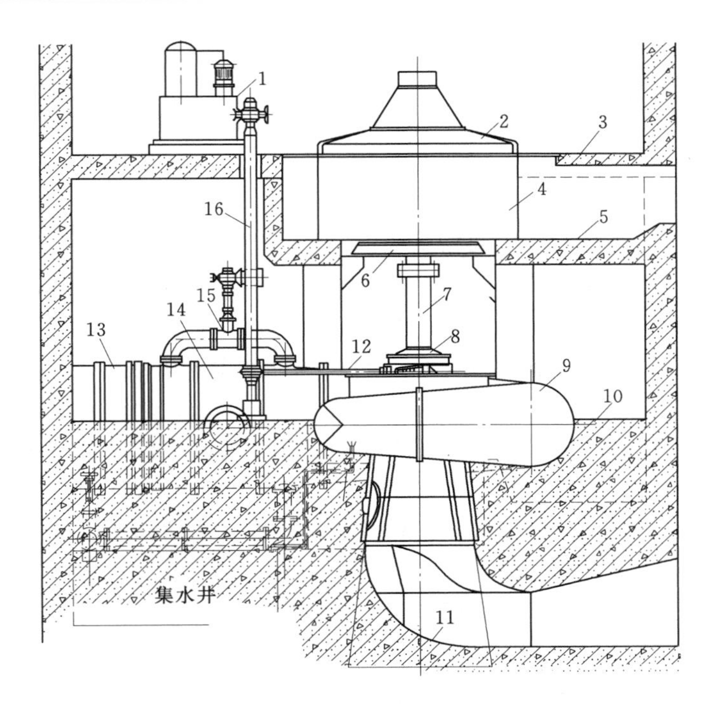

图 4-2-16　立式水轮发电机组安装平面简图

1—调速器；2—上机架；3—发电机层；4—发电机；5—发电机机坑；6—下机架；7—水轮机主轴；8—水轮机导轴承；9—水轮机蜗壳引水室；10—水轮机层；11—水轮机尾水管；12—导水机构推拉杆；13—压力钢管；14—水轮机主阀；15—旁通阀；16—调速轴

三、水电站厂房的基本类型和厂区的布置

（一）水电站厂房的组成和任务

水电站厂房是水能转变为电能的生产场所，是水工建筑物、工业厂房、机械和电气设备的综合体。它的任务是通过一系列的工程措施，将压力水流平顺地引入水轮机并导向下游；能合理地把各种机电设备布置于恰当的位置并提供良好的安装、检修和运行条件；为运行管理人员创造良好的工作环境。为此，厂房必须有合适的形式、足够的空间和合理的构造，以保证水电站能安全可靠地按电力系统的需要生产电能。

水电站的发电、变电和配电建筑物常集中布置在一起，称为厂区，它主要由主厂房、副厂房、主变压器场和高压开关站组成。

主厂房是安装水轮发电机组及其控制设备的房间，其中还布置有机组主要部件组装和检修的场所，是厂区的核心建筑物。

副厂房是由布置控制设备、电气设备、辅助设备的房间以及必要的工作和生活用房所组成，它主要是为主厂房服务的，因而一般都紧靠主厂房。

主变压器场和高压开关站是分别安放主变压器和高压配电装置的场所，它们的作用是将发电机出线端电压升高至远距离送电所要求的电压，并经调度分配后送向电网，一般均布置在露天并靠近厂房，便于与系统电网连接。

水电站主、副厂房中安装的设备按其性质和作用可分为以下四大类。

1. 水电站主机组设备

主机组设备主要包括水轮机及其进出水设备和调速设备，发电机及其励磁、冷却系统。

2. 水电站电气设备

电气设备主要包括一次和二次回路系统。

一次回路系统也称电流系统，它包括发电机母线、发电机中性点引出线、发电机电压配电装置、厂用电系统、主变压器、高压配电装置等。

二次回路系统也称操作控制系统，它主要是保证水电站实现综合自动化的操作机构，也是保证水电站设备正常运行所需的监测（如对出力、电压、水温及机组各部温度、润滑情况、冷却效果等的监测）设备。全厂各重要的操作、控制、监测设备都与中央控制室接通，实施对各机组的集中操纵。操作控制系统的设备包括有机旁盘、励磁盘、各种互感器、表计、继电保护装置、控制电缆、自动及远动装置、通信调度设备等。

3. 水电站机械设备

机械设备主要包括桥式起重机、进水阀、减压阀、拦污栅及其控制操作设备等。

4. 厂房辅助设备

辅助设备主要包括油系统、压缩空气系统、供水系统、排水系统、电气系统的管路及设备，以及厂房的通风、采暖、防火等设备。

由此可以看出，水电站厂房中的设备非常复杂，从而导致各建筑物的多样化，所以水电站厂房的设计和施工也都有其特殊性。

（二）水电站厂房的类型

由于水电站的开发方式、枢纽布置方案、装机容量、机组形式等条件的不同，厂房的形式也是多种多样的，并且各有其优缺点和使用条件。

1. 按厂房结构特征分类

按照水电站厂房的结构特征，厂房可分为以下几种类型。

（1）引水式厂房。发电用水来自较长的引水道，厂房上游不承受水压力，厂房布置在引水系统末端的河岸上，称为引水式水厂房，它通常布置在地面上称为地面式厂房，也称为河岸式厂房。为了减少开挖量，这种厂房的纵轴线常平行于河道。当有支沟、冲沟可以利用时，也可将厂房垂直河道布置，但要注意防止山洪危害问题。引水式地面厂房的水头变化范围很大（十几米到 2000 多 m），可以装置混流式水轮机，也可以装置冲击式水轮机，机组布置有立式和卧式两种，因此厂房结构形式和尺寸变化较大。当河谷狭窄，岸坡陡峻，或有人防要求，布置地面厂房有困难时，将厂房建在地下山体内则称为地下式厂房，如图 4-2-17 所示。

（2）坝后式厂房。厂房布置在非溢流坝后，与坝体衔接，厂房间用永久缝分开，厂房不起挡水作用，不承受上游水压力，发电用水由穿过坝体的高压管道引入厂房，称为坝后式厂房，如图 4-2-18 所示。这种厂房独立承受荷载和保持稳定，厂坝连接处允许产生相对变位，因而结构受力明确，压力管道穿过永久缝处设伸缩节。坝址河谷较宽，河谷中布置溢流坝外还需布置非溢流坝时，通常采用坝后式厂房。

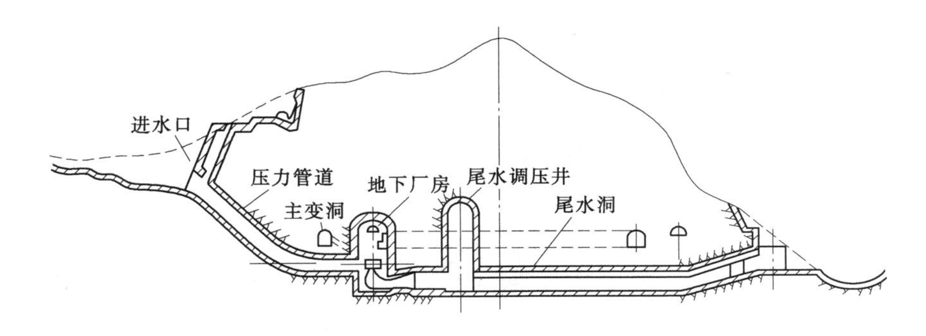

图 4-2-17　地下式厂房剖面图

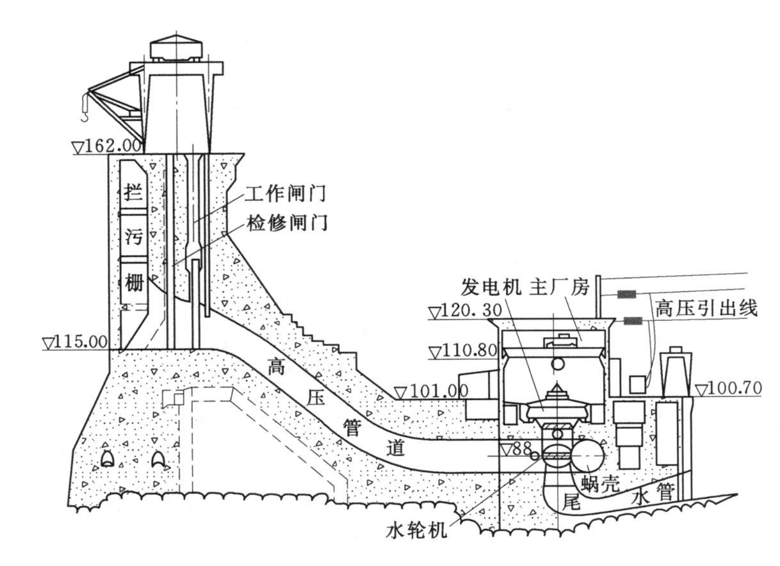

图 4-2-18　坝后式厂房剖面图（高程：m）

有时，当河谷狭窄、泄洪量大，又需采用河床泄洪时，为了解决河床内不能同时布置厂房建筑物和泄水建筑物之间的矛盾，可将厂房布置成溢流式、坝内式等形式。

（3）溢流式厂房。将厂房布置在溢流坝段下游，厂房顶作为溢洪道，称为溢流式厂房，如图 4-2-19 所示。溢流式厂房适用于中、高水头的水电站。坝址河谷狭窄，洪水流量大，河谷支沟布置溢流坝，采用坝后式厂房会引起大量的土石方开挖，这时可以采用溢流式厂房，其缺点是厂房结构计算复杂，施工质量要求高。浙江新安江水电站厂房是我国第一座溢流式厂房。

（4）坝内式厂房。将厂房布置在坝体内空腹，坝顶设溢洪道，称为坝内式厂房，如图 4-2-20 所示。河谷狭窄不足以布置坝后式厂房，而坝高足够允许在坝内留出一定大小的空腔布置厂房时，可采用坝内式厂房。江西上犹江水电站厂房是我国第一座坝内式厂房。

（5）河床式厂房。河床式厂房的形式有多种，其中普遍采用的是装置竖轴轴流式机组的河床式厂房，如图 4-2-21 所示。

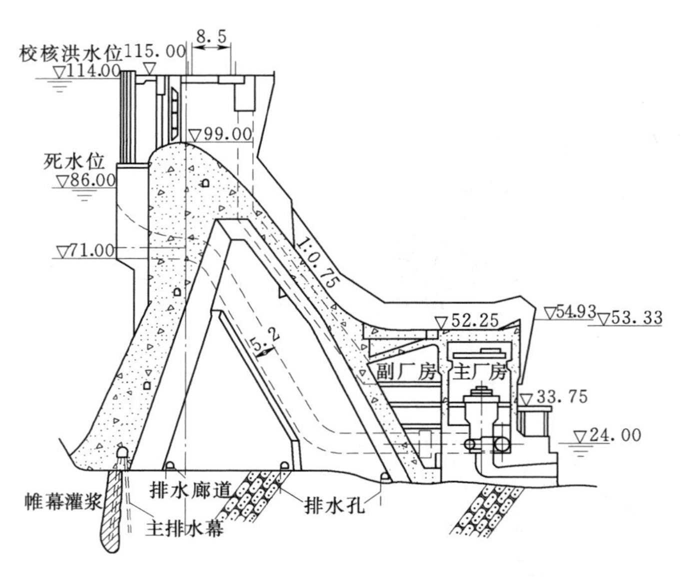

图 4－2－19　溢流式厂房剖面图（单位：m）

2. 按机组主轴布置方式分类

（1）立式机组厂房。水轮发电机主轴呈垂直向布置的厂房称为立式机组厂房。立式机组厂房的高度较大，设备在高度方向可分层布置，厂房较宽敞整齐，平面面积较小，厂房下部结构为大体积混凝土，整体性强，运行、管理方便，振动、噪声较小，通风、采光条件好，但厂房结构复杂，造价高，适用于下游水位变幅较大或下游水位较高的情况，如图 4－2－21 所示。目前，装设流量较大的反击式水轮机（贯流式除外）的水电站，几乎都采用立式机组厂房。机组尺寸较大的冲击式水轮机，喷嘴数多于 2～6 时，水电站也采用立式机组厂房。

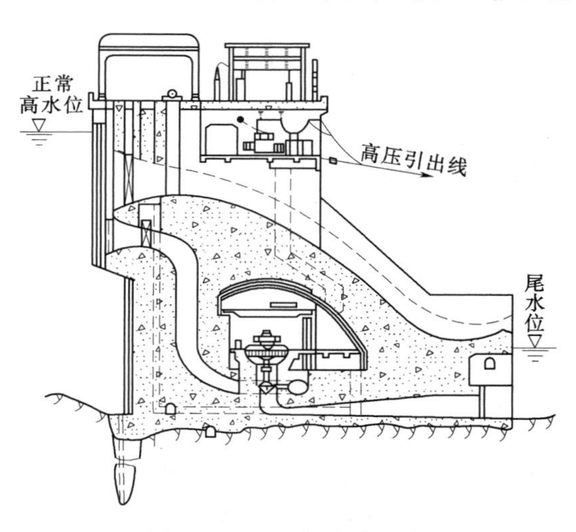

图 4－2－20　坝内式厂房

（2）卧式机组厂房。水轮发电机主轴呈水平向布置且安装在同一高程地板上的厂房称为卧式机组厂房。卧式机组厂房的高度较小，设备布置紧凑，结构简单，造价低，厂房内大部分机电设备集中布置在发电机层，平面占用面积较大，但设备布置较拥挤，安装、检修、运行不便，噪声、振动较大，散热条件差。中高水头的中小型混流式水轮发电机组、高水头小型冲击式水轮发电机组及低水头贯流式机组均采用卧式机组厂房，如图 4－2－22 所示。

（三）水电站厂房的分层

1. 水轮机层的布置

水轮机层是指发电机层地板以下、蜗壳混凝土以上的这部分空间。在水轮机层内机墩

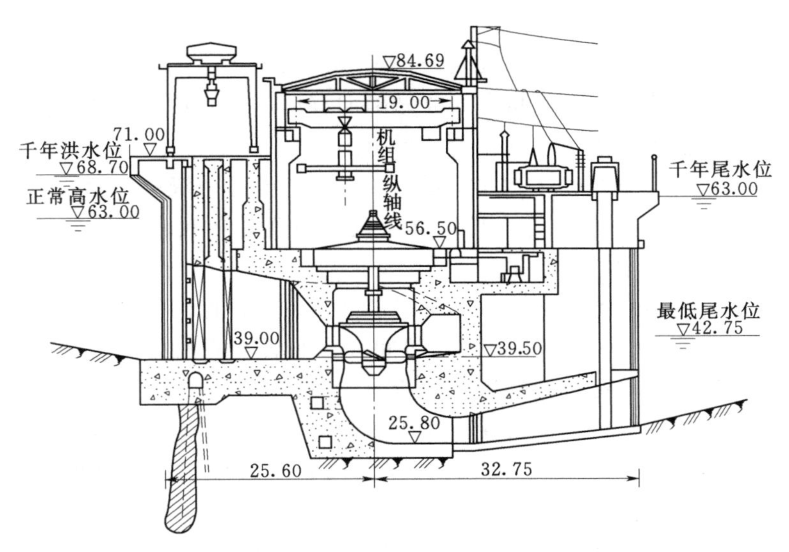

图 4-2-21　河床式厂房剖面图（单位：m）

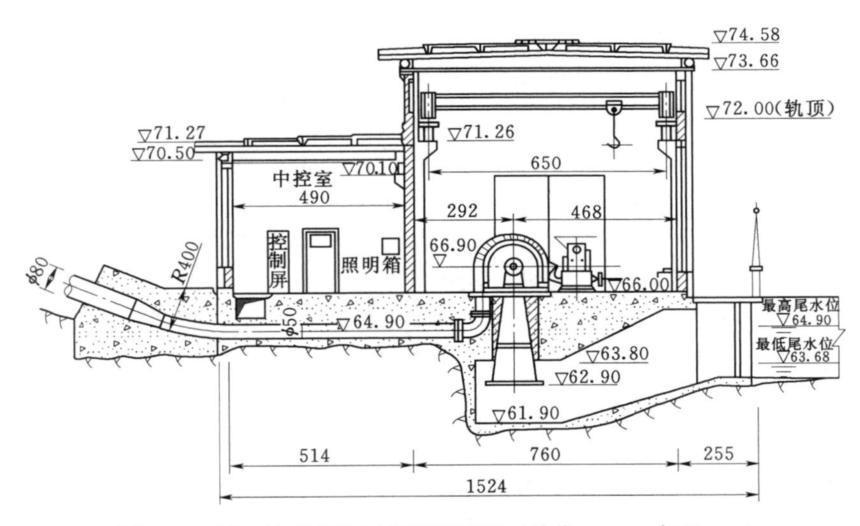

图 4-2-22　卧式机组厂房横剖面图（单位：cm；高程：m）

占去了较大的空间，因此必须充分利用机墩周围的空间和场地以布置有关的电气设备（发电机引出线和中性点引出线）和辅助设备（油、气、水系统及接力器）。

2. 发电机层的布置

布设在发电机层的设备主要有水轮发电机，调速系统的调速柜（对电气液压型调速器尚包括电调柜）及油压装置，操作控制系统的机旁盘、励磁盘。另外，为了发电机层以下各层设备的吊装和检修，常在该层地板上设置蝴蝶阀吊孔和吊物孔，还要设置梯孔作为通向水轮机层的垂直通道。发电机层的空间受机组大型部件安装、检修时吊运要求的控制。发电机层也是运行人员工作的场地，在布置上还必须为运行人员的巡回检查、仪表监视和各项运转操作创造必要的环境和条件。

3. 起重设备及安装间

（1）起重设备。水电站主厂房的起重设备一般采用桥式吊车，简称桥吊，桥吊可沿主厂房纵向移动，桥吊上的小车可沿桥吊大梁做横向移动，于是桥吊的主、副吊钩就可到达发电机层的绝大部分范围，该范围为一个矩形范围。

桥吊有单小车、双小车两种，当起重量超过75t时可选用双小车桥吊，因为双小车桥吊与相同起重量的单小车桥吊相比，其总重量较轻而且外形尺寸也小，当起吊最重元件时，两台小车可借助平衡梁联合起吊。

（2）安装间。安装间也称装配间，是机组部件组装和检修的地方，也是全厂对外交通（设备运输和人员出入）的主要进出口。安装间大多布置在有对外交通的一端，有时根据电站的具体情况，安装间也可布置在厂房的两端或中间段。

安装间的面积应由一台机组扩大性检修所需要的场地来控制，通常可按装修一台机组的四大件来考虑，其他较小或较轻的部件可灵活堆置于发电机层。这四大件是发电机转子、发电机上机架、水轮机转轮、水轮机顶盖。

据统计，一般安装间长度等于1.0～1.5倍的机组段长度。

（四）厂区的布置

1. 厂区布置的任务和原则

厂区也称厂房枢纽。厂区布置的任务是以水电站主厂房为核心，合理安排主厂房、副厂房、变压器场、高压开关站、引水道（可能还有调压室或前池）、尾水道、交通线等的相互位置。它是水利枢纽总体布置的重要组成部分。由于自然条件、水电站类型和厂房形式不同，厂区布置是多种多样的，但应遵循以下主要原则：

（1）综合考虑自然条件、枢纽布置、厂房形式、对外交通、厂房进水方式等因素，使厂区各部分与枢纽其他建筑物相互协调，避免或减少干扰。

（2）要照顾厂区各组成部分的不同作用和要求，也要考虑它们的联系与配合，要统筹兼顾，共同发挥作用。主厂房、副厂房、变压器场等建筑物应距离短、高差小、满足电站出线方便、电能损失小，便于设备的运输、安装、运行和检修。

（3）应充分考虑施工条件、施工程序、施工导流方式的影响。

（4）应保证厂区所有设备和建筑物都是安全可靠的。必须避免在危岩、滑坡及构造破碎地带布置建筑物。对于陡坡应采取必要的加固措施，并做好排水，以确保安全。

（5）应尽量减少破坏天然绿化。在满足运行管理的前提下，积极利用、改造荒坡地，尽量少占农田。

2. 主厂房布置

主厂房应布置在地质条件较好、岸坡稳定、开挖量小、对外交通方便、施工条件好且导流容易解决、对整个水利枢纽工程经济合理的位置。

坝后式水电站厂房与整个枢纽紧密相连，厂房位置与泄洪建筑物的布置密切相关。

当河谷较宽，以重力坝作挡水建筑物时，常采用河床泄洪方案，将溢流坝段布置在主河槽中，以利泄洪和施工导流。而将厂房布置在靠近河岸的非溢流坝段下游，以便对外交通和布置变电站。厂房与溢流坝间应设置足够长的导墙，以防止泄洪对电站尾水的干扰。厂坝间一般设有沉陷伸缩缝，并在压力钢管进入厂房处设置伸缩节。

当河谷狭窄，无法同时布置溢流坝段和厂房坝段，则可采用河岸泄洪方案或采用溢流式、坝内式、地下式厂房布置方案。

河床式水电站由于采用起挡水作用的河床式厂房，厂房与坝位于同一纵轴上，故厂房位置对枢纽布置、施工程序和施工导流影响很大，应给予充分注意，妥善解决。

当河床较宽，应将主要的建筑物（厂房、溢流坝、船闸）布置在岸边，可布置在同一岸；也可分两岸布置，如厂房与溢流坝位于一岸，船闸在另一岸。当有河湾或滩地时，可将厂房和溢流坝布置在河湾凸岸或滩地上。

引水式水电站常用河岸式厂房，其特点是距枢纽较远，因此首部枢纽布置和施工条件对之影响甚小。而引水系统对其影响较大，所以应首先以地形、地质、水文等自然条件选择引水方式后，再确定厂房位置和布置。布置时应尽可能使厂房进出水平顺，最好采用正向进水，尾水渠要逐渐斜向下游，或加筑导墙以改善水流条件，免受河道洪水顶托而产生壅水、漩涡和淤积。

3. 副厂房布置

大中型水电站都设有副厂房，小型水电站有时可以不设专门副厂房。水轮机辅助设备尽可能放在副厂房内，而电气辅助设备多装设在副厂房内。按副厂房的作用可分为三类：

（1）直接生产副厂房。直接生产副厂房是布置与电能生产直接有关的辅助设备的房间，如中央控制室、低压开关室等。直接生产副厂房应尽量靠近主厂房，以便运行管理和缩短电缆。

（2）检修试验副厂房。检修试验副厂房是布置机电修理和试验设备的房间，如电工修理间、机械修理间、高压实验室等。此类副厂房可结合直接生产副厂房布置。

（3）生产管理副厂房。生产管理副厂房是运行管理人员办公和生活用房，如办公室、警卫室等。办公用房宜布置在对外联系方便的地方。

副厂房的位置可以在主厂房的上游侧、下游侧或一端。副厂房布置在主厂房上游侧，运行管理比较方便，电缆也较短，在结构上与主厂房连成一体，造价较经济。当主厂房上游侧比较开阔，通风采光条件好时可以采用。副厂房布置在下游会影响主厂房通风采光；尾水管加长会增大工程量，且尾水平台一般是有振动的，中控室不宜布置在该处。副厂房布置在主厂房一端时，宜布置在对外交通方便的一端，当机组台数较多时，会使电缆及母线加长。

4. 变压器场和开关站的布置

变电站是主变压器场和开关站的总称。主变压器场和开关站是水电站输变电工程中的重要组成部分，它的布置主要依据电气主接线的连接方式，但与厂房及厂区布置也有一定的关系。当开关站与厂房靠得很近时，可将变压器放在开关站内，两者合在一起布置，但有不少水电站是分开布置的。布置变压器时必须考虑水电站的运行，设备的运输、安装及检修条件。

（1）主变压器场。主变压器场具体位置应视电站不同情况选定。坝后式水电站往往可利用厂坝之间布置主变压器。河床式水电站上游侧由进水口及其设备占用，因此只好把主变压器布置在尾水平台上。引水式水电站厂房多数是顺河流、沿山坡等高线布置，厂房与背后山坡间地方不大，为减少开挖量，可将主变压器布置在厂房一端的公路旁。

(2) 开关站。开关站大多数选择在厂房下游侧近处且宽阔的地方。要尽量利用山地、坡地，以不占或少占农田为原则。对于在山坡上或山脚下修建的开关站，应注意避开断层、滑坡、危岩、滚石和溶洞等不利的地质区段，要有防止山洪和泥石流冲击的措施。对布置在岸边的开关站，要避开泄洪建筑物雾雨的侵蚀和水流的冲刷。此外，选择开关站位置还要考虑输电的方向，即选择好开关站出线架与第一座高压输电塔的相对位置。

开关站的地面标高应高于100年一遇洪水位1.0～1.5m。开关站场内要有足够的安全距离和交通道路。布置电缆沟、气管沟的地方均需铺上活动盖板以利交通。开关站应有良好的排水系统，为防止电缆沟、气管沟灌水，地面的排水坡应以5%左右为宜。与厂区地面高差较大的开关站，除由工厂公路通至开关站外，尚需布置电梯、楼梯或者踏步等，以解决垂直交通问题。如垂直交通仅有电梯，则要考虑备用的交通设施。开关站四周同样要加设围墙或遮拦。

5. 尾水渠、交通线的布置及厂区防洪排水

尾水渠应使水流顺畅下泄，根据地形地质、河道流向、泄洪影响、泥沙情况，并考虑下游梯级回水及枢纽各泄水建筑物的泄水对河床变化的可能影响进行布置。要避免泄洪时在尾水渠内形成壅水、漩涡和出现淤积。坝后式和河床式厂房的尾水渠宜与河道平行，与泄洪建筑物以足够长的导水墙隔开。河岸式厂房尾水渠应斜向河道下游，渠轴线与河道轴线角不宜大于45°，必要时在上游侧加设导墙，保证泄洪时能正常发电。

厂区内公路线的转弯半径一般不小于35m，纵坡不宜小于9%，坡长限制在200m内。单行道路宽不小于3m，双车道宽不小于6.5m。厂门口要有回车场。在靠近厂房处，公路最好有水平段，以保证车辆可平稳缓慢地进入厂房。厂区内铁路线的最小曲率半径一般为200～300m，纵坡不大于2%～3%，路基宽度不小于4.6m，并应符合新建铁路设计技术规范的规定。铁路进厂前也要有一段较长的平直段，以保证车辆能安全、缓慢地进入厂房，并停在指定的位置。铁路一般从下游侧垂直厂房纵轴进厂。

厂区防洪排水应给以足够重视，应保证厂房在各设计水位条件下不受淹没。当下游洪水位较高时，为防止厂房受洪水倒灌，可采用尾水挡墙、防洪堤、防洪门、全封闭厂房，抬高进厂公路及安装间高程，或综合采用以上几种措施加以解决。在可能条件下尽量采用尾水挡墙或防洪堤以保证进厂交通线及厂房不受洪水威胁；对汛期洪水峰高量大、下游水位陡涨陡落的电站，进厂交通线的高程可以低于最高尾水位，但进厂大门在汛期必须采用密封闸门关闭，而同时另设一条高于最高尾水位的人行交通道作为临时出入口。全封闭厂房不设进厂大门，交通线在最高尾水位以上，通过竖井、电梯等运送设备和人员进厂，但运行不方便，中小型电站较少采用。

主、副厂房周围应采取有效的排水和保护措施，以防可能产生的山洪、暴雨的侵袭。邻近山坡的厂房，应沿山坡等高线设一道或数道有铺设的截水沟。整个厂区可利用路边沟、雨水明暗沟等构成排水系统，以迅速排除地面雨水。位于洪水位以下的厂区，为防止洪水期的倒灌和内涝，应设置机械排水装置。

本　章　小　结

本章重点学习了水力发电的基本原理，水能的开发方式和水电站的基本类型，水力发

电站工程中的引水渠道、压力管道、隧洞、压力前池和调压室等引水建筑物的布置特点和要求，水电站主厂房、副厂房、变压器场和高压开关站等厂区建筑物的布置以及水轮发电机组的布置和管理等。应重点掌握水能的开发方式和水电站的类型；水电站引水渠道、压力前池、压力管道的布置特点和要求；水轮发电机组的布置特点以及水电站厂区建筑物的布置要求。

自 测 练 习 题

一、名词解释

引水式开发、梯级开发、HL240－LJ－250、自动调节渠道、调压室。

二、填空题

1. 根据落差的开发方式水电站的类型有________、________、________。

2. 水电站压力管道的布置形式有________、________、________。

3. 坝式水电站常包括________和________两种开发方式。

4. 水电站进水口的功水电站枢纽的组成建筑物有________、________和进水建筑物、________、________、厂房枢纽建筑物六种。

5. 水电站进水口分为________和________两大类。

6. 压力水管向水轮机的供水方式分为________、________和________三种。

7. 水电站厂房按功能不同分为________和________。安装水轮发电机组的房间称为________，是直接将水能转变为电能的车间，是厂房的主体。

8. 水电站的水轮机层以下常称为________。

三、判断题

1. 自动调节渠道的渠顶高程沿渠道渠长不变，渠道断面也逐渐加大。(　　)

2. 压力前池是压力水管和厂房之间的连接建筑物。(　　)

3. 由一根总管在末端分岔后向电站所有机组供水是分组供水。(　　)

4. 调压室是位于压力管道与厂房之间修建的水电站建筑物。(　　)

5. 河床式厂房的特点是厂房本身挡水。(　　)

四、简答题

1. 水电站的压力前池的作用是什么?

2. 什么是厂区？水电站厂区主要有哪几部分组成?

3. 坝后式水电站和河床式水电站厂区的布置特点是什么?

4. 立式机组水电站厂房是如何分层的？各层都布置哪些设备?

5. 主变压器场的布置原则是什么？高压开关站在布置时应注意哪些问题?

第五章 水环境工程

【学习指导】 本章围绕橡胶坝工程、河道整治工程、堤防工程三部分内容展开，重点学习橡胶坝的组成及工作原理，橡胶坝的维护；河道的一般特性，河道整治建筑物的作用、类型及养护；堤防的作用、类别及抢险。掌握橡胶坝的工作原理、组成及维护要点；各河道演变类型及特点，河道整治建筑物的类型及作用；堤防的类别及抢险，堤防的养护管理。

第一节 橡胶坝工程

橡胶坝是用高分子合成材料建造的一种新型水工建筑物，它用胶布代替了自古以来筑坝的土、木、钢、石等建筑材料。其运用条件与水闸相似。

一、橡胶坝的作用及组成

（一）橡胶坝的作用

1. 改善水生态环境

随着经济的发展，人们对生活环境的要求日益提高，更讲求生活质量，对生存、生态环境有了更高的追求，对城市水利建设有更高的要求。与水闸相比，橡胶坝结构简单，可充坝蓄水，坍坝过洪，利用自然又不破坏自然，既可解决城市河道防洪与蓄水的矛盾，又有利于生态环境的保护。简单、方便、实用、美观、经济，使橡胶坝越来越受到人们的青睐，在城市园林美化工程中越来越多地得到应用。

自北京市在20世纪90年代大力推广应用橡胶坝之后，全国各地城市，尤其是省会城市，把在城市河道兴建橡胶坝作为改善城市生态环境，谋求社会、经济效益以及综合开发城市河道及河道两岸土地资源的主要工程措施之一。如西安市按照《西安市拦河造湖工程项目建议书》全面实施拦河造湖工程，以浐、灞河西安城市段综合治理为重点，以拦河橡胶坝为中心，对上下游、左右堤岸、路、林一并规划治理。

2. 发电

在河道上兴建橡胶坝蓄水，用以抬高水位发电，尤其是在小水电站的坝顶上建橡胶坝，增加发电库容，提高发电水头，投资少、回报快，效益更为显著，有的当年即可收回工程投资。

从水资源高效利用方面分析，将橡胶坝应用于水库溢洪道或拦河坝的增高，可充分利用水资源，发挥水库或水电站的潜在效益。蓄水发电和防洪是一对矛盾，要想提高单机容量和发电出力，就要尽可能多地蓄水，取得较高的发电水头；而防洪则要求尽可能降低挡水建筑物的高度，减少淹没损失，保证两岸安全度汛。橡胶坝的出现有效地解决了这一矛盾，在非汛期充坝挡水，可最大限度地提高挡水水位，增加蓄水量，充分利用较高的发电

水头；而洪水期坝袋坍落，恢复原有过水断面，不影响泄洪，也不至于增大上游淹没范围。

3. 灌溉

将橡胶坝应用于灌区，蓄水灌溉，这是当初我国研制橡胶坝的初衷之一。我国各地区在不同类型的河道中，兴建了一大批具有多功能的橡胶坝，充分展示了橡胶坝的优点，预示了橡胶坝在灌溉领域的广阔发展前景。如位于淮河上游颍河干流上的河南省禹州市北关橡胶坝，坝高3.5m，坝长114m，坝袋胶布骨架材料为维纶帆布。北关橡胶坝1974年建成后，在上游形成了一个有50hm^2水面、最大库容为480万m^3的平原水库，不仅可供市区生活、工业用水，还可灌溉农田2000hm^2。北关橡胶坝在安全运行21年后，于1994年更新了坝袋，是我国使用寿命最长的一座维纶橡胶坝坝袋。

4. 回灌地下水

橡胶坝升坍自如，汛期洪水来临时，可坍坝行洪；之后升坝拦截汛末洪水。河道蓄水后不仅美化环境，还可将水回灌地下，补充地下水。

5. 挡潮

沿海地区采用橡胶坝代替易锈蚀的钢铁闸门，防止海水入侵，可充分发挥坝袋不生锈、抗海水侵蚀能力强等优点。如秦皇岛市西戴河下游段的北戴河橡胶坝，坝长68m，坝高2m，工程具有挡潮、行洪、蓄水功能，工程有效地解决了沿河两岸1333hm^2农田因海水倒灌而无法灌溉的问题。

6. 临时挡水

橡胶坝还可用作船闸的上、下游闸门或活动围堰等。橡胶坝作为活动围堰用于临时挡水，是橡胶坝应用的又一尝试。橡胶活动围堰的特点是不用锚固，依靠坝袋内和前坦胶布上的水重，使胶布与河床之间产生摩擦力来维持坝袋的稳定，从而达到挡水的目的。如1977年北京市采用橡胶坝代替土石围堰，尝试对右安门橡胶坝进行检修，通过试用，证明橡胶活动围堰在一定条件下是可以采用的。

（二）橡胶坝的组成

橡胶坝工程按其结构组成可划分为三部分：①基础土建部分，包括基础底板、边墩（岸墙）、中墩（多跨式）、上下游翼墙、上下游护坡、上游防渗铺盖或截渗墙、下游消力池、海漫等；②挡水坝体，即橡胶坝坝袋；③控制和安全观测系统，包括充胀和坍落坝体的充排设备、安全及检测装置等，具体如图5-1-1所示。

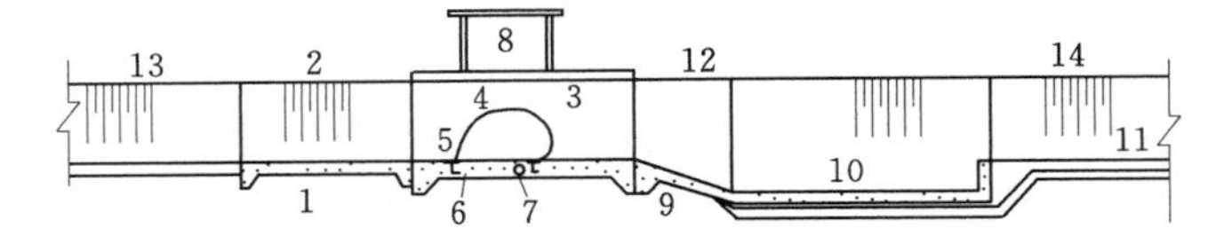

图5-1-1 橡胶坝工程各部分名称

1—铺盖；2—上游翼墙；3—岸墙；4—坝袋；5—锚固；6—基础底板；7—充排管路；8—控制室；9—斜坡段；10—消力池；11—海漫；12—下游翼墙；13—上游护坡；14—下游护坡

二、橡胶坝的基本工作原理

橡胶坝是用胶布按设计要求的尺寸，锚固于底板上成封闭状的坝袋，通过连接坝袋和充胀介质的管道及控制设备，用水（气）将其充胀形成的袋式挡水坝（图5-1-2）。橡胶坝可升可降，既可充坝挡水，又可坍坝过流，坝高调节自如，溢流水深可控；起闸门、滚水坝和活动坝的作用，其运用条件与水闸相似，用于防洪、灌溉、发电、供水、航运、挡潮、地下水回灌以及城市园林美化等工程中。橡胶坝具有结构简单、节省三材、造价低、工期短、自重轻、抗震性能好、跨度大、不阻水、止水效果好、新颖美观、管理方便、运行费用低等优点。

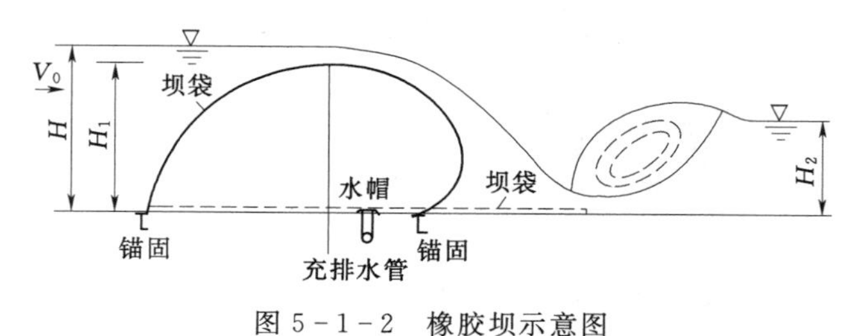

图5-1-2　橡胶坝示意图

三、橡胶坝的维护管理要点

橡胶坝在运用中，不断地遭受各种内外不良因素的影响，使工程产生不同程度的损坏，使坝袋性能日渐削弱。橡胶坝的经常性维护和定期修理范围为坝袋、锚固系统、充排系统、机泵装置、土建工程及安全观测设施等工程及设备类。由于坝袋在橡胶坝工程中的极端重要性，其维护、修理、抢修、防老化和更新等必须给予高度重视。

（一）坝袋维护

橡胶坝在运行中会发生拍打或振动等现象，有可能引起坝袋的磨损或撕裂，为延长坝袋使用寿命，应从日常运行管理等方面加强对坝袋的维护。

（1）在坝袋充水（气）前，须将下游侧坝袋坍落区底板周围和坝袋上的淤积泥沙清除干净；对有可能刺伤坝袋的漂浮物予以打捞。

（2）橡胶坝过流时，在坝顶溢流水深与上下游水位不利组合的情况下，坝袋有可能发生蠕动、拍打或振动现象。对此，应摸索坝袋在溢流时的运行规律，找出坝袋发生蠕动、拍打和振动的原因。实践中常采取升高或降低坝高的办法来避免坝袋在溢流时发生的蠕动、拍打或振动现象。

（3）源于坝袋的柔性结构，坝袋在运用中一直处于轻微的颤动或剧烈的拍打振动中，致使坝袋表面会产生不同程度的磨损。混凝土表面的粗糙程度对坝袋的磨损有十分显著的影响，为减轻坝袋磨损，须保持与坝袋接触部位混凝土表面的光滑平整，除对已变粗糙的混凝土表面进行处理外，还要及时清除坝袋坍落区底板上积存的砂、砾和石块等杂物。

（4）在高温天气时，可适当降低坝高，以在坝顶形成短时间的溢流；或向坝面洒水降温，以期延缓坝袋的老化速度。

（5）为防止冰压力对坝袋的挤压，可采用人工或机械破冰的办法，在坝前开凿一条小

水槽，以消除冰压力对坝袋的挤压影响。

（二）坝袋修理

坝袋胶布的骨架材料是帆布，保护层材料是橡胶，它们均为柔性材料，坚固性较差，在复杂多变的河流中挡水运用，坝袋不可避免地会发生刺伤、刮伤、磨损、开胶脱落、胶层起泡、胶布撕裂等情况，为防止这些缺陷进一步扩大，危及坝袋安全，一旦发现缺陷就必须采取适宜的方法对其进行修补。根据我国橡胶坝工程的运用情况和实践经验，有关单位和专家总结出不少行之有效的坝袋修理方法。

1. 修补方法

坝袋修补的原则是对症下药，因病施救。应视现场坝袋胶布破损的部位、大小和程度来选用不同的冷粘修补方法，通常采用以下四种方法进行修补。

（1）外层橡胶修补法。此法用于坝袋胶布的外层橡胶被磨损、刺伤或刮破，但未伤及帆布的情况，此时可剪裁圆形或椭圆形的胶片进行修补（图 5-1-3），其尺寸大小应以大于受损面周边边缘 8cm 左右为准。对外层胶出现水泡的情况，可挖掉外层胶，按照此法进行修补。

（2）外层帆布修补法。若磨损伤及外层帆布时，则采用与坝袋经、纬向强度相同的胶布进行补强，其尺寸要比磨损部位的周边大 10cm 以上（图 5-1-4），补强胶布周边粘贴封口条。对帆布层出现水泡而不割掉帆布的情况，可在抽掉水、烘干后按照此法进行修补。

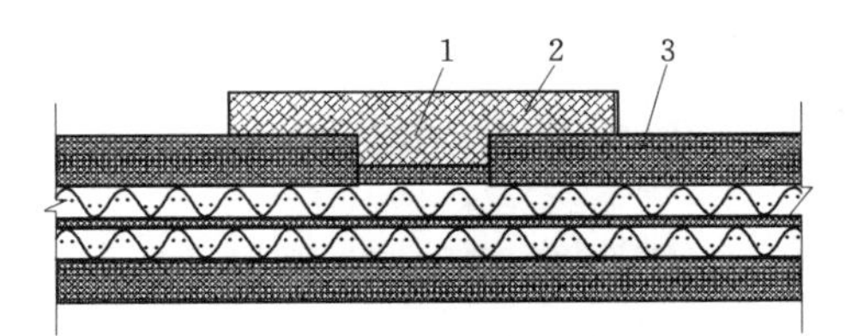

图 5-1-3 外层橡胶修补法示意图

1—磨损部位；2—粘补胶片；

3—坝袋（外侧）

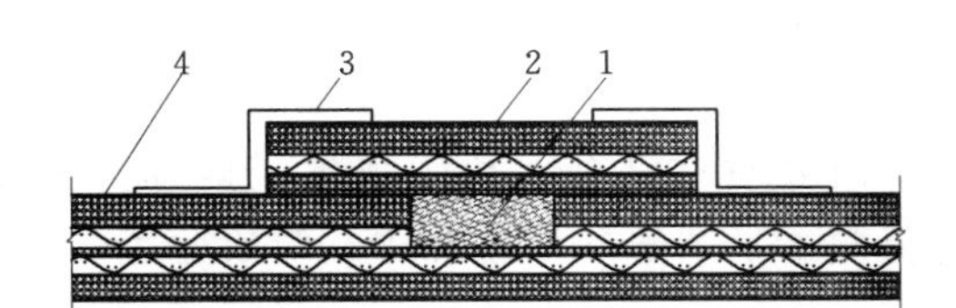

图 5-1-4 外层帆布修补法示意图

1—磨损部位（垫平胶）；2—粘补胶布；

3—封口条；4—坝袋（外侧）

（3）外层帆布与夹层胶修补法。若磨损伤及外层帆布和夹层胶时，则采用与坝袋经、纬向相同的胶布从坝袋外表面进行补强并粘贴封口条，采用胶片从坝袋内表面进行修补（图 5-1-5），胶片和胶布的尺寸要求同外层橡胶修补法和外层帆布修补法。

（4）坝袋胶布孔洞修补法。当坝袋胶布被磨穿、撕破有孔洞时，须在坝袋内外表面分别粘补与坝袋等强度的胶布并粘贴封口条（图 5-1-6），其尺寸要比磨损部位的周边大 15cm 以上，孔洞较大时需大 20cm 以上。对帆布层出现水泡需割掉帆布时，可按照此法进行修补。

2. 坝袋临时抢修

坝袋在运行中，当出现小的孔洞漏水时，或遇到突然破损危及坝体安全的情况下，应采取临时抢修措施。可供采用的抢修方法有以下几种：

（1）插塞补救法。当出现小的孔洞时，若孔口直径小于 6mm，可用塔式急救塞（橡胶塞）堵孔（图 5-1-7），防止漏水。

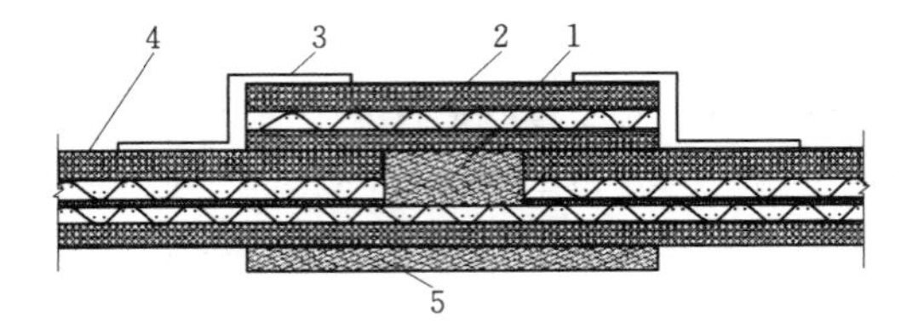

图 5-1-5 外层帆布与夹层胶修补法示意图
1—孔洞（垫平胶）；2—补强胶布；3—封口条；
4—坝袋（外侧）；5—粘补胶片

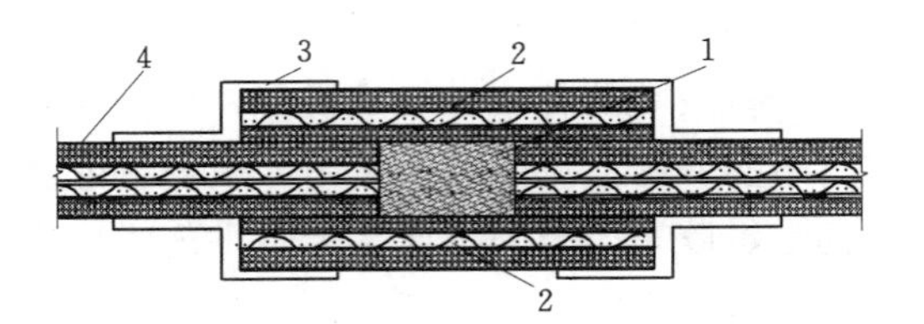

图 5-1-6 坝袋胶布孔洞修补法示意图
1—孔洞（垫平胶）；2—补强胶布；
3—封条口；4—坝袋（外侧）

（2）钢板与螺栓组合夹补法。若坝袋贯穿孔较大或局部撕裂面积较大时，可采用钢板与螺栓组合的钢板夹补法进行抢修（图 5-1-8），钢板尺寸大于破损处尺寸 15cm 以上，螺栓数目视具体情况而定，压板的形式有圆饼形或棱形等形式。

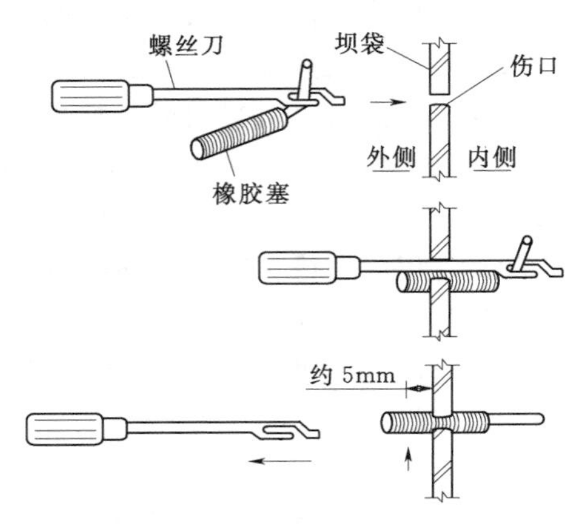

图 5-1-7 插塞补救法示意图

（3）双向 T 形螺栓抢修法（图 5-1-9）。该抢修法的螺栓制作是采用一根光杆螺栓，沿轴向将其居中锯开，一分为二成两个半圆杆，将这两个半圆杆放入炉火中烧红，向外弯折 90°，然后放入冷水中淬火。夹具可根据坝袋破损情况采用钢板制作。抢修时，先在离坝袋上破损点的两侧适当距离处对称钻孔，孔距视坝袋破损处而定，接着将两个半圆螺栓插入孔中，对成完整的螺栓，然后在螺栓上依次套上海绵止水胶、坝袋胶布、钢压板、垫圈，最后拧紧螺母即可。待整个组合件加固后，螺母外预留 2～3 牙螺纹长的螺栓即可，其余的则锯掉，以免伤及坝底板混凝土。

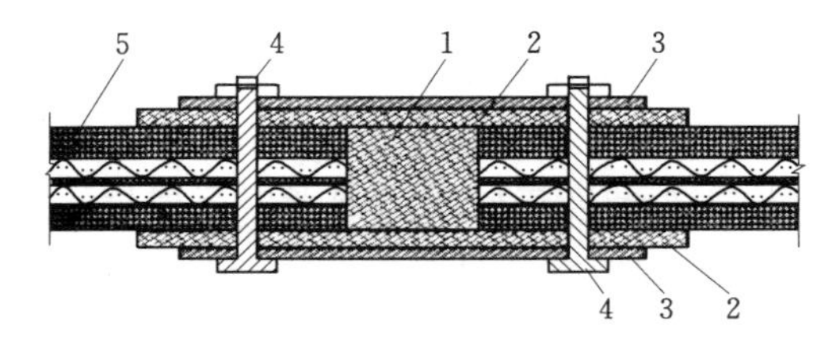

图 5-1-8 钢板与螺栓组合夹补法示意图
1—孔洞（垫平胶）；2—胶片；3—钢板；
4—螺栓；5—坝袋（外侧）

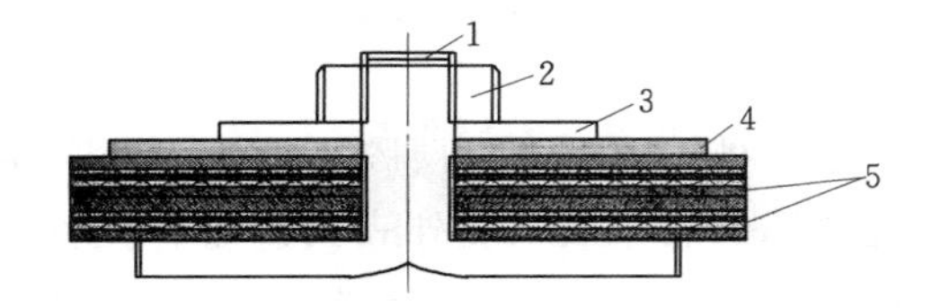

图 5-1-9 双向 T 形螺栓抢修法示意图
1—双向 T 形螺栓；2—螺母；3—垫片（或钢板）；
4—橡胶止水垫；5—坝袋

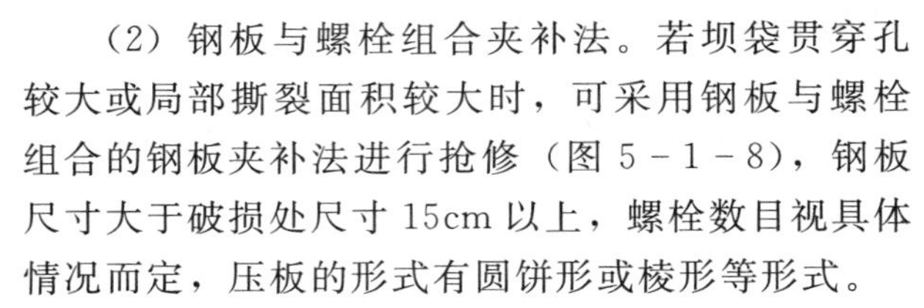

（三）坝袋防老化

1. 老化现象

根据坝袋的运用情况，其发生老化的现象可分为以下三种情况：

（1）外观的变化。坝袋表面橡胶层出现龟裂、粉化、膨胀、起泡、脱层、破裂、光泽颜色、喷霜、发黏等变化；帆布层发生永久变形、脆化、破烂等变化。

(2) 物理性能的变化。包括溶胀性、溶解性、耐光、耐热、透水、透气等性能的变化。

(3) 力学性能的变化。包括抗拉强度、断后伸长率、耐疲劳性能、耐磨性能、弯曲性能、定伸变形等性能的变化。

2. 坝袋防老化措施

根据坝址所处的当地自然气候条件、坝袋所用材料及其成型工艺、坝袋使用环境及使用要求等情况，可采用以下的化学或物理的坝袋防老化措施：

(1) 当前制造坝袋的橡胶多采用氯丁橡胶与天然橡胶并用配方，可采用改善坝袋胶料耐水能力和提高坝袋胶料耐老化性能的配方，如添加防老剂、增强剂等。

(2) 改进坝袋成型工艺，包括橡胶和帆布的预处理，优化并控制坝袋加工的温度、时间和压力三个要素，坝袋成型方式如热黏合、坝袋表面无搭接缝等。

(3) 在坝袋表面涂刷防老化涂层，可以阻碍外界老化因素的作用，减缓坝袋的老化速度。

(4) 采用防老化复合层，其主要材料为氯磺化聚乙烯（40型）；或外层胶直接采用三元乙丙等橡胶进行复合硫化。

(5) 在高温季节坝袋运行过程中，为降低坝袋表面温度，可适当降低坝高，使在挡水坝面上短时间地保持一定的溢流水深。如有条件，可采取向坝面淋水降温，以延缓坝袋老化。

(6) 如发现坝袋有开胶、脱层、裂口等机械损坏时，必须及时修补。如果破损严重，要及时与有关部门及橡胶厂联系，进行修补。当坝袋破损严重又难以修补时，要根据原设计要求，更换新坝袋。

第二节　河道整治工程

河道整治是人类为了满足社会发展中的防洪、灌溉、供水、航运、保护城镇和农田等要求而对天然河流进行的改造、治理。

一、河道的一般特性

（一）河床形态

1. 河床

河流从河源到河口，由支流汇入干流，其狭长的过水地带称为河道；而在宽阔的低洼地则储蓄成湖泊。河流所流经的谷地称为河谷。河谷的最下部分为谷底，谷底被水流所占的部分称为河床，或称河槽。在枯水、中水、洪水时期被水流所占的部分分别称为枯水河床、中水河床、洪水河床。中水河床又称主槽，或称基本河槽，如图5－2－1所示。谷地最低点的连线称为深泓线，或称溪线。

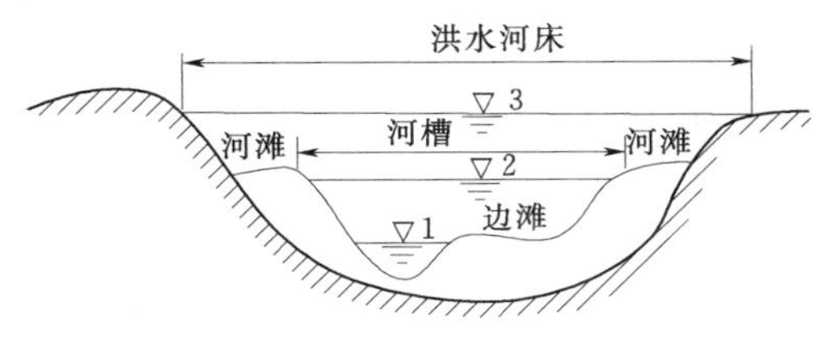

图5－2－1　河道横断面示意图

1—枯水位；2—中水位；3—洪水位

2. 河床形态基本特征

(1) 河床纵剖面。沿河流河床深泓点作纵向垂直切面所得到的河床剖面，称为河床纵剖面。河床纵剖面常用来表示河床纵向坡度的变化，坡降一般用比降来表示。某一河段河床纵比降 i 为该河段的落差（即河段两端的海拔之差）与其距离之比，即

$$i = \frac{\Delta H}{L}$$

(2) 河床横断面。河床横断面是垂直于水流方向的河床断面，图 5-2-2 所示为黄河下游弯曲型河段的横断面图。河床横断面一般可分为水道断面和大断面两种。水道断面是水面线和河底线所包围的面积，其中流速大于零的部分，称为过水断面；流速等于零的部分，称为死水断面。因此，过水断面为水道断面与死水断面之差。大断面包括水下及水上两部分，水下部分即水道断面，水上部分为历年最高水位以上 0.5～1.0m 的岸边地形。

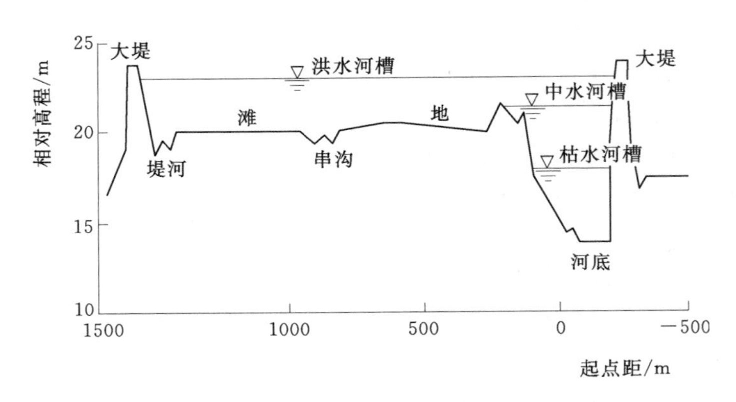

图 5-2-2 黄河下游弯曲型河段的横断面图

河道两岸水边线的间距为过水断面水面宽，一般水面宽与水位（流量）成正比。过水断面之河底线长称为湿周。若河流封冻后，湿周则指过水断面之周长。过水断面面积 ω 除以湿周 χ 称为水力半径 R，即

$$R = \frac{\omega}{\chi}$$

过水断面面积除以水面宽 B 得到平均水深 H，即

$$H = \frac{\omega}{B}$$

平原河流断面宽而浅，因河宽远大于水深，湿周近似于河宽，则水力半径与平均水深相差很小，即 $R \approx H$，故常用平均水深代替水力半径。

(二) 河流特性

1. 山区河流特性

流经地势高峻、地形复杂山区的河流称为山区河流。它的形成主要与地壳构造运动和水流侵蚀作用有关，即水流在由地质构造运动所形成的原始地形上不断侵蚀，使河谷不断纵向切割和横向拓宽而逐步发展形成。因此，河谷断面宽深比一般较小，往往呈 V 形或 U 形，如图 5-2-3 所示。

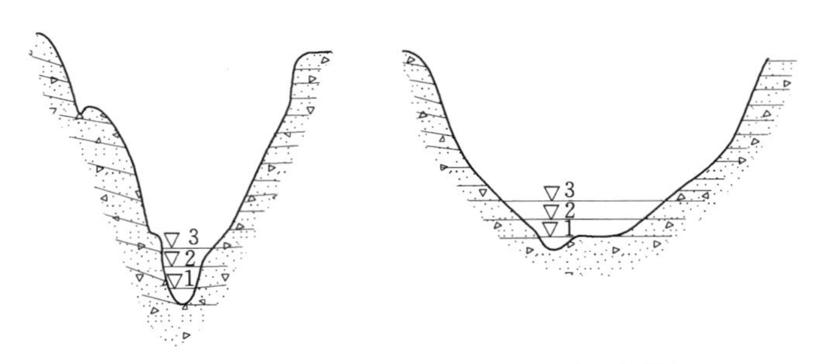

(a) V形河谷形态　　　(b) U形河谷形态

图 5-2-3　山区河谷横剖面形态图

1—枯水位；2—中水位；3—洪水位

山区河流由于比降大、流速大、泥沙含量不饱和，有利于河床向冲刷变形方面发展，但河床多由基岩或卵石组成，抗冲性能强，冲刷受到抑制。因此，山区河流变形十分缓慢。但在某些河段，由于特殊的边界、水流条件，可能发生大幅度的暂时性的淤积和冲刷。

2. 平原河流特性

流经地势平坦、地质疏松的平原地区的河流称为平原河流。与山区河流不同，平原河流的形成过程主要表现为水流的堆积作用。在这一作用下，平原上淤积成广阔的冲积扇，具有深厚的冲积层；河口地区淤积成庞大的三角洲。

平原河流的河谷横断面宽浅，具有宽阔的河漫滩，如图 5-2-4 所示。河漫滩是位于中河槽两侧，在洪水时能被淹没，中、枯水位时露出水面以上的高滩。

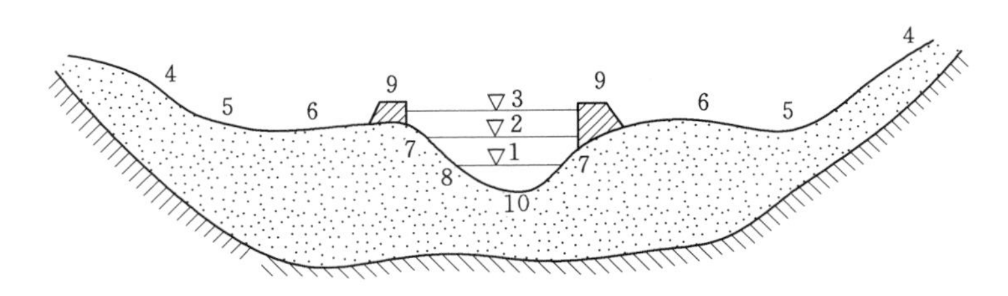

图 5-2-4　平原河流的河谷形态图

1——枯水位；2—中水位；3—洪水位；4—谷坡；5—谷坡坡脚；6—河漫滩；7—滩唇；8—边滩；9—堤防；10—冲积层

在平原河流的主槽中，由于水流与河床不断地相互作用，往往形成一系列的泥沙成型堆积体。与河岸相接、枯水时露出水面的沙滩称为边滩（岸滩）；上、下两边滩之间的部分称为沙埂，沙埂上水深较浅；当沙埂上水深不能满足通航要求时，沙埂又称为浅滩；边滩不断向下游延伸，伸入河中的狭长部分称为沙嘴；位于河心、低于中水位以下的沙滩称为江心滩，高于中水位以上的沙滩称为江心洲，这些泥沙成型堆积体的分布情况大体上如图 5-2-5 所示。

平原河流的水文特性与山区河流有很大的差别。由于集雨面积大，流经地区多为坡度平缓、土壤疏松的地带，因而汇流历时长。另外，因大面积上降雨分配不均匀，支流汇入时间次序有先有后，所以洪水无猛涨猛落现象，持续的历时相对较长，流量变化与水位变幅较小。

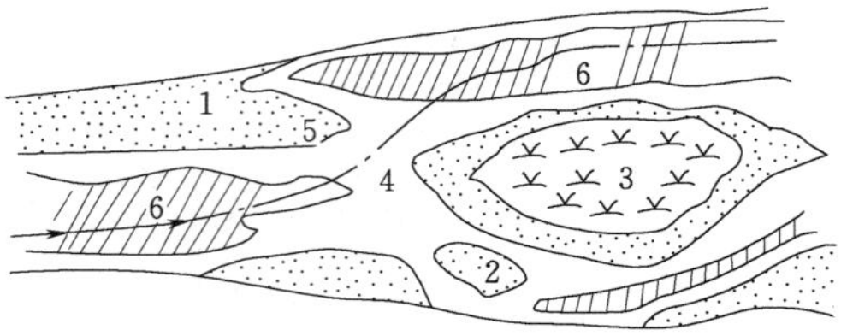

图 5-2-5　平原河流中的泥沙成型堆积体

1—边滩；2—江心滩；3—江心洲；4—沙埂；5—沙嘴；6—深槽

二、各种特征河道演变特点

（一）河道演变类型

按平面形式及演变过程的不同，将平原河流的河段分为四种不同类型：弯曲型（蜿蜒型）、顺直型（边滩平移型）、散乱型（游荡型）、分汊型（交替消长型）。

（二）各类型河段演变特点

1. 弯曲型河段的演变特点

弯曲型河段是冲积平原河流中最常见的一种河型，在我国分布甚广，如黄河下游陶城埠以下河段、渭河下游、汉江下游和有“九曲回肠”之称的长江下荆江河段等，都是典型的弯曲型河段，如图 5-2-6 所示。弯曲型河段是由一系列具有一定曲率而正反相间的弯道和较顺直的过渡段衔接而成的，可用河湾半径 R、河湾中心角 θ、河湾摆幅 T_m 等来描述其平面特征，如图 5-2-7 所示。

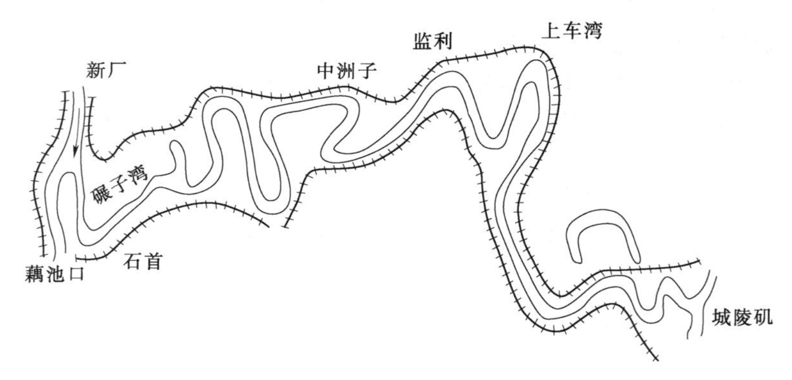

图 5-2-6　长江下荆江弯曲型河段

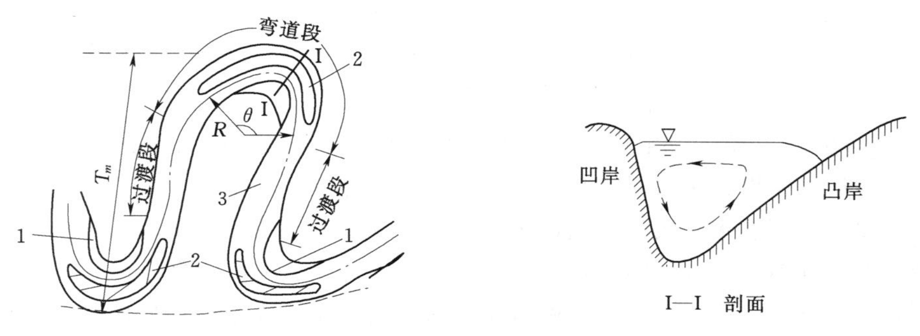

图 5-2-7　弯曲型河段平面图

1—边滩；2—深槽；3—过渡段浅滩

横向输沙不平衡是引起弯曲型河段河床演变的根本原因，演变的主要特点如下：

（1）凹岸崩退，凸岸淤长。由于横向环流的作用，表层含沙量小的水流流向并冲刷凹岸，加之纵向水流对凹岸的顶冲，使横断面变形的结果是凹岸不断坍塌后退形成深槽陡岸；坍塌下来的泥沙被底部水流带往凸岸，使凸岸不断淤积前进形成平缓边滩。

（2）洪冲枯淤。河道纵向变形是弯道段洪水期冲刷、枯水期淤积，而过渡段则相反。年内这种冲淤量虽然不能达到完全平衡，但就较长时期的平均情况而言，纵向输沙是基本平衡的。

（3）发展与蠕动。由于凹坍凸淤及弯道顶点向下游的移动，弯曲型河段弯道的平面变化表现为弯曲程度增加，河湾不断发展而扭曲，且向下游缓慢弯曲蠕动。

（4）弯道消长。当弯道急剧发展形成曲率较大的锐弯或狭颈时，如遇大洪水漫滩就可能将其冲开，发生自然裁弯现象。裁弯后，老河的淤积发展过程相当快。新河发展成为主河道，又会向弯曲方向发展。这种发展和消亡的演变过程在弯曲型河段是普遍存在的。

2. 游荡型河段的演变特点

游荡型河段多分布在我国华北及西北地区河流的中下游。如永定河下游卢沟桥—梁各庄河段、渭河的咸阳—泾河河段、汉江的丹江口—钟祥河段和黄河下游孟津白鹤—高村河段等均属于典型的游荡型河段。

游荡型河段的形态和演变最重要、最基本的特征是：水流散乱和主流摆动不定。游荡型河段的演变规律是复杂的，这是由它的“宽、乱、浅”的特点所决定的。但是游荡型河段的河床演变也具有一定的规律性，具体表现在以下几个方面：

（1）年内冲淤变化。游荡型河段年内的冲淤变化，一般是汛期槽冲滩淤，非汛期槽淤滩冲。汛期时，含沙量较大的水流自主槽漫入滩地，在滩地上落淤，水流的含沙量减小，加之汛期水流流速较大，主槽水流挟沙能力较强，致使主槽冲刷。

非汛期主流归槽，但因流量小，挟沙能力弱，加之滩软被冲刷坍塌下来的泥沙，促使主槽淤积；滩地横向坍塌后退，每经过一个汛期，洪水漫滩，滩面就会抬高。一年内如此，但在长时间内，表现为主槽和滩地淤积抬高，滩槽高度变化不大。

（2）游荡型河段主流摆动不定，摆幅大，导致河势变化剧烈。表现如下：

1）在多年平均的情况下，河床不断淤积升高。游荡型河段由于淤积严重，河床逐年抬高，称为“悬河”。

2）一次性洪水过程中的冲淤变化。主槽基本遵循“涨水冲刷、落水淤积”的规律，而滩地恰恰相反。

3）在平面上，体现为主流摆动不定，而且变幅极大，主槽位置也相应经常摆动，河势变化剧烈。

3. 分汊型河段的演变特点

（1）分汊型河段的平面形态。分汊型河段平面形态有三类：顺直型分汊（各股汊道都较顺直）、微弯型分汊（至少有一个汊道弯曲系数较大）和鹅头型分汊（平面上呈鹅头状），如图5-2-8所示。

分汊型河段的中水河槽呈宽窄相间的藕节状，宽段常有一个或多个江心洲将水流分成多汊；窄段为单一河槽。在分流区和汇流区常有环流存在，且在断面多呈中间部位凸起的马鞍形；分汊段则为江心洲分隔的复式断面。

（2）分汊型河段的演变。

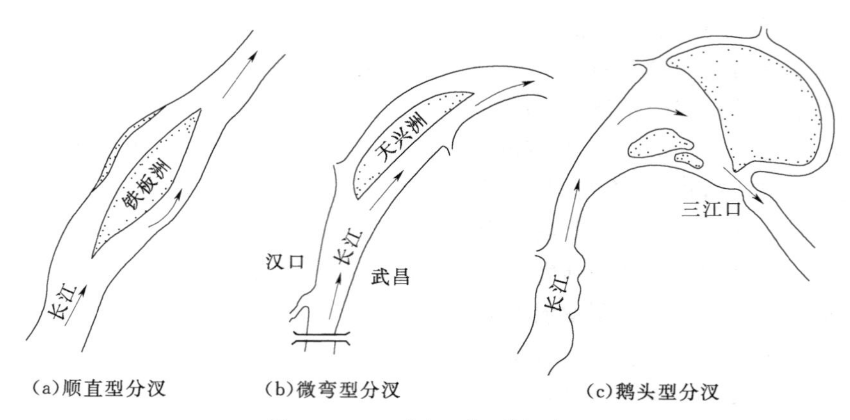

图 5-2-8 分汊型河道的类型

1）洲滩的移动与分合。洪水漫过江心洲时，由于洲面水深浅、流速低，一部分悬移质泥沙在其上淤积，使洲面不断淤高。江心洲头部由于水流的顶冲和分流区环流的作用不断崩塌后退；尾部在螺旋流作用下淤积延伸，整个江心洲缓慢向下游移动。在移动过程中，往往通过几个江心洲的合并，体积不断扩大；遇大水时，大的江心洲也可能被水流冲开，分成几个较小的江心洲。随着汊道的衰亡，江心洲靠向一岸转化为河漫滩。

2）汊道的兴衰和交替。汊道中具有微弯外形者，往往因分流比小、分沙比大而逐渐衰弱；而直汊道则趋于发展，甚至成为主汊及发展成为单一河道。但这种局面往往是暂时的，由于主汊的不断展宽，又会在江中淤积成江心洲，形成分汊河道；汊道形成之后，又会进行新一轮的演变。演变的过程如图 5-2-9 所示。

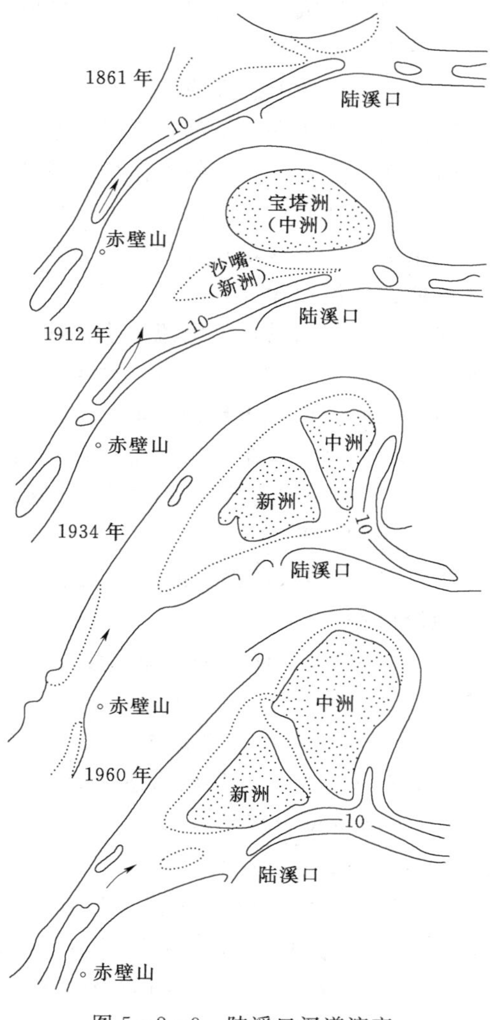

图 5-2-9 陆溪口汊道演变

三、河道整治建筑物的作用与类型

为整治河道而修建的建筑物，称为河道整治建筑物，简称整治建筑物。

（1）按建筑材料和使用年限，可分为轻型（或临时性）和重型（或永久性）整治建筑物。凡用竹、木、秸、梢料、柳石等轻型材料修建，抗冲和防腐性能较弱，寿命较短的，称为轻型（或临时性）整治建筑物。凡用土、石、

树、金属、混凝土等材料修建，抗冲和防腐性能较强，寿命较长的，称为重型（或永久性）整治建筑物。两种类型建筑物的选择，应综合考虑下述因素：整治工程要求使用的最低年限，工程所处位置的水流条件（如水深和流速），可能遭受冲击力的大小，材料来源，施工条件（如施工季节、机械化程度）以及造价等。

（2）按照建筑物与水位的关系，可分为非淹没和淹没整治建筑物。在各种水位下均不淹没的，称为非淹没整治建筑物。在洪水时淹没，而在中水、枯水时不淹没的；以及洪水、中水时淹没而在枯水时不淹没的称为淹没整治建筑物。对于枯水时也要淹没，恒潜于水下的，称为潜没整治建筑物。

（3）按整治建筑物的作用，可分为护坡建筑物、护底建筑物、环流建筑物、透水建筑物和不透水建筑物。直接在河岸、堤岸、库岸的坡面、坡脚和整治建筑物的基础上用抗冲刷材料做成连续的覆盖保护层，用以预防水流冲刷的一种单纯防御性工程建筑物称为护坡、护底建筑物。用人工的方式激起环流来调整水、沙的运动方向以达到整治目的而修建的建筑物称为环流建筑物。透水建筑物是指本身透水的整治建筑物，不透水建筑物是指本身不允许水流通过的整治建筑物。这两种建筑物对水流都有导流和挑流的作用，但透水建筑物还有缓流落淤的作用，只是挑流、导流作用比不透水建筑物弱一些。选择时应根据当地的建筑材料和整治目的确定整治建筑物的类型。

（4）按照建筑物的外形，将整治建筑物分为坝、垛类和平顺护岸类。由于它们的形状不同，因此所起的作用也不同。一般枯水整治常用丁坝、顺坝、锁坝、浅坝，中水整治常用丁坝、垛坝、顺坝等坝类整治建筑物。护岸类工程在中水河槽、洪水河槽整治中都适用。

四、河道整治建筑物的管理养护

河道整治工程在运用过程中，不断经受水流的冲击，发生根石坍塌、坦坡蛰裂损坏等现象。另外，由于天然或人为因素的影响，坦坡及坝顶也常遭到破坏而不能保持完整，防洪抗溜能力低。所以，做好管理养护工作十分重要，它是修防工的基本任务之一。

（一）管理养护的一般要求

坝岸各部位通过管理养护，应达到一定的标准，才能增强抗溜能力，有利于安全运用。

（1）根石是坝、岸工程的基础，必须坚固。在汛期应经常注意河势溜向的观测，不断探测根石坡度，发现坡度小于根石水下稳定坡度时，应及时补抛，并做到抛石合理，大块石或石笼抛于上跨角及前头重要部位，一般块石抛于迎水面等次要部位。枯水位以上根石应排砌紧密，顶宽及坡度一致，符合设计标准。

（2）坝、岸的坦顶、坦坡必须平顺，无凹凸不平，上下边口整齐一致，保持设计状况。

（3）坝顶要求平整，无积水洼坑。土石结合部必须严紧，无陷坑脱缝。坝顶排水出路要通畅，坝体上无水沟浪窝、獾狐洞穴、高秆杂草、散乱石块及其他杂物，更不能修有违章建筑物。

（4）坝顶存放的备防石应归垛存放，位置适宜，为有利于抢险用料的运输，石垛应离开迎水面坝肩 3.0m 以上。

(5) 各处工程都应设立铭牌标志，如工程名标、工程概况、坝岸编号等。各铭牌标志应美观大方，字迹醒目，位置适宜，便于寻阅。

(6) 在工程管辖范围内，应按要求搞好绿化，并有专人管理，做到草青树茂。

(二) 坝岸顶部维护

坝岸顶部经常出现的损坏现象主要是由于暴雨时排水不畅，产生水沟浪窝、石料垛坍塌、眉子土冲毁等，对于修在滩地上的控导护滩工程，还会由于高度低，洪水漫溢，使土坝体遭受揭顶拉沟等破坏现象。

坝岸顶出现的水沟浪窝处理方法：暴雨时，修防工人应冒雨巡查坝岸，疏通排水出路，发现已出现水沟浪窝时，先将进水口周围用土修筑土埂，拦截水流，不使继续进水，以防浪窝扩大。雨后应立即组织人员开挖回填，回填应分层夯实，并使顶部高于附近地面，沟口附近地势低洼时应推土垫平，防止下次降雨积水，穿透原有浪窝，造成一处浪窝多次重复发生的现象。

一处工程水沟浪窝较多时，应研究产生的原因。一般情况多是坝顶凹凸不平，无排水措施；管理不善，下雨时不能及时放水，雨后出现的浪窝不能及时填垫，以致小浪窝发展成大浪窝，大浪窝周围出现小浪窝，恶性循环，越积越多；土质多沙，土坝基修筑时铺土过厚，压实不密；暴雨集中，强度大，冲刷力强等。为此，对于浪窝较多的工程除做好黏土包边、两合土盖顶（黏土盖顶不利于抢险）、加强管理外，还应整修坝顶，使雨水能分散排走，或者使坝顶具有平坦的斜坡，雨水流向一侧，由排水沟排走。排水沟口应低于附近地面，并用三合土夯实，以防排水沟被冲毁。

(三) 坦坡维护

坝岸坦坡经常遭受破坏的现象有坦坡下蛰滑脱，表面出现裂缝，坡面外凸或内凹，平缝干砌坡度较陡的坦坡前倾等。产生的原因：①根基下蛰；②中常洪水对坝胎土的淘刷，即淘塘子；③雨水在土石结合部冲沟，形成暗浪窝。处理的原则是针对不同的破坏现象及原因，采取不同的处理措施，按照原有结构进行修理，使其恢复原来状况。

因根石薄弱下蛰使坝岸坦坡产生破坏或倾斜时，首先应进行根石坡度探测，抛石护根，加固根基，然后再修坡。修坡主要是翻修。

1. 散抛块石护坡的翻修

块石护坡翻修比较简单。若坦坡下滑脱落，可将上部残留石料补抛至脱落部位，再将顶部块石部位抛新石填护，最后整修好坡面及坝顶。若坦坡凹陷，可将凹陷部位的石料拆除外移，用黏土回填修复坝胎，然后再用外移石料回填，修复坡面。若坝胎土在汛期洪水时被淘刷，使坦石大量下蛰后退，且黏土不易取得时，可将坦石拆除，先用柳枝铺填，必要时用懒枕的形式裹护，增强抗冲护胎能力，然后再用块石保护，恢复原坝坦。

2. 砌石护坡的修复

砌石护坡出现滑动、鼓肚、凹腰等破坏现象时，应先将破坏部位拆除，沿子石与腹石分放，反滤垫层扒除干净。若坝胎土被冲失应用黏土回填夯实，然后按原设计垫层或反滤层逐一铺填，再自下而上逐一填腹石及扣砌沿子石，并使石块扣砌紧密，交错压茬，不能

松动。如有较大的坝面洞、燕子窝等应用碎石填塞紧密，防止波浪再行淘刷垫层、坝胎土，出现新的破坏。

3. 重力式干砌石护坡的翻修

重力式干砌石护坡坡度较大，坦坡出现倾斜裂缝、鼓肚凹腰等，危及安全时，应拆除翻修重砌。一般是自上而下逐层拆除，沿子石与腹石分放、至破损边界外，再按原施工要求，自下而上逐层填复，逐层砌沿子石，最后做好封顶、排水、勾缝。

4. 重力式浆砌石护坡的修补

重力式浆砌石护坡损坏需要修补时，应先将损坏部位的石块拆除，并将石块灌浆缝冲洗干净，不准留有泥沙或其他污物。所用补修石块应近似方形，不可用带有尖锐的棱角及风化的软弱石块，并应根据砌筑位置的形状，用锤子进行修整，经试砌大小合适，满足施工规范要求时，再搬开石块，坐浆砌筑。个别不满浆的缝隙，再由缝口填浆，并予以捣固，务必使砂浆饱满。对较大的三角缝隙，可用锤子楔入小碎石，做到稳、紧、满。缝口可用高一级标号的水泥砂浆勾缝。

（四）根石维护

枯水位以下根石维护主要是当探测根石的坡度大于稳定坡度时，抛石或石笼加固维修。枯水位以上根石维护除按设计坡度整修外，还分乱石、扣石两种情况进行整修。

乱石护根抗冲能力较弱，受大溜冲刷常遭破坏，有时也因冰凌撞击破损，因此维修工程量较大。乱石护根维护方法比较简单，仅将表面凹入部位抛石补填，然后压茬摊整。排整时应大石在外、小石在里，层层错压，排挤密实。在坝的上跨角及前头受溜最重部位，为防止根石冲失，在整修根石时，可用铅丝网片分片网护，或直接用石笼排砌。

扣石护根比较平整密实坚固，抗冲能力强，在砌石护坡及重力式砌石护坡中多采用。如乱石护根被冲破坏比较频繁，应按丁扣护根整修。扣石护根顶宽一般为2.0m左右，呈1∶20左右的斜坡向外倾斜，根石顶与根石坡交界处一般都修成圆口，即所谓鱼脊梁骨形，以适应水流冲刷。

第三节　堤　防　工　程

一、堤防

（一）堤的概念

堤是一种挡水建筑物，一般修建在江河或沟渠的两侧、湖泊洼地的周围、海滩的边缘、水库回水区外沿，主要用于挡水、防洪、输水、防潮、防浪。

堤身多用土、石等材料修成。断面为上小下大，两边具有一定坡度的梯形。为了增加边坡的稳定，有时在堤的一侧或两侧修建戗台（又称平台）。有的地方风浪比较大，土堤容易被冲刷破坏，便用石料或混凝土块修建护坡防浪设施。在交通要道处，为了上下堤的方便，常修建有辅道（或称马道）。

堤的各部分名称：堤的顶部平面称为堤顶，两侧突坡称为堤坡，临水侧堤坡称为临水坡，背水侧堤坡称为背水坡。在江河堤防上，临水坡称为临河坡，背水坡称为背河坡。堤顶与堤坡交界的地方称为堤肩，大堤与地面相交的地方称为堤脚或堤根。堤脚以外一定范围内的地面称为保护地或柳荫地。

（二）堤防的作用

堤防是水利工程的重要组成部分，其主要作用是阻挡水流泛滥造成灾害。在江河两岸修建堤防，可以束范洪水，使其顺利入海，防止漫溢成灾。在湖泊周围修建堤防，可以控制汛期湖水水面，限制淹没面积，同时增加湖泊蓄水调洪能力，减轻江河防洪负担。在沿海滩地修建海堤，能阻挡暴潮对沿海低洼地区的侵袭，增加陆地面积。在沟渠两侧修建堤防，可以减少沟渠占地面积，增强输水能力。在水库回水区外沿修建堤防，可以减少水库蓄水时淹没面积，降低淹没损失。

二、堤防工程的类别

堤防工程按其作用通常分为防洪堤、海塘、渠堤三大类。此外将重点介绍防洪堤。渠堤因为断面较小，结构简单，运用条件低，故不单独介绍，有关内容可参照防洪堤的要求。

（一）按所临水名划分

（1）江河堤。修建在江或河的两侧的堤防称为江堤或河堤。江河堤防，由于易遭受主溜冲刷，常修有险工坝岸保护，是典型的堤防工程。江河堤依所处的位置不同又分为干堤和支堤。干堤是干流河道上的堤防，支堤是支流河道上的堤防。

（2）湖堤。修建在湖泊周围的堤防称为湖堤。湖堤所临水面宽阔，风浪较大，除修有宽阔的防浪林带外，还常修有石或混凝土护坡防浪。湖堤按注入湖泊的河流级别分为干堤和支堤两种。干堤是干流注入湖泊的堤，支堤是支流注入湖泊的堤。

（3）库区堤。修建在水库回水边沿的堤防称为库区堤，其作用是水库蓄水后，减少回水淹没的范围。库区堤所临水域特性与湖堤基本相同，在风浪大的地方也需要修建护坡防浪。

（4）蓄、滞、行洪区堤。修建在河流及其两岸的蓄、滞、行洪区周围的堤防，称为蓄、滞、行洪区堤。

（二）按建筑材料划分

依据建筑材料的不同，堤防一般分为土堤、挡土墙堤、钢筋混凝土堤三种。

（1）土堤。即由土料筑成的堤。由一种土料修筑的土堤称为均质土堤，有时为了满足防渗要求，用黏土修筑截渗墙，截渗墙在临水堤坡时，称为黏土斜墙堤；截渗墙在堤的中间时，称为黏土心墙堤。

（2）挡土墙堤。在土堤的前面用石或混凝土修筑挡墙防水，墙后填土以维持墙的稳定，这种堤称为挡土墙堤，有时称为石堤。

（3）钢筋混凝土堤。即用钢筋混凝土墙来挡水的堤。堤的背后没有土堤戗台，依靠自重维持其稳定。

我国堤防绝大部分都是均质土堤，仅在某些特殊情况下才修建其他形式的堤防，例如有的城市受岸边建筑物的限制，不宜修建大断面的土堤时，才修建挡土墙堤或钢筋混凝土

堤，显然这类堤防的长度一般都较短，占整个河段堤防长度的比例很小。

另外，我国还有的河流继续沿用明代潘季驯提出的遥堤、缕堤、格堤、月堤等堤防类别，如图 5-3-1 所示。

(1) 遥堤。在距河较远处修建的大堤，用以防御较大的洪水危害。

(2) 缕堤。在距河较近处修建的较小堤防，用以防御一般洪水的危害。

(3) 格堤。在缕堤和遥堤之间修建的横堤，用以在缕堤溃决后，拦隔泛水，限制淹没范围，防止遥堤堤根行洪冲刷堤身。

(4) 月堤。在缕堤的一侧或两侧修建的月牙形堤防，用以预防缕堤溃决泛滥成灾。

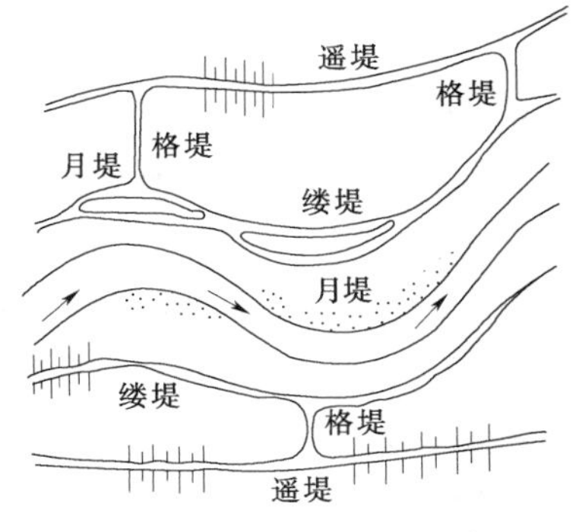

图 5-3-1 黄河堤防示意图

三、堤防工程的抢险

(一) 堤防险情巡查

巡堤查险是指进入汛期后，由于堤防及修建在堤防上的穿堤建筑物有随时出现渗漏、裂缝、滑坡等险情的可能，必须日夜巡视，一旦发现险情应及时抢护。

在达到设防水位以后，巡堤查险工作应连续进行，不得间断。可根据工情和水情间隔一定时间派出巡查小组连续巡查，以便保证及时发现险情，及时抢护，做到治早、治小。

巡堤查险时，对堤防的临水坡、背水坡和堤顶要一样重视。巡查临水坡时要不断用探水杆探查，借助波浪起伏的间歇查看堤坡有无裂缝、塌陷、滑坡、洞穴等险情，也要注意水面有无漩涡等异常现象。在背水坡巡查时要注意有无散浸、管涌、流土、裂缝、滑坡等险情。对背河堤脚外 50～100m 范围内地面的积水坑塘也要注意巡查，检查有无管涌、流土等现象，并注意观测渗漏的发展情况。堤顶巡查主要观察有无裂缝及穿堤建筑物的土石结合部有无异常情况。

(二) 防止堤坝洪水漫顶措施

漫溢将会直接导致堤防溃决。洪水漫顶的抢护原则是增强泄洪能力控制水位、加高堤坝增加挡水高度及减少上游来水量削减洪峰。

1. 加强泄洪能力，控制水位

加强泄洪能力是防止洪水漫顶，保证堤坝安全的措施之一。对于圩堤，要加强河道管理，事先清除河道阻水障碍物，增强河道泄洪能力。对于水库，则应加大泄洪建筑物的泄洪能力，限制库水位的升高。对于有副坝和天然垭口的水库枢纽，当主坝危在旦夕，采取其他抢险措施已不能保住主坝时，也有破副坝和天然垭口来降低库水位的，但它将给下游人民的生命财产带来一定损失。同时，库水位的骤然下降可能使主坝上游坡产生滑坡，且修复的工程量可能较大，必须特别慎重。

2. 减小来水流量

上游采用分洪截流措施，减小来水流量。在上游选择合适位置建库或设置分洪区进行拦洪和分洪，以减小下泄洪峰流量，保证下游堤坝的安全。例如，为确保武汉三镇的防洪安全，在长江中游沙市附近开辟了荆江分洪区，在汉江中游兴建了杜家台分洪工程。当武汉市的长江水位可能超过现有堤防承受能力时，打开荆江分洪工程，可削减下泄洪峰流量 $10800m^3/s$，保证武汉三镇的安全。

3. 抢筑子堤，增加挡水高度

如泄水设施全部开放而水位仍迅速上涨，根据上游水情和预报，有可能出现洪水漫顶危险时，如果时间允许，可对原堤防培厚加高。如果防洪情况紧急，不允许将堤身普遍培厚加高时，为防止洪水漫溢，常采用在堤顶抢筑子堤的办法，度过大汛。1998 年，长江中下游在许多堤段面临漫溢危险时，出现了靠 1～2m 高的子堤挡水的超常状态，避免了漫溢险情的发生。子堤有如图 5－3－2 所示的几种形式。填筑子堤要全段同时进行，分层夯实。为使子堤与原堤结合良好，填筑前应预先清除堤坝顶的杂草、杂物，刨松表土，并在子堤中线处开一条深宽各为 0.3m 的结合槽。子堤迎水坡脚一般距上游堤（坝）肩 0.5～1.0m 或更小，子堤的取土地点一般应在堤（坝）脚 20m 以外，以不影响工程安全和防汛交通为宜。

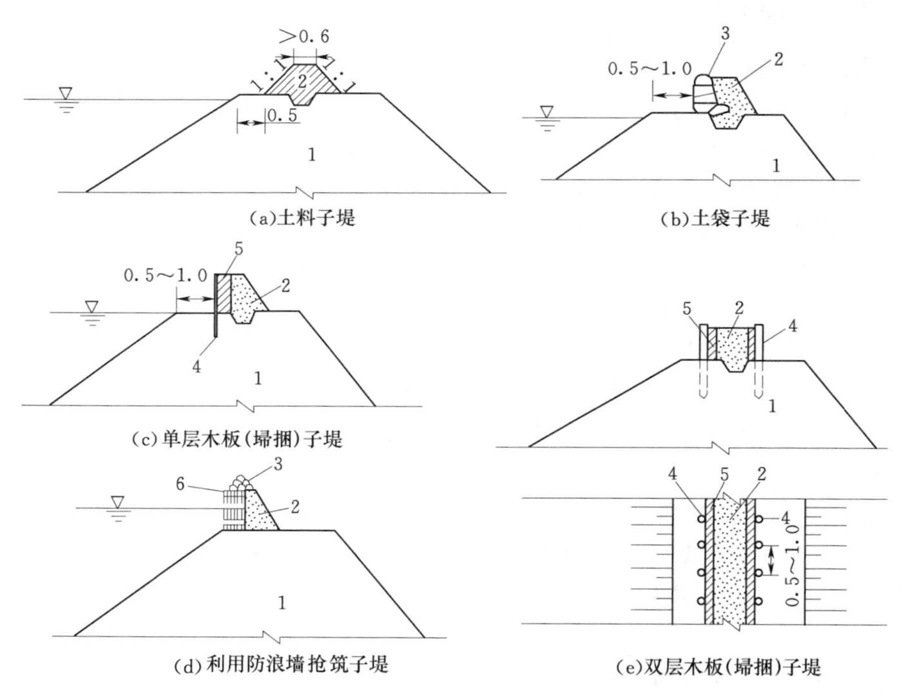

图 5－3－2　抢筑子堤示意图（单位：m）

1—坝身段；2—土料；3—土袋；4—木桩；5—木板或埽捆；6—防浪墙

（三）散浸的抢护

在汛期高水位情况下，下游坡及附近地面，土壤潮湿或有水流渗出的现象，称为散浸。散浸如不及时处理，有可能发展为管涌、滑坡，甚至发生漏洞等险情。

散浸的抢护原则是“临河截渗，背河导渗”。切忌背河使用黏土压渗，因为渗水在堤身内不能逸出，势必导致浸润线抬高和浸润范围扩大，使险情恶化。散浸一般的抢护方法

有以下几种。

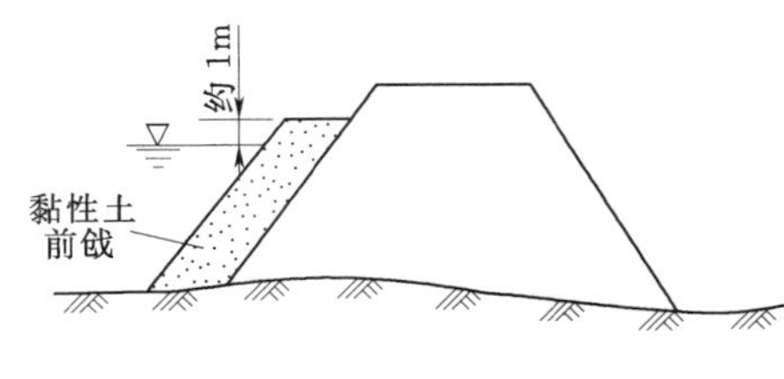

图 5-3-3 临河帮戗示意图

1. 临河帮戗

临河帮戗的作用在于增加防渗层，降低浸润线，防止背河出险。凡临河水深不大，附近有黏性土壤，且取土较易的散浸堤段可采用这种措施。前戗顶宽 3～5m，长度超出散浸段两端 5m，戗顶高出水面约 1m。断面如图 5-3-3 所示。

2. 修筑压渗台

堤（坝）身断面不足，背坡较陡，当渗水严重有滑坡可能时，可修筑柴土后戗，既能排出渗水，又能稳定坝坡，加大堤（坝）身断面，增强抗洪能力。具体方法是挖除散浸部位的烂泥草皮，清好底盘，将芦柴铺在底盘上，柴稍向外，柴头向内，厚约 0.2m，上铺稻草或其他草类，厚 0.1m，再填土 1.5m，做到层土层夯，然后再照上述做法铺放芦柴、稻草并填土，直至阴湿面以上。断面如图 5-3-4 所示。柴土后戗在汛后必须拆除。

在砂土丰富的地区，也可用砂土代替柴土修筑后戗，称为砂土后戗，也称透水压渗台。其作用同柴土后戗，其断面如图 5-3-5 所示。

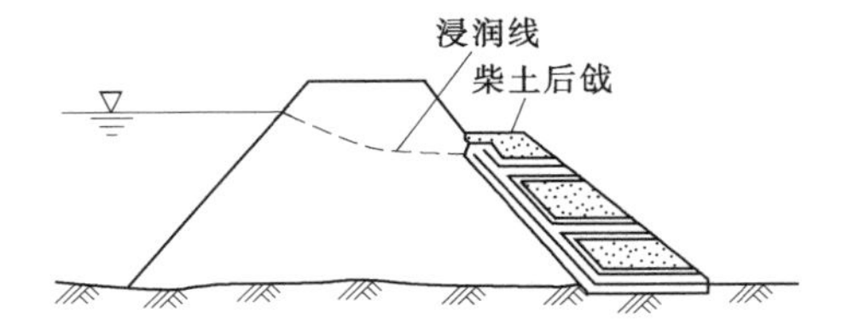

图 5-3-4 柴土后戗示意图

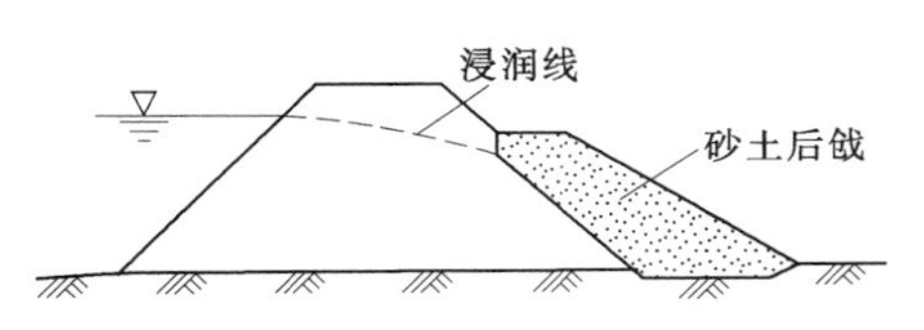

图 5-3-5 砂土后戗示意图

3. 抢挖导渗沟

当临河水位继续上涨，背河大面积严重渗透，且继续发展可能滑坡时，可开沟导渗。从背水坡自散浸的顶点或略高于顶点的部位起到堤（坝）脚外止，沿堤（坝）坡每隔 6～10m 开挖横沟导渗，在沟内填砂石，将渗水集中在沟内并顺利排走。

4. 修筑反滤层导渗

在局部渗水严重、坝身土壤稀软、开沟困难的地段，可直接用反滤材料砂石或梢料在渗水堤坡上修筑反滤层，其断面及构造如图 5-3-6 (a) 所示。

在缺少砂石料的地区，可采用芦柴反滤层。即在散浸部位的坡面上先铺一

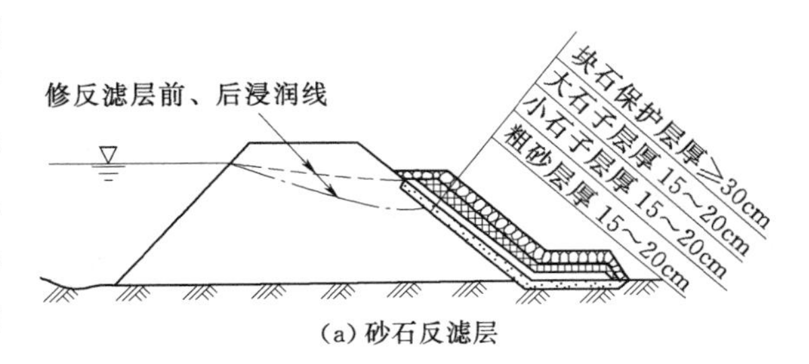

图 5-3-6 砂石、梢料反滤层示意图

层厚0.1m的稻草或其他草类，再铺一层厚约0.3m的芦柴，其上压一层土袋（或块石）使稻草紧贴土料，如图5-3-6（b）所示。

（四）漏洞的抢护

背河堤坡或堤脚附近如果出现流水洞，流出浑水，有时是先流清水，逐渐由清变浑，这就是严重的险情——漏洞。如果出现漏洞险情，不及时抢护往往很快就会导致堤坝的溃决。漏洞的抢堵原则是“临河堵截断流，背河反滤导渗，临背并举”。

1. 漏洞的探测

临河堵塞必须首先探寻漏洞的进水口，常用探寻进水口的方法如下：

（1）观察水流。漏洞较大时，其进水口附近的水面常出现漩涡，若漩涡不明显时可在比较平静的水面上撒些碎麦秸、锯末、谷糠等，若发生旋转或集中一处，进水口可能就在其下面。有时也可在漏水洞迎水侧的适当位置，将有色液体倒入水中，并观察漏洞出口的渗水，如有相同颜色的水逸出，即可断定漏洞进水口的大致位置。当风浪较大、水流较急时不宜采用此法。

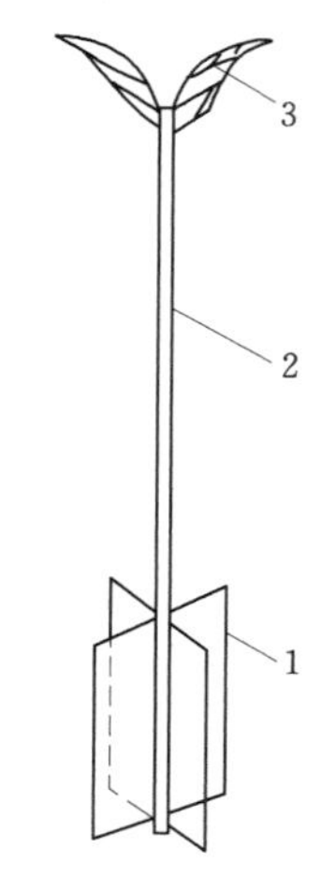

图5-3-7　探漏杆示意图
1—薄铁皮；2—麻秆；3—羽毛

（2）探漏杆探测。探漏杆是一种简单的探测漏洞的工具，杆身是长1～2m的麻秆，用两块白铁皮（各剪开一半）相互垂直交接，嵌于麻秆末端并扎牢，麻秆上端插两根羽毛，如图5-3-7所示。制成后先在水中试验，以能直立水中，上端露出水面10～15 cm为宜。探漏时在探漏杆顶部系上绳子，绳的另一端持于手中，将探漏杆抛于水中，任其漂浮。若遇漏洞，就会在旋流影响下吸至洞口并不断旋转，此法受风浪影响较小，深水处也能适用。

（3）仪器探测。近年来，有不少单位致力于堤坝工程隐患探测仪的研究。其中，中南大学地球物理勘察新技术研究所研制的“DB-3”普及型堤坝漏洞检测仪是目前国际上唯一能实际应用于汛期恶劣条件下快速、准确测探堤坝漏洞进水口位置的仪器。该仪器通过测定水中人为发射的特殊波形电流场的电流密度模拟异常水流场，适时判断漏洞进水口位置，其精度优于1.0m（GPS定位）。该仪器在长江、黄河、珠江、淮河、汉江等流域及洞庭湖水域以及10余个省市的水库及20多个抗洪抢险现场漏洞险情的快速探测中，准确率达100%，为多个重大险情的成功排除发挥了积极的作用。

2. 堵塞漏洞进口

（1）软楔堵塞。当漏洞进水口较小，且洞口周围土质较硬的情况下，可用网兜制成软楔，也可用其他软料（如棉衣、棉被、麻袋、草捆等）将洞口填塞严实，然后用土袋压实并浇土闭气，如图5-3-8所示。

当洞口较大时，可以将数个软楔（如草捆等）塞入洞口，然后应用土袋压实，再将透水性较小的散土顺坡推下，铺于封堵处，以提高防渗效果。

（2）软帘覆盖。如果洞口土质已软化，或进水口较多，可用篷布或芦席叠合，一端卷入圆形重物，一端固定在水面以上的堤坡上，顺堤坡滚下，随滚随压土袋，用土袋压实并

流土闭气。

(3) 临河月堤。当漏洞较多、范围较大且集中在一片时，如河水不太深，可在一定范围内用土袋修筑月堤进行堵塞，然后在其中浇土闭气。

堵塞进水口是漏洞抢护的有效方法，有条件的应首先采用。应当指出，抢堵时切忌在洞口乱抛块石土袋，以免架空，增加堵漏难度。不允许在进水口附近打桩，也不允许在漏洞出口处用此法封堵，否则将使险情扩大，甚至造成堤坝溃决的后果。

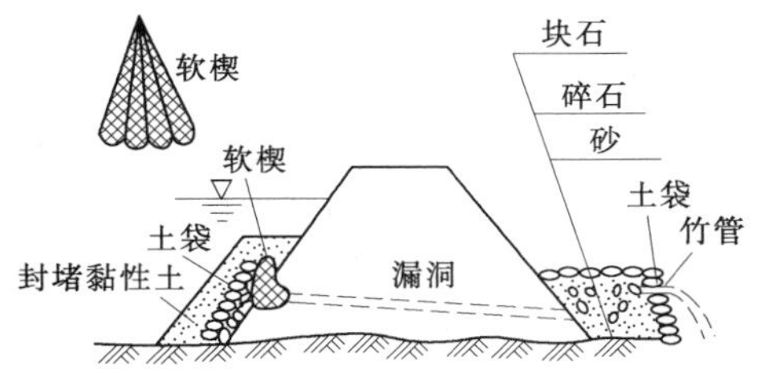

图 5-3-8 临河堵漏背河筑反滤围井示意图

3. 背河滤水围井减压

(1) 滤水围井。为了防止漏洞扩大，在探测漏洞进水口位置的同时，应根据条件在漏洞出口处做滤水围井，以稳定险情。滤水围井是用土袋把出口围住，内径应比漏洞出口大些。围井自下而上分层铺设粗砂、碎石、块石，每层 0.2～0.3m，组成反滤层。渗漏严重的漏洞，铺设反滤料的厚度还可以加大，以使漏水不带走土粒。漏洞较小的可用无底水桶作围井，内填反滤材料。砂石料缺乏的地区，可用草、炉渣、碎砖等作反滤层。最后在围井上部安设竹管将清水引出。此法适用于进水口因水急洞低无法封堵、进水口位置难以找到的浑水漏洞，或作为进水口封堵不住仍漏浑水时的抢护措施。有的围井不铺反滤层，利用井内水柱来减小漏洞出口处的流速，这样的围井需做得较高，但因井内水深过大易破坏围井周围土层，造成新的险情，故仅适用于进出口水位差不大的情况。

(2) 水戗减压。当漏洞过大，有发生溃决危险，或漏洞较多，不可能一一修筑反滤围井时，可以在背河抢修月堤，并在其间充水为水戗，借助水压力减小或平衡临河水压力，减缓漏洞威胁。

(五) 管涌的抢护

在堤坝背水坡脚附近，或堤脚以外的洼坑、水沟、稻田中出现孔眼冒砂翻水的现象称为管涌，管涌的发展是导致堤坝溃决的常见原因。

由于管涌发生在深水的砂层，汛期很难在迎水面进行处理，一般只能在背水面采取制止漏水带砂而留有渗水出路的措施稳住险情。它的抢护原则是“反滤导渗，制止涌水带出泥沙”。其具体抢险方法如下。

1. 反滤围井

当堤坝背面发生数目不多、面积不大的严重管涌时，可用抢筑围井的方法。先在涌泉的出口处做一个不很高的围井，以减小渗水的压力及流速，然后在围井上部安设管子将水引出。如险处水势较猛，先填粗砂会被冲走，可先以碎石或小块石消杀水势，然后再按级配填筑反滤层。若发现井壁渗水，可距井壁 0.5～1.0m 位置再围一圈土袋，中间填土夯实。

2. 减压围井

管涌的范围较大，出现多处泡泉，临背水位差较小时，可以在管涌的周围形成一个水池，利用池内水位升高，减小内外水头差，以改善险情。围井的修筑方法可视管涌的范围、当地的材料而定。用土袋筑成的围井称为土袋围井，用铁筒直接做成的围井称为铁筒围井，也可用土料或土袋筑成月堤的形式。减压围井的布置如图5-3-9所示。

3. 反滤铺盖

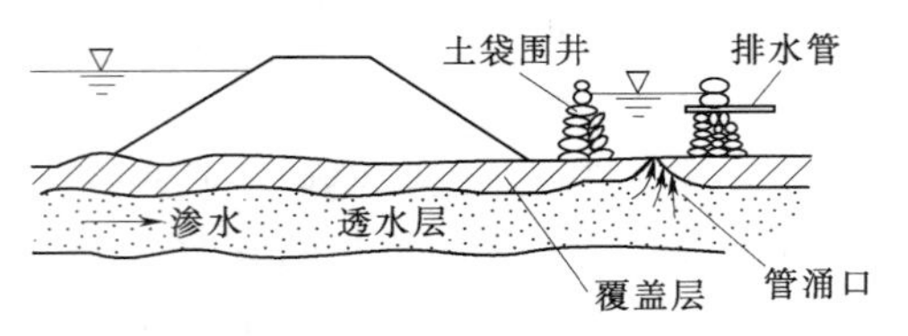

图5-3-9 减压围井示意图

在出现管涌较多且连成一片的情况下可修筑反滤铺盖。采用此法可以降低渗压，制止泥沙流失。管涌发生在堤坝后面的坑塘时，可在管涌的范围内抛铺一层厚15～30cm的粗砂，然后再铺压碎石、小片石，形成反滤。在砂石缺乏地区可用柳枝扎柴排，厚15～30cm，上铺草垫厚5～10cm，再压以土袋或块石，使柴排沉入水内管涌位置。在抢筑反滤铺盖时，不能为了方便而随意降低坑塘内积水位。实践证明，利用土工织物制作反滤铺盖，治理渗漏和管涌效果十分显著。

4. 压渗台

用透水性土料修筑的压渗台可以平衡渗压，延长渗径，并能导渗滤水，阻止土粒流失，使管涌险情趋于稳定。此法适用于管涌较多、范围较大、反滤料不足而砂土料源丰富的情况，其修筑形式如图5-3-10所示。

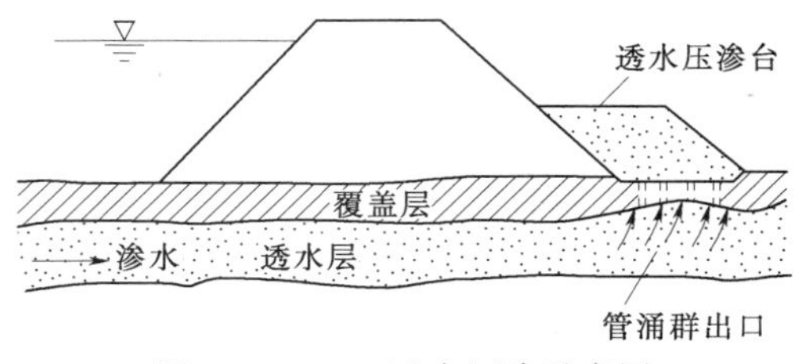

图5-3-10 透水压渗示意图

（六）岸坡崩塌

崩塌是指堤坝临水坡在水流作用下发生的险情，是常见险情之一。岸坡崩塌是水流与河岸相互作用的结果，其形式是随着崩岸部位、滩槽高差、主流离岸远近和河岸土质组成等变化而有所不同，大致可分为弧形矬崩、条形倒崩、风浪洗崩和地下水滑崩四类。

临水崩塌抢护原则是：缓流挑溜，护脚固坡，减载加帮。抢护的实质：一是增强堤坝的稳定性，如护脚固基、外削内帮等；二是增强堤坝的抗冲能力，如护岸护坡等。其具体抢护方法有以下几种：

1. 外削内帮

堤坝高大、无外滩或滩地狭窄，可先将临河水上陡坡削缓，以减轻下层压力，降低崩塌速度，同时在内坡坡脚铺砂、石、梢料或土工布做排渗体，再在其上利用削坡土内帮，临水坡脚抛石防冲（图5-3-11）。

2. 护脚防冲

堤防受水流冲刷，堤脚或堤坡已成陡坎，必须立即采取护脚固基措施。护脚工程按抗冲物体不同可分为以下类型。

（1）抛石块、土（石）袋（草包、竹、柳、编织布）、柳树。抛石使用最为广泛，其原因是它具有施工简单灵活、易备料、能适应河床变形等特点，但要严格控制施工质量，其关键是控制移位和平面定位准确，水流紊乱的地方要另设定位船控制，力求分布均匀，达到设计要求。老点抛石加固应由远而近，如崩岸强度大，岸坡陡峻，施工进度慢的守护段应改为由近到远，特

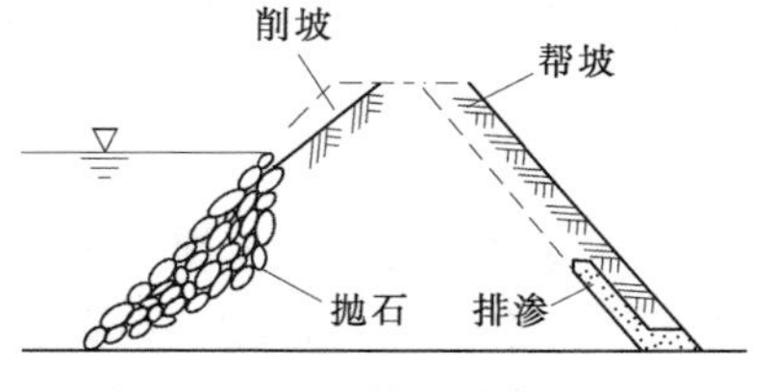

图5-3-11 外削内帮示意图

别要强调丁抛。这样施工，既可固脚稳坡，又可避免抛石成堆压垮坡脚。如图 5－3－12（a）所示。

水深流急之处，可用铅丝笼、竹笼、柳藤笼、草包、土工布袋装石抛护，图 5－3－12（b）所示为铅丝石笼护脚示意图。

抛枕是一种行之有效的护脚措施。实践证明，砂质河床床砂粒径小，单纯抛石，床砂易被水流带走，不能有效控制河岸崩塌。抛枕形状规则，大小一致，较能准确地抛护在设计断面上，并具有整体性、柔韧性和适应性，能适应岸坡变化，抗冲性强，能有效地起到掩护河床的作用。为了更好地掌握工程质量，要求定位准确，凡抛枕断面，不得预先抛石，图 5－3－12（c）所示为黄河下游常用的柳石枕，图 5－3－12（d）所示为沉柳护脚示意图。

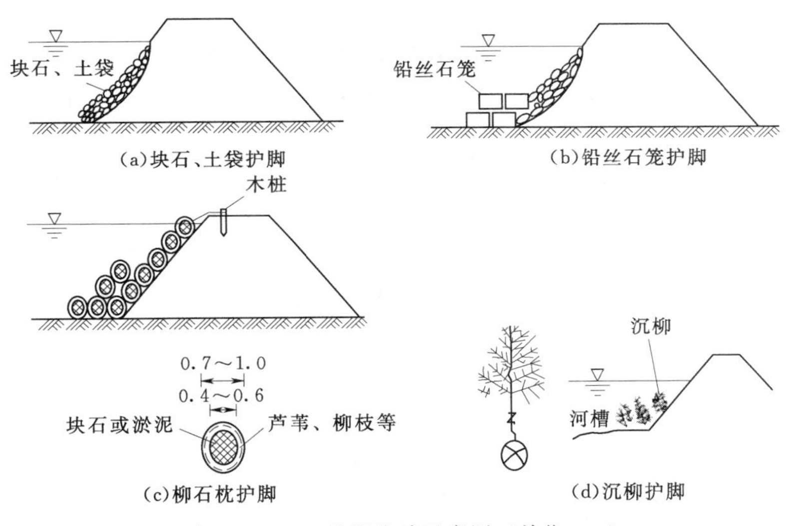

图 5－3－12　护脚防冲示意图（单位：m）

（2）编织布软体排抢护。江苏省长江嘶马段 1974 年开始用聚丙烯编织布、聚氯乙烯绳网构成软体排，用混凝土块或土工布石袋压沉于崩岸段。海河水利委员会试用 PP12×10 或 PP14×14 编织滤布做成排体，用于崩塌抢护。

（3）坝垛挑流。当堤外有一定宽度的河岸或滩唇且水深不大时，可在崩岸段抢筑短丁坝，丁坝方向与水流直交或略倾向下游，其作用是挑托主流外移。

（4）退建。洪水顶冲大堤，堤防坍塌严重而抢护不及或抢护失效，就应当机立断组织劳力退建。在弯道顶部退建要有充分宽度，退建堤防也要严格按标准修筑。

（七）抢堵堤防决口

堵口复堤是防汛工作的重要组成部分。一旦堤防决口后，首要的工作是在口门两端抢筑裹头，防止溃口继续扩大，同时迅速撤离泛区居民。其次，设法在下游使溃水入原河或采取其他措施，减少淹没范围，将灾害损失降至最低程度。

若发生多处溃口，堵口的顺序原则上是“先堵下游口门，后堵上游口门；先堵小口，后堵大口”，但也应根据上下溃口的距离及分流量相差的程度而定。若上溃口流量很小，可先堵上溃口；若上、下溃口分流量相差不多，且两溃口间距较远，则宜先堵下溃口。总之，要事先堵溃口，尽可能小地影响后堵溃口的分流量，以避免造成后堵溃口险情扩大。

堵口应就地取材，充分利用地形条件，根据具体情况进行堵口工程的布置。一般堵口工程归纳起来可分为主体工程（堵坝）、辅助工程（挑流坝）和引河三大部分。有些河道不具备这种条件，则只有在原地堵口。按不同的分类方法，堵口可分为不同种类。

1. 按进占顺序分

(1) 平堵。平堵是从口门底部逐层垫高，使口门的水深、流量相应减小，因而对口门的冲刷减弱，直至口门被封闭为止，如图 5-3-13 (a) 所示。其施工步骤如下：①堵口轴线选定后，在选定轴线上先要架设施工便桥（可做成浮桥），然后从便桥上运送堵口材料，向口门处层层抛铺，直至高出上游水位为止；②临水面要求按反滤层铺筑，先碎石（或卵石），再砾石、粗砂，最后抛填土料，以截断渗流；也有用埽捆及抛土闭气填筑法的。

平堵时口门的水深、流量和流速逐渐减小，因此冲刷较轻，但事先需架设施工便桥，一次性用材多且投资较大。平堵法适用于水头差较小、河床易于冲刷的情况。

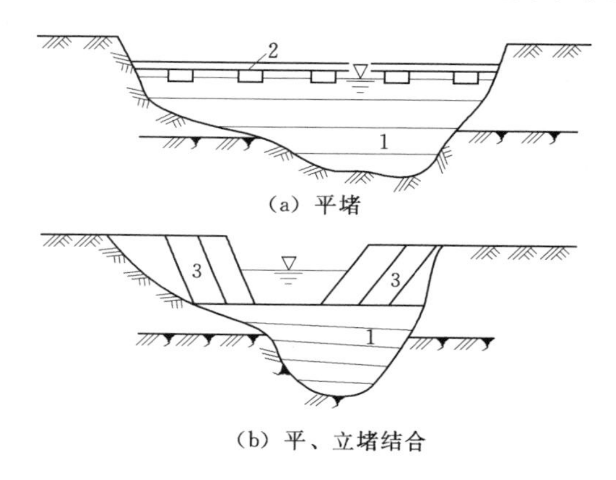

图 5-3-13 平、立堵方法示意图

1—平堵进占体；2—浮桥；3—立堵进占体

(2) 立堵。立堵是在溃口两端向中间进占，最后合龙闭气。立堵施工方便，可就地取材，投资较小。但立堵进占到一定程度时，口门流速增大，将加剧对地基的冲刷，合龙比较困难。因此，也有采用平堵与立堵相结合的方式，如图 5-3-13 (b) 所示，即先将溃口处深槽部位进行平堵，然后从溃口两端向中间进行立堵。在开始堵口时，一般流量较小，可用立堵快速进占；在缩小口门后，流量较大，再采用平堵的方式，减小施工难度。

2. 按抢堵材料及施工特点分

(1) 直接抛石。在溃口直接抛投石料，要求石块不宜太小，溃口水流速度越大，进占所用的石料也越大，同时抛石的速度也要相应加快。

(2) 铅丝笼、竹笼装石或大块混凝土抛堵。当石料比较小时，可采用铅丝笼、竹笼装石的方法连成较大的整体；也可用事先准备好的大块混凝土抛投体进行合龙，对于龙口流速较大者，也可将几个抛投体连接在一起，同时抛投，以提高合龙效果。

(3) 打桩进占。当堵口处为水深 1.5m 左右时，可采用打桩进占合龙。具体做法是：先在两端加裹头保护，然后沿坝轴线打一排桩，其桩距一般为 1～2m，若水压力大，可加斜撑以抵抗上游水压力。计划合龙处可打三排桩，平均桩距 0.5m，桩的入土深度为 2～3m，用铅丝把打好的桩连接起来。接着在桩上游面用一层草一层土（或竖立柴排）向中间进占，层草层土或竖立埽捆，同时后面填土进占。进占到一定程度，可只留合龙口门，然后将石枕、土袋、竹笼等抗冲能力强的材料迅速放进口门合龙，最后按反滤要求闭气封堵。

（4）沉船堵口。当堵口处水深流急时，可采用沉船抢堵决口，在口门处将水泥船排成一字形，船的数量应根据决口大小而定。在船上装土，使土体重量超过船的承载力而下沉，然后在船的背水面抛土袋和土料，用以断流。根据九江市城防堤决口抢险的经验，沉船截流在封堵决口的施工中起到了关键作用。沉船截流可以大大减小通过决口处的过流流量，从而为全面封堵决口创造条件。

在实现沉船截流时，由于横向水流的作用，船只定位较为困难，必须防止沉船不到位的情况发生。同时，船底部难与河滩底部紧密结合，在决口处高水位差的作用下，沉船底部流速仍很大，淘刷严重，必须迅即抛投大量料物，堵塞空隙。

四、堤防的养护管理

堤防的安全条件和土坝一样，受江河水位的涨落和流势的影响，常会引起迎水坡和滩被冲淘顶冲刷甚至崩塌。另外，堤身施工中难免有质量达不到要求之处，且堤身大部分延绵于旷野，易遭人类活动、兽、虫等损害，存在堤防隐患，使堤防渐渐降低了防洪的标准。为了防止效益的降低，必须进行日常的检查、养护、维修管理和绿化等工作。

（一）堤防的检查

堤防的检查包括外表检查和内部隐患检查。

1. 外表检查

外表检查又可分为经常性检查、临时性检查和定期检查等。

（1）经常性检查。经常性检查包括平时检查和汛期检查，平时检查时应着重检查堤防险工、险段及其变化情况和堤段上有无雨淋沟、浪窝、洞穴、裂缝、渗漏、滑坡、塌岸以及堤基有无管涌及流土等渗流现象。此外，还应检查新堵塞的路口、沟口的质量是否符合要求。

堤防上的涵闸等建筑物应与堤防检查同时进行，要注意涵洞、水闸等有无位移、沉陷、倾斜或裂缝，涵闸等与土堤连接部分有无沉陷、漏水与淘空等缺陷；并注意基础、护坦有无淘空或冲毁，引水渠有无刷深或淤积，必要时可抽水进行检查。涵闸启闭设备能否正常运行等。

（2）临时性检查。临时性检查主要包括在大雨中和台风、地震后的检查。检查时基本上应按平时检查内容，但应着重检查有无雨淋沟、跌窝、沉陷、淘脚、裂缝、崩塌及渗漏等。对于沿海地区的海塘（海堤）及江河有护岸工程的，还应对护岸工程进行检查。

（3）定期检查。定期检查包括讯前、汛后或大潮前后的检查。汛前或大潮前的检查除对工程进行全面、细致的检查，还应对河势变化、防汛物料、防汛组织及通信设备等进行检查。若发现工程有弱点和问题，应及时采取措施。汛后或大潮后，应对工程进行详细检查、测量，摸清堤防损坏情况。

有防冰凌任务的河道，在溜冰期间，应观测河道内的冰凌情况。

2. 内部隐患检查

内部隐患检查可采取人工锥探或机械锥探进行。

（1）人工锥探。人工锥探是我国黄河修防工人在实践中创造的，是了解堤内隐患的一种比较简单的钻探方法。人工锥探的主要工具为钢锥，是用直径 12～19mm、长 6～10m 的优质圆钢制成的。一端加工成上面是圆形、下面是五瓣或四瓣尖的锥头，其余部分为锥杆，由四人操作，从堤身或堤坡锥入内。打锥时主要凭感觉或声响以辨别锥头下的情况。进锥过程如遇到砂土、黏土、石块、砖头、树根、腐木及空洞等均能凭经验判定。采用人工锥探时，一般应注意以下几点：

1）锥眼位置应根据具体情况适当布置，一般可布置成梅花形，孔距 0.5m。

2）锥探应保证锥眼垂直，并达到需要的深度。

3）为便于结合进行灌浆处理，锥眼应保证畅通无阻。

4）打锥时如发现堤内有特殊情况，应插上明显标志，并做好记录，以便进一步追查与处理。

（2）机械锥探。机械锥探一般采用打锥机。打锥机由锥架、挤锥结构、锤卡结构及动力四部分组成。锥杆长 11m、直径 22mm，锥头直径 30mm，锥孔深 9m，挤锥轴心压力 4kN，挤锥速度 50cm/s，动力为 5～10 马力（1 马力＝0.735kW）柴油机，总质量约 600kg，锥架底部有活动车轮，移动方便。打锥机的进锥和提锥在结构原理上和普通钻机上的升降结构大体相同，其操作方法如下：

1）挤压法。挤压法通常在土层中使用。将锥杆直接压入堤身，达到要求深度起锥，待锥头离开地面后，移动机架，更换孔位。在一般情况下，包括移动孔位时间在内每分钟可锥完一孔。

2）锤击法。锤击法通常在硬土层中使用。将锥杆立在孔位上，利用打锥机带动吊锤进行锤击，达到要求深度后，用打锤机起拔锥杆。

3）冲击法。冲击法通常在比较坚硬的土层中使用。先用锤击法压锥入地几十厘米后，使锥与锤联合动作，同时起锥提锤，进行冲击锥进。

上述三种方法中，第一种进锥最快，第三种穿坚力最强。其平均效率是挤压法每台班 300 孔；冲击法每台班 150 孔。与人工锥探相比，工效提高 3～5 倍。不足的是，不易判别堤身隐患情况，且在堤坡上打锥也有一定困难。

（二）堤防的养护

堤防的养护，除参照土坝的养护方法，还应注意以下几点：

（1）留护堤地。留护堤地是指在堤脚以外应留有适当宽度的护堤地。由于每条河流特性不同，堤防标准不尽一致，各地区的具体条件亦有差别，所以护堤地的宽度通常由各地主管部门参照历史情况做出规定。

（2）植草护坡。堤身一般应植草护坡。此外，沿江河起防洪作用的山包、高岗等，也要注意养护，植树种草以保持水土。

（3）消除隐患。当发现堤身有蚁穴、兽洞、坟墓及窑洞等隐患时，应及时进行开挖、回填或采用灌浆等方法处理。

（4）暗沟。修堤局部夯压不实、留有分界缝或用泥块填筑，造成堤身内部隐患，雨水或河水渗入后，逐渐形成暗沟，洪水时期极易产生塌坑和脱坡。

（5）虚土裂缝。修堤时由于土料选择不当，夯压不均匀，或培堤时对原堤坡未铲草刨

毛，以致新旧土接合不紧或有架空现象，或由于干缩、湿陷而引起不均匀沉陷，一到汛期，也易出现渗漏及脱坡等险情。

（6）腐木空穴。堤内埋有腐烂树干、树根，年久形成洞穴，盘根错节的蔓延更广，危害也大。

（7）接触渗漏。堤上涵洞周围回填土质量不高，造成接触面产生裂缝漏水。

（8）堤基渗漏。由于口门堵复时埋藏的秸料、石料，或堤身与地基结合不好，或地基土层为管涌性土等因素，易产生堤基严重渗漏，引起管涌、流土甚至脱坡等险情。

（9）堤内渊塘。当基础为透水地层时，渊塘长期积水，易于形成渗透破坏。

（三）堤防绿化

堤防绿化是固堤的一项重要措施，是堤防管理工作的重要内容之一。树木、草皮齐全，生长旺盛，也是检验堤防管理工作水平的一个方面。切实做好堤防绿化，能兼收抢险备料、改善环境、增加收入、降低工程造价和管理费用的综合效果。

堤防绿化是为增强堤防抵御雨水、洪水冲蚀的一种生物措施。在汛期高水位时，能够消减风浪对堤身的拍击、冲刷能量，增强堤身固结和抵御冲刷能力。根据试验观测，良好的防浪林带能消减浪高的80%～90%。通过在堤身营造灌木、植草，能够在暴雨骤降时，承受雨水对堤面的冲刷，防止水土流失及水沟、浪窝的发生。

堤防绿化的基本原则是“临河防浪，背河取材，积极培育料源”，要大力植树造林。临河护堤应栽种耐水性强的防浪林带，林带宽度以不妨碍河道行洪能力为原则。如种植杨柳、风杨或水杉等，均具有抗淹能力强且枝叶繁茂的特点。背河护堤地应栽种用材或经济林，提供抢险料源。栽种树木的行距与株距以不妨碍防汛抢险为原则。背河护堤地种植较多的有杨树、槐树、榆树、柳树、桐树和椿树等。堤坡种植草皮，以增加抗冲能力，减少雨水对土堤的冲刷，常种的草有扒根草、茴草、龙须草等。在堤坡种植经济灌木时，其行距也以有利于防止冲刷且不影响防汛抢险及检查观测为原则。堤防绿化应在有利于防洪抢险的原则下，统一栽种，统一砍伐，做到规格化、标准化。

本章小结

本章讲述了橡胶坝的组成、工作原理及维护要点；河流形态基本特征；河道演变类型及各类型河道的演变特点；河道整治建筑物的分类、作用及养护；堤防的概念、作用及分类；各工况下堤防工程的抢险；堤防的养护管理。

自测练习题

一、填空题

1. 橡胶坝工程按其结构组成可划分为三部分，即________、________、________。

2. 橡胶坝的维护要点有________、________、________、________、________。

3. 平原河流河道演变类型分为________、________、________、________四种。

4. 山区河流横断面一般呈________或________，平原河流横断面一般呈________。

5. 河床纵剖面常用来表示________________。

6. 河道整治建筑物按其作用可分为________、________、________、________、________。

7. 堤防工程按所临水名可划分为 ________、________、________、________。

8. 管涌的抢护原则是 ________________，其具体的抢险方法有 ________、________、________、________。

9. 堤防的养护管理包括 ________、________、________、________四个方面的工作。

二、简答题

1. 橡胶坝的工作原理是什么？与水闸相比，其有哪些优点？

2. 什么叫做堤防？按其位置的不同，堤防可以分为哪些类型？河堤按照其位置及重要性又可以分为哪些类型？

3. 管涌和漏洞有什么区别？抢护方法有什么不同？

4. 平原河流的演变规律及特点哪些？

5. 为什么要整治游荡型河道？

第六章　水 土 保 持 工 程

【学习指导】 本章在学习了解水土保持工程措施分类的基础上，学习水土保持工程类型、适用条件、布设的技术要点。重点学习水土保持工程建设的基本概念，水土保持工程的布设，掌握水土保持工程建设的工程类型、布设原则及布设的技术要求。

第一节　坡 面 防 护 工 程

山坡防护工程是指为防治山坡水土流失而修筑的一些工程措施。这类工程主要有梯田、拦水沟埂、水平沟、水平阶、水簸箕、鱼鳞坑、山坡截流沟、水窖（旱井）、蓄水池以及稳定斜坡下部的挡土墙等。梯田是山区、丘陵区常见的一种基本农田，它是由地块按等高线排列呈阶梯状而得名的，是在坡地上沿等高线修成台阶式或坡式断面的田地；水平沟、水平阶、鱼鳞坑等属陡坡造林工程，水平沟又称沟式梯田，修成后呈浅沟状，水平阶修成后如台阶，鱼鳞坑的平面形状为一半月牙形呈品字形排列似鱼鳞；水窖、蓄水池是指在地表径流集中的地方，为防止水土流失，就地拦蓄坡面径流的工程，容积较大呈开敞式者称为蓄水池，容积较小设于地下者称为水窖。山坡防护工程在流域水土流失治理中，实施简单，投资少，效果好，易于被群众接受。

一、坡面防护工程的作用

坡面防护工程的作用在于用改变小地形的方法防止和减轻坡地土壤流失，将雨水或融雪就地拦蓄，使其渗入农地、草地或林地，减少或防止坡面径流形成，增加农作物、牧草以及林木可以利用的土壤水分。同时，将未能就地拦蓄的坡地径流引入小型蓄水工程。在有发生重力侵蚀危险的坡地上，可以修筑排水工程或支档建筑物防止滑坡。

二、坡面防护梯田工程

梯田对减少坡面径流和土壤侵蚀、增加田面降水蓄渗、改良土壤、增加产量、改善农业生产条件和生态环境等都具有很大作用，是坡面上基本的水土保持工程措施。

（一）梯田的作用

（1）减缓坡面坡度，缩短坡长，拦截径流和泥沙。梯田一般可以拦截径流 70%以上。

（2）增加水分入渗，提高土壤含水量，蓄水保墒，保肥，提高地力，增加粮食产量。据测定，梯田土壤含水量比坡耕地高 1.3%～3.3%，增产 30%以上。

（3）有利于实现机械化和水利化。梯田田面平整，随着山、水、田、林、路综合规划的实施，使机耕和灌溉更为方便。

（二）梯田的分类

1. 按断面形式分类

按修筑的断面形式，梯田可分为水平梯田、坡式梯田、反坡梯田、隔坡梯田和波浪式梯田等类型。

(1) 水平梯田。田面呈水平状，田坎均整，采用半填半挖方式修筑而成（图 6-1-1）。由于其耕作方便，蓄水保土能力强，是应用最为广泛的一种梯田类型，适于种植小麦、水稻、旱作物和果树等。

(2) 坡式梯田。坡式梯田是顺坡每隔一定间距沿等高线修筑地埂，依靠逐年耕翻、径流冲淤并加高地埂，使田面坡度逐年变缓，最终变成水平梯田的一种过渡形式的梯田（图 6-1-2）。坡式梯田适宜于坡度较缓、水土流失较轻、劳力较少的地区，其蓄水保土能力较差，但修筑省工。

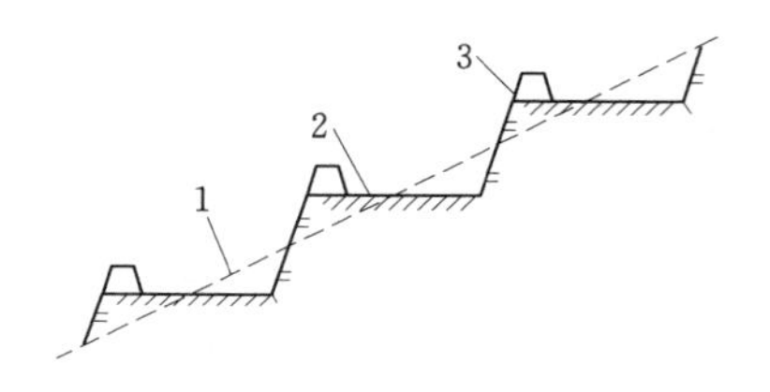

图 6-1-1 水平梯田断面示意图

1—原地面；2—田面；3—地埂

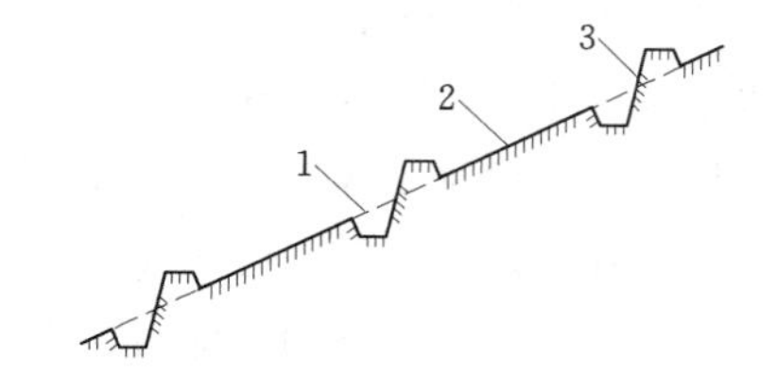

图 6-1-2 坡式梯田断面示意图

1—原地面；2—田面；3—地埂

(3) 反坡梯田。断面与水平梯田相似，但田面微向内侧倾斜，倾斜反坡一般为 2°（图 6-1-3）。反坡梯田能增加田面蓄水量。暴雨时，过多的径流可由梯田内侧安全排走，不致冲毁田坎。反坡梯田多为窄带梯田，适宜种植果木及旱作作物。干旱地区造林的反坡梯田，一般宽1～2m，反坡坡度为 10°～15°。

(4) 隔坡梯田。相邻两水平阶台之间隔一斜坡段的梯田，从斜坡段流失的水土可被截留于水平阶台，有利于农作物生长；斜坡段可种草、栽植经济林或林粮间作（图 6-1-4）。隔坡梯田适用于地多人少、坡度较陡、降水较少的地区。隔坡梯田也可作为水平梯田的过渡形式。

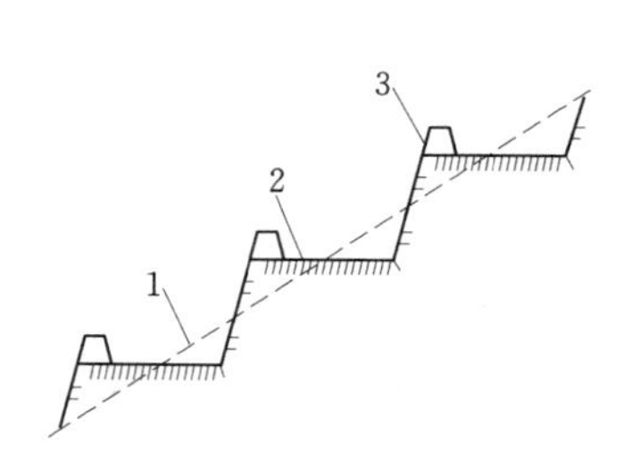

图 6-1-3 反坡梯田断面示意图

1—原地面；2—田面；3—地埂

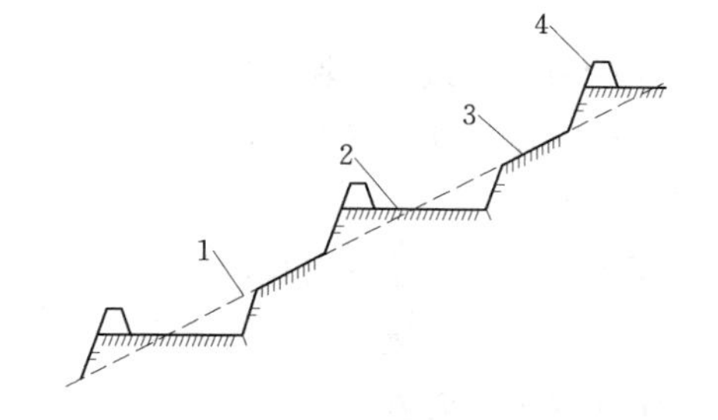

图 6-1-4 隔坡梯田断面示意图

1—原地面；2—田面；3—所隔坡面；4—地埂

（5）波浪式梯田。又名软埝或宽埂梯田。一般是在小于7°的缓坡地上，每隔一定距离沿等高线方向修软埝和截水沟，两埝之间保持原来坡面（图6-1-5）。软埝有水平和倾斜两种。水平软埝能拦蓄较多径流，适用于较干旱的地区；倾斜软埝能将径流由截水沟安全排走，适用于较湿润的地区。软埝的边坡平缓，可种植作物。两埝之间的距离较宽，面积较大，便于农业机械化耕作。

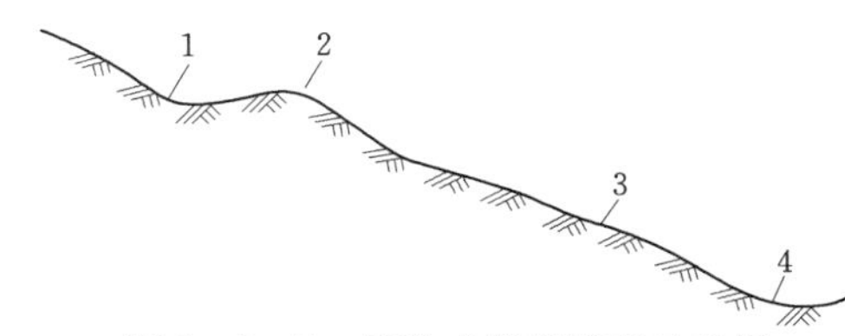

图6-1-5 波浪式梯田断面示意图
1—截水沟；2—软埝；3—田面；4—原地面

2. 按建筑材料分类

梯田按田坎建筑材料，可分为土坎梯田、石坎梯田、植物坎梯田等。黄土高原地区，土层深厚，年降水量少，土料取用方便，一般修筑土坎梯田。石质山区或土石山区，石多土薄，降水量多，修筑石坎梯田坚固耐用。黄土丘陵地区地势较为低缓的地带，可采用灌木、牧草为田坎的植物坎梯田。

3. 按土地利用方向分类

梯田按土地利用方向，可分为农用梯田、果园梯田、造林梯田和牧草梯田等，以农用梯田和果园梯田最为普遍。还可依灌溉与否，分为旱作梯田和灌溉梯田等，有水源条件之地，尽可能配套建设灌溉梯田。

4. 按施工方法分类

梯田按施工方法，可分为人工梯田和机修梯田。对于面积较小、田面较窄的土坎梯田或石坎梯田，一般采用人工修筑；而在坡度平缓、田面设计较宽、劳力较少的土质山区，大面积修筑水平梯田，宜采用机修的方法。

（三）梯田的设计

1. 水平梯田设计

（1）田面布设。在陡坡区，田块布设大致沿等高线，大弯就势，小弯取直，田块长度尽可能在100～200m，便于施工和耕作。对梯田不能全部拦蓄暴雨径流的地方，应布设排水工程；在山丘上部有地表径流进入梯田的区域，应布设截水沟等小型蓄排水措施，以保证梯田安全。

在缓坡区，以道路骨架划分梯田，梯田田面长200～400m，对少数地形有波状起伏的区域，梯田应顺地势呈扇形划分，其埂线则随之略有一定的弧度。

（2）田坎设计。水平梯田田坎设计主要是确定田坎高度和田坎外坡。

在一定土质和坎高条件下，田坎外坡缓，其稳定性好，但田坎占地和用工量大；外坡陡，田坎占地和用工量小，但稳定性差。田坎外坡设计的基本要求是，在一定的土质和坎高条件下，保证田坎稳定，并尽可能少占地，少用工。

梯田还需有一定拦蓄径流和泥沙的能力，因此田边一般设有蓄水埂，埂高应根据能拦蓄设计频率暴雨所产生的全部径流原则来核算确定。一般情况下，蓄水埂高0.3～0.5m，顶宽0.3～0.5m，内外坡比约1∶1。我国南方多雨地区，梯田内侧应有排水沟。排水沟具体尺寸应根据降雨、土质、地表径流情况通过计算确定，同时考虑一定的安全超高。土坎水平梯田断面尺寸可参考表6-1-1。

表 6-1-1　　水平梯田断面尺寸参考数值

适应地区	地面坡度 θ/(°)	田面净宽度 B/m	田坎高度 H/m	田坎坡度 α/(°)
中国北方	1～5	30～40	1.1～2.3	85～70
	5～10	20～30	1.5～4.3	75～55
	10～15	15～20	2.6～4.4	70～50
	15～20	10～15	2.7～4.5	70～50
	20～25	8～10	2.9～4.7	70～50
中国南方	1～5	10～15	0.5～1.2	90～-85
	5～10	8～10	0.7～1.8	90～80
	10～15	7～8	1.2～2.2	85～75
	15～20	6～7	1.6～2.6	75～70
	20～25	5～6	1.8～2.8	70～65

注　本表中的田面净宽度与田坎坡度适用于土层较厚地区和土质田坎，至于土层较薄地区其田面净宽度应根据土层厚度适当减小。

2. 石坎梯田设计

石坎梯田的田坎可用条石、块石、卵石、片石或土石混合料修筑。土层薄且地面有砂页岩出露的地方，宜选用毛条石修筑；石灰岩、花岗岩不便开成料石，故石灰岩、花岗岩丰富地区，宜选用块石修筑；靠近河谷或沉积带卵石分布广的地方，宜用卵石修筑；千枚岩、片麻岩等区域宜用片石修筑；有石料，但造价高、土层厚的地方，为减少占地，增加田坎稳定，可选用田坎下段为砌石、上段为土料的土石混合坎。

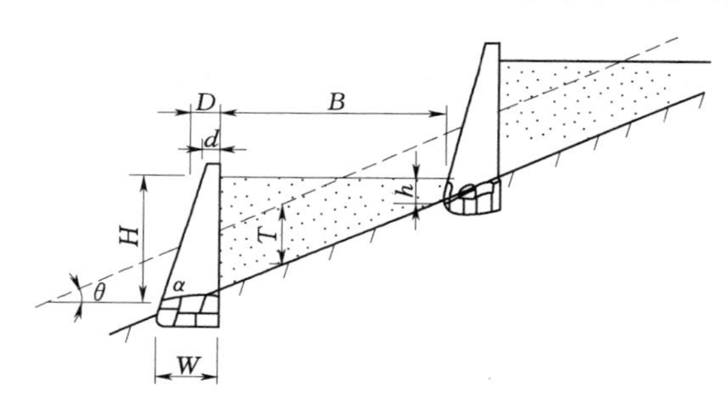

图 6-1-6　石坎梯田断面图

(1) 田面宽度。石坎梯田田面宽度的设计，应考虑坡地土层厚度（图 6-1-6）。修平后，梯田内土层厚度应大于 30cm。

石坎梯田田面宽度按下式计算：

$$B = 2(T - h)\cot\theta \tag{6-1-1}$$

式中　B——田面净宽度，m；

T——原坡地土层厚度，m；

h——修平后挖方后缘处保留的土层厚度，m；

θ——地面坡度，(°)。

(2) 田坎。石坎梯田田坎高度可用下式计算确定：

$$H = \frac{B}{\cot\theta - \cot\alpha} \tag{6-1-2}$$

式中　H——田坎高度，m；

B——田面净宽度，m；

θ——地面坡度，(°)；

α——田坎坡度，(°)。

田坎高加上田埂（蓄水埂）高即为埂坎高。石坎梯田坎高一般为1.0～2.5m，外坡1∶0.75；内侧接近垂直，顶宽0.4～0.5m。

(3) 断面尺寸设计规格。石坎梯田断面尺寸设计规格见表6-1-2。

表6-1-2　石坎梯田断面尺寸参考数值

地面坡度 θ/(°)	田面净宽度 B/m	田坎高度 H/m	田坎外侧坡度 α/(°)	土石方量/(m^3/hm^2)
10	10～12	1.9～2.2	75	2370～2745
	10～12	1.8～2.1	85	2250～2625
15	8～10	2.3～2.9	75	2880～3630
	8～10	2.2～2.7	85	2754～3375
20	6～8	2.4～3.2	75	3000～4005
	6～8	2.3～3.0	85	2880～3750
25	4～6	2.1～3.2	75	2625～4005
	4～6	1.9～2.9	85	2370～3630

注　主要适用于长江流域以南地区，北方土石山区或石山区可参考。

3. 隔坡梯田设计

隔坡梯田是一种典型的径流农业，梯田上方坡地产流可被下方水平田面拦蓄利用，增产效果显著且修筑省工。

隔坡梯田的田面布设与水平梯田相似（图6-1-7），设计时应考虑两方面的要求：一是原坡面应有一定宽度，以便为水平田面提供一定的水量；二是梯田能拦蓄设计频率降雨产生的径流和泥沙。

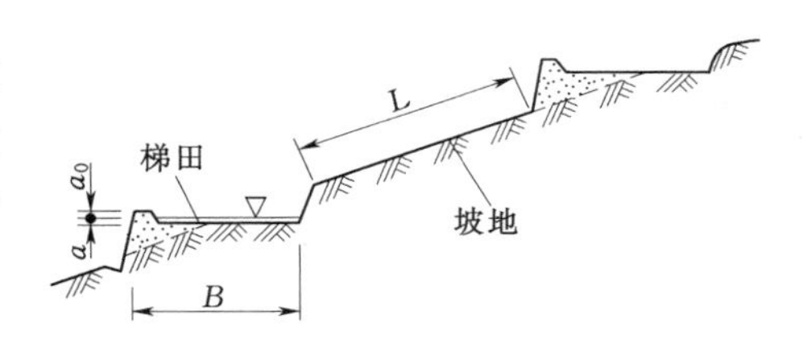

图6-1-7　隔坡梯田断面图

(1) 坡地部分产流产沙量估算。暴雨时，水平田面不仅要承纳自身范围内的雨水，而且要接纳坡地部分的来水和泥沙。因此，正确估算坡地的产流产沙量，对隔坡梯田断面尺寸的设计至关重要。

陕北黄土丘陵区一次降雨最大径流量与全年最大冲刷深度（冲刷深度是按全年雨季降水450mm计算的）可参阅表6-1-3。

表6-1-3　陕北黄土丘陵区不同频率的一次最大径流量与全年最大冲刷深度

处理	频率/%	一次最大径流量/mm	年最大冲刷深度/mm
斜坡种草	10	9.5	5.5
	5	15	
斜坡为农地	10	21.0	12.0
	5	28	

(2) 平台（水平田面）宽度的确定。平台宽度要能适应种植要求。根据隔坡梯田适应

的地面坡度（15°～25°），水平田面宽度一般为5～10m，坡度缓的可宽些，坡度陡的可窄些。

（3）斜坡宽度。斜坡宽度（按垂直投影计）常以其与水平部分宽度的比值表示，即斜宽比，一般为1∶1～3∶1（或者更大）。干旱少雨地区斜宽比可大些，雨量较多地区应小些。斜坡宽度可根据地面坡度、土质、植被状况和当地的降雨情况确定，一般应以斜坡部分在10年一遇的一次暴雨中，每平方米产生的径流和泥沙量作为确定斜坡宽度的主要依据。同时，要求在设计频率暴雨下，水平田面能全部拦蓄斜坡径流，不发生漫溢。此外，还需计算斜坡上全年的地表径流，了解其对水平田面提供径流下泄的水量，如水量偏小，则需适当加大斜坡宽度。

斜宽比可通过下式计算：

$$m=\frac{L}{B}=\frac{a-a_0}{nS} \tag{6-1-3}$$

式中 m——斜宽比；

n——隔坡梯田设计年限，年；

B——平台宽度，m；

L——斜坡宽度，m；

S——年最大冲刷深度，mm；

a——蓄水埂有效拦蓄高度，cm；

a_0——安全超高，cm，取值一般为5cm。

陕北黄土丘陵区隔坡梯田断面尺寸可参考表6-1-4。

表6-1-4 陕北黄土丘陵区隔坡梯田断面尺寸参考表

地面坡度/(°)	斜坡种草				斜坡为农田			
	平台宽度/m	斜坡宽度/m	平坡比	蓄水埂高度/m	平台宽度/m	斜坡宽度/m	平坡比	蓄水埂高度/m
5	18.0	54.0	1∶3	0.3	18.0	27.0	1∶1.5	0.3
10	12.0	36.0	1∶3	0.3	12.0	13.5	1∶1.5	0.3
15	8.5	25.5	1∶3	0.3	8.5	12.8	1∶1.5	0.3
20	6.5	16.3	1∶2.5	0.3	6.5	6.5	1∶1	0.3
25	5.0	12.5	1∶2.5	0.3	5.0	5.0	1∶1	0.3

注 平坡比为隔坡梯田平台部分宽度与斜坡部分宽度的比值，即斜宽比的倒数。

4. 坡式梯田设计

坡式梯田是坡地变为水平梯田的过渡形式，通过逐年加高土埂、耕作翻土和上半部径流对土壤的冲刷，使埂间地面坡度不断减缓，最终变成水平梯田。

坡式梯田有助于扩大坡耕地治理面积，加快水土流失治理，对劳力缺乏的地区最为适宜。设计的主要任务在于布设地埂和确定地埂的断面尺寸。

（1）地埂布设。对于坡度在5°以下的大块缓坡地，坡度比较均匀，田面较平整，地埂线可沿等高线平行布设。考虑机耕时，地块宽度一般取20～40m，长度不宜小于100m，

地块两头和局部洼地之间的高差不宜大于2m。

对于坡度5°以上的坡耕地，力求田块集中连片，地埂基本按等高线布设，尽量利用天然地坎。田面宽度和地埂线弯度要能满足机耕要求。

(2) 地埂设计。如图6-1-8所示，地埂拦蓄量可按最大一次暴雨径流深、年最大冲刷深与多年冲刷深之和进行计算。地埂间距可按水平梯田设计。地埂应逐年加高，实践中一般三年加高一次。

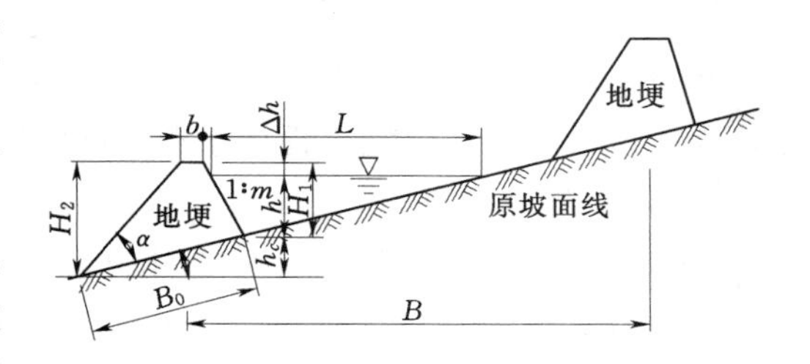

图6-1-8　地埂断面及拦蓄容积

地埂内侧高度为

$$H_1 = h + \Delta h \tag{6-1-4}$$

式中　H_1——地埂内侧高度，m；

h——地埂最大拦蓄高度，m，可根据单位埂长的坡面来洪量（包括洪水和泥沙）确定；

Δh——地埂安全加高，m，可采用0.05～0.10m。

每米埂长来洪量为

$$W = B_m(h_1 + h_2) + Q \tag{6-1-5}$$

式中　W——每米埂长来洪量，m^3；

B_m——田面毛宽，m；

h_1——最大一次暴雨径流深，m；

h_2——3年的冲刷深度，即年最大冲刷深度（$h_{大}$）与多年平均冲刷深度（$h_{平}$）的2倍之和，即$h_2 = h_{大} + 2h_{平}$；

Q——3年耕作翻入埂内的土方量，m^3。

年最大冲刷深度因自然条件（地面坡度、土质、降雨等）的不同，各地有所差别，应通过实验调查来确定，如陕北榆林地区设计时采用$h_{大}=10mm$。

每米埂长最大拦蓄量为

$$V = \frac{1}{2}Lh = \frac{h^2}{2}\left(m + \frac{1}{\tan\theta}\right) \tag{6-1-6}$$

式中　L——最大拦蓄高度时的回水长度，m；

m——地埂内侧边坡比；

θ——田面坡度，(°)。

设计时取$V=W$，将W代入式(6-1-6)，则地埂最大拦蓄高度为

$$h = \sqrt{\frac{2W\tan\theta}{1 + m\tan\theta}} \tag{6-1-7}$$

当坡式梯田筑埂时，埂顶宽一般取30～40cm，埂高50～60cm，外坡边坡比1∶0.5，内坡边坡比1∶1。

三、坡面防护水窖工程

水窖是指修建在地面以下并具有一定容积的蓄水建筑物，主要用于拦蓄雨水和地表径流，为人畜饮水和旱地灌溉提供水源，同时可减轻水土流失。

（一）水窖的类型

根据其结构不同，水窖可分为井窖和窑窖；根据建筑材料的不同，又可分为黏土水窖、浆砌石水窖、混凝土水窖等。水窖在使用时，可根据实际情况，采取多窖串联或并联，以充分发挥其调节用水的功能。

1. 井窖

在黄河中游地区分布较广，主要由井筒、旱窖、散盘、水窖、窖底等部分组成，如图6-1-9所示。

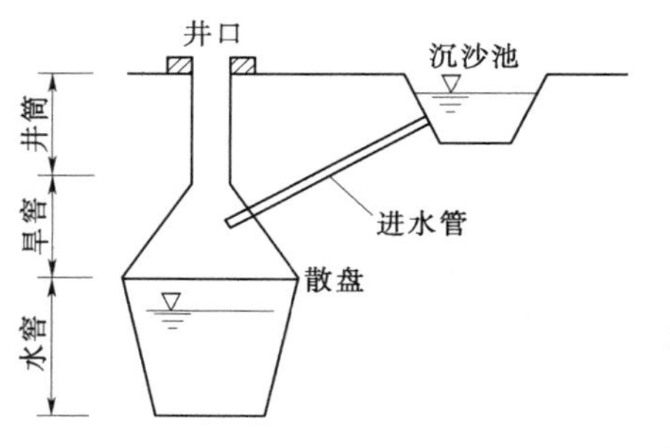

图6-1-9　井窖结构示意图

（1）井筒。是指从井口到扩散段的竖直部分，井筒直径不宜过大，一般为0.6m左右。井筒深度随土质不同而异，一般为1～2m。土质坚实时，井筒可短些。

（2）沉沙池。位于进水管末端，其边墙及池底应衬砌，沉沙池出口应设置简易拦污栅，最大限度减少污物进入窖中。

（3）进水管。根据地形条件，一般可用铁管、塑料管、水泥管等将水源和蓄水设施连接起来。

（4）散盘。是水窖与旱窖相连接的地方。

（5）旱窖。指从井口下方到散盘这一段，一般不上胶泥，也不存水。

（6）胶泥层。用来防治渗漏。用胶泥糊制的水窖，使用年限长。

（7）水窖。主要用来蓄水，四周窖壁捶有胶泥以防渗漏。窖中的水是固定的死水，杂质沉淀后会产生一种臭味，土窖中的黄土可渗透吸附这种味道，但水泥混凝土窖不具这种作用。

混凝土水窖结构一般为井式，形状有瓶形或球形（图6-1-10）。根据施工特点，混凝土水窖可分为现浇修筑和预制件装配修筑两种。目前，混凝土水窖在人畜饮水及灌溉工程中应用广泛。

2. 窑窖

窑窖与井窖相比，容量较大，技术简单，施工容易，取水方便，可自流引水。窑窖与西北地区的窑洞相似。横断面同窑洞，主要由窑门、窑顶、水窖、沉沙池等组成。窑顶一般矢跨比为1∶2，跨度3～4m，窑高1.5～2.5m，窑长8～15m，蓄水部分为上宽下窄的梯形槽，边坡比为8∶1，深3～4.5m，底宽1.5～4.5m。修建时，先把岩坎或陡坡修成垂直的竖面，在竖面上挖洞，再在其底挖窑，窑是储水主体。窑的四壁及底面需夯实，再用砖砌铺面，然后抹上几层水泥砂浆进行防渗处理和稳固窑壁（底）（图6-1-11）。窑窖宜从入口进水，也可从顶部进水，但须做好防渗措施，以防渗漏引起窑顶

坍塌。

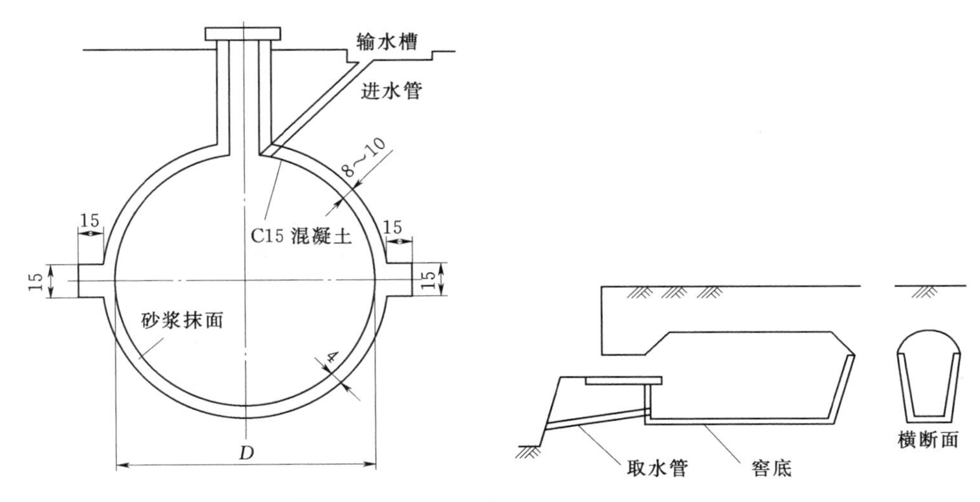

图 6-1-10 混凝土水窖平面图（单位：cm）

图 6-1-11 窑窖结构示意图

（二）水窖的选址及配套设施

1. 窖址选择

选择窖址时，应注意以下问题：

（1）有足够的水源。

（2）土层深厚、坚硬，水窖一般应设在质地均匀的土层上，以黏性土壤最好，黄土次之。

（3）便于人畜用水和灌溉农田。

2. 水窖的配套设施

水窖的配套设施主要包括沉沙池、过滤池、拦污栅等。沉沙池一般距离水窖（池）3.0～4.0m。根据来沙情况，可设为一级沉沙或多级沉沙，池底可为平坡、逆坡或顺坡，一般顺坡沉沙效果较差。

用于解决群众饮水的蓄水工程，对水质要求高，需建过滤池。过滤池和沉沙池可单独布设，也可联合布设。拦污栅布设在沉沙池、过滤池的前方，用于拦截杂草、枯枝落叶及其他较大的漂浮物。

3. 水窖的容积

对于井窖，可按下式估算其容积：

$$W = RK_pP_0S/1000 \quad (6-1-8)$$

式中 S——集流场的面积，m^2；

R——径流系数；

K_p——模比系数；

P_0——多年平均降雨量，mm。

对于窑窖，可按下式估算其容积：

$$Q = 0.278\Phi SF/t^n \quad (6-1-9)$$

式中 Φ——洪峰径流系数；

S——降雨强度；

F——汇流面积，m^2；

t——汇流时间；

n——暴雨指数。

（三）水窖的施工

1. 窖身开挖

水窖开挖由人工进行。挖至蓄水部分边挖窖边挖扣带和玛眼。扣带沿水窖最高处环绕窖壁一周，口宽 8cm，深 15cm，以 15°角向下倾斜。玛眼间距 20cm，品字形布置，口径 8cm，深 15cm，微向下斜，以便塞入胶泥，钉窖防渗。崖坎窑窖开挖，先刷齐崖面，再挖宽、高各 1.5～2m，深 2m 的窑门；窑门开好后，就向内挖窖，先挖窖顶，再挖窖身。

2. 窖壁防渗处理

水窖防渗，多用胶泥捶，也有少数采用三合土或水泥抹面。

（1）胶泥捶。防渗材料主要为红胶土，掺合部分黄土。据 1958 年黄河水利委员会的试验，防渗材料颗粒组成要求砂粒、粉粒、黏粒的比例为 1∶2∶1 较好。掺料拌好后，加水浸透，搅拌均匀，用水将窖壁洒湿，开始用胶泥塞进玛眼钉窖，窖钉好后及时捶打，共捶 20 遍左右，干容重达到 $1.7g/cm^3$ 为止；捶成后的厚度，上、中、下和底部依次为 2cm、3cm、4cm、5cm。最后，倒几担水并加盖，保持窖内潮润，防止干裂。

（2）三合土或两合土抹面。河南省济源县用白灰、细砂、红胶土三合土作防渗材料，体积比为 4∶2∶1。陕西省渭北地区用白灰、细砂、胶土三合土，体积比为 1∶1∶3。山西省离石、柳林等县用白灰、胶土两合土作防渗材料，体积比为 8∶2～2∶8，分层变化，共抹 7 层。1958 年在柳林县贾家塬调查，这种采用二八来回兑灰比例法制作防渗层修建的水窖几十年后仍然十分牢固。

（3）水泥抹面。所用材料：白灰砂浆体积比为 1∶1.5～1∶2，水泥砂浆体积比为 1∶2～2∶2.5。先用白灰砂浆打底，接着用水泥砂浆抹面，再用水泥浆漫一层，水泥浆漫至窖口，以增加有效容量。

（四）水窖管理与维护

对水窖进行管理与维护应注意：在暴雨中放水时，应注意查看，不能让水位超过窖内最高限，以免窖壁泡塌；当天旱时，窖内存水不能用完，待水深至 0.3m 时，即停止取水，以免胶泥干裂，造成渗漏，甚至塌毁；平时取水口加盖上锁，保证安全卫生；经常检查水窖各个部位，如有破损应及时修补，以保持其良好的状态。

第二节 山沟治理工程

一、山沟治理工程的作用

山沟治理工程是指为固定沟床、拦蓄泥沙、防止或减轻山洪及泥石流灾害而在山区沟

道中修筑的各种工程措施。山沟治理工程的作用在于防止沟头前进、沟床下切，减缓沟床纵坡，调节山洪洪峰流量，减少山洪或泥石流的固体物质含量，使山洪安全排泄，对沟口冲积锥不造成灾害。

山沟治理工程的主要类型有沟头防护工程、谷坊工程、拦沙坝、淤地坝、沟道防护工程等。山沟治理工程在流域水土流失治理中，实施技术要求较高，投资较大。

二、水沟治理淤地坝工程

在水土流失严重地区，用于拦泥淤地而横建于沟道中的坝工建筑物称为淤地坝。淤地坝的主要作用是防治沟道水土流失、滞洪、拦泥、淤地（坝地），控制沟床下切、沟岸扩张，减少沟谷重力侵蚀，调节径流泥沙，减轻下游水库淤积，利用水沙资源，变荒沟为良田，改善生态环境。

（一）淤地坝的组成

淤地坝在设计、施工、管理技术方面与水库有相同之处，也有不同之处。由于其主要用于拦泥而非长期蓄水，因此，淤地坝比水库大坝设计洪水标准低，坝坡比较陡，对地质条件要求也低，坝基、岸坡处理和背水坡脚排水设施简单。

淤地坝一般由坝体、溢洪道、放水建筑物三部分组成，其布置形式如图 6-2-1 所示。

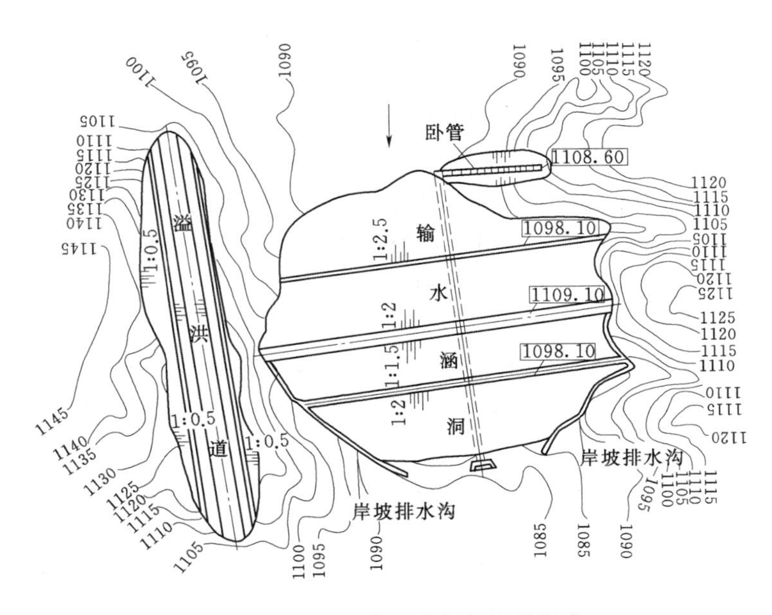

图 6-2-1 淤地坝枢纽工程组成

1. 坝体

坝体是横拦沟道的挡水拦泥建筑物，用卧管拦蓄洪水，淤积泥沙。随着坝内淤积面的逐年提高，坝体与坝地能较快地连成一个整体。一般非长期用于蓄水，当拦泥淤成坝地后，即投入生产种植，不再起蓄水调洪作用。

2. 溢洪道

溢洪道的主要作用是排洪，当淤地坝内洪水位超过设计高度时，水就由溢洪道排出，以保证坝体的安全和坝地的正常生产。一般要求是，在正常情况下能排除设计洪水径流，在非常情况下能排除校核洪水径流。

3. 放水洞

放水洞又称清水洞，用以排泄沟道常流水、库内清水等到坝的下游，通常采用竖井或卧管的形式，主要作用是排除坝地中积水（防止作物受淹和坝地盐碱化），在蓄水期间为下游供水（灌溉等），或为常流水沟道经常性排流。放水建筑物主要用于拦泥淤地，一般不长期蓄水，其下游也无灌溉要求。

（二）淤地坝枢纽工程组成方案选择

1. 组成方案的特点

（1）三大件方案（土坝、溢洪道和放水洞）。此方案防洪安全处理洪水以排水为主，工程建成后运用较安全，上游淹没损失也少，但溢洪道工程量大，工程投资、维修费较高。

（2）两大件方案（土坝和放水洞）。此方案防洪安全处理洪水是以滞蓄为主，高坝大库容，土坝工程量大，上游淹没损失大，但因无溢洪道，故石方工程量小，工程总投资小。

（3）一大件方案（仅有土坝）。此方案对洪水处理全拦全蓄，安全性差，仅适用于小型荒沟或微型集水面积且无常流水的沟头防护，故此处不作讨论。

2. 组成方案的选择

我国已建成的淤地坝枢纽工程，一般是根据自然条件、流域面积、暴雨特点、建筑材料、环境状况（如有道路、村镇、工矿等）和施工技术水平来选择方案。三大件方案适用于筑坝土料含黏粒量大、施工困难、土方造价高、流域面积大（大于 $10km^2$）、洪量模数大、以排为主的情况。两大件方案适用于筑坝土料透水性大（土坝施工用水坠法）、造价低、流域面积小、洪量模数小、以滞蓄为主的情况。在具体设计时如何选择组成方案，要从施工技术、经济等方面进行比较。

（1）拦泥。三大件方案泄洪安全性高于两大件方案，但两大件方案采用高坝大库容全拦全蓄，以库容制胜洪水，且能减少泄洪对下游的危害，拦蓄泥沙一般选择两大件方案较多。

（2）工程投资。三大件工程因建溢洪道，总投资远大于两大件工程总投资（因土方工程造价远小于石方工程造价）。

（3）施工。两大件工程施工速度快，工艺相对简单（少溢洪道施工），施工费用低（少溢洪道石方开采运输费），工程维修方便。

（4）综合分析。

1）在设计标准相同和放水洞投资相近的情况下，当用两大件方案造成的上游淹没损失和加高土坝土方投资总和大于三大件方案投资时，应选用三大件方案；若相近时采用两大件方案。

2）在V形断面沟道筑坝，当地无建筑溢洪道石料需外运时，应考虑两大件方案。

3）控制流域面积大于 $5km^2$ 且多暴雨，下游又有重要交通道路或村镇、工矿时，应选用三大件方案。

4）控制流域面积小于 $5km^2$、坝址下游无重要建筑物时，应选用两大件方案。

三、淤地坝分级及设计标准

1. 淤地坝的分类

淤地坝按建筑材料分为土坝、石坝、土石混合坝等；按用途可分为缓洪骨干坝、拦泥生产坝等；按建筑材料和施工方法可分为夯碾坝、水力冲填坝、定向爆破坝、堆石坝、干砌石坝、浆砌石坝等。

2. 淤地坝分级标准

淤地坝一般根据库容、坝高、淤地面积、控制流域面积等因素分级。参考水库分级标准，可分为大、中、小三级，见表 6-2-1。

表 6-2-1　淤地坝设计标准（水土保持技术规范）

标准＼分级	库容 /万 m^3	坝高 /m	单坝淤地面积 /hm^2	控制流域面积 /hm^2
大型	500～100	＞30	＞10	＞15
中型	100～10	30～15	10～2	15～1
小型	＜10	＜15	＜2	＜1

3. 淤地坝工程设计标准

一般是根据其重要性（在经济建设中的作用和地位）和失事后的危害性（造成下游淹没破坏等）制定的，一般由国家或省（自治区）制定，见表 6-2-2。设计工程时须以此为据。

表 6-2-2　淤地坝工程设计标准

工程等级		大型	中型	小型
洪水重现期/年	设计	30～20	20～10	10
	校核	300～200	200～100	100～50
设计淤积年限/年		30～20	20～10	5～2

实践中在确定淤地坝分级时，往往不会完全满足表 6-2-2 中的条件，一时难以定级。此时须根据具体情况（特别是库容）决定。

四、坝址选择

坝址选择合理与否，直接关系到拦洪淤地效益、工程量及工程安全等问题。而坝址选择在很大程度上取决于地形和地质条件，故选择坝址时必须结合工程枢纽布置、坝系整体规划、淹没情况、经济条件等综合考虑，选择以淤地面积大、工程量最小、施工方便、运用安全可靠为原则。

1. 地形方面

为使筑坝工程量小、库容大、淤地面积大，坝址要选择在沟谷狭窄、上游地形开阔平坦、口小肚大的葫芦状地形处。另外，要考虑坝址两岸有马鞍形或缓坡地带，其有利于布设溢洪道和放水建筑物。

2. 地质方面

要选择坝址处土质坚实、地质结构均匀、两岸无滑坡塌方、地基无淤泥流沙和地下水出没处。

3. 筑坝材料方面

坝址附近有足够的筑坝土料、砂石料，开采运输施工方便。水坠法筑坝须有足够水源和一定高度（比坝顶高约 20m）土料场。

4. 施工方面

坝址上游库区淹没损失要小，应尽量避免村庄、大片耕地、交通要道、矿井等被淹没，坝址处无泉眼、断层，两岸无冲沟。用碾压法施工的大型淤地坝，要考虑土料运输机械操作之便，要求坝址处地形较为平坦开阔。

五、枢纽工程布设

1. 土坝布设

土坝轴线要短，大致与沟道水流方向垂直。采用分期加高的土坝，坝轴线要考虑最终坝高位置。当本坝上下游还有坝库时，应注意本坝蓄水后上游水位不应超过上坝下游坡脚，下坝蓄水位不要淹没本坝下游坡脚。同时须注意溢洪道和放水工程的布设满足位置紧凑协调、操作管理方便等要求。

2. 溢洪道布设

溢洪道轴线力争短而顺直，开挖工程量小，岸坡稳定，进口在坝端 10m 以外，出口距下游坝脚 20～50m 以外，转弯半径为水面宽度的 5 倍以上。考虑土坝分期加高时，前期工程可只建简易溢洪道（可以是明渠），后期完成永久性工程。

3. 放水洞布设

淤地坝放水洞常见有卧管式和竖井式进口形式。输水洞有无压涵洞和压力管式两种。

放水洞在布设时，卧管轴线与输水洞轴线应垂直或成钝角，输水洞轴线与坝轴线也应垂直，以减少洞长。

卧管、输水洞必须布设在坚实地基上，以防不均匀沉陷。卧管消力池或竖井位置应布置在坝体上游坡脚以外，以备日后坝体改建。放水洞进口高程一般应比沟床高些，出口应在土坝下游坡脚 30m 以外。

六、坝高、库容及淤地面积确定

淤地坝坝高、库容、淤地面积可根据坝址以上流域地形、侵蚀模数（或多年年均输沙量）、坝址控制积水面积和设计淤积年限等确定。

（一）坝高与库容、淤地面积的关系及表示方法

1. 集水面积计算

淤地坝控制的集水面积可用积仪法、方格法、称重法、梯形计算法、经验公式法求得。

（1）积仪法。在地形图上画出坝库的集水面积范围，用求积仪量算出此范围内的图上面积，然后乘以地形图比例尺的平方值，即得集水面积。

（2）方格法。用透明的方格纸铺在画好的集水面积平面图上，数得集水面积范围内的方格数量。根据每一个方格实际代表的面积，乘以总的方格数，得出集水总面积。

（3）称重法。用精密天平称 100cm² 透明方格纸，算得每平方厘米质量；用同一透明方格纸描绘集水区范围，剪下称重；根据称得的质量，算得其平方厘米数；按所采用的比例尺，算得集水区面积。

（4）梯形计算法。将集水面积划分成若干梯形，然后求各梯形面积之和（图 6-2-2）。

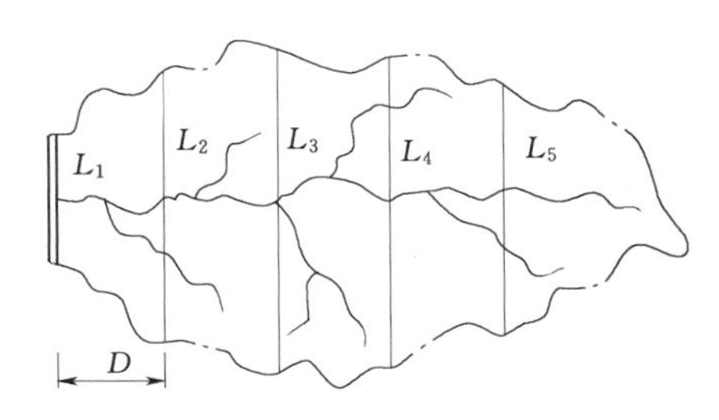

图 6-2-2　积水面积梯形计算法

每个梯形面积的计算公式为

$$F_n = \frac{L_n + L_{n+1}}{2} D \qquad (6-2-1)$$

式中　F_n——某一个梯形面积，m³；

L_n——某一个梯形上口宽，m；

L_{n+1}——某一个梯形下口宽，m；

D——上下两个宽度间的距离，m。

（5）经验公式法。当粗略计算时，可采用以下经验公式：

$$A = fL^2 \qquad (6-2-2)$$

式中　A——集水面积，km²；

L——集水面积内的流域长度，km；

f——流域形状系数，狭长形为 0.25，条形为 0.33，椭圆形为 0.40，扇形为 0.50。

2. 坝高 H 与库容 V、淤地面积 A 关系的表示方法

（1）用特性曲线表示。

1）坝高 H 与库容 V 关系曲线。利用坝址库区大比例尺［如 1：（2000～115000）地形图，沿沟道纵向中心线，根据沟底比降变化特点，取若干个横断面，以坝址处沟道最低处高程为“0”（相对高程），分别计算出同一高程差（可取 1.0～5.0m）时各个横断面积及容积绘制出 $H—V$ 关系曲线，该曲线就称坝高、库容关系特性曲线。另外，也可按等高线法计算出 $H—V$ 关系，即按高程差（通常取 5m）取若干个水平断面，求出两断面间容积后，也可绘制出同样的 $H—V$ 关系曲线。

2）坝高 H 与淤地面积 A 关系曲线。按等高线法，可取垂直高差（高程差）为 5m 的若干水平断面，并计算出面积，即可绘制出类似 $H—V$ 曲线的 $H—A$ 关系曲线（图 6-2-3）。

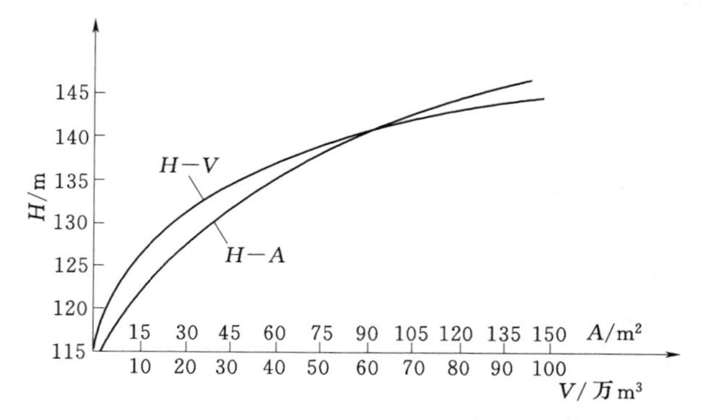

图 6-2-3 某淤地坝坝高 H、淤地面积 A 及库容 V 关系曲线

（2）用概化数学方程表示。这是根据已测算出的坝高 H 与库容 V 关系资料和坝高 H 与淤地面积 V 关系资料，经回归分析，用数学方法表示的关系式。关系式如下：

$$V = aH^{\alpha} \tag{6-2-3}$$

$$A = bH^{\beta} \tag{6-2-4}$$

式中 a、b——回归分析常系数；

α、β——回归分析指数。

黄土高原沟壑区因地形特征差异较大，当流域面积小于 3km² 时，系数 a、b 差异很大，但指数 α、β 差异相对较小，故应用时须单独计算 a、b、α、β。

（二）淤地坝高与库容确定

淤地坝总高 H 由拦泥坝高 $h_{拦}$、滞洪坝高 $h_{滞}$ 和安全加高 Δh 三部分组成（图 6-2-4），即

$$H = h_{拦} + h_{滞} + \Delta h \tag{6-2-5}$$

淤地坝库容由拦泥库容和滞洪库容组成。拦泥库容的作用是拦泥淤地，故其相应坝高称为拦泥坝高，其相应库容称为淤地库容。滞洪库容的作用是调蓄洪水径流，故其相应坝高称为滞洪坝高，也称调洪坝高。由此可见，拦泥库容和滞洪库容确定后，拦泥坝高和滞洪坝高即可确定。

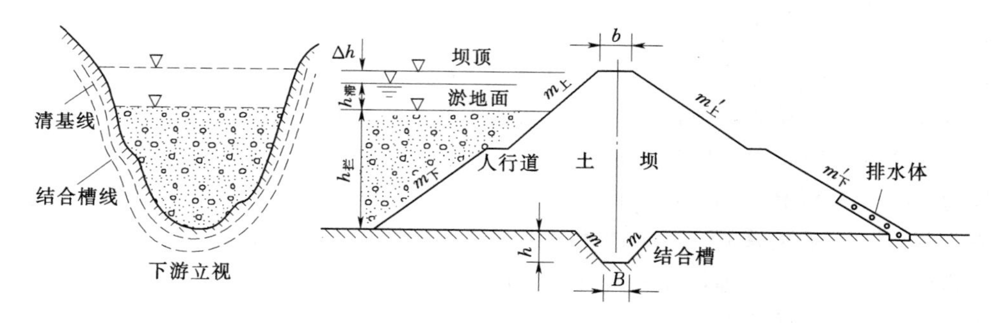

图 6-2-4 土坝断面结构构造图

1. 拦泥库容 V 及拦泥坝高 H 确定

黄土高原沟道拦泥库容的拦泥量和淤地面积，通常是随拦泥坝高的增大而增大。但因

沟道地形特征不同，有的增大快，有的增大慢。故在决定拦泥坝高时，应以拦泥量和淤地面积最大而工程量最小，并且能达到“水沙相对平衡”时的坝高作为设计坝高。此时相应的拦泥库容 V 比较合理。该拦泥库容可根据流域面积、侵蚀模数（或多年年均输沙量）、设计淤积年限、坝库排沙比按下式确定：

$$V=\frac{FK(1-n_s)T}{\gamma_s} \tag{6-2-6}$$

式中 F——流域面积，km^2；

K——平均侵蚀模数，$t/(km^2 \cdot a)$；

n_s——坝库排沙比，无溢洪道时可取 n_s 为 0；

T——设计淤积年限，年；

γ_s——淤积泥沙的干容重，t/m^3。

有了拦泥库容，即可根据 $H-V$ 关系曲线查出相应的拦泥坝高程。

2. 滞洪库容及滞洪坝高的确定

滞洪库容为淤地坝库最高设计洪水位与设计拦泥面高程之间的调洪库容。该库容视枢纽工程组成和坝地运用要求而定。

（1）对三大件枢纽工程，该库容须通过调洪演算决定。

（2）对两大件枢纽工程，可按工程的设计来水总量确定。

（3）对拦泥库容已淤满，考虑作物种植可能淹没受损时，应按最大淹没水深（一般不大于 5m）相应的库容作为滞洪库容。

当滞洪库容确定后，查 $H-V$ 曲线，即可求得滞洪坝高。

3. 安全加高的确定

安全加高是考虑坝库蓄水后水面风浪冲击、蓄水意外增大使库水位升高和坝体沉陷等附加的一部分坝高，可按有关规范选定，见表 6-2-3。

表 6-2-3　　土坝安全加高值表

坝高 H/m	<10	10～20	>20
Δh/m	0.5～1.0	1.0～1.5	1.5～2.0

本章小结

本章重点学习水土保持工程建设类型，应重点掌握以下内容：坡面防护工程的作用、坡面梯田工程的类型及布设、水窖工程的类型及布设、山沟治理工程的作用及工程类型、淤地坝工程的类型及布设。水土保持工程技术是水土流失治理工作的核心，水土保持工程建设是防止水土流失的基本工程措施和手段。

自测练习题

一、名词解释

水窖、淤地坝、梯田。

二、填空题

1. 梯田按断面形式可分成________、________、________、________、________等五种类型。

2. 根据其结构不同，水窖可分为________和________两种类型。

3. 井窖主要由________、________、________、________、________等五部分组成。

4. 淤地坝工程一般由三部分组成，它们分别是 ________、________、________。

三、简答题

1. 坡面防护工程的作用是什么？

2. 坡面防护工程的类型有哪些？

3. 梯田工程有哪些类型？适用条件是什么？

4. 梯田工程在布设时技术要点是什么？

5. 水窖工程的类型有哪些？适用条件是什么？

6. 水窖工程在布设时技术要点是什么？

7. 山沟治理工程类型如何划分？

8. 淤地坝工程的分类有哪些？适用条件是什么？

参 考 文 献

[1] 杨凌职业技术学院《水工建筑物》编写团队．水工建筑物［M］．北京：中国水利水电出版社，2010.

[2] 王英华，陈晓东．水工建筑物［M］．北京：中国水利水电出版社，2010.

[3] 郑万勇，杨振华．水工建筑物［M］．郑州：黄河水利出版社，2006.

[4] 王世夏，林益才．水工建筑物［M］．南京：河海大学出版社，2007.

[5] 武汉水利电力学院．水工建筑物［M］．北京：水利电力出版社，1984.

[6] 周金全．地表水取水工程［M］．北京：化学工业出版社，2005.

[7] 宋祖诏，张思俊．取水工程［M］．北京：中国水利水电出版社，2008.

[8] 王英华．水工建筑物［M］．北京：中国水利水电出版社，2004.

[9] 杨邦柱，焦爱萍．水工建筑物［M］．2版．北京：中国水利水电出版社，2009.

[10] 国家电力公司水电建设工程质量监督总站．水电工程设计基础［M］．北京：中国电力出版社，2003.

[11] 单文培，刘孟桦，洪余和．水轮发电机组及辅助设备运行与维修［M］．北京：中国水利水电出版社，2007.

[12] 李前杰，龙建明．水电站［M］．郑州：黄河水利出版社，2011.

[13] 方耕农．发电厂动力部分［M］．北京：中国水利水电出版社，2004.

[14] 高本虎．橡胶坝工程技术指南［M］．北京：中国水利水电出版社，2006.

[15] 中级工培训教材编写组．河道整治［M］．郑州：水利电力部黄河水利委员会，1985.

[16] 郭维东．河道整治［M］．辽宁：东北大学出版社，2003.

[17] 崔承章，熊治平．治河与防洪工程［M］．北京：中国水利水电出版社，2004.

[18] 罗全胜，梅孝威．治河防洪［M］．郑州：黄河水利出版社，2009.

[19] 毛昶熙．堤防工程［M］．北京：中国水利水电出版社，2009.

[20] 吴发启．水土保持学概论［M］．北京：中国农业出版社，2003.

[21] 贺康宁，王治国，赵永军．开发建设项目水土保持［M］．北京：中国林业出版社，2009.

[22] 张胜利，吴祥云．水土保持工程学［M］．北京：科学出版社，2012.

[23] 中华人民共和国水利部．SL 252—2017 水利水电工程等级划分及洪水标准．北京：中国水利水电出版社，2017.

[24] 中华人民共和国水利部．SL 319—2018 混凝土重力坝设计规范［S］．北京：中国水利水电出版社，2018.

[25] 中华人民共和国水利部．SL 282—2018 混凝土拱坝设计规范［S］．北京：中国水利水电出版社，2018.

[26] 中华人民共和国水利部．SL 274—2020 碾压式土石坝设计规范［S］．北京：中国水利水电出版社，2021.

[27] 中华人民共和国水利部．SL 228—2013 混凝土面板堆石坝设计规范［S］．北京：中国水利水电出版社，2013.

[28] 中华人民共和国水利部．SL 265—2016 水闸设计规范［S］．北京：中国水利水电出版社，2017.

[29] 中华人民共和国水利部．SL 253—2018 溢洪道设计规范［S］．北京：中国水利水电出版社，2018.

[30] 中华人民共和国水利部．SL 279—2016 水工隧洞设计规范［S］．北京：中国水利水电出版

社，2016.

［31］ 中华人民共和国水利部．SL 744—2016 水工建筑物荷载设计规范［S］．北京：中国水利水电出版社，2017.

［32］ 中华人民共和国水利部．SL 191—2008 水工混凝土结构设计规范［S］．北京：中国水利水电出版社，2009.

［33］ 中华人民共和国住房与城乡建设部．GB 50288—2018 灌溉与排水工程设计规范［S］．北京：中国水利水电出版社，2018.